高等学校土建类专业信息化系列教材

房屋建筑构造

主 编 郑晓茜 王 坤
副主编 陈 阳 郑雅兰 谭攀静
邵帅飞

西安电子科技大学出版社

内 容 简 介

本书根据教育部高等职业学校专业教学标准要求及建筑企业职业岗位(群)特点，结合我国现行建筑行业的新政策、新规范和新标准进行编写。全书分为建筑概述、建筑的基本构件和绿色建筑三大部分，涵盖建筑概述、基础与地下室、墙体、楼地层、楼梯、屋顶、门与窗、变形缝、绿色建筑九个项目(含23个学习任务)。每个项目除附有学习目标、学习任务、本节知识体系、思考与练习外，还增加了拓展知识、思政课堂等内容。此外，每个项目还附有实训任务表，便于读者实践。

本书可作为高等职业教育土木建筑类及相关专业的教材和学习指导书，也可供土木建筑类工程技术人员学习参考。

图书在版编目 (CIP) 数据

房屋建筑构造 / 郑晓茜，王坤主编 . -- 西安：西安电子科技大学出版社, 2025. 3. -- ISBN 978-7-5606-7572-5

Ⅰ. TU22

中国国家版本馆 CIP 数据核字第 2025MT6700 号

策　　划　李鹏飞　刘　杰
责任编辑　许青青
出版发行　西安电子科技大学出版社(西安市太白南路2号)
电　　话　(029) 88202421　88201467　　　邮　　编　710071
网　　址　www.xduph.com　　　电子邮箱　xdupfxb001@163.com
经　　销　新华书店
印刷单位　咸阳华盛印务有限责任公司
版　　次　2025年3月第1版　2025年3月第1次印刷
开　　本　787毫米×1092毫米　1/16　印 张 15.25
字　　数　360千字
定　　价　48.00元

ISBN 978-7-5606-7572-5

XDUP 7873001-1

*** 如有印装问题可调换 ***

前　言

房屋建筑构造是高等职业教育土木建筑类专业一门重要的专业基础课，本书是该课程对应的教材。在编写过程中，编者根据土建类高职高专建筑工程技术及相关专业人才培养的要求，以建筑行业新规范、新标准为依据，突出适用性，加强技能性，紧密结合工程应用性。本书重点介绍了民用建筑基本构件的构造特点及绿色建筑等内容，同时每个项目附有实训任务表，便于师生拓展专业实践活动。

本书主要特点如下：

(1) 框架清晰，体系完整，内容精练，层次分明。书中提供了丰富的图表，对建筑构造进行了详实分析，每个项目都增加了拓展知识，每节附有知识体系框架图，使建筑构造各部分知识直观易懂。

(2) 将课程思政目标与专业理论知识相融合，以帮助学生在学习专业知识的同时树立正确的世界观、人生观和价值观。

(3) 尊重职业教育的特点和发展趋势，合理把握“基础知识够用为度，注重专业技能培养”的编写原则。

本书由郑州职业技术学院郑晓茜、王坤担任主编，郑州职业技术学院陈阳、郑雅兰、谭攀静和机械工业第六设计研究院有限公司邵帅飞担任副主编。具体编写分工为：项目 1、项目 2 由郑晓茜编写，项目 3 由陈阳编写，项目 4 由谭攀静编写，项目 5 以及项目 6 中的 6.1、6.2 由王坤编写，项目 6 中的 6.3 由邵帅飞编写，项目 7、项目 8、项目 9 由郑雅兰编写。

在本书编写过程中，编者参考并借鉴了一些国内学者编写的著作及同类教材，在此特向有关作者表示诚挚的谢意。

由于编者水平有限，书中难免存在不足之处，恳请读者批评指正。

编　者

2024 年 5 月

CONTENTS 目 录

项目 1　建筑概述

学习目标

1. 知识目标

(1) 理解建筑的概念与构成要素。

(2) 了解建筑物分类、分级的依据。

(3) 掌握建筑模数在建筑构造设计中的应用。

(4) 掌握建筑物的构造组成及各部分的作用。

2. 能力目标

(1) 能对建筑物进行分类和分级。

(2) 能按照模数要求进行绘图。

3. 思政目标

(1) 培养正确的建筑行业价值观，增强专业素养。

(2) 培养严谨的治学态度和追求极致的工匠精神。

学习任务

任务 1：确定民用建筑的分类和构造组成

某建筑公司于 2009 年某月承建一小区，该小区住宅楼 10 栋，其中 4 栋 9 层、6 栋 6 层，为框架承重结构体系。思考以下问题：

(1) 按规模和数量，该小区属于哪类建筑？

(2) 按高度及层数，该小区有哪几种建筑？

(3) 框架结构有哪些特点？

(4) 民用建筑的组成部分及各部分的作用分别是什么？

任务 2：按模数要求分析并补充住宅的尺寸

(1) 试检查图 1-1 中的尺寸是否符合建筑物的习惯模数。

(2) 补充门窗洞口的尺寸。

要求：补充的洞口尺寸须符合建筑物的习惯模数和砖模数协调的原则；平面图和剖面图的洞口尺寸均需补充；可在平面图和剖面图上加绘一条尺寸线来表达。

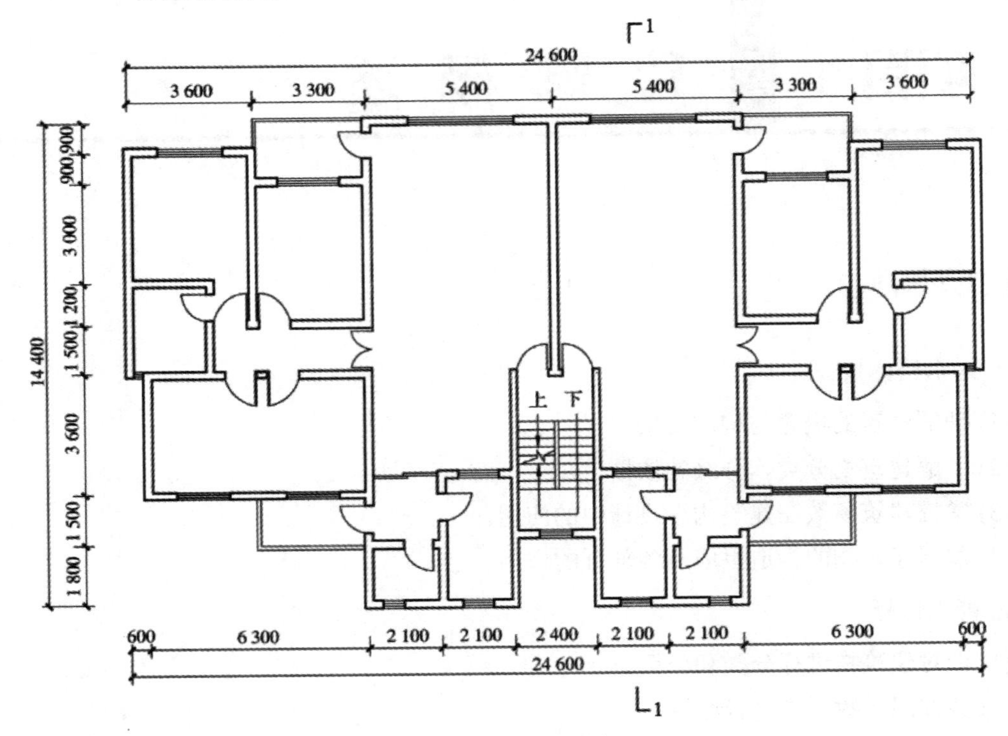

(a) 标准层平面图

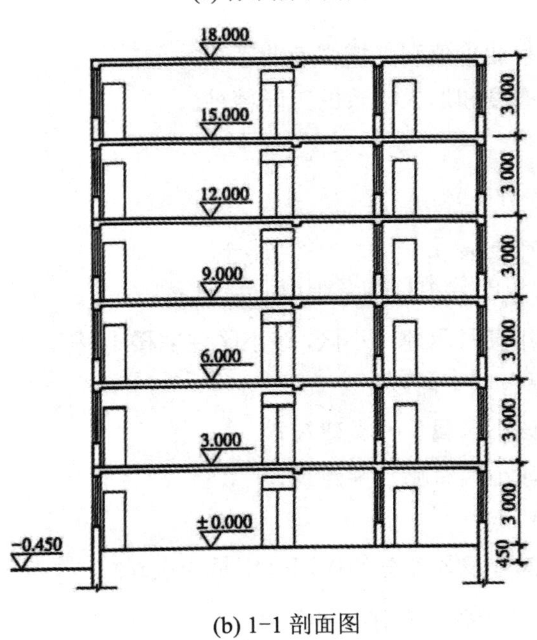

(b) 1-1 剖面图

图 1-1　某 6 层砖混结构单元式住宅平面、剖面图

建筑概述实训任务表

任务 3：完成建筑概述实训任务表

观察周围的建筑物，对建筑物进行合理的分类。扫描二维码获取建筑概述实训任务表，完成填写。

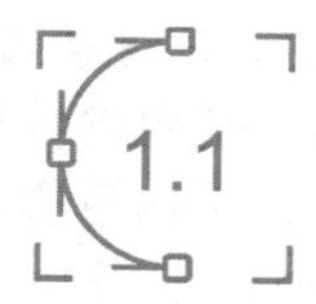

1.1 建筑的概念与构成要素

建筑的概念与构成要素

1.1.1 建筑的概念

从广义上讲，建筑既表示建筑工程的建造活动，又表示这种活动的成果。从这个角度而言，建筑是人们为了满足生产和生活需要，利用所掌握的物质技术手段，在科学规律和美学法则的指导下，通过对空间的限定、组织而创造的空间环境。

建筑包括建筑物和构筑物。供人们在其内部进行生产、生活或其他活动的房屋或场所都被称为建筑物，如住宅、学校、影院、车间等；而人们不直接在其内部进行生产、生活活动的工程设施，被称为构筑物，如水塔、烟囱、桥梁、堤坝、囤仓等。本书所指的建筑主要是建筑物。

建筑具有物质和精神（艺术）二重性。首先，建筑是社会物质产品，具有明确的物质性，它的建造需要土地、建材、能源、技术、资金五大部分物质的投入，如住宅等；其次，建筑是社会精神产品，反映特定的社会思想意识、宗教、民族习俗、地方特色等，具有强烈的精神特性，如人民英雄纪念碑、天坛等。

1.1.2 建筑的构成要素

无论建筑物还是构筑物，都由三个基本要素构成，即建筑功能、建筑技术和建筑形象。

1. 建筑功能

所谓建筑功能，是指建筑在物质方面和精神方面的具体使用要求，也是人们建造建筑的目的。不同的功能要求产生了不同的建筑类型，如工厂用于生产，住宅用于居住、生活和休息，学校用于学习，影剧院用于文化娱乐，商店用于买卖交易等。随着社会的不断发展和物质文化生活水平的不断提高，建筑功能将日益复杂化、多样化。

2. 建筑技术

建筑技术是建造建筑物的手段，包括建筑材料、建筑设计、建筑施工和建筑设备等方面的内容。随着材料技术的不断发展，各种新型材料不断涌现，为建造各种不同结构形式的建筑物提供了物质保障；随着建筑结构计算理论的发展和计算机辅助设计的应用，建筑设计技术不断革新，为建筑物的安全性提供了保障；各种高性能的建筑施工机械、新的施工技术和工艺为建筑物建造提供了手段；建筑设备的发展为建筑满足各种使用要求创造了条件。例如，钢材、水泥和钢筋混凝土的出现，解决了现代建筑中的大跨度和高层建筑的结构问题；各种新材料、新结构、新设备的应用，使得多功能大厅、超高层建筑、薄壳、悬索等大空间结构的建筑功能和建筑形象得以实现。

3. 建筑形象

建筑形象是人对于建筑内、外感观的具体体现，它必须符合美学的一般规律，优美的建筑形象给人以精神上的享受，它包含建筑型体、空间、线条、色彩、质感、细部的处理及刻画等方面。由于时代、民族、地域、文化、风土人情的差异，人们对建筑形象的理解各有不同，这使得不同风格和特色的建筑得以出现，甚至不同使用要求的建筑已形成其固有的风格，如执法机构的建筑庄严雄伟，学校建筑朴素大方，居住建筑简洁明快，娱乐性建筑生动活泼等。永久性建筑由于使用年限较长，同时其也是构成城市景观的主体，因此成功的建筑应当反映时代特征、民族特点、地方特色、文化色彩，应有一定的文化底蕴，并与周围的建筑和环境有机融合与协调，能经受时间的考验。

构成建筑的三个要素彼此之间是辩证统一的关系。建筑功能是主导因素，它对建筑技术和建筑形象起决定作用；建筑技术是建筑房屋的手段，它对功能又起促进和约束的作用；建筑形象是功能和技术的反映，在相同的功能和建筑技术条件下，设计者如果能充分发挥主观作用，则可以创造出不同的建筑形象，达到不同的美学效果。

1.1.3　建筑方针

1986年，原建设部明确指出建筑业的主要任务是全面贯彻适用、安全、经济、美观的方针。

2016年，中共中央、国务院《关于进一步加强城市规划建设管理工作的若干意见》中提出，在规划建设中要贯彻适用、经济、绿色、美观的建筑方针。

适用是指因地制宜，要求建筑体现地域的特殊性，根据当地的风土人文、交通道路、地理位置、周边环境、气候特征等条件进行规划设计和建筑设计。

经济是指尽量用较低的造价成本来设计房屋，即造价控制，体现为使用物美价廉的建筑材料，不奢侈，不铺张浪费。

绿色是指追求建筑可持续发展，节能减排，采用环保材料，不对外排放建筑垃圾和防止光污染、噪音干扰等。

美观是指在满足功能需求的基础上，注重建筑的美学价值，要求规划总平面、建筑外观美观大方，造型别致。

新的建筑方针旨在通过强调适用性、经济性、绿色性和美观性，引导建筑设计更加注重实用性和环境友好性，避免盲目追求高大上的外观而忽视实际功能和环境保护。

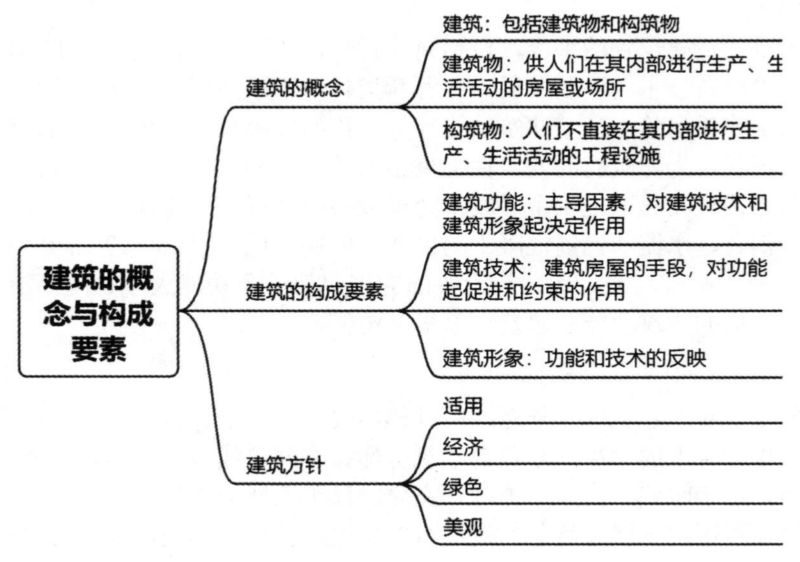

1.2 建筑的分类与分级

建筑的分类与分级

1.2.1 建筑的分类

1. 按使用功能分类

根据《民用建筑设计术语标准》(GB/T 50504—2009) 条文说明，建筑按照使用功能及属性一般可分为民用建筑、工业建筑和农业建筑。

(1) 民用建筑。所谓民用建筑即非生产性建筑，它又可分为居住建筑和公共建筑两大类。其中，居住建筑是供人们生活起居用的建筑物，如住宅、公寓和宿舍等；公共建筑是供人们从事政治文化活动、行政办公、商业和生活服务等公共事业的建筑物，如行政办公建筑、文教建筑、托幼建筑、医疗建筑、商业建筑、体育建筑、展览建筑、旅馆建筑、交通建筑、娱乐建筑等。

(2) 工业建筑。工业建筑即为工业生产服务的建筑，如主要生产厂房、辅助生产厂房、动力建筑和储藏建筑等。

(3) 农业建筑。农业建筑指农副业生产建筑，如温室、畜禽饲养场、水产品养殖场、农副产品加工厂和粮仓等。

2. 按规模和数量分类

建筑按规模和数量可分为大量性建筑和大型性建筑。

(1) 大量性建筑。大量性建筑是指单体规模不大，但兴建数量较多、相似度高、分布面广的建筑，如住宅、学校、商店、办公楼等。

(2) 大型性建筑。大型性建筑是指建造数量少、单体面积大、个性强的建筑，如大城市的火车站、机场候机厅、大型体育场馆、大型影剧院和大型展览馆等。

3. 按高度和层数分类

建筑根据其高度和层数可分为低层建筑、多层建筑、高层建筑和超高层建筑。

根据《民用建筑设计统一标准》(GB 50352—2019)，民用建筑按地上建筑高度或层数可分为以下三类：

(1) 低层或多层民用建筑。建筑高度不大于 27.0 m 的住宅建筑、建筑高度不大于 24.0 m 的公共建筑及建筑高度大于 24.0 m 的单层公共建筑为低层或多层民用建筑。

(2) 高层民用建筑。建筑高度大于 27.0 m 的住宅建筑和建筑高度大于 24.0 m 的非单层公共建筑，且高度不大于 100.0 m 的，为高层民用建筑。

(3) 超高层建筑。建筑高度大于 100.0 m 为超高层建筑。

根据《民用建筑设计统一标准》(GB 50352—2019) 条文说明解释，民用建筑按高度和层数的分类主要是依据现行国家标准《建筑设计防火规范 (2018 年版)》(GB 50016—2014) 和《城市居住区规划设计标准》(GB 50180—2018) 进行的。当建筑高度是按照防火标准分类时，其计算方法按现行国家标准《建筑设计防火规范 (2018 年版)》(GB 50016—2014) 执行。

一般建筑按层数划分时，对于公共建筑和宿舍建筑，1～3 层为低层，4～6 层为多层，7 层及以上为高层；对于住宅建筑，1～3 层为低层，4～9 层为多层，10 层及以上为高层。

高层民用建筑根据其建筑高度、使用功能和楼层的建筑面积可分为一类和二类。民用建筑的分类应符合表 1-1 的规定。

表 1-1　民用建筑的分类

名称	高层民用建筑		单、多层民用建筑
	一　类	二　类	
住宅建筑	建筑高度大于 54 m 的住宅建筑(包括设置商业服务网点的住宅建筑)	建筑高度大于 27 m，但不大于 54 m 的住宅建筑(包括设置商业服务网点的住宅建筑)	建筑高度不大于 27 m 的住宅建筑(包括设置商业服务网点的住宅建筑)
公共建筑	(1) 建筑高度大于 50 m 的公共建筑； (2) 建筑高度 24 m 以上、部分任意楼层建筑面积大于 1000 m^2 的商店、展览、电信、邮政、财贸金融建筑和其他多种功能组合的建筑； (3) 医疗建筑、重要公共建筑、独立建造的老年人照料设施； (4) 省级及以上的广播电视和防灾指挥调度建筑、网局级和省级电力调度建筑； (5) 藏书超过 100 万册的图书馆书库	除一类高层公共建筑外的其他高层公共建筑	(1) 建筑高度大于 24 m 的单层公共建筑； (2) 建筑高度不大于 24 m 的其他公共建筑

注：表中未列入的建筑，其类别应根据本表类比确定。

4. 按设计使用年限分类

民用建筑的合理使用年限主要是指建筑主体结构设计使用年限，是根据建筑物的使用性质、规模和重要程度来确定的。

根据《民用建筑设计统一标准》(GB 50352—2019)，民用建筑的设计使用年限分为以下四类。

一类：设计使用年限为 5 年，例如临时性建筑。

二类：设计使用年限为 25 年，例如易于替换结构构件的建筑。

三类：设计使用年限为 50 年，例如普通建筑和构筑物。

四类：设计使用年限为 100 年，例如纪念性建筑和特别重要的建筑。

5. 按承重结构的材料分类

(1) 砖混结构建筑。砖混结构建筑是指用砖(石)砌墙体，用钢筋混凝土做楼板和屋顶的建筑。

(2) 钢筋混凝土结构建筑。钢筋混凝土结构建筑是指用钢筋混凝土做柱、梁、板等承重构件的建筑。钢筋混凝土结构是我国目前建筑中应用最为广泛的一种结构形式，如钢筋混凝土的高层、大跨度、大空间结构的建筑以及装配式大板、大模板和滑模等工业化建筑等。

(3) 钢结构建筑。钢结构建筑是指用钢柱、钢梁承重的建筑。钢结构的强度高，塑性和韧性好，它适用于高层、大跨度或荷载较大的建筑。

(4) 其他结构建筑。其他结构建筑包括木结构建筑、生土建筑、膜建筑等，如图 1-2 所示。

(a) 木结构建筑(故宫)

(b) 生土建筑(土楼)

(c) 膜建筑(水立方)

图 1-2　其他建筑结构

6. 按施工方法分类

(1) 全装配式建筑。全装配式建筑指主要构件 (如墙板、楼板、屋面板、楼梯等) 都在工厂或施工现场预制，然后全部在施工现场进行装配的建筑。

(2) 全现浇式建筑。全现浇式建筑指主要承重构件 (如钢筋混凝土梁、板、柱、楼梯等) 都在施工现场浇筑的建筑。

(3) 部分现浇、部分装配式建筑。部分现浇、部分装配式建筑指一部分构件 (如楼板、楼梯、屋面板等) 在工厂预制，另一部分构件 (如柱、梁) 在施工现场浇筑的建筑。

(4) 砌筑类建筑。砌筑类建筑指由砖、石及各类砌块砌筑的建筑。

1.2.2　建筑的分级

1. 按安全等级分级

根据《建筑结构可靠性设计统一标准》(GB 50068—2018) 的规定，设计人员在设计建筑结构时，应根据结构破坏可能产生的后果，即危及人的生命、造成经济损失、对社会或环境产生影响等的严重性，采用不同的安全等级。建筑结构安全等级的划分应符合表 1-2 的规定。

表 1-2　建筑结构的安全等级

安全等级	破 坏 后 果
一级	很严重：对人的生命、经济、社会或环境影响很大
二级	严重：对人的生命、经济、社会或环境影响较大
三级	不严重：对人的生命、经济、社会或环境影响较小

2. 按耐火等级分级

建筑构件的耐火极限是指在标准耐火试验条件下，建筑构件、配件或结构从开始受到火的作用至失去承载能力、完整性或隔热性所用的时间，用小时 (h) 表示。对于不同类型的建筑构件，耐火极限的判定标准也不一样，如非承重墙体，其耐火极限测定主要考查该墙体在试验条件下的完整性能和隔热性能；而柱的耐火极限测定则主要考查其在试验条件下的承载力和稳定性能。因此，对于不同的建筑结构或构、配件，耐火极限的判定标准和所代表的含义也不完全一致，详见现行国家标准《建筑构件耐火试验方法》系列 (GB/T

9978.1～GB/T 9978.9)。

根据我国《建筑设计防火规范》(GB 50016—2014) 的规定，民用建筑的耐火等级分为一、二、三、四级，其中耐火要求一级最高、四级最低。不同耐火等级建筑物相应构件的燃烧性能和耐火极限不应低于表 1-3 的规定。

表 1-3　不同耐火等级建筑物相应构件的燃烧性能和耐火极限

构件名称		燃烧性能和耐火极限 / h			
		一级	二级	三级	四级
墙	防火墙	不燃性 3.00	不燃性 3.00	不燃性 3.00	不燃性 3.00
	承重墙	不燃性 3.00	不燃性 2.50	不燃性 2.50	难燃性 0.50
	非承重外墙	不燃性 1.00	不燃性 1.00	不燃性 0.50	可燃性
	楼梯间和前室的墙、电梯井的墙、住宅建筑单元之间的墙与分户墙	不燃性 2.00	不燃性 2.00	不燃性 1.50	难燃性 0.50
	疏散走道两侧的隔墙	不燃性 1.00	不燃性 1.00	不燃性 0.50	难燃性 0.25
	房间隔墙	不燃性 0.75	不燃性 0.50	难燃性 0.50	难燃性 0.25
柱		不燃性 3.00	不燃性 2.50	不燃性 2.00	难燃性 0.50
梁		不燃性 2.00	不燃性 1.50	不燃性 1.00	难燃性 0.50
楼板		不燃性 1.50	不燃性 1.00	不燃性 0.50	可燃性
屋顶承重构件		不燃性 1.50	不燃性 1.00	可燃性 0.50	可燃性
疏散楼梯		不燃性 1.50	不燃性 1.00	不燃性 0.50	可燃性
吊顶(包括吊顶搁栅)		不燃性 0.25	难燃性 0.25	难燃性 0.15	可燃性

注：1. 除另有规定外，以木柱承重且墙体采用不燃材料的建筑，其耐火等级应按四级确定；

2. 住宅建筑构件的耐火极限和燃烧性能可按现行国家标准《住宅建筑规范》(GB 50368—2005) 的规定执行。

民用建筑的耐火等级应根据其建筑高度、使用功能、重要性和火灾扑救难度等确定，并应符合：地下或半地下建筑(室)和一类高层建筑的耐火等级不应低于一级；单、多层重要公共建筑和二类高层建筑的耐火等级不应低于二级。

建筑中相同材料的构件因其作用和位置的不同，所要求的耐火极限也不相同。耐火等级高的建筑，其构件的燃烧性能差，耐火极限高。

本节知识体系

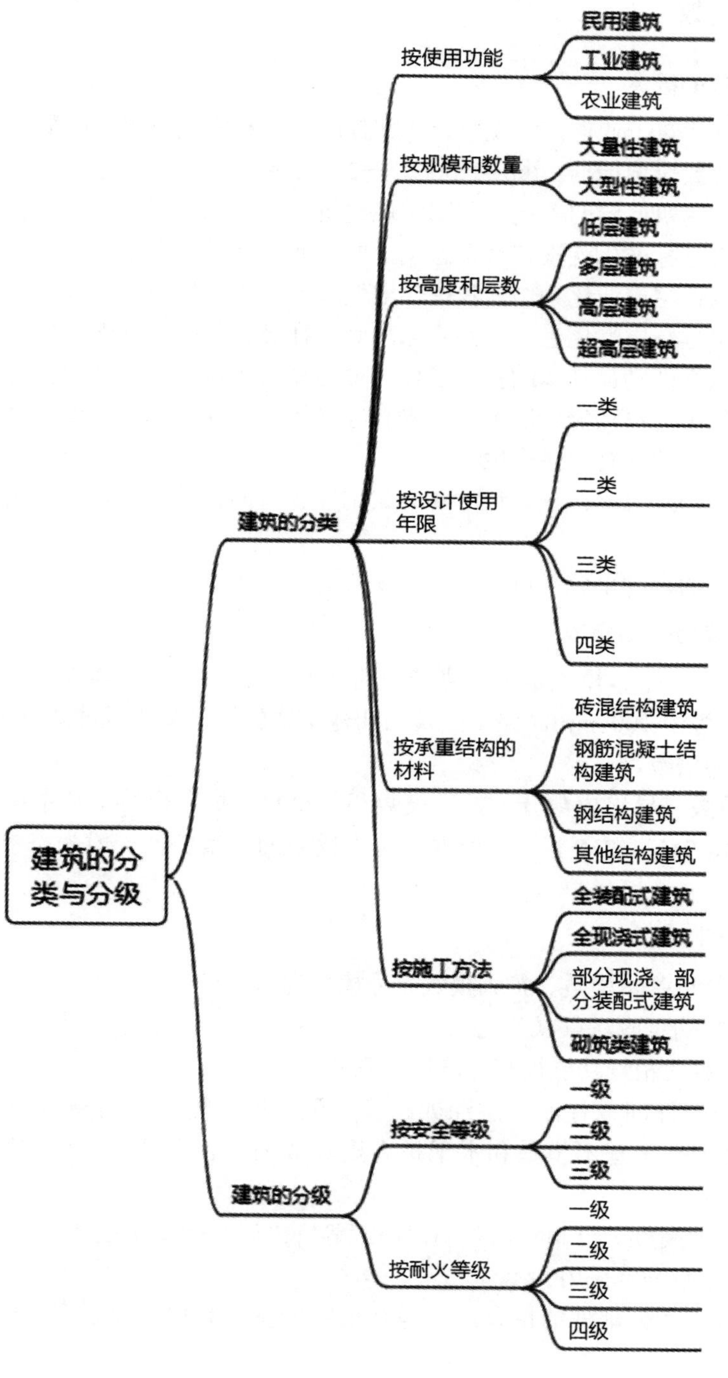

1.3 认识建筑模数

1.3.1 建筑模数

1. 建筑模数的概念

为推进房屋建筑工业化，实现建筑或部件的尺寸和安装位置的模数协调，建筑业需共同遵守《建筑模数协调标准》(GB/T 50002—2013) 的有关规定。建筑工业化是大多数国家解决大量性房屋建筑问题的关键。我国实现建筑产业现代化实际上是工业化、标准化和集约化的过程。没有标准化就没有真正意义上的工业化；而没有系统的尺寸协调，就不可能实现标准化。以住宅产业化为例，我国住宅发展的最终目标应是实现通用住宅体系化，为此建筑业应积极推行定型化生产、系列化配套、社会化供应的部件发展模式。模数协调工作是各行各业生产活动最基本的技术工作。遵循模数协调原则，全面实现尺寸配合，可保证房屋建设过程中，在功能、质量、技术和经济等方面获得优化，促进房屋建设从粗放型生产转化为集约型的社会化协作生产。

模数协调有两层含义：一是尺寸和安装位置各自的模数协调，二是尺寸与安装位置之间的模数协调。

模数是选定的尺寸单位，可以作为尺度协调中的增值单位。

2. 基本模数与导出模数

(1) 基本模数。基本模数是模数协调中的基本尺寸单位，用 M 表示。基本模数的数值为 100 mm(1M 等于 100 mm)。整个建筑物和建筑物的一部分以及建筑部件的模数化尺寸，应是基本模数的倍数。

(2) 导出模数。导出模数分为扩大模数和分模数。扩大模数是基本模数的整数倍，如 2M、3M、6M、9M、12M 等；分模数是基本模数的分数值，一般为整数分数，如 M/10、M/5、M/2。

3. 模数数列

模数数列是以基本模数、扩大模数、分模数为基础扩展的一系列尺寸。

模数数列的确定应注意以下几点：

(1) 模数数列应根据功能性和经济性原则确定。

(2) 建筑物的开间或柱距，进深或跨度，梁、板、隔墙和门窗洞口宽度等分部件的截面尺寸宜采用水平基本模数和水平扩大模数数列，且水平扩大模数数列宜采用 $2n$M、$3n$M(n 为自然数)。

(3) 建筑物的高度、层高和门窗洞口高度等宜采用竖向基本模数和竖向扩大模数数列，且竖向扩大模数数列宜采用 nM。

(4) 构造节点和分部件的接口尺寸等宜采用分模数数列，且分模数数列宜采用 M/10、

M/5、M/2。

【拓展知识】

《建筑模数协调标准》(GB/T 50002—2013) 适用于一般民用与工业建筑的新建、改建和扩建工程的设计、部件生产、施工安装的模数协调。

模数协调应实现下列目标：

(1) 建筑的设计、制造、施工安装等活动的互相协调。

(2) 建筑各部位尺寸的分割，以及各部件的尺寸和边界条件的确定。

(3) 某种类型标准化方式的优选，使得标准化部件的种类最优。

(4) 部件的互换。

(5) 定位和安装过程中建筑部件与功能空间之间尺寸关系的协调。

1.3.2 三种尺寸

为了保证建筑物配件的安装与有关尺寸的相互协调，我国在建筑模数协调中把尺寸分为三种，分别是标志尺寸、构造尺寸和实际尺寸。

1. 标志尺寸

标志尺寸是指符合模数数列的规定，用以标注建筑物定位线或基准面之间垂直距离及建筑部件、建筑分部件、有关设备安装基准面之间距离的尺寸。标志尺寸是工程图纸上建筑尺度的控制尺寸，它应符合模数数列的规定，主要用以表示跨度、间距和层高等构件界限之间的距离。标志尺寸不考虑构件的接缝大小及制造、安装过程产生的误差，它是选择建筑和结构方案的依据。

2. 构造尺寸

构造尺寸是指建筑制品、建筑构配件的设计尺寸。构造尺寸小于或大于标志尺寸。对于带有牛腿的柱或花篮梁，其梁或板的构造尺寸要考虑分隔构件的尺寸。三角形屋架等构件的构造尺寸小于标志尺寸。一般情况下，构造尺寸加上预留的缝隙尺寸或减去必要的支撑尺寸等于标志尺寸，即标志尺寸 = 构造尺寸 ± 缝隙 (支撑) 尺寸，如图 1-3 所示。

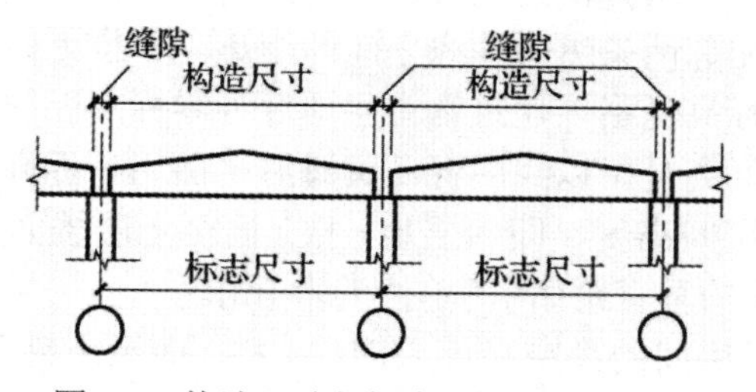

图 1-3 构造尺寸与标志尺寸之间的关系

3. 实际尺寸

实际尺寸是指部件、分部件等生产制作后实际测得的尺寸。实际尺寸就是竣工尺寸，是建筑物构配件、建筑组合件和建筑制品等完成后的实有尺寸。实际尺寸与构造尺寸的差值应符合建筑公差的规定。

本节知识体系

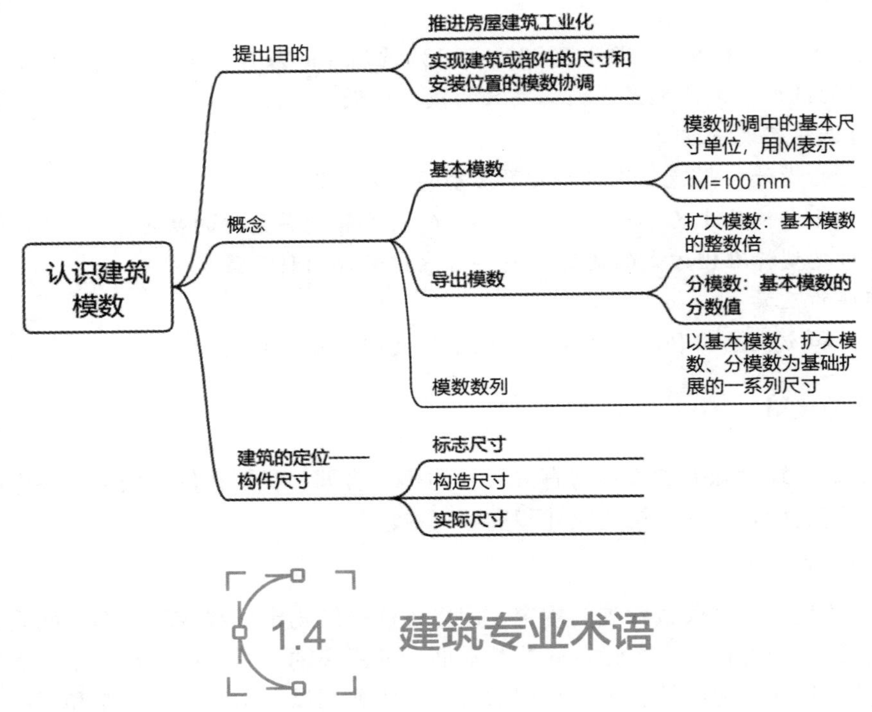

1.4 建筑专业术语

建筑领域常用专业术语主要如下：

(1) 横向。横向是指建筑物的宽度方向。

(2) 纵向。纵向是指建筑物的长度方向。

(3) 横向轴线。横向轴线是用来确定横向墙体、柱、基础位置的轴线，平行于建筑物的宽度方向。其编号方法为：采用阿拉伯数字注写在轴线圈内。

(4) 纵向轴线。纵向轴线是用来确定纵向墙体、柱、基础位置的轴线，平行于建筑物的长度方向。其编号方法为：采用大写拉丁字母注写在轴线圈内。

(5) 开间。开间是指相邻两条横向轴线之间的距离，单位为毫米 (mm)。

(6) 进深。进深是指相邻两条纵向轴线之间的距离，单位为毫米 (mm)。

(7) 相对标高。相对标高是指以建筑物首层地坪为零标高面的标高，单位为米 (m)。

(8) 绝对标高。绝对标高是指以我国青岛黄海海平面为零标高面的标高，单位为米 (m)。

(9) 层高。层高是指层间高度，即本层地 (楼) 面至上层楼面的垂直距离 (顶层层高为顶层楼面至屋面板上表面的垂直距离)，单位为米 (m)。

(10) 净高。净高是指房间的净空高度，即地 (楼) 面至上部顶棚底面的垂直距离，单位为米 (m)。

(11) 建筑高度。建筑高度是指建筑物室外地面到其檐口或屋面面层的高度，单位为米 (m)。

(12) 净面积。净面积是指房间中开间尺寸与进深尺寸扣除墙厚后的乘积，单位为平方米 (m^2)。

(13) 建筑面积。建筑面积由使用面积、交通面积和结构面积组成，是指建筑物外包尺寸 (有外保温材料的墙体，应该从外保温材料外皮算起) 围合的面积与层数的乘积，单位为平

方米 (m^2)。

(14) 结构面积。结构面积是指墙体、柱子所占的面积，单位为平方米 (m^2)。

(15) 使用面积。使用面积是指主要使用房间和辅助使用房间的净面积 (装修所占面积计入使用面积)，单位为平方米 (m^2)。

(16) 交通面积。交通面积是指走道、楼梯间等交通联系设施的净面积，单位为平方米 (m^2)。

(17) 混合结构。混合结构体系建筑的楼板材料多为钢筋混凝土，其墙体是用砂浆将砖、石、砌块等块材黏结叠砌而成的砌体。当墙体材料为砖时，建筑常被称为砖混结构。

(18) 剪力墙结构。剪力墙结构体系将建筑物的墙体 (内墙、外墙) 做成剪力墙来抵抗水平力。剪力墙一般为钢筋混凝土墙，其抗弯、抗剪的性能优于砌体结构，因此可以用在高层建筑中。

(19) 框架结构。框架结构是利用梁、柱组成的纵、横两个方向的框架形成的结构体系。它同时承受水平荷载和竖向荷载的作用。其围护和分隔墙体均不承重，施工顺序为先搭建框架 (包括楼梯和必要的剪力墙)，后填充非承重的墙体。

本节知识体系

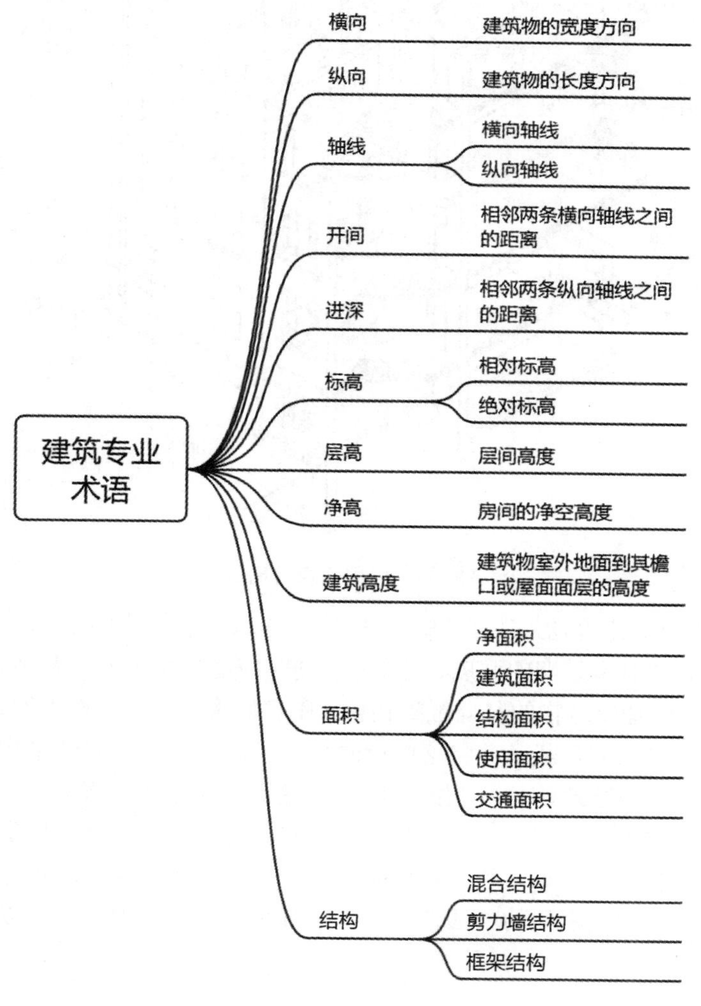

1.5 民用建筑的构造组成和构成系统

民用建筑的构造组成

1.5.1 民用建筑的构造组成

一幢民用建筑一般由基础、墙(柱)、楼地层、楼梯、屋顶、门和窗等部分组成，如图1-4所示，它们有着不同的作用。

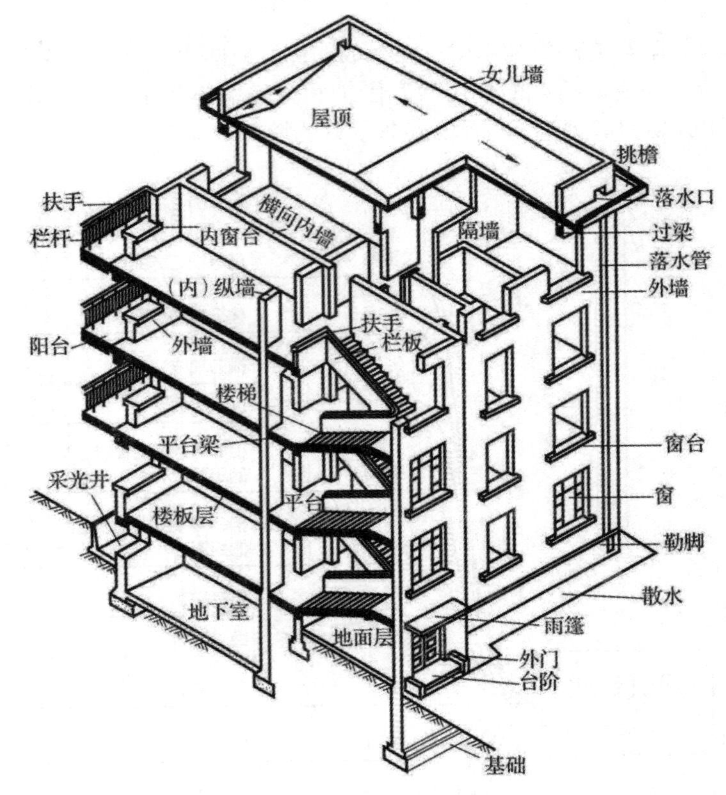

图1-4 民用建筑的构造

(1) 基础。基础是建筑物最下部的承重构件，它承受建筑物的全部荷载，并将荷载传递给地基。基础必须具有足够的强度、稳定性，同时应能抵御土层中各种有害因素的作用。

(2) 墙(柱)。墙是建筑物的竖向维护构件，在多数情况下也要作为承重构件承受屋顶、楼层、楼梯等构件传来的荷载，并将这些荷载传给基础。外墙分隔建筑物的内外空间，抵御自然界中各种因素对建筑物的侵袭；内墙分割建筑内部空间，避免各空间之间的相互干扰。根据墙所处的位置和所起的作用，分别要求它具有足够的强度、稳定性以及保温、隔热、节能、隔声、防潮、防水、防火等功能，并且具有一定的经济性和耐久性。

为了扩大空间，提高空间的灵活性，也为了满足结构的需要，有时以柱代墙，起到承重作用。

(3) 楼地层。楼板层和地坪层是建筑物水平方向的围护构件和承重构件。楼板层分割建筑物上下空间，承受作用其上的家具、设备、人体、隔墙等荷载及楼板自重，并将这些荷载传给墙或柱。楼板层还起着墙或柱的水平支撑作用，以增加墙或柱的稳定性。楼板层除必须具有足够的强度和刚度外，根据上下空间的特点，还应具有隔声、防潮、防水、保温、隔热等功能。地坪层是底层房间与土壤的隔离构件，除承受作用其上的荷载外，还应具有防潮、防水、保温等功能。

(4) 楼梯。楼梯是建筑物的垂直交通设施，供人们上下楼层、疏散人流及运送物品用。它应具有足够的通行宽度和疏散能力，足够的强度和刚度，并具有防火、防滑、耐磨等功能。

(5) 屋顶。屋顶是建筑物顶部的围护构件和承重构件。它抵御自然界的雨、雪、风、太阳辐射等对房间的侵袭，同时承受作用于其上的全部荷载，并将这些荷载传给墙或柱。因此，屋顶必须具有足够的强度、刚度、耐久性以及保温、隔热、防潮、防水、防火和节能等功能。

(6) 门和窗。门的主要功能是交通出入、分隔和联系内部与外部或室内空间，有的兼起通风和采光的作用。门的大小和数量以及开关方向是由通行能力、使用方便和防火要求等因素决定的。窗的主要功能是采光和通风，同时又有分隔与围护的作用，并起到空间之间视觉联系的作用。门和窗均属于围护构件，应具有保温、隔热、隔声、节能、防风沙及防火等功能。

一幢民用建筑物中除了具有上述这些基本组成构件外，还有一些为人们使用、为建筑物本身所必需的其他构件和设施，如壁橱、阳台、雨篷、烟道等。

1.5.2 建筑物的主要构成系统

建筑物的主要组成部分分属于不同的子系统，即建筑物的结构支承系统和围护、分隔系统。有的建筑物的组成部分兼有两种不同系统的功能。除了上述两个子系统之外，与建筑物主体结构有关的其他子系统，例如设备系统等，也会对建筑物的构成产生重要的影响。

1. 建筑物的结构支承系统

建筑物的结构支承系统是指建筑物的结构受力系统以及保证结构稳定的系统。建筑物所承受的竖向荷载将通过板、梁、柱或墙、基础传给地基，这一套系统通过一定的构造措施，将使建筑物在荷载的综合作用下坚固稳定。

结构支承系统是建筑物中不可变动的部分，建成后不得随意拆除或削弱。设计时设计人员首先要明确属于结构支承系统的主体部分，做到结构方案合理、构件传力明确，使支承系统骨架形成；其次要保证构件有足够的强度和刚度，并且构造准确，从而严格控制结构的变形量。

2. 建筑物的围护、分隔系统

建筑物的围护、分隔系统指建筑物中起围合和分隔空间作用的系统，如墙、门窗、楼板等，它们可以用来分隔空间，也可以围合、限定空间。此外，许多属于结构支承系统的建筑组成部分由于其所处的部位，也需要满足其作为围护结构的要求，例如楼板和承重外墙等。

属于建筑物的围护、分隔系统的建筑组成部分，如果不同时属于支承系统，可以因不同时期的使用要求不同而发生位置、材料、形式等的变动。但因它的自重需要传递给其他支承构件并与其周边构件相连接，所以在变动时设计人员应首先考虑其对支承系统的影响。

作为围护、分隔构件，其在围合、分隔空间的过程中要满足使用空间的物理特性要求(例如防水、防火、隔热、保温、隔声、恒湿等)，也要满足建筑物的美学要求(例如形状、质感等)。因此，设计人员在设计时必须综合考虑各种因素的可能性及共同作用，创造安全、舒适、合理的空间环境。

3. 与建筑物的主体结构有关的其他系统

在建筑物中，一些设备系统(例如电力、电信、照明、给排水、供暖、通风、空调等)需要安置空间，许多管道需要穿越主体结构或者其他构件。它们还会形成相应的附加荷载，需要主体结构提供支承。因此，设计人员在设计时必须兼顾这些子系统对主体结构的相应要求，做到合理协调，留有充分的余地。

【拓展知识】

1. 装配式建筑的概念

装配式建筑是一个系统工程，是将预制部品部件通过系统集成的方法在工地装配，实现建筑主体结构构件预制。非承重围护墙和内隔墙非砌筑并全装修的建筑，即把传统建造方式中的大量现场作业工作转移到工厂进行，在工厂加工制作好建筑用构件和配件(如楼板、墙板、楼梯、阳台等)，将其运输到建筑施工现场，通过可靠的连接方式在现场装配安装而成的建筑。

装配式建筑包括装配式混凝土建筑、装配式钢结构建筑、装配式木结构建筑及装配式混合结构建筑等。其采用标准化设计、工厂化生产、装配化施工、信息化管理、智能化应用，是现代工业化生产方式的代表。

2. 装配式建筑的优缺点

1) 装配式建筑的优点

(1) 质量好。构件因不受天气变化的影响，所以可以标准化大批量生产，在质量方面更加可靠。

(2) 节能环保。装配式建筑能够减少施工过程中的物料无辜损耗，同时减少施工现场的建筑垃圾。

(3) 缩短工期。构件因减少了一部分的工序，并且是由生产车间完成后直接运到现场装配，所以施工进度也得以加快。

(4) 节约人力。构件是由工厂直接生产完成的，这减少了人力需求，降低了施工人员的劳动强度。

2) 装配式建筑的缺点

(1) 成本提高。传统建筑工程造价相对于装配式建筑工程造价而言低很多。

(2) 运费增加。构件由工厂直接运往工地使用，如果工厂与工地现场距离太远，则运送构件的运输成本就会提高。

(3) 尺寸限制。由于构件的大小不一致，生产设备难以满足所有构件的要求，所以尺寸较大的构件再生产时会有一定难度。

(4) 应用领域小。装配式建筑虽得到国家的大力推广，但目前装配式建筑在建筑总高度以及层高上受到很大限制。

(5) 抗震性较差。由于装配式建筑的整体性与刚度较低，所以其抗震冲击能力较差。

3. 装配式建筑评价标准

为促进装配式建筑发展，规范装配式建筑评价，相关部门制定了《装配式建筑评价标准》(GB/T 51129—2017)。该标准适用于评价民用建筑的装配化程度，其采用装配率评价建筑的装配化程度。装配式建筑评价除应符合该标准外，还应符合国家现行有关标准的规定。

《装配式建筑评价标准》(GB/T 51129—2017) 主要从建筑系统及建筑的基本性能、使用功能等方面提出装配式建筑评价方法和指标体系。评价内容和方法的制定结合了目前工程建设整体发展水平，并兼顾了远期发展目标。设定的评价指标具有科学性、先进性、系统性、导向性和可操作性。《装配式建筑评价标准》(GB/T 51129—2017) 体现了现阶段装配式建筑发展的重点推进方向：主体结构由预制部品部件向建筑各系统集成转变；装饰装修与主体结构的一体化发展，推广全装修，鼓励装配化装修方式；部品部件的标准化应用和产品集成。

《装配式建筑评价标准》(GB/T 51129—2017) 及相关地方规则规定了装配率的计算方法。装配率是指单体建筑室外地坪以上的主体结构、围护墙和内隔墙、装修和设备管线等采用预制部品部件的综合比例，可以反映建筑的装配化程度。装配率是评价装配式建筑的重要指标，反映了装配式建筑中应用工业化建造技术的程度。

装配式建筑的设计文件和相关文件中应明确列出建筑单体的装配率指标。

装配式建筑评价等级应划分为 A 级、AA 级、AAA 级，并应符合下列规定：

(1) 装配率为 60%～75% 时，评价为 A 级装配式建筑。

(2) 装配率为 76%～90% 时，评价为 AA 级装配式建筑。

(3) 装配率为 91% 及以上时，评价为 AAA 级装配式建筑。

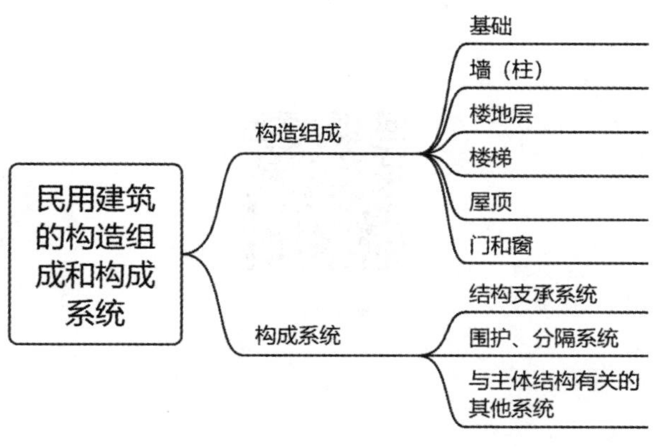

思考与练习

一、单选题

1. 以下选项中属于构筑物的是（　　）。

A. 教学楼　　B. 体育馆

C. 三峡水电站　　D. 水立方

2. 房屋一般由（　　）部分组成。

A. 基础、楼地层、楼梯、墙（柱）、屋顶、门窗

B. 地基、楼板、地面、楼梯、墙（柱）、屋顶、门窗

C. 基础、楼地层、楼梯、墙、柱、门窗

D. 基础、地基、楼地层、楼梯、墙、柱、门窗

3. 建筑物的六大组成部分中属于非承重构件的是（　　）。

A. 楼梯　　B. 门窗

C. 屋顶　　D. 吊顶

4. 房屋建筑中作为水平方向承重构件的是（　　）。

A. 柱　　B. 基础

C. 楼板层　　D. 楼梯

5. 基本模数的数值 1M 表示（　　）。

A. 1 mm　　B. 10 mm

C. 100 mm　　D. 1000 mm

6. 以下哪一个选项不是国家制定《建筑模数协调标准》(GB 50002—2013) 的原因（　　）。

A. 提高设计的个性化　　B. 扩大生产规模

C. 提高施工质量　　D. 降低造价

二、简答题

1. 简述建筑物的构造组成。

2. 实行建筑模数协调标准的目的是什么？基本模数、扩大模数、分模数的含义和适用范围是什么？

参考答案

项目 2　基础与地下室

学习目标

1. 知识目标

(1) 了解基础与地基的基本概念及设计要求。

(2) 理解基础埋深的影响因素。

(3) 掌握基础的分类以及各类基础适用场所。

(4) 掌握地下室的防潮、防水构造。

2. 能力目标

(1) 能够根据不同建筑物的情况和环境条件，合理确定基础类型。

(2) 能够根据地下室的实际情况确定防水或防潮方案。

3. 思政目标

(1) 培养行业法制观念，提升工程师的使命感和社会责任感。

(2) 培养工程思维。

学习任务

任务 1：选择基础类型并说明其构造要点

某四层框架结构教学楼采用浅基础，位于6度抗震设防地区，地基土质良好，试选择合适基础类型及材料并说明基础构造要点。

任务 2：绘制地下室卷材防水构造图

某地下室原设计为混凝土自防水，如图2-1所示。现将其改为卷材防水，试选择防水层卷材的层数，并绘制卷材防水构造图。绘图时可参照相关图集。

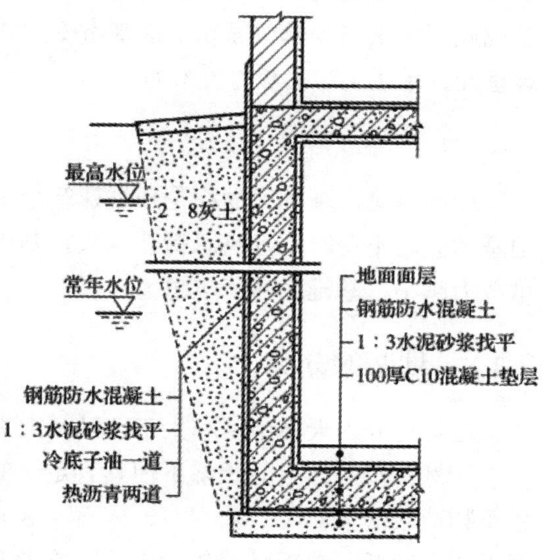

图 2-1　混凝土自防水

任务 3：完成基础与地下室构造实训任务表

基础与地下室构造实训任务表

通过参观、调查等方式，了解所在城市住宅及公共建筑基础与地下室的构造情况，对其进行合理分类，扫描二维码以获取基础与地下室构造实训任务表，完成填写，并分析其适用范围等。

2.1 基础与地基概述

基础与地基概述

2.1.1 基础与地基的概念

基础是建筑物地面以下的承重结构，是建筑物的墙或柱子在地下的扩大部分，其作用是承受建筑物上部结构传下来的荷载，并把它们连同自重一起传给下面的土层，是建筑物的重要组成部分。

地基是指基础底面以下，荷载作用影响范围内的部分岩石或土体，它不是建筑物的组成部分，它的作用是承受基础传来的全部荷载。其中，具有一定的地耐力、直接支承基础，且具有一定承载能力的土层称为持力层；持力层以下的土层称为下卧层，如图 2-2 所示。地基土层在荷载的作用下会产生变形，变形量将随土层深度的增加而减小，到达一定深度时可忽略不计。

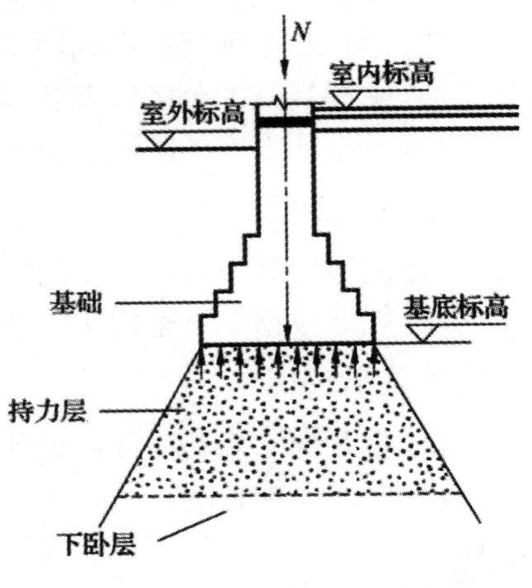

图 2-2 基础与地基

建筑物的全部荷载都是通过基础传给地基的。作为地基的岩、土体以其强度（地基承载力）和抗变形能力保证建筑物的正常使用和整体稳定性，并使地基在防止整体破坏方面有足够的安全储备。为了保证建筑物的稳定和安全，建筑物基础底面的平均压力不得超过地基承载力。当荷载一定时，可通过增加基础底面积来减少单位面积上地基所受到的压力。基础传给地基的压力 N、基础底面积 A、地基允许承载力 f 三者的关系为

$$A \geqslant \frac{N}{f}$$

由此可见，基础底面积是根据建筑总荷载和建筑地点的地基允许承载力来确定的。当地基承载力不变时，建筑总荷载越大，基础底面积应越大；当建筑物总荷载不变时，地基承载力越小，基础底面积应越大。

2.1.2 地基的分类

地基可分为天然地基和人工地基两大类。

天然地基是指自然状态下便具有足够的承载力，不需要人工改善或加固便可直接承受建筑物荷载的天然土层。岩石、碎石、砂石、黏土等一般可以作为天然地基。如果天然土层承载力较低，缺乏足够的稳定性，不能满足承受上部建筑荷载的要求，就必须对其进行人工加固，以提高其承载力和稳定性，加固后的地基叫人工地基。人工加固地基常用的方法有压实法、换土法和打桩法等。人工地基较天然地基费工费料，造价较高，只有在天然

土层承载力低、建筑总荷载大的情况下方可采用。

【拓展知识】

人工地基的处理措施通常有压实法、换土法和打桩法三大类。

(1) 压实法。压实法是通过重锤夯实或压路机碾压，挤出软弱土层中土颗粒间的空气，使土中孔隙压缩，提高土的密实度，从而增加地基土承载力的方法。这种方法经济实用，适用于土层承载力与设计要求相差不大的情况。

(2) 换土法。换土法是将基础底面下一定范围的软弱土层部分或全部挖去，换成低压缩性材料，如灰土、矿石渣、粗砂、中砂等，再分层夯实，作为基础垫层的方法。

(3) 打桩法。打桩法是在软弱土层中置入桩身，把土壤挤密或把桩打入地下坚硬的土层中，来提高土层承载力的方法。

除以上三种主要方法外，人工地基还有许多其他的处理方法，如化学加固法、电硅化法、排水法、加筋法和热学加固法等。

2.1.3 基础与地基的设计要求

地基承受着建筑物的全部荷载，基础是建筑物的主要承重构件，两者承载力的高低直接关系着建筑物的安全。因此，在建筑设计时合理选择基础与地基极为重要。

1. 强度和刚度要求

设计人员应尽量选择地基承载力较高而且土质均匀的地段，如岩石地段、碎石地段等，避免因地基强度和刚度低造成建筑物不均匀沉降，引起墙体开裂，甚至影响建筑物的正常使用。

2. 强度和耐久性要求

基础是建筑物的重要承重构件，起着承受和传递上部结构荷载的作用，稳定的基础是建筑物安全的重要保证。基础必须具有足够的强度才能保证其将建筑物的荷载可靠地传递给地基。同时由于基础埋于地下，长期受到地下水或其他有害物质的侵蚀，并且建成后检查和维修困难，因此，设计人员在选择基础的材料与构造形式时应考虑耐久性要求。

3. 经济要求

基础工程占建筑工程总造价的10%～40%，故降低基础工程的造价是减少建筑总投资的有效方法。这就要求设计人员选择土质好的地段，以减少地基处理的费用；合理选择基础的材料和构造形式，降低工程造价。

【思政课堂】

比萨斜塔是意大利比萨城大教堂的独立式钟楼，位于比萨大教堂的后面，它与相邻的大教堂、洗礼堂、墓园等对11世纪至14世纪的意大利建筑艺术有着巨大影响。1590年，伽利略曾在此塔做落体试验，由此创立了物理学上著名的自由落体定律，比萨斜塔也因此成为世界上最珍贵的历史文物之一。

比萨塔共 8 层，从地面到塔顶高 55 m，于 1173 年动工，1178 年建造至第 4 层中部(高度 29 m)时，因塔明显倾斜而停工。94 年后，即 1272 年比萨塔复工，经 6 年时间建完第 7 层，高 48 m，再次停工中断 82 年。1360 年比萨塔再次复工，1370 年修建完工，历时约 200 年。比萨塔被设计为垂直建造，但在第 3 层建造完成后，塔已向北倾斜约 0.25°，在随后的建造过程中，建造者采取各种措施修正倾斜，如刻意将钟楼上层搭建成反方向的倾斜，以补偿已经发生的重心偏离。据史料记载，1278 年工程进展到第 7 层时，塔向南倾斜约 0.6°；1360 年建造顶层钟房时增加到 1.6°。

比萨塔之所以会倾斜，是因为塔身建立在深厚的高压缩性土之上，塔的地基持力层为粉砂层，下面为粉土层和黏土层，地基的不均匀沉降导致塔身倾斜。根据现有的文字记载，比萨斜塔在几个世纪以来的倾斜是缓慢的，这是因为它和它地基下方的土层实际上达到了某种程度上的平衡，1550 年至 1817 年的 267 年间，塔的倾斜总和不超过 5 cm。然而 1838 年的一次工程使倾斜突然增加了 20 cm。该工程结束以后，比萨斜塔的加速倾斜又持续了几年，之后趋于平稳，减少到每年倾斜约 1 mm。

1990 年 1 月，比萨塔南北两端沉降差已达 1.8 m，塔顶中心线偏离塔底中心线达 5.27 m，倾角为 5°21'16"，斜率为 9.3%(是我国地基基础规范允许值的 18 倍多)。比萨塔由于倾斜程度过大，容易发生危险，其于 1990 年停止向游客开放，之后经过 12 年的修缮，斜塔被扶正 44 cm，2001 年 12 月重新对外开放。

比萨斜塔的地基问题虽然给建筑带来了挑战，但也促使人们更加关注自然与建筑的关系，寻求与自然和谐共生的方法。这启示我们在城市化进程中，要尊重自然规律，保护生态环境，实现人与自然的和谐共处。

本节知识体系

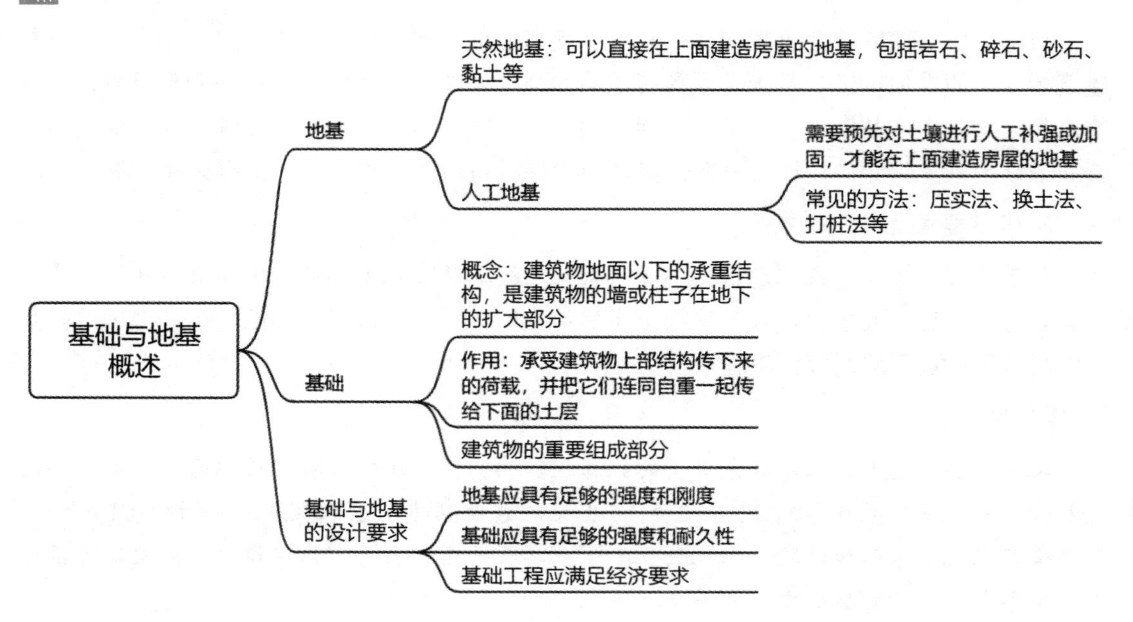

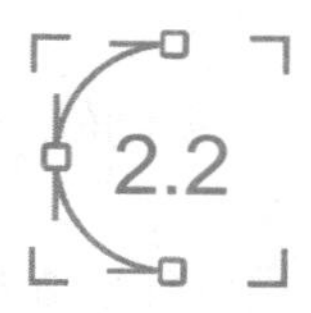

2.2 基础的埋置深度及影响因素

基础的埋置深度及影响因素

2.2.1 基础的埋置深度

室外设计地面至基础底面的垂直距离称为基础的埋置深度，简称基础的埋深，如图 2-3 所示。埋置深度不超过 5 m 或不超过基底最小宽度，承载力中不计入基础侧壁岩土摩阻力的基础为浅基础；埋置深度超过 5 m 或超过基底最小宽度，承载力中计入基础侧壁岩土摩阻力的基础为深基础。

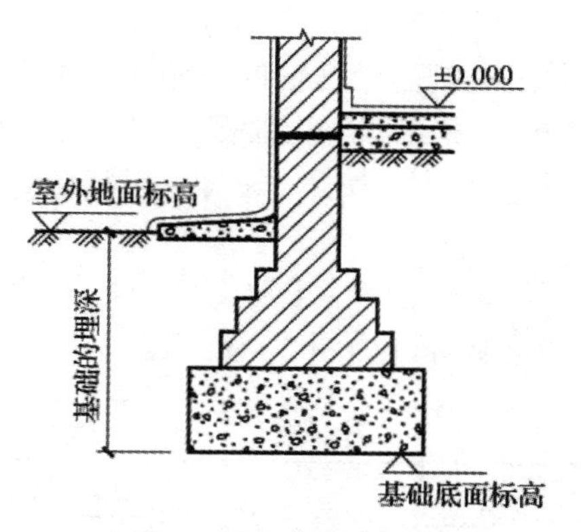

图 2-3　基础的埋置深度

在保证安全的前提下，优先选用浅基础可以降低工程造价。但当基础埋深过小时，地基受到压力后有可能会把基础四周的土挤出，使基础产生滑移而失去稳定，同时基础易受到自然因素的侵蚀和影响而破坏。所以，基础的埋深一般情况下不应小于 0.5 m。

若浅层土质不良，则基础埋深需要加大，设计人员可采用特殊的施工手段和相应的基础形式，如桩基、沉箱、地下连续墙等，这些基础也称为深基础。

2.2.2 基础埋深的影响因素

基础埋深的大小关系到地基的可靠性、工程造价的合理性和施工的难易程度。影响基础埋深的因素主要有以下几点。

1. 建筑物的使用要求、上部荷载的大小和性质

一般高层建筑的基础埋置深度为地面以上建筑物总高度的 1/10。当建筑物设置地下室、设备基础或地下设施时，基础埋深应满足其使用要求；高层建筑的基础埋深应随建筑高度的增加适当加大；荷载的大小和性质也会影响基础埋深，一般荷载较大时埋深也应加大；受向上拔力的基础应有较大的埋深，以满足抗拔要求。

2. 工程地质条件

基础底面应尽量选在常年未经扰动且坚实平坦的土层或岩石上，这种土层俗称“老土

层”。因为在接近地表的土层中常带有大量植物根茎的腐殖质或垃圾等，故不宜作为地基。根据地基土层分布的不同，基础埋深一般有下面几种典型的情况。

(1) 在满足地基稳定和变形要求的前提下，基础可以尽量浅埋，但通常不浅于 0.5 m，如图 2-4(a) 所示。

(2) 当地基土层的上层为软弱土层 (厚度在 2 m 以内)，下层为低压缩性土层时，基础应埋在低压缩性土层内，这种方式土方开挖量不大，较经济，如图 2-4(b) 所示。

(3) 当地基软弱土层的厚度为 2～5 m 时，对于低层、轻型建筑，基础应埋于表层软弱土层内，如图 2-4(c) 所示，同时设计人员应加强上部结构的整体性，并可加大基础底面积；若为高层建筑或重型建筑的基础，基础应埋在低压缩性土内。

(4) 当地基软弱土层的厚度大于 5 m 时，对于总荷载较小的建筑物应尽量利用表层软弱土层作为地基，将基础埋于软弱土层内，如图 2-4(d) 所示。必要时设计人员应加强上部结构的整体性，增大基础底面积或用换土、压实等方法对地基进行人工加固处理，进行经济比较后确定是采用人工地基还是把基础埋在低压缩性土层内。

(5) 当地基上层为低压缩性土层、下层为软弱土层时，基础应尽量埋在上层，基础埋深也应适当减小，以便有足够厚度的持力层，设计人员要验算下卧层的应力和应变，确保结构的安全稳固，如图 2-4(e) 所示。

(6) 当地基土层由软弱土层和低压缩性土层交替组成且建筑物上部的荷载很大时，设计人员常采用深基础方案，如桩基等，如图 2-4(f) 所示。

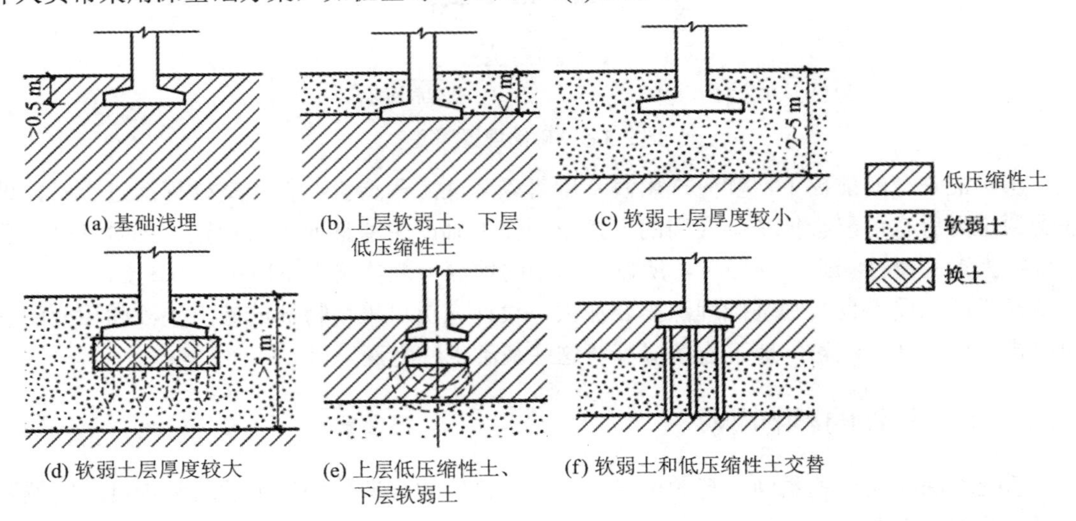

图 2-4　基础埋深与土质的关系

按地基条件选择埋深时，设计人员还要从减少不均匀沉降的角度来考虑，当土层分布明显不均匀或各部分荷载差别很大时，同一建筑物可采用不同的埋深来调整不均匀沉降量。

3. 水文地质条件

地下水对某些土层的承载能力有很大影响，如黏性土在地下水上升时，将因含水量增加而膨胀，使土的强度降低；当地下水下降时，基础将产生下沉。为避免地下水的变化影响地基承载力及防止地下水给基础施工带来的麻烦，一般基础应尽量埋在最高地下水位以上，如图 2-5(a) 所示。

当地下水位较高，基础不能埋在最高水位以上时，宜将基础底面埋置在最低地下水位以下 200 mm，如图 2-5(b) 所示。此时基础底面不会处于地下水位变化的范围内，避免了地下水对基础的影响。这种情况下，基础应采用耐水材料，如混凝土、钢筋混凝土等，施工时要考虑基坑的排水。

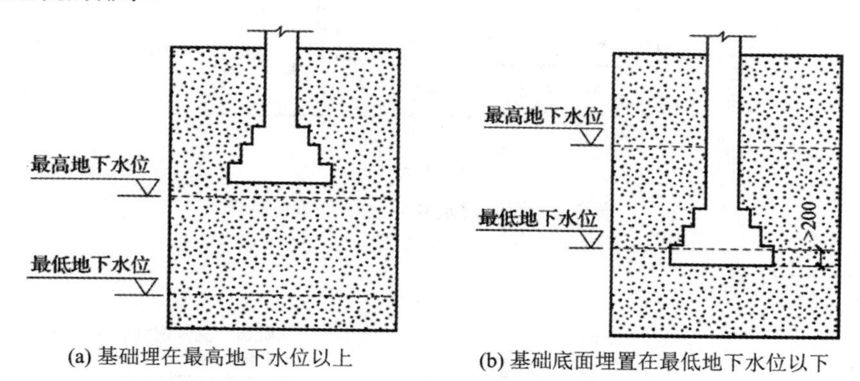

(a) 基础埋在最高地下水位以上　　(b) 基础底面埋置在最低地下水位以下

图 2-5　地下水位对基础埋深的影响

4. 地基土冻结深度

地面以下冻结土和非冻结土的分界线称为冰冻线，冰冻线的深度为冻结深度。土的冻结深度主要是由当地的气候决定的。由于各地区的气温不同，冻结深度也不同。严寒地区冻结深度很大，如哈尔滨可达 2～2.2 m；温暖和炎热地区冻结深度则很小，甚至不冻结，如上海仅为 0.12～0.2 m。土的冻结是由土中水冻结造成的，水冻结成冰体积膨胀。当房屋的地基为冻胀性土时，由于冻结体积膨胀产生的冻胀力会将基础向上拱起，解冻后冻胀力消失，房屋又将下沉，冻结和融化是不均匀的。房屋各部分受力不均匀会产生变形和破坏，因此建筑物基础应埋置在冰冻线以下 200 mm 处，如图 2-6 所示。采暖建筑的内墙基础埋深可以根据建筑的具体情况进行适当的调整。

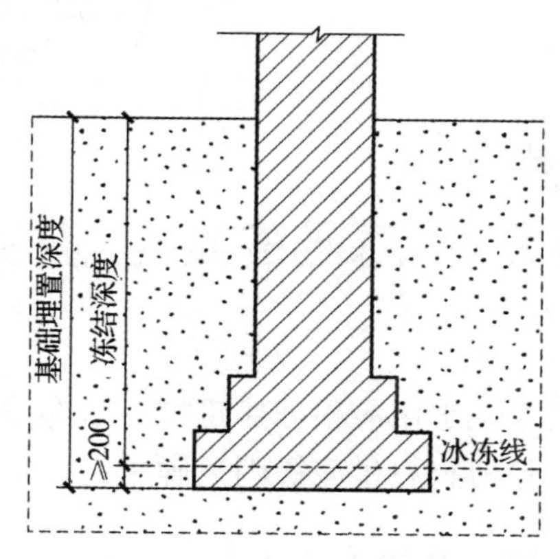

图 2-6　冻结深度对基础埋深的影响

5. 相邻建筑物基础

新建建筑物的基础埋深不宜大于相邻原有建筑物的基础埋深，但当新建建筑物的基础埋深必须大于原有建筑物的基础埋深时，两基础间的净距 L 一般为相邻基础基底高差 h 的 1～2 倍，如图 2-7 所示。

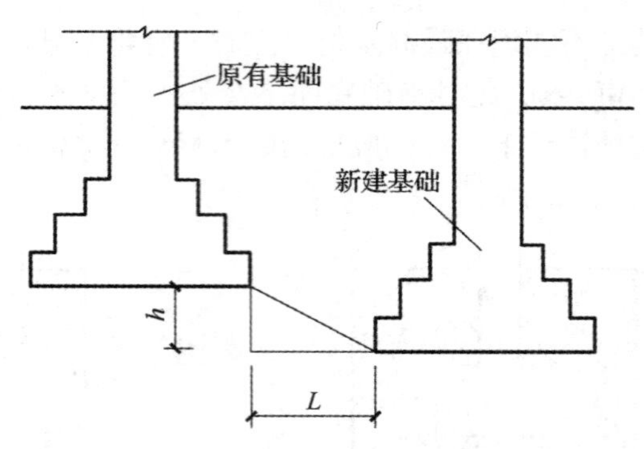

图 2-7　相邻建筑物对基础埋深的影响

本节知识体系

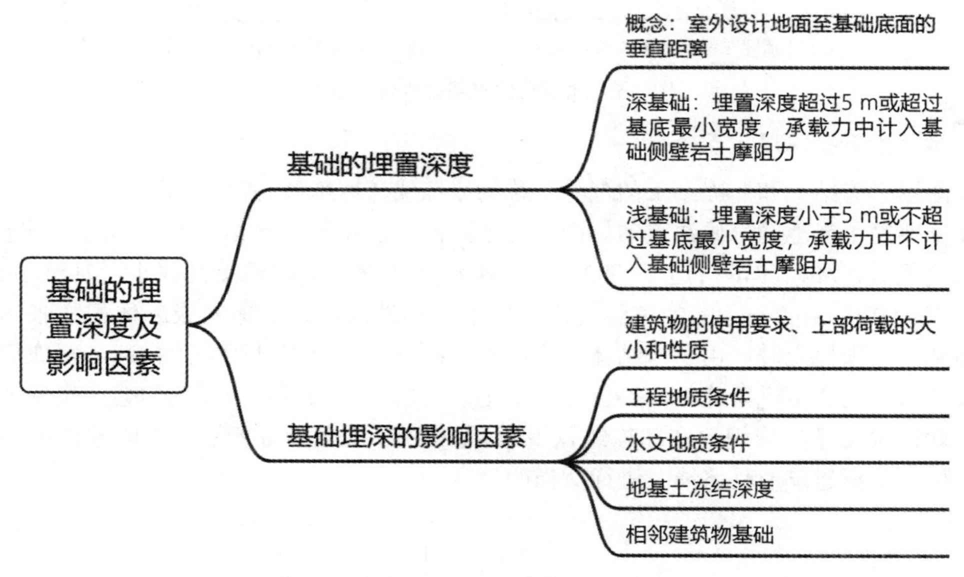

2.3　基础的类型与构造

基础的类型与构造

基础的类型很多，基础类型的选用应根据建筑物的结构类型、体量高度、荷载大小、地质水文和地方材料供应等因素确定。

2.3.1　按所用材料及受力特点分类

1. 刚性基础（无筋扩展基础）

刚性基础是指由砖、毛石、混凝土或毛石混凝土、灰土和三合土等材料组成，不配置钢筋的墙下条形基础或柱下独立基础。

这类基础的抗压强度高，而抗拉、抗剪强度低。为满足地基容许承载力的要求，这类基础需要有大基底面积，基底宽度 B 一般应大于上部墙的宽度。当 B 很大时，挑出部分 b 会很长，而基础又没有足够的高度 H，加上刚性材料的抗拉、抗剪强度低，基础就会因受弯曲或剪切而被破坏，如图 2-8 所示。

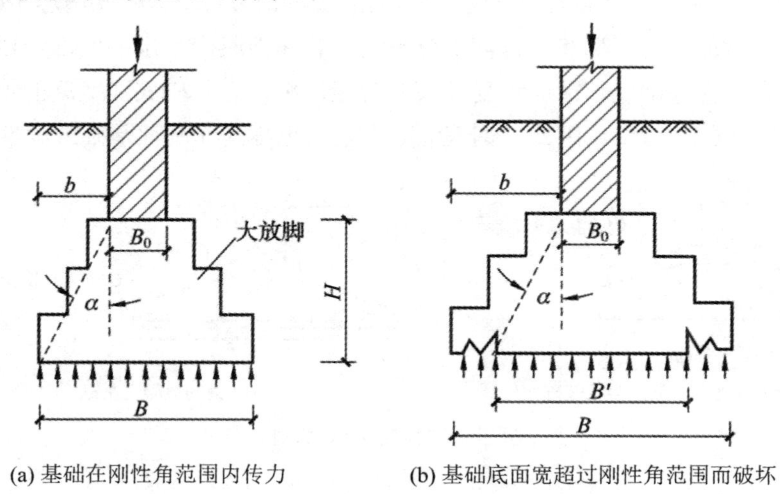

(a) 基础在刚性角范围内传力　　(b) 基础底面宽超过刚性角范围而破坏

图 2-8　刚性基础的受力、传力特点

为了保证基础不被拉力、剪力破坏，基础底面尺寸的放大应根据材料的刚性角来决定。刚性角是指基础放宽的引线与墙体竖线之间的夹角，用 α 表示。

一般在设计中为使用方便，设计人员会将刚性角换算成该角度的正切值 b/H，即宽高比。根据《建筑地基基础设计规范》(GB 50007—2011) 规定，各种材料基础台阶宽高比的容许值见表 2-1。

表 2-1　刚性基础台阶宽高比的容许值

基础材料	质 量 要 求	台阶宽高比的允许值		
		$p_k \leqslant 100$	$100 < p_k \leqslant 200$	$200 < p_k \leqslant 300$
混凝土基础	C15 混凝土	1∶1.00	1∶1.00	1∶1.25
毛石混凝土基础	C15 混凝土	1∶1.00	1∶1.25	1∶1.50
砖基础	砖不低于 MU10，砂浆不低于 M5	1∶1.50	1∶1.50	1∶1.50
毛石基础	砂浆不低于 M5	1∶1.25	1∶1.50	—
灰土基础	体积比为 3∶7 或 2∶8 的灰土，其最小干密度：粉土 1550 kg/m^3；粉质黏土 1500 kg/m^3；黏土 1450 kg/m^3	1∶1.25	1∶1.50	—
三合土基础	体积比 1∶2∶4～1∶3∶6(石灰∶砂∶骨料)，每层约虚铺 220 mm，夯至 150 mm	1∶1.50	1∶2.00	—

注：1. p_k 为作用标准组合时的基础底面处的平均压力值 (kPa)；

2. 阶梯形毛石基础的每阶伸出宽度不宜大于 200 mm。

2. 柔性基础

当建筑物的荷载较大而地基承载能力较小时，基础底面积必须加大，若基础仍采用刚性材料，如混凝土，则势必会加大基础的深度，如图 2-9(a) 所示，这样既增加了挖土工作量，又使材料的用量增加，对工期和造价都十分不利。若在混凝土基础的底部配以钢筋，由钢筋来承受拉应力，使基础底部能够承受较大的弯矩，则此时基础底面宽度的加大不受刚性角的限制，如图 2-9(b) 所示。因此，钢筋混凝土基础也称为非刚性基础或柔性基础。

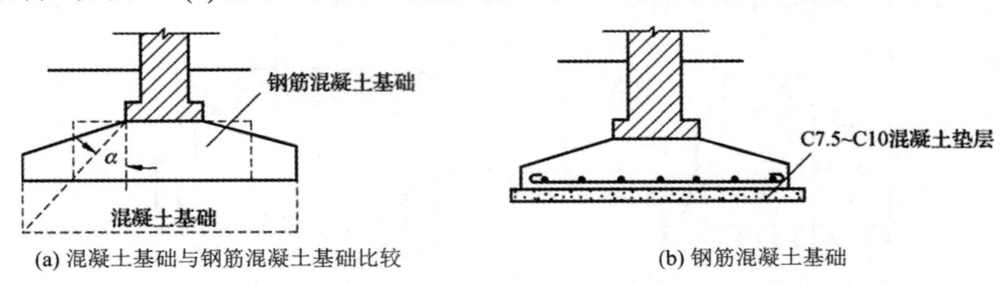

(a) 混凝土基础与钢筋混凝土基础比较　　(b) 钢筋混凝土基础

图 2-9　钢筋混凝土基础

2.3.2　按构造形式分类

基础形式的选择与上部结构形式直接相关，另外与土层分布情况、地基承载力、荷载大小、受力方向等条件也密切相关。通常，上部结构形式直接影响基础的形式，当上部荷载变化，或地基承载能力有变化时，基础形式也随之变化。常用的基础有以下几种基本构造形式。

1. 独立基础

当建筑物上部结构采用框架结构或单层排架结构承重时，基础常采用方形或矩形的独立式构造，这类基础称为独立基础或柱式基础，常用断面形式有阶梯形、锥形和杯形，如图 2-10 和图 2-11 所示。独立基础适合于多层框架结构或厂房排架结构，其材料通常采用钢筋混凝土、素混凝土等。当柱为预制时，基础可做成杯口形，柱子插入并嵌固在杯口内，这种基础称为杯口基础。有时因建筑物场地起伏或局部工程地质条件变化，以及需避开设备基础等原因，个别柱基础底面可以降低而做成高杯口基础，高杯口基础也称为长颈基础。

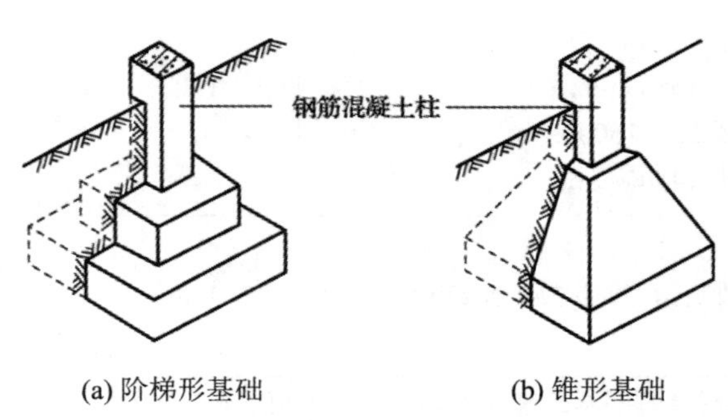

(a) 阶梯形基础　　(b) 锥形基础

图 2-10　独立基础

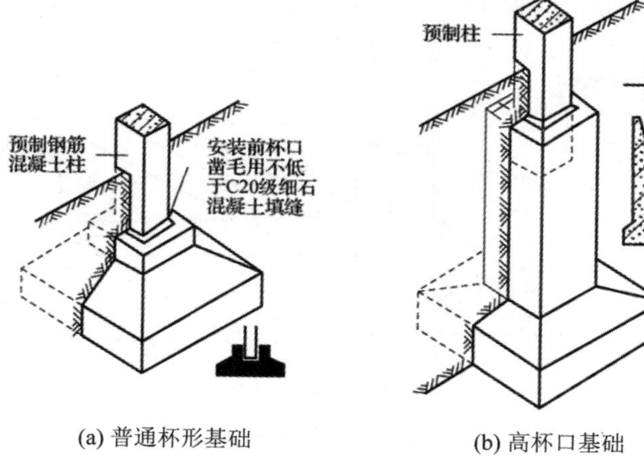

(a) 普通杯形基础　　(b) 高杯口基础

图 2-11　杯口基础

2. 条形基础

当建筑物上部结构采用墙承重时，基础沿墙身设置，多做成长条形，这类基础称为条形基础或带形基础，其是墙承式建筑基础的基本形式，有墙下条形基础和柱下条形基础两类。

1) 墙下条形基础

当建筑物的上部结构采用墙承重时，基础沿墙身设置，这类基础称为墙下条形基础，如图 2-12 所示。墙下条形基础一般用于多层混合结构建筑。低层或小型建筑采用钢筋混凝土墙或地基较差、荷载较大时，可采用钢筋混凝土条形基础代替常用砖、混凝土等刚性条形基础。

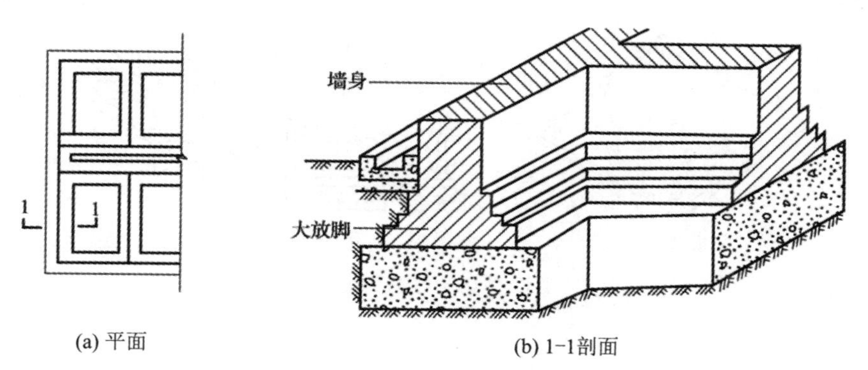

(a) 平面　　(b) 1-1剖面

图 2-12　墙下条形基础

2) 柱下单向条形基础

当上部结构采用框架或排架结构，并且荷载较大或荷载分布不均匀、地基承载力较低时，每列柱下的单独基础可以用基础梁相连形成柱下条形基础，它能有效增强基础的承载力和整体性，减少不均匀沉降，如图 2-13 所示。

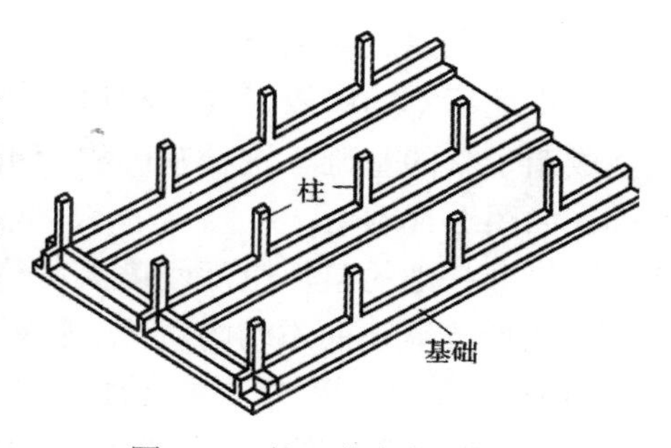

图 2-13　柱下单向条形基础

3) 柱下双向条形基础（井格基础）

柱下双向条形基础也称作井格基础，是指当地基条件较差时，为了提高建筑物的整体性，防止柱子之间产生不均匀沉降，常将柱下基础沿纵、横两个方向扩展连接起来，做成十字交叉的井格基础或十字交叉基础，如图 2-14 所示。

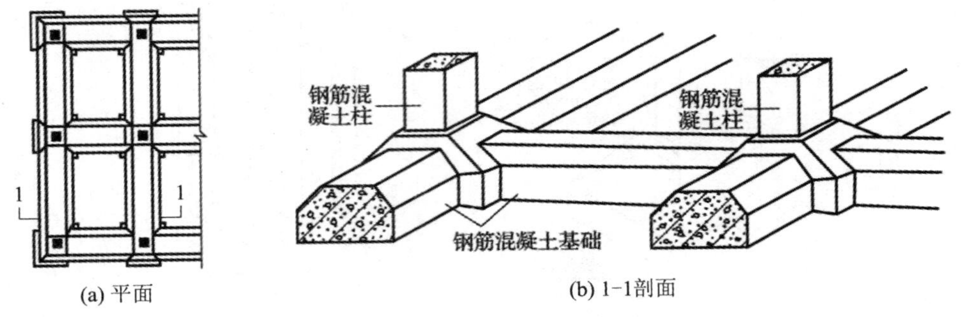

(a) 平面　　(b) 1−1剖面

图 2-14　井格基础

3. 筏形基础

当建筑物上部荷载较大、地基较弱时，简单的条形基础或井格基础已不能适应地基变形的需要，此时墙或柱下基础可以连成一片，形成钢筋混凝土板，使建筑物的荷载施加在一块整板上，这种基础称为筏形基础，也称筏板基础、整板基础。

筏形基础的整体性好，常用于地基软弱的多层砌体结构、框架结构、剪力墙结构等，以及上部结构荷载较大且不均匀的情况。

筏形基础有平板式和梁板式两种，如图 2-15 所示。其中，平板式筏形基础的柱直接支承在钢筋混凝土底板上；梁板式筏形基础是指在钢筋混凝土底板上设基础梁，再将柱支承在梁上形成的基础。

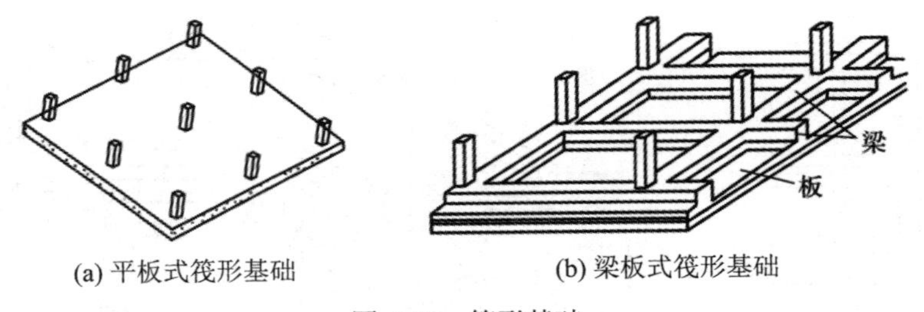

(a) 平板式筏形基础　　(b) 梁板式筏形基础

图 2-15　筏形基础

4. 箱形基础

当上部建筑物为荷载大、对地基不均匀沉降要求严格的高层建筑、重型建筑或在软弱土地基上建造多层建筑时，为增加基础刚度，地下室的底板、顶板和墙整体可以浇成箱子状的基础，这种基础称为箱形基础，如图 2-16 所示。

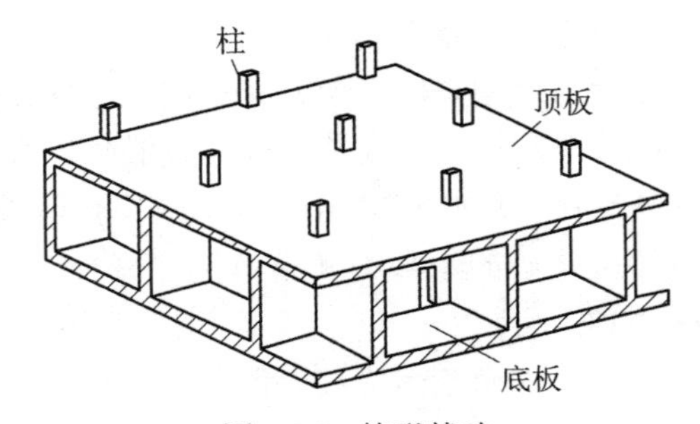

图 2-16　箱形基础

箱形基础的整体空间刚度大，整体性强，能抵抗地基的不均匀沉降，同时有较好的地下空间可以利用（基础的中空部分可用作地下室或停车库），能承受很大的弯矩。

5. 桩基础

当浅层地基不能满足建筑物对地基承载力和变形的要求，且由于某些原因，其他地基处理措施又不适用时，可以考虑采用桩基础。桩基础以地基下较深处的坚实土层或岩层作为持力层。

桩基础由桩和承接上部结构的承台梁或承台板组成，如图 2-17 所示。按设计的点位将桩置于土中，桩的上端浇筑钢筋混凝土承台梁（板），承台梁（板）上接柱或墙体，以便将建筑荷载均匀地传递给桩基础。

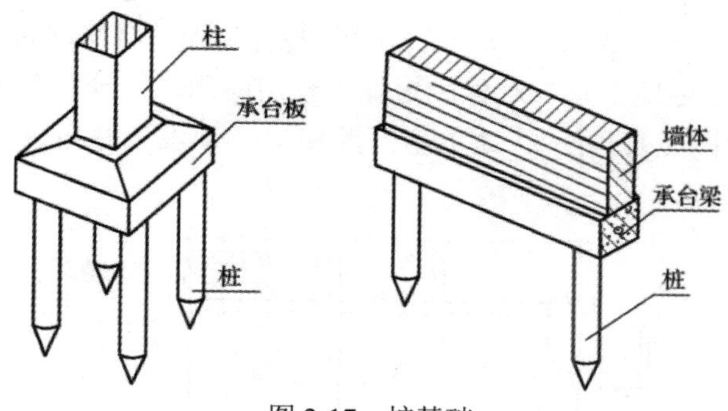

图 2-17　桩基础

桩基础的类型很多，按照材料不同可以分为木桩、素混凝土桩、钢筋混凝土桩、钢管桩等；按照施工方法不同可以分为预制桩、灌注桩、扩底桩等；按断面不同可分为圆形桩、方形桩、筒形桩、六角形桩等；按照受力方式不同可以分为摩擦桩和端承桩。

目前，工程中使用较多的是钢筋混凝土桩包括预制桩、灌注桩和扩底桩。

本节知识体系

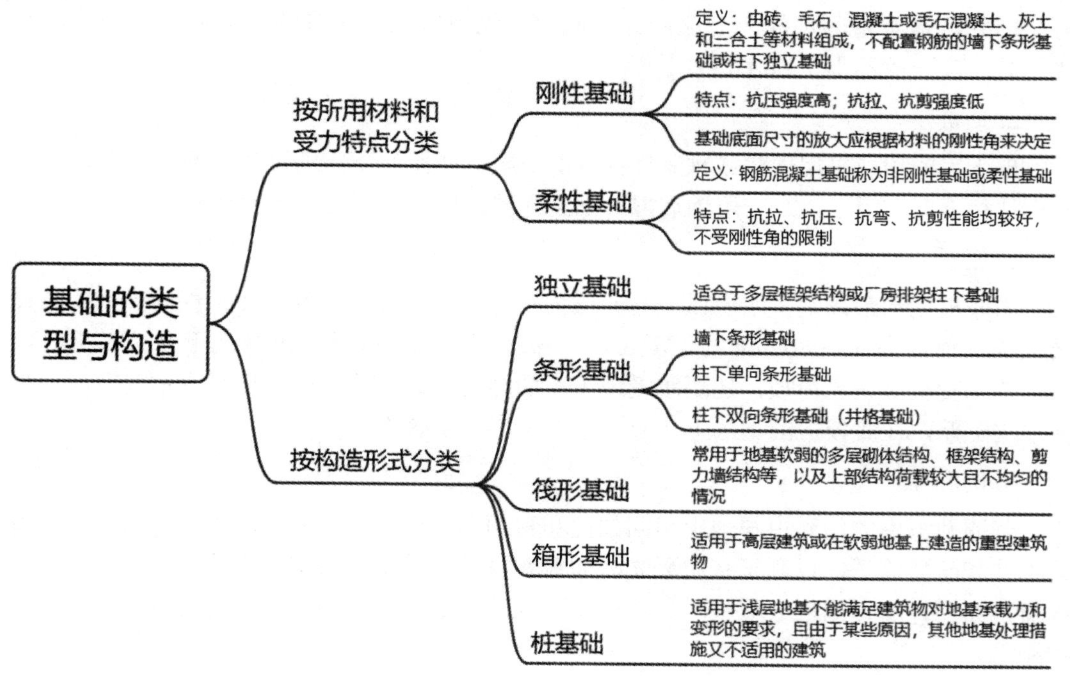

2.4 地 下 室

地下室

2.4.1 地下室的组成

地下室是建筑物首层下面的房间。利用地下空间可节约建设用地。地下室可用作设备间、储藏间、旅馆、餐厅、商场、车库以及战备人防工程。高层建筑常利用深基础(如箱形基础)建造一层或多层地下室，这样既增加了使用面积，又能节省室内填土需要花费的费用。地下室构造如图 2-18 所示。地下室一般由墙、顶板、底板、门和窗、采光井、楼梯等部分组成。

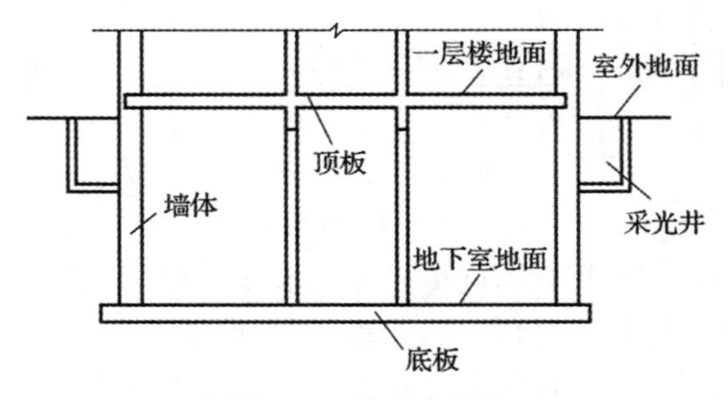

图 2-18　地下室构造

1. 墙

地下室的墙不仅承受上部的垂直荷载，还承受土、地下水及土壤冻胀时产生的侧压力，因此，地下室的墙的厚度应经计算确定。地下室采用最多的为混凝土或钢筋混凝土墙，其厚度一般不小于 300 mm。

2. 顶板

地下室的顶板采用现浇或预制钢筋混凝土板。防空地下室的顶板一般应为现浇板。预制板往往需要在板上浇筑一层钢筋混凝土整体层，以保证有足够的整体性。

3. 底板

当底板处于最高地下水位以上且无压力产生时，其可按一般地面工程处理，即先在垫层上浇筑厚度为 50～80 mm 的混凝土，再做面层。当底板处于最高地下水位以下时，其不仅要承受上部垂直荷载，还要承受地下水的浮力荷载，此时底板应采用钢筋混凝土材料并双层配筋，在底板下的垫层上还应设置防水层，以防渗漏。

4. 门和窗

普通地下室的门和窗与地上房间的门和窗相同。外窗在室外地坪以下的地下室应设置采光井和防护箅子，以利于室内采光、通风和室外人员行走安全。人防地下室一般不允许设窗，如需开窗，则应采取战时堵严措施。人防地下室的外门应按等级要求设置相应的防护构造。

5. 采光井

为了充分利用地下室空间，以满足一定的采光和通风要求，地下室外墙一侧往往会设置采光井。采光井一般沿每个开窗部位单独设置，也可几个合并在一起。采光井由底板和侧墙构成，底板一般为现浇钢筋混凝土，侧墙可用砖或钢筋混凝土浇筑。采光井的底板应做出 1%～3% 的坡度，以便及时将水排入室外排水管网，如图 2-19 所示。

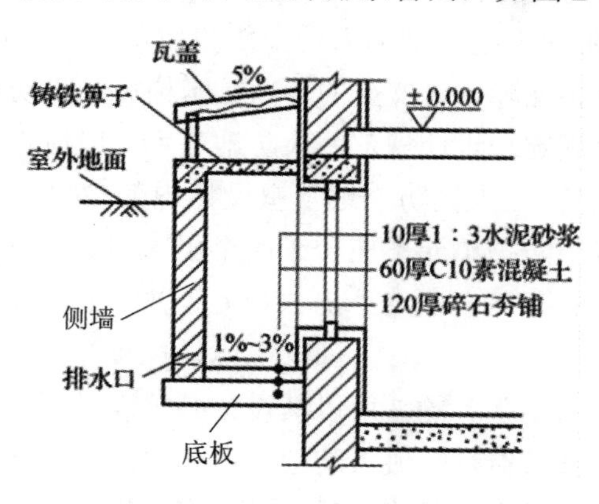

图 2-19　地下室的采光井

6. 楼梯

地下室的楼梯可与地面部分的楼梯结合设置。地下室由于层高较小，故多设单跑楼梯。有防空要求的地下室至少要设置两部楼梯通向地面的安全出口，其中一个出口要求是独立的安全出口。这个安全出口的周围不得有较高的建筑物，以防空袭倒塌堵塞出口而影响疏散。

2.4.2　地下室的分类

1. 按使用性质分类

(1) 普通地下室。普通地下室一般用作高层建筑的地下停车库、设备用房，根据用途及结构可分为一、二、三层和多层地下室。普通地下室的构造如图 2-20 所示。

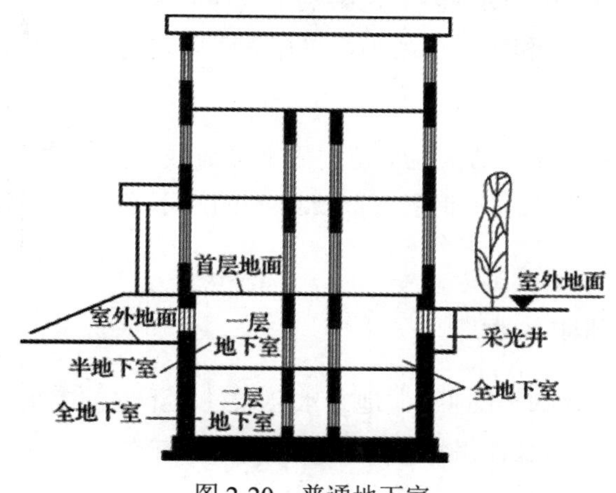

图 2-20　普通地下室

地下室是建筑空间向地下的延伸，一般为单层，但有时根据需要也可达数层。由于地下室与地上房间相比有许多弊端，如采光通风不利、容易受潮等，同时又具有受外界气候影响较小的特点。因此，低标准的建筑多将普通地下室作为储藏间、仓库、设备间等建筑辅助用房；高标准建筑的普通地下室在采取了机械通风、人工照明和防潮防水措施后，可作为商场、餐厅、娱乐场所等各种功能性用房。

(2) 人防地下室。人防地下室是结合人防要求设置的地下空间，用以应付战时情况下人员的隐蔽和疏散，并具备保障人身安全的各项技术措施。人防地下室的设计应符合我国对人防地下室的有关建设规定和设计规范。人防地下室一般应设有防护室、防毒通道、通风滤毒室、洗消间及厕所等。《人民防空地下室设计规范 (2023 年版)》(GB 50038—2005) 中规定：防空地下室的每个防护单元不应少于两个出入口 (不包括竖井式出入口、防护单元之间的连通口)，其中至少有一个室外出入口 (竖井式除外)。战时主要出入口应设在室外。

人防地下室是为战时防空服务的，所以其设计必须满足预定级别的防护要求和战时使用要求。但为了充分发挥其效益，一般人防地下室均要求平战结合。平战结合的人防地下室设计不仅应满足战时要求，而且还应满足平时生产、生活的要求。由于战时与平时的功能要求不同，且往往容易产生一些矛盾，因此，对于量大面广的一般性人防地下室，规范允许采取一些转换措施，使人防地下室不仅能更好地满足平时的使用要求，而且可在临战时通过必要的改造 (即防护功能平战转换措施) 使其满足战时的防护要求和使用要求。

2. 按埋入地下深度分类

(1) 半地下室。半地下室是指其地面与室外地坪的高度为该房间净高的 1/3～1/2 的地下室。半地下室的一部分在地面以上，采光、通风问题易于解决，可作为办公室、客房等普通地下室使用。

(2) 全地下室。全地下室是指其地面与室外地坪的高差超过该房间净高的 1/2 的地下室。全地下室由于埋入地下较深，通风和采光较差，多用作储藏仓库、设备间等建筑辅助用房。全地下室也有其优势，例如，全地下室由于受外界噪声、振动干扰小，可作为手术室和精密仪表车间使用；由于受气温变化影响小、冬暖夏凉，可作为仓库使用；由于其墙体由厚土覆盖，受水平冲击和辐射作用小，可作为人防地下室使用。

3. 按结构材料分类

(1) 砖混结构地下室。砖混结构地下室用于上部荷载不大及地下水位较低的情况。

(2) 钢筋混凝土结构地下室。钢筋混凝土结构的地下室适用于地下水位较高及上部荷载很大的情况。

2.4.3　地下室的防潮和防水

地下室的外墙和底板都埋于地下，地下水会通过地下室的围护结构渗入室内，这样不仅会影响地下室的使用，而且如果水中含有酸、碱等腐蚀性物质，还会影响结构的耐久性。因此，防潮、防水是地下室构造处理的关键问题。

当地下水的常年水位和设计最高水位均在地下室地面标高以下时，地下水不可能侵入地下室内部，地下室底板和外墙只受地潮的影响，即只受下渗的地表水和上升的毛细水等无压水的影响。此时，地下室的底板和外墙应做防潮处理。

当设计最高水位高于地下室地面时，地下室的外墙和底板都浸泡在水中，地下水不仅可以侵入地下室，而且地下水的侧压力和浮力还会影响地下室的外墙和底板。此时，地下室应做防水处理。

1. 地下室的防潮构造

地下室防潮的构造要求是：对于墙体，当墙体为混凝土或钢筋混凝土结构时，其本身的憎水性使其具有较强的防潮作用，可不必再做防潮层。当墙体为砖砌或石砌结构时，其必须采用强度不低于 M5 的水泥砂浆砌筑，且灰缝饱满，地下室外墙还应做水平和垂直方向的防潮处理。在外墙外侧设垂直防潮层，做法一般为：在外墙表面先抹 20 mm 厚 1∶2.5 水泥砂浆找平，再刷冷底子油一道，热沥青两道，如图 2-21(a) 所示；也可用乳化沥青或合成树脂防水涂料。防潮层做至室外散水处，防潮层外侧需回填低渗透性土壤，如黏土、灰土等，土壤应逐层夯实，土层厚度约为 500 mm，形成隔水层 (北方地区常用 2∶8 灰土作为隔水层，南方常用炉渣)，以防地表水下渗，产生局部滞水，引起渗漏。

另外，地下室的所有墙体都应设两道水平防潮层，一道是在外墙与地下室地坪交界处，用来防止土层中潮气因毛细管作用从基础侵入地下室；另一道设在外墙与首层地板层交界处，用以防止潮气沿地下室墙身或勒脚处侵入地下室或上部结构。

对于地下室地坪层，一般做法是在灰土或三合土垫层上浇筑密实的混凝土。当最高地下水位距离地下室地坪较近时，地坪的防潮效果应加强，一般做法是在地面面层与垫层之间加设防潮层，如图 2-21(b) 所示，且地坪防潮层与墙身水平防潮层在同一水平面上。

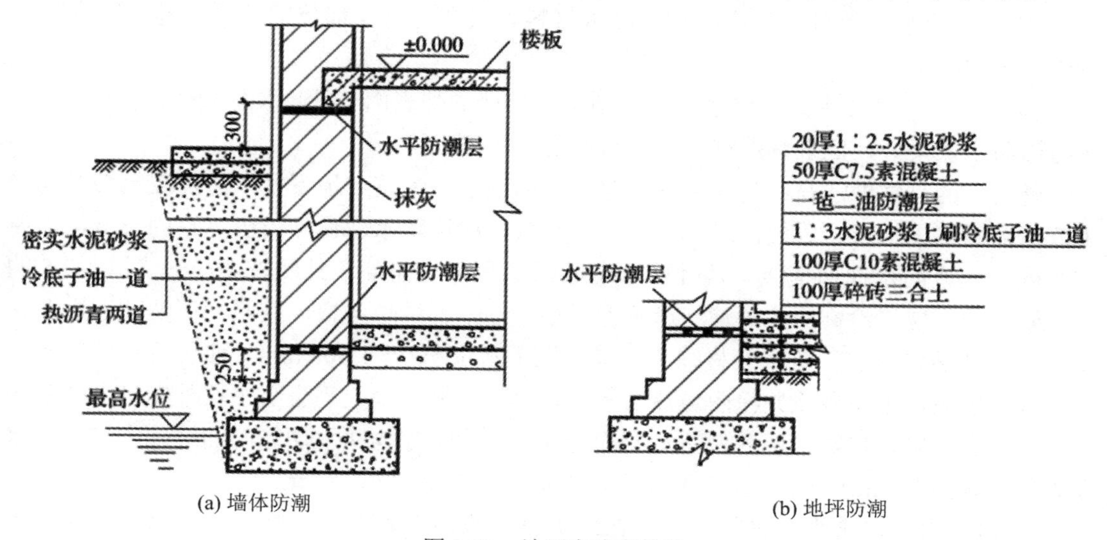

(a) 墙体防潮　　(b) 地坪防潮

图 2-21　地下室防潮构造

2. 地下室的防水构造

地下室的防水等级应根据工程重要性和使用要求确定，如表 2-2 所示。

表 2-2 地下工程不同防水等级的适用范围

防水等级	适 用 范 围
一级	人员长期停留的场所；因有少量湿渍会使物品变质、失效的贮物场所及严重影响设备正常运转和危及工程安全运营的部位；极重要的战备工程、地铁车站
二级	人员经常活动的场所；在有少量湿渍的情况下不会使物品变质、失效的贮物场所及基本不影响设备正常运转和工程安全运营的部位；重要的战备工程
三级	人员临时活动的场所；一般战备工程
四级	对渗漏水无严格要求的工程

居住建筑地下用房、办公用房、医院、娱乐场所、档案馆、书库、计算机房、地铁车站等地下建筑的防水等级都为一级。

防水的具体方案和构造措施各地均不同，大致有隔水法、降排水法及综合防水法三类。隔水法利用各种材料的不透水性来隔绝地下室外围水及毛细水的渗透；降排水法是用人工手段降低地下水或排出地下水，直接消除地下水对地下室作用的防水方法；综合防水法是指采取多种防水措施来提高防水可靠性的一种办法，一般适用于地下水量较大或地下室防水要求较高的情况。

隔水法是目前地下室防水最常用的一种方法，分为材料防水和构件自防水两类。材料防水是在外墙和底板表面敷设防水材料，如卷材、涂料、防水水泥砂浆等，以阻止地下水的渗入；构件自防水是用防水混凝土作为外墙和底板，使承重、围护、防水功能三者合一，这种防水措施施工较为简便。

1) 材料防水

常用的防水材料有卷材、涂料、水泥砂浆和金属板等。

(1) 卷材防水。卷材是常用的一种防水材料。根据卷材与墙体的关系，卷材防水可分为外防水和内防水。

① 外防水。外防水是将防水层贴在地下室外墙的外表面 (即迎水面) 的防水方法，这种方法防水效果好，但维修困难。外防水适用于新建工程。

外防水的具体做法是：先在混凝土垫层上用油毡满铺整个地下室，然后浇筑细石混凝土或水泥砂浆保护层，以便浇筑钢筋混凝土底板。底层防水油毡须留出足够的长度，以便与墙面的垂直防水油毡搭接。墙体防水层的做法是：先在外墙外侧抹 20 mm 厚 1∶2.5 的水泥砂浆找平层，涂刷冷底子油一道，然后根据选定的油毡层数，按照一层油毡一层沥青胶的顺序粘贴防水层。防水卷材须高出最高地下水位 500～1 000 mm。油毡防水层以上的地下室侧墙应抹水泥砂浆并涂两道热沥青，直至室外散水处。垂直防水层外侧砌半砖厚的保护墙一道，以保护防水层并使防水层均匀受力，保护墙与防水层之间的缝隙中应灌以水泥砂浆，如图 2-22(a) 所示。墙身防水层收头处理如图 2-22(b) 所示。

② 内防水。内防水是将防水层贴在地下室外墙的内表面的防水方法，这种方法施工方便、容易维修，但不利于防水，故常用于修缮工程。

内防水的具体做法是：先浇筑厚度约为 100 mm 的混凝土垫层；再根据选定的油毡层数在地坪垫层上做防水层，并在防水层上抹 20～30 mm 厚的水泥砂浆保护层，以便于在上面浇筑钢筋混凝土，如图 2-22(c) 所示。地坪防水层必须留出足够的长度包向垂直墙面并转接。同时转折处油毡应做好保护工作，以免因其断裂而影响地下室的防水。

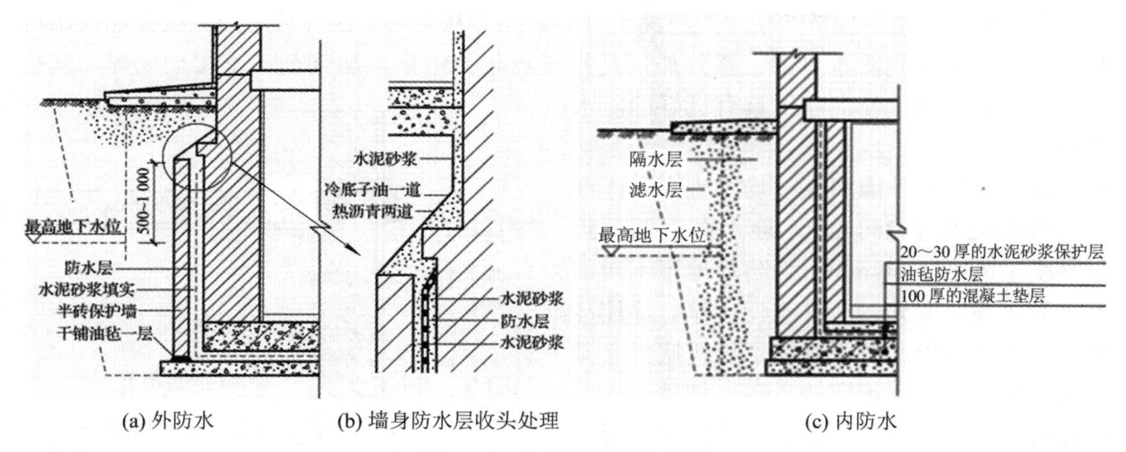

(a) 外防水　(b) 墙身防水层收头处理　(c) 内防水

图 2-22　地下室的防水构造

(2) 涂料防水。涂料防水是指在施工现场以刷涂、滚涂等方法将无定型液态涂料在常温下涂敷于地下室结构表面的一种防水方法。目前，地下防水工程应用的防水涂料包括有机防水涂料和无机防水涂料。有机防水涂料主要包括合成橡胶类、合成树脂类和橡胶沥青类。有机防水涂料固化成膜后最终形成柔性防水层，其适用于结构主体的迎水面，防水层外侧应做刚性保护层；无机防水涂料主要包括聚合物改性水泥基防水涂料和水泥基渗透结晶型防水涂料。水泥中掺入一定的聚合物，能够不同程度地改变水泥固化后的物理力学性能。无机防水涂料被认为是刚性防水材料，不适用于变形较大或受振动的部位，适宜用在结构主体的背水面。涂料的防水质量、耐老化性能均较油毡防水层好，故目前在地下室防水工程中应用广泛。

(3) 水泥砂浆防水。水泥砂浆防水是指采用合格的材料，通过严格多层次交替操作形成多防线整体防水层或掺入适量的防水剂以提高砂浆密实性的方法。水泥砂浆包括普通水泥砂浆、聚合物水泥防水砂浆、掺外加剂或掺合料防水砂浆等，施工方法有多层涂抹或喷射等。水泥砂浆防水层可用于结构主体的迎水面或背水面。这种方法施工简便、经济，便于检修；但防水砂浆的抗渗性能较差，对结构变形敏感度大，结构基层略有变形便会开裂，从而失去防水功能。因此，水泥砂浆防水构造适用于结构刚度大、建筑物变形小的混凝土或砌体结构的基层，不适用于环境有侵蚀性、持续振动的地下工程。

(4) 金属板防水。金属板防水适用于抗渗性能要求较高的地下室。金属板包括钢板、铜板、铝板、合金钢板等。金属防水板之间的接缝为焊缝，焊缝必须密实。这种方法一般适用于工业厂房地下烟道、热风道等高温高热的地下防水工程以及振动较大、防水要求严格的地下防水工程。

2) 构件自防水

为满足结构和防水的需要，地下室的底板和外墙材料一般采用防水混凝土。这种采用防水混凝土作为地下室外墙和底板材料的防水构造的方法称为构件自防水。防水混凝土的配制和施工与普通混凝土相同。不同的是防水混凝土须通过调整骨料级配来提高混凝土的密实性，或通过在其中掺入一定量的外加剂等手段来提高混凝土自身的防水性能，从而达到防水的目的。调整混凝土骨料级配主要是指采用不同粒径的骨料进行配料；同时，提高混凝土中水泥砂浆的含量，使砂浆充满于骨料之间，从而堵塞因骨料之间直接接触而出现的渗水通道，达到防水目的。掺外加剂是指在混凝土中掺入加气剂或密实剂以提高其抗渗性能和密实性，使混凝土具有良好的防水性能。

防水混凝土外墙和底板均不宜太薄，厚度一般不应小于 250 mm，迎水面钢筋保护层厚度不应小于 50 mm。为防止地下水对混凝土的侵蚀，墙外侧应抹水泥砂浆、涂刷冷底子油和热沥青。防水混凝土结构底板必须连续浇筑，中间不得留施工缝；墙体一般只允许留水平施工缝，位置宜设在高出底板表面 300 mm 以上。底板混凝土垫层的强度等级不应小于 C15，厚度不应小于 100 mm，如图 2-23 所示。在软弱土中时，垫层厚度不应小于 150 mm。

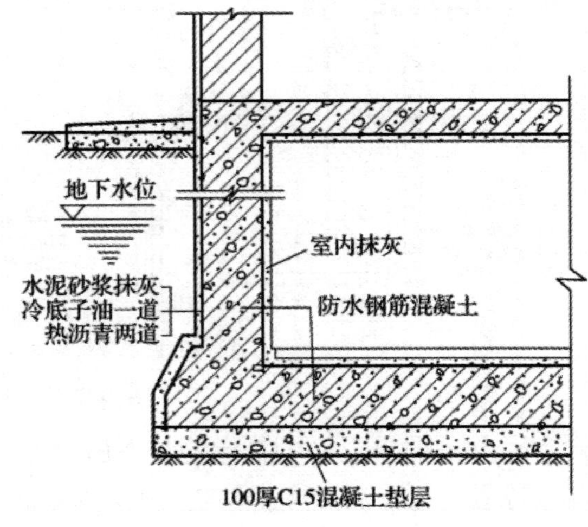

图 2-23 防水混凝土防水构造

【拓展知识】

防水等级为一级的建筑地下室防水层材料选用举例见表 2-3。

表 2-3 防水层常用材料选用举例(一级防水)

材料	部位
① ≥4.0 厚弹性体改性沥青 (SBS) 防水卷材 (II 型) ② ≥3.0 厚弹性体改性沥青 (SBS) 防水卷材 (II 型)	底板、外墙、顶板
① ≥4.0 厚改性沥青聚乙烯胎防水卷材 ② ≥3.0 厚改性沥青聚乙烯胎防水卷材	
① ≥3.0 厚自粘聚合物改性沥青防水卷材 (聚酯胎) ② ≥3.0 厚自粘聚合物改性沥青防水卷材 (聚酯胎)	
① ≥4.0 厚弹性体改性沥青 (SBS) 防水卷材 (II 型) ② ≥1.5 厚自粘聚合物改性沥青防水卷材 (无胎)	
① ≥3.0 厚自粘聚合物改性沥青防水卷材 (聚酯胎) ② ≥1.5 厚聚氨酯防水涂料	
① ≥2.0 厚喷涂速凝橡胶沥青防水涂料 ② ≥3.0 厚自粘聚合物改性沥青防水卷材 (聚酯胎)	
① ≥1.5 厚三元乙丙橡胶防水卷材 ② ≥2.0 厚聚氨酯防水涂料	

注：表中①、②不表示顺序，而表示防水层数。

本节知识体系

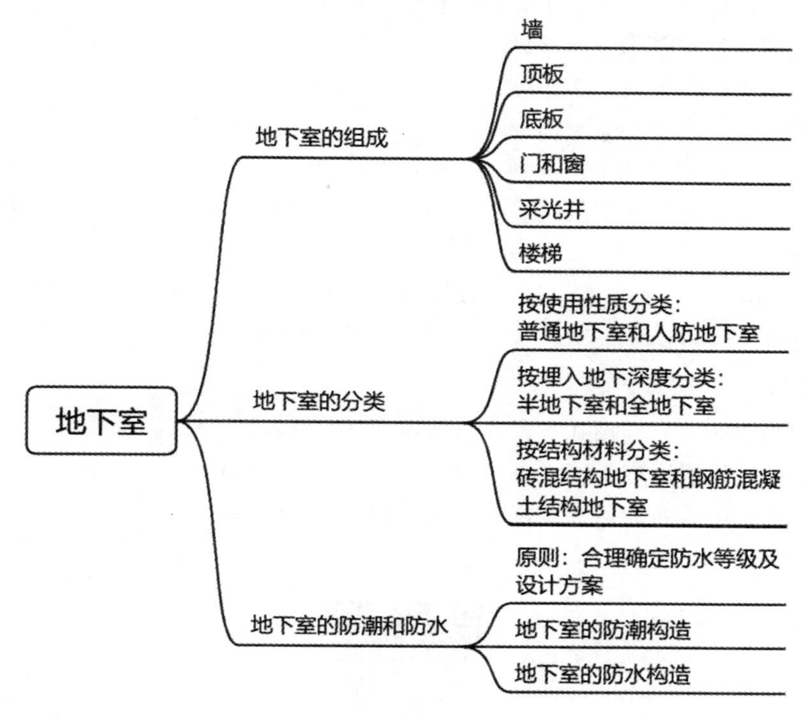

思考与练习

一、填空题

1. 建筑物最下部埋在土层中的构件称为 __________，它承受建筑物的全部荷载，并把荷载传给 __________。

2. 基础按所用材料和受力特点可分为 __________ 和 __________ 两大类。

3. 一般将自室外设计地面至基础底部的垂直距离称为 __________。

4. 地下室按埋入地下深度，分为 __________ 和 __________ 两类。

5. 地下室防潮有 __________ 和 __________ 两种。

二、单选题

1. 基础埋深在（　　）m 以上称为深基础。

A. 1.5　　B. 3

C. 4　　D. 5

2. 下列选项中属于柔性基础的是（　　）。

A. 钢筋混凝土基础　　B. 毛石基础

C. 素混凝土基础　　D. 砖基础

3. 刚性基础的受力特点是（　　）。

A. 抗拉强度大，抗压强度小　　B. 抗拉强度和抗压强度均大

C. 抗剪强度大 D. 抗拉强度小，抗压强度大

4. 下列何种情况下，地下室宜做防潮处理 ( )。

A. 最高地下水位高于地下室地坪

B. 最高地下水位低于地下室地坪

C. 常年地下水位高于地下室地坪

D. 常年地下水位低于地下室地坪

5. 在地下室的外包卷材防水构造中，墙身处防水卷材须从板底包上来，并在最高设计水位 ( ) 处收头。

A. 以下 50 mm B. 以上 50 mm

C. 以下 500～1000 mm D. 以上 500～1000 mm

三、简答题

1. 基础按构造形式分为哪几类？一般适用于什么情况？

2. 什么是基础埋置深度？影响基础埋置深度的因素有哪些？

3. 地基与基础的关系如何？地基处理常用的方法有哪些？

参考答案

项目3 墙 体

学习目标

1. 知识目标

(1) 掌握墙体的分类、作用及设计要求。

(2) 掌握块材墙的材料、构造做法和各类隔墙的类型及构造。

(3) 了解幕墙的类型及构造。

(4) 掌握墙面装修的类型及构造做法。

2. 能力目标

(1) 根据位置及需要正确选择墙体类型及组砌方式。

(2) 能识读及绘制墙身详图及隔墙构造图。

(3) 能识读墙体装修构造图。

3. 思政目标

(1) 培养超低能耗建筑的意识，助力实现碳达峰、碳中和。

(2) 培养质量为本的意识。

(3) 培养社会主义核心价值观和可持续发展价值观。

学习任务

任务1：绘制被动房外墙构造示意图

查阅被动房外墙构造做法，绘制外墙构造示意图，并配以文字标注及说明。

任务2：绘制外墙墙身剖面图

考察本校宿舍楼，试绘制宿舍楼二层楼面以下的墙身剖面构造图。室内外高差为600 mm，窗台距室内地面的高度为1000 mm。室内地面层次分别为素土夯实、60 mm厚C15混凝土垫层、水泥浆一道(内掺建筑胶)、20 mm厚水泥砂浆面层。宿舍楼采用100 mm厚现浇钢筋混凝土楼板。

绘制要求：

(1) 画出各节点(地面、墙脚、散水、窗台、过梁、楼板等)的构造做法。

(2) 按相关制图规范表示出各节点处材料、尺寸及做法。

(3) 标注各点控制标高(防潮层、窗台顶面、过梁底、楼层、地面等)。

(4) 对于散水(明沟、暗沟)和窗台等处应标注尺寸、坡度、排水方向。

(5) 比例为1∶10。

任务 3：完成墙体构造实训任务表

通过参观、调查等方式，了解所在城市住宅及公共建筑墙体构造情况。扫描二维码获取墙体构造实训任务表，并完成填写。

墙体构造实训任务表

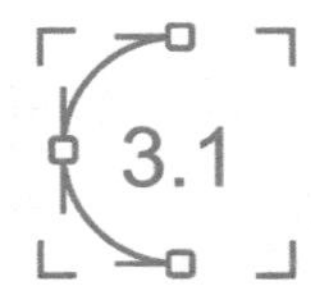

3.1　墙体的类型及设计要求

墙体是建筑的重要组成部分，是主体工程中的主要构件，在建筑中起着承重、围护和分隔空间的作用，还具有保温、隔热、隔声等功能，因此，合理地选择结构布置方案、墙体材料及构造做法就显得尤为重要。

墙体的类型

3.1.1　墙体的类型

根据不同的分类方式，墙体可分为多种类型。以下为几种常见分类方式。

1. 按所处位置及方向分类

(1) 墙体按照在平面中所处的位置可以分为外墙和内墙。内墙起分割空间的作用；外墙具有围护作用，所以外墙也叫作外围护墙。

(2) 墙体按照在立面和剖面上的竖向位置可分为窗间墙、窗槛墙和女儿墙。其中左右窗洞之间的水平墙段为窗间墙；上下窗洞口之间的垂直墙段为窗槛墙；屋顶上部的矮墙称为女儿墙，起到维护屋面的作用。在可上人屋顶中，女儿墙的高度还要满足防护要求。

(3) 墙体按照布置方向可以分为纵墙和横墙。沿建筑长轴布置的墙为纵墙，沿短轴方向布置的即为横墙。纵墙和横墙也可以按照内外墙的方式来划分，例如，纵墙可分为外纵墙和内纵墙，横墙可分为内横墙和外横墙，外横墙俗称山墙。

墙体类型如图 3-1 所示。

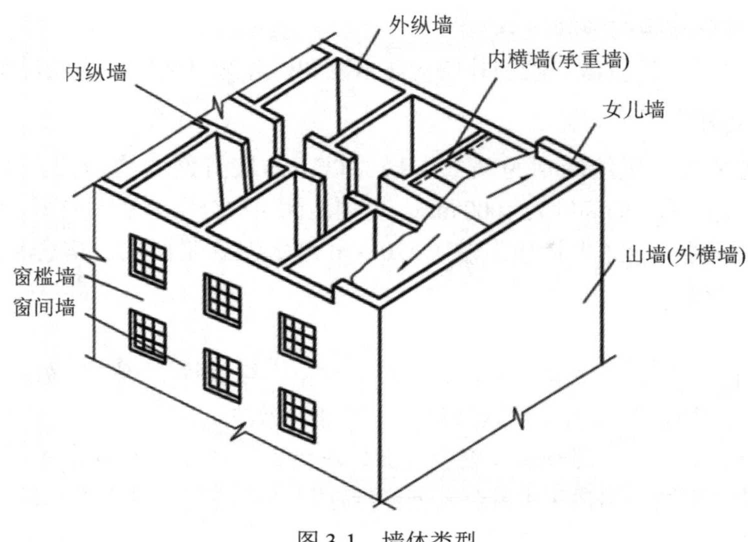

图 3-1　墙体类型

2. 按受力情况分类

墙体按受力情况可以分为承重墙和非承重墙。

(1) 承重墙。直接承受楼板、屋顶、梁等传来的荷载的墙称为承重墙，其一般在砌体结构中出现。

(2) 非承重墙。非承重墙不承受外荷载的作用，在建筑中只起围护和分隔空间的作用。非承重墙又可分为两种：仅仅承受自身重量，并把自重传给基础的墙叫作自承重墙，这种墙体材料以砖石等为主；不仅不承重也不负担自身重量的墙叫作隔墙，它直接把自重传递给附加的小梁或者楼板层，所以隔墙一般选择轻质的材料。在框架结构的建筑中，结构框架是主要的承重构件，墙体不需要承重，填充在框架梁柱之间的叫作填充墙，挂在框架结构构件的侧面的称为幕墙。

3. 按材料分类

(1) 砖墙。砖墙是指用砖和砂浆砌筑的墙。砖是建筑用的人造小型块材，外形多为直角六面体，也有各种异形的，其长度不超过 365 mm，宽度不超过 240 mm，高度不超过 115 mm。用来砌筑墙体的砖有普通砖、多孔砖等。普通黏土砖墙是我国传统的墙体形式，但由于受到材料源的限制，普通黏土砖已经在越来越多的建筑中被限制使用，主要被新型非黏土砖替代。

(2) 砌块墙。砌块墙是由预制块材 (砌块) 按一定技术要求砌筑而成的墙体。砌块是指建筑用的人造块材，外形多为直角六面体，也有各种异形的。砌块系列中主规格的长度、宽度或高度有一项或一项以上分别大于 365 mm、240 mm 或 115 mm，但高度不大于长度或宽度的 6 倍，长度不超过高度的 3 倍。砌块能充分利用工业废料和地方材料，具有生产投资少、保护环境、节约资源等优点，并且可以采用素混凝土为材料，制作方便、施工简单、容易组织生产。采用砌块墙是我国目前墙体改革的主要途径之一。

砌块的种类很多，按材料的不同分为普通混凝土砌块、轻集料混凝土砌块、加气混凝土砌块和利用各种工业废料制成的砌块。

(3) 钢筋混凝土墙。钢筋混凝土墙可以现浇，也可以预制，多用于多层和高层建筑中的承重墙。在结构支承体系中，尤其在高层建筑中，钢筋混凝土墙主要用来承受水平方向的风荷载和地震作用，因此其也称为剪力墙或抗震墙。

(4) 石材墙。石材墙分为乱石墙、整石墙和包石墙，主要用于山区和产石地区。

4. 按构造形式分类

(1) 实体墙。实体墙一般由单一材料组成，如普通砖墙、实心砌块墙等。

(2) 空体墙。空体墙可由单一材料组成，但墙内留有内部空腔，如空斗墙、空气间层墙等；也可以由具有孔洞的材料建造，如空心砌块墙、空心板材墙等。

(3) 组合墙。由两种及以上的材料组合而成的墙叫作组合墙，组合墙一般由承重部分和保温部分组成。例如，主体结构采用普通砖 (多孔砖) 或钢筋混凝土板材，在其内侧或外侧复合轻质保温材料构成外墙内保温或外墙外保温结构；也可以将外墙做成夹芯墙，保温层做在墙体中间，形成外墙夹芯保温或空气间层保温墙体。组合墙能更好地满足热工要求，当代的建筑多以组合墙为主。

墙体构造形式如图 3-2 所示。

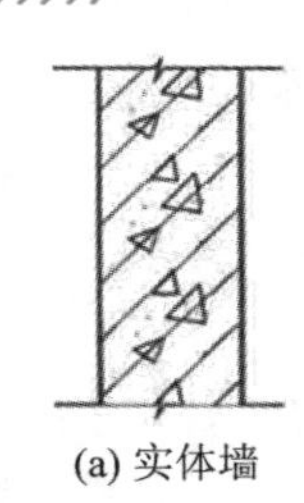

(a) 实体墙

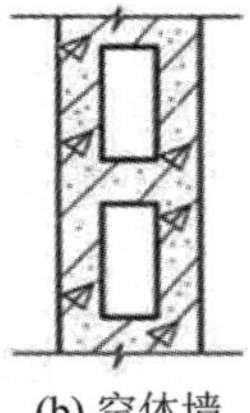

(b) 空体墙

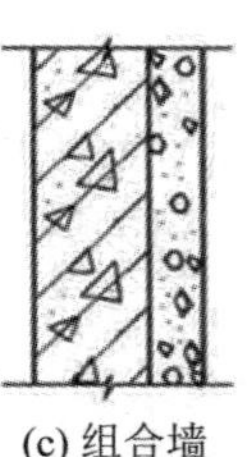

(c) 组合墙

图 3-2　墙体构造形式

5. 按施工方法分类

(1) 块材墙。这类墙体是用砂浆等胶结材料将砖石块材等组砌而成的，如砖墙、石墙及各种砌块墙等。块材墙大多是由人工砌筑的，施工机械化程度低，但施工简单，便于就地取材。

(2) 版筑墙。这类墙体是在现场立模板、现浇而成的，如现浇钢筋混凝土墙。版筑墙整体性好，但施工现场湿作业较多，养护周期长。

(3) 板材墙。这类墙体是由预先制成的墙板在施工时安装而成的。该墙体施工机械化程度高、速度快、工期短，是建筑工业化发展的方向，如预制混凝土大板墙及各种轻质条板内隔墙等。

3.1.2　墙体的设计要求

墙体作为承重构件，要满足结构方面的要求；另一方面，墙体起着围护作用，还应具有保温、隔热、隔声、防火、防潮等功能。

1. 结构要求

1) 结构布置方式

在大量性民用建筑中结构的布置通常有骨架承重和墙承重两种方式。框架结构是典型的骨架承重方式，由框架梁承担墙体和楼板的荷载，荷载经由框架柱传递到基础，其中的墙体一般是填充墙或者幕墙，是不承重的。墙承重方式是由墙体承受屋顶和楼板的荷载，并连同自重一起将垂直荷载传至基础和地基。墙承重的结构布置方式主要有四种，如图 3-3 所示。

(1) 横墙承重体系。横墙承重体系中，承重墙体主要由横墙组成，如图 3-3(a) 所示。楼面的荷载依次通过楼板、横墙、基础传递给地基。由于横墙起主要承重作用，并且建筑中的横墙间距比较密，因此，此种体系的优点是建筑物的横向刚度较大，整体性好，这对抵抗风力、地震力和调整地基不均匀沉降有利；同时纵墙只承担自身的重量，主要起围护、隔断和联系的作用，因此对纵墙上开门窗的限制较少。但这种体系横墙多，建筑空间组合不够灵活。横墙承重体系适用于墙体位置比较固定且面积不大的建筑，如住宅、宿舍、旅馆等。

(2) 纵墙承重体系。纵墙承重体系中，承重墙主要由纵墙组成，如图 3-3(b) 所示。楼面荷载依次通过楼板、梁、纵墙、基础传递给地基。因为内外纵墙起主要承重作用，室内横墙的间距就可以增大。此种体系的建筑空间划分较灵活，纵向刚度大，但横向刚度弱。所以为了抵抗横向水平力，建筑应当适当设置承重横墙，与楼板一起形成纵墙的侧向支撑，来保证空间刚度及整体性的要求。纵墙承重体系适用于有较大使用空间的建筑，横墙的位置在楼层之间可以变化，如教学楼、办公楼、商店等，但纵墙上开门窗的限制较大。相对横墙承重体系来说，纵墙承重体系的刚度较小，楼板材料用量较多。

(3) 双向承重体系。双向承重体系结合了前两种体系，承重墙由纵横两个方向的墙体混合组成，如图 3-3(c) 所示。这种体系两个方向抗侧向力的能力都比较高，且抗震能力较前两者好，建筑组合灵活，空间刚度大，但水平承重构件类型多，施工复杂。双向承重体系适用于开间、进深大且房间类型较多的建筑，如教学楼、医院、幼儿园等。

(4) 局部框架承重体系。大空间的建筑可以采用内部框架承重、四周墙承重的局部框架承重体系，如图 3-3(d) 所示。但因其整体性差，目前已很少采用。

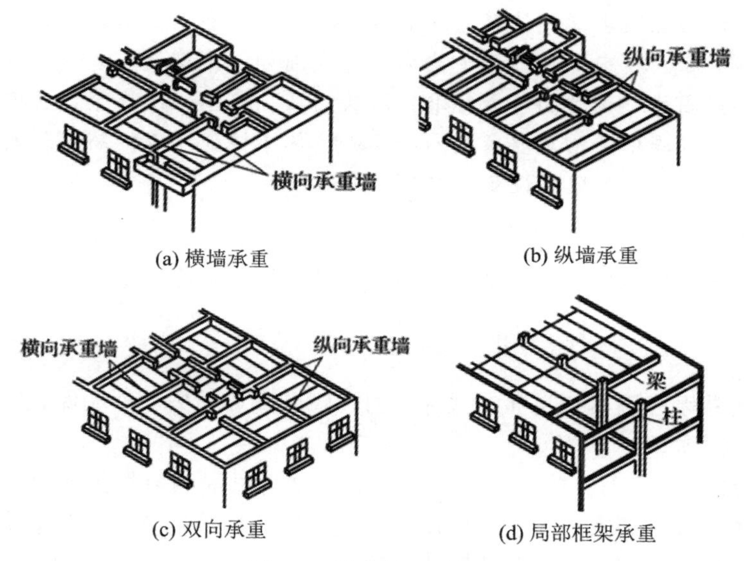

(a) 横墙承重 (b) 纵墙承重

(c) 双向承重 (d) 局部框架承重

图 3-3 墙体的承重体系

【拓展知识】

块材墙脆性大，抗剪和抗弯性能低，因此块材墙的块材层数不能太多，否则可能出现破坏。尤其在地震区，随着块材层数的增多房屋的破坏程度也会增加，因此砌体房屋的高度及层数须严格限制，见表 3-1。

表 3-1 多层砌体房屋的层数和总高度限值

<table>
<tr><th colspan="2" rowspan="3">房屋类别</th><th rowspan="3">最小墙厚度 / mm</th><th colspan="12">设防烈度和设计基本地震加速度</th></tr>
<tr><th colspan="2">6</th><th colspan="4">7</th><th colspan="4">8</th><th colspan="2">9</th></tr>
<tr><th colspan="2">0.05g</th><th colspan="2">0.10g</th><th colspan="2">0.15g</th><th colspan="2">0.20g</th><th colspan="2">0.30g</th><th colspan="2">0.40g</th></tr>
<tr><th colspan="3"></th><th>高度</th><th>层数</th><th>高度</th><th>层数</th><th>高度</th><th>层数</th><th>高度</th><th>层数</th><th>高度</th><th>层数</th><th>高度</th><th>层数</th></tr>
<tr><td rowspan="4">多层砌体房屋</td><td>普通砖</td><td>240</td><td>21</td><td>7</td><td>21</td><td>7</td><td>21</td><td>7</td><td>18</td><td>6</td><td>15</td><td>5</td><td>12</td><td>4</td></tr>
<tr><td>多孔砖</td><td>240</td><td>21</td><td>7</td><td>21</td><td>7</td><td>18</td><td>5</td><td>18</td><td>6</td><td>15</td><td>5</td><td>9</td><td>3</td></tr>
<tr><td>多孔砖</td><td>190</td><td>21</td><td>7</td><td>18</td><td>6</td><td>15</td><td>5</td><td>15</td><td>5</td><td>12</td><td>4</td><td>—</td><td>—</td></tr>
<tr><td>小砌块</td><td>190</td><td>21</td><td>7</td><td>21</td><td>7</td><td>18</td><td>6</td><td>18</td><td>6</td><td>15</td><td>5</td><td>9</td><td>3</td></tr>
</table>

2) 承载力和稳定性

墙体的承载力是指墙体承受荷载的能力，它与所采用的材料类型、强度等级、墙体的截面面积、构造及施工方式有关。作为承重墙的墙体必须具有足够的强度，以确保结构的安全。

墙体的稳定性与墙的高度、长度和厚度有关，也与墙的高厚比有关。墙体高厚比是墙体计算高度与墙体厚度的比值，高厚比越大，则墙体稳定性越差；反之，则稳定性越好。所以墙体的高厚比必须控制在允许的范围内，加设壁柱、构造柱、圈梁、墙内加筋等办法也能加强墙体的稳定性。墙体高厚比的验算是保证砌体结构在施工阶段和使用阶段稳定性的重要措施。

【思政课堂】

我国建筑全过程能耗占能源消耗总量的45%，碳排放量占排放总量的50.6%。建筑减碳是助力实现碳达峰、碳中和目标的重要抓手。我国如何使建筑减碳呢？首当其冲是发展超低能耗建筑，提高建筑构件的节能标准，涉及门窗、墙体、设备等。其中墙体作为围护构件，在建筑节能减碳中扮演重要角色。提高墙体热工性能可以提高建筑的保温、隔热性能，从而减少人们对空调和采暖设备的依赖。

2. 热工要求

墙体是建筑的围护构件，为了达到建筑空间的使用舒适度，墙体应满足保温、隔热的性能要求。

1) 保温

采暖地区的外墙应该具有足够的保温能力，以减少热损失。外墙保温能力的提高可以通过以下三种方式实现。

(1) 提高外墙保温能力。首先，外墙厚度的增加可以提高墙体的保温能力。加厚的墙体能够延缓传热过程，严寒地区的外墙厚度往往超过结构的需要。但是墙体加厚会增加结构的自重，耗费材料，减少同等条件下建筑的使用面积。

其次，选择导热系数小的材料也能提高墙体保温能力，例如加气混凝土、陶粒混凝土等。这些材料孔隙率高、密度小，且导热系数小，保温效果好，但是强度较低，无法承受较大的荷载，一般用于框架结构的填充墙。

此外，采用多种材料的复合保温墙可以解决保温和承重的双重问题。墙体按保温材料的不同位置可分为内保温墙、外保温墙和夹芯墙。内保温外墙的承重层对保温层起保护作用，这有利于保温层的耐久，但墙内热稳定性较差，如果构造不当还易引起内部凝结；外保温外墙的室内热稳定性好，不易出现内部凝结，且承重层温度应力小，但在保温层外需有保护、防水措施；夹芯保温外墙保温层的耐久性和热稳定性好，但其构造复杂。保温材料必须是不燃或难燃材料，不同类型的建筑对保温材料的燃烧性有相应的要求。常见的保温材料有岩棉、膨胀珍珠岩、加气混凝土、模塑聚苯乙烯泡沫塑料 (EPS) 等。

近些年开发的新材料与新技术，如自调温相变蓄能技术，通过将优秀的传统保温材料与相变材料复合，使墙体具有潜热蓄能、调温和控温的功能，从而大大提高室内的热稳定性和舒适性。

(2) 防止外墙出现冷凝水。北方冬季墙体内表面及内部易产生冷凝水，这会使室内装修材料变质损坏，也会使保温材料的空隙中充满水分，致使保温材料失去保温能力。所以，墙体的构造处理要防止冷凝水的影响。一般做法是在墙体的保温层靠高温一侧，即蒸汽渗入的一侧，设置一道隔蒸汽层，阻止水蒸汽进入墙体。隔蒸汽层一般是具有防水性能的卷材、涂料、薄膜等。

(3) 防止外墙出现空气渗透。墙体一般都有很多微小的孔洞，还会产生一些贯通性缝隙，在冬季室外风的压力作用下，这些孔洞、缝隙会使建筑内部热量损失。选择密实度高的墙体材料，或者墙体内外两侧加抹灰层，避免贯通的缝隙，同时加强构件间的密封处理，都可以防止外墙出现空气渗透。

2) 隔热

炎热地区夏季太阳辐射强烈，要求外墙具有一定的隔热性能，其隔热措施具体有以下几项：外墙选用热阻大、重量大的材料；外墙采用浅色而平滑的外饰面，以反射太阳光，减少墙体对太阳辐射热的吸收；外墙内部设空气间层，冬季封闭蓄热，夏季通风来降低外墙温度；窗口外侧设置遮阳设施，以遮挡太阳光，防止其直射室内；外墙外表面种植攀缘植物，吸收太阳辐射热，起到隔热的作用。

【拓展知识】

外墙作为建筑物最大的围护构件，在建筑节能设计中具有极大的潜力。具有复合空腔构造的外墙是近年来常用的形式，这种墙体能够根据不同环境温度进行热工调节。如利用太阳能的集热蓄热墙，通过可加热空气的空腔以及进出风口的设置，使外墙成为一个集热散热器，如图3-4所示。外墙可以分别设置提供保温或隔热降温功能的空气置换层，以调节室内温度。

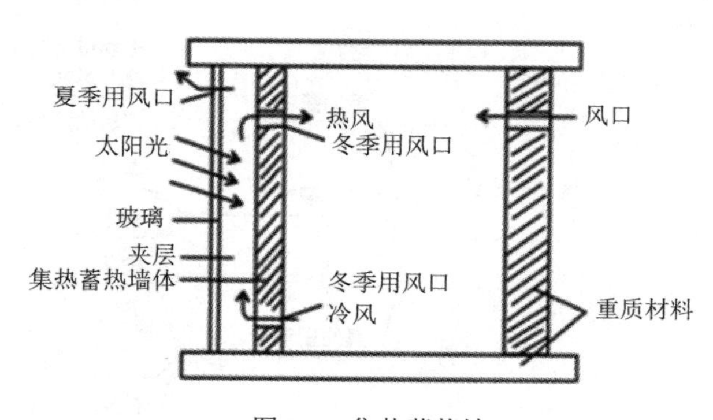

图3-4 集热蓄热墙

3. 其他要求

(1) 隔声要求。为保证建筑物内有较好的工作和休息环境，不同类型的建筑具有相应的噪声控制标准，墙体的噪声控制措施主要有：采用密实、容重大的材料，并增加墙厚，以避免噪声穿透墙体及墙体振动；采用空心、多孔的墙体材料制成的夹层墙，来提高墙体的减振和吸声能力；加强墙体的密封处理；利用垂直绿化降噪。

(2) 防火要求。墙体应符合建筑防火规范中相应的燃烧性能、耐火极限的规定及其他相应的防火规范要求。

(3) 防水防潮要求。卫生间、厨房、实验室等用水房间的墙体及地下室的墙体应满足相应规范中防水、防潮的要求。

(4) 建筑工业化要求。在大量性民用建筑中，墙体工程量占相当比重。因此，建筑工业化的关键是墙体改革。预制装配式墙体材料构造方案的采用能为机械化施工创造条件，提高工效，降低劳动强度；同时，轻质高强的墙体材料的使用能够减轻墙体自重、降低成本。

本节知识体系

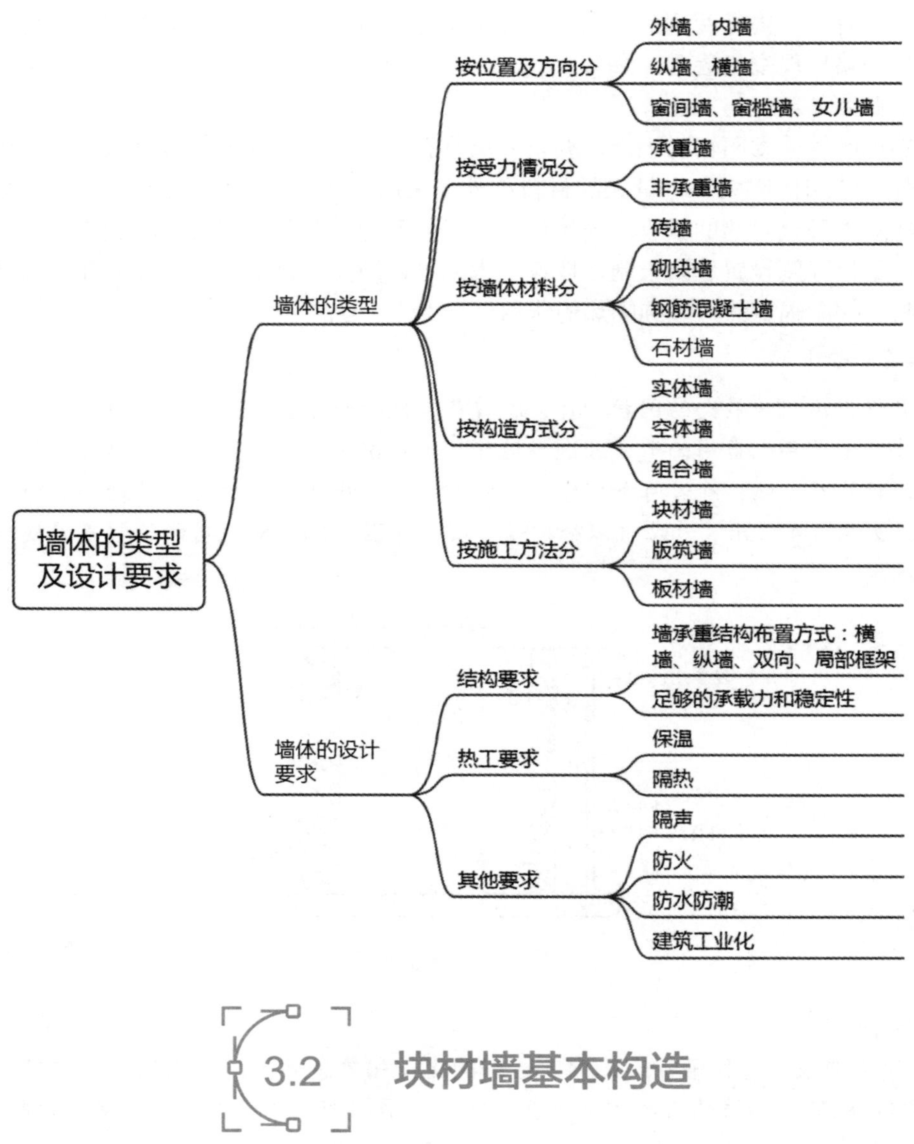

3.2 块材墙基本构造

块材墙是用砂浆等胶结材料按一定的技术要求将砖、砌块等块材组砌而成的墙体，如砖墙、石墙及各种砌块墙等，也可称为砌体。目前钢筋混凝土结构中大量采用的填充墙，它也是一种非承重块材墙，可以作为外围护墙或内隔墙使用。块材墙具有一定的热工性能和承载能力，生产制造及施工操作简单，不需要大型的施工设备，因此造价低，但是现场湿作业多，施工速度慢，工人劳动强度较高。

3.2.1　块材墙材料

块材墙由块材和胶结材料组成。

1. 块材

1) 砖

砖的类型很多，按材料可分为黏土砖、灰砂砖、页岩砖、煤矸石砖、水泥砖及各种工业废料砖；按孔隙率可分为实心砖、多孔砖和空心砖；按制作工艺可分为烧结砖与非烧结砖。烧结砖以黏土、页岩、煤矸石、粉煤灰、淤泥(江河湖淤泥)及其他固体废弃物等为主要原料，经焙烧而成，外形为直角六面体。烧结砖常结合主要原材料命名，如烧结黏土砖、烧结粉煤灰砖、烧结页岩砖、烧结煤矸石砖等。非烧结砖主要指蒸压砖等。蒸压砖是指经高压蒸汽养护硬化而制成的砖，常结合主要原料命名，主要有蒸压灰砂砖、蒸压粉煤灰砖。目前常用的有烧结普通砖、烧结多孔砖、烧结空心砖、蒸压灰砂砖、蒸压粉煤灰砖等，如图3-5所示。

(a) 烧结普通砖

(b) 烧结多孔砖

(c) 蒸压灰砂砖

图3-5　常用砖

(1) 烧结普通砖。烧结普通砖是无孔洞或孔洞率小于25%的普通砖。标准烧结普通砖的规格为240 mm × 115 mm × 53 mm，加上砌筑时的灰缝尺寸10 mm，形成4∶2∶1的尺度关系，如图3-6所示。砌筑1 m^3的砖砌体需要512块标准砖。常用配砖规格为175 mm × 115 mm × 53 mm。其他规格尺寸由供需双方协商确定。

根据砖的抗压强度平均值，其强度等级分为MU30、MU25、MU20、MU15、MU10五级(MU30即抗压强度平均值＞30.0 N/mm^2)。

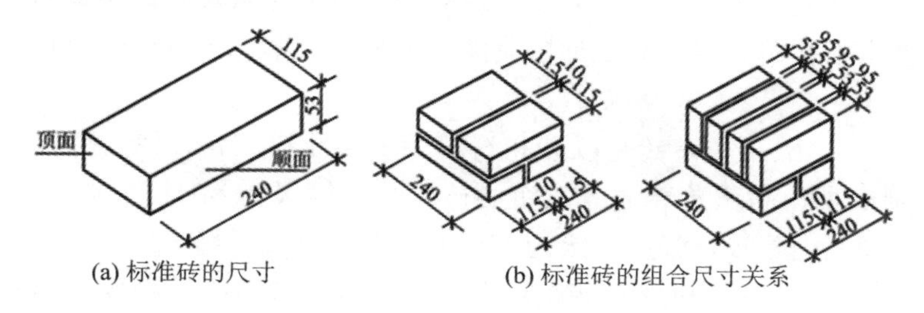

(a) 标准砖的尺寸　　(b) 标准砖的组合尺寸关系

图3-6　标准烧结普通砖

黏土砖是传统的墙体材料，也是典型的烧结砖，它具有较高的强度和耐久性，又因其多孔而具有保温、隔热、隔声、吸声等优点，因此适宜于作建筑围护结构，被大量用于民用建筑及其他构筑物中。但由于黏土材料的使用会使耕地减少，随着墙体材料改革的推进，根据国家保护土地资源、保护环境的方针，黏土砖在许多地区已停止使用或限制使用。

【思政课堂】

目前，我国广大农村和乡镇地区还存在着为生产黏土砖而破坏耕地的现象。发展新型建筑材料势在必行，国家大力推广新型非黏土实心砖及多孔砖。作为当代大学生，我们要为新型建筑材料的发展做出支持和贡献。

(2) 烧结多孔砖。烧结多孔砖的孔洞率大于 28%，其主要用于建筑物的非承重部位，也可用于承重部位。烧结多孔砖的孔洞多与承压面垂直，它的单孔尺寸小，孔洞分布合理，非孔洞部分砖体较密实，具有较高的强度。烧结多孔砖是烧结普通砖的优良替代品，具有节约土地资源和能源的优点，适用于多层住宅及类似的建筑工程。烧结多孔砖按抗压强度分为 MU30、MU25、MU20、MU15、MU10 五个等级。

《烧结多孔砖和多孔砌块》(GB/T 13544—2011) 推荐烧结多孔砖采用矩形孔或矩形条孔，如图 3-7 所示，烧结多孔砖的长度可以是 290 mm、240 mm，宽度可以是 190 mm、180 mm、140 mm，高度可以是 115 mm、90mm。

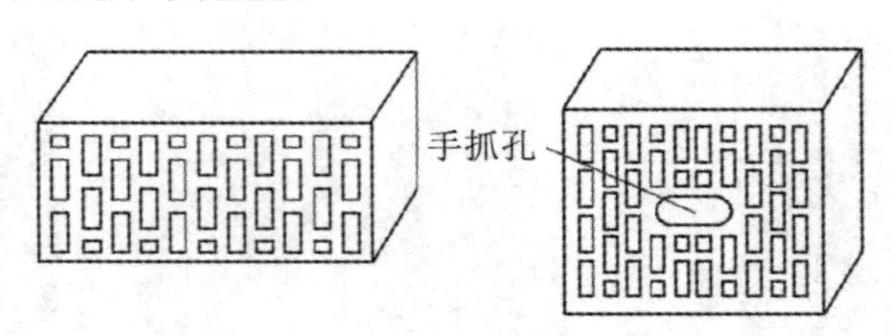

图 3-7　烧结多孔砖

(3) 烧结空心砖。烧结空心砖孔洞率不小于 40%，规格应符合下列系列：290 mm × 190 (140) mm × 90 mm、240 mm × 180(175) mm × 115 mm。在与砂浆的结合面上设有增加结合力的 1 mm 凹槽。孔洞采用矩形条孔，且平行于大面和条面。烧结空心砖主要用于填充墙和隔断墙，只承受自身的重量。空心砖的抗压强度比实心砖和多孔砖低，按抗压强度分为 MU10、MU7.5、MU5、MU3.5 四个等级。

烧结多孔砖和烧结空心砖主要适用于非承重墙体，但不应用于地面以下或防潮层以下的砌体。采用这两种砖来代替烧结普通砖，可使建筑物自重减轻 30% 左右，节约黏土 20%～30%，节省燃料 10%～20%，墙体施工效率提高 40%，并改善墙体的隔热隔声性能。通常在相同的热工性能要求下，用空心砖砌筑的墙体厚度比用实心砖砌筑的减薄半块砖左右，所以推广使用多孔砖和空心砖是加快我国墙体材料改革，促进墙体材料工业技术进步的重要措施之一。

(4) 蒸压灰砂砖。蒸压灰砂砖是以砂和石灰为主要原料，允许掺入颜料和外加剂，经坯料制备、压制成型、高压蒸养而成的实心砖。强度等级为 MU15、MU20、MU25 的灰砂砖可用于基础及其他建筑，强度等级为 MU10 的灰砂砖仅可用于防潮层以上的建筑。

(5) 蒸压粉煤灰砖。蒸压粉煤灰砖是以粉煤灰、水泥或石灰为主要原料，掺入适量的石膏、外加剂、颜料和集料等，经坯料制备、压制成型、高压蒸养而成的实心砖。强度等级 MU15 及以上的粉煤灰砖可用于基础及其他建筑。

蒸压灰砂砖和蒸压粉煤灰砖都不得用于长期受热温度 200℃以上、受急冷急热和酸性介质腐蚀的建筑部位。

2) *砌块*

砌块是利用混凝土、工业废料或地方材料制成的人造块材，砌块与砖的主要区别是砌块的外形尺寸比砖大。砌块种类很多，按材料可分为混凝土砌块、轻集料混凝土砌块、炉渣砌块、粉煤灰砌块、烧结多孔砌块及其他硅酸盐砌块，如图 3-8 所示。

图 3-8 各类砌块

砌块按外观可分为实心砌块、空心砌块。空心砌块有单排方孔、单排圆孔和多排扁孔三种形式，如图 3-9 所示，其中多排扁孔对保温较有利。

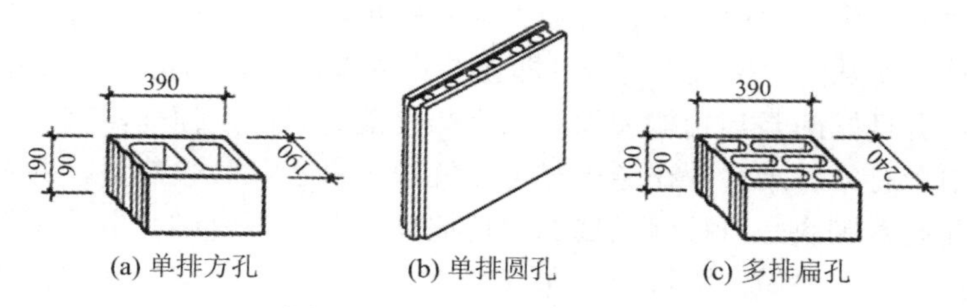

图 3-9 空心砌块的常见形式

砌块按在组砌中的位置与作用可以分为主砌块和各种辅助砌块，按尺寸和重量可以分为小型、中型和大型砌块。小型砌块每块的重量不超过 20 kg，主砌块的高度为 115～380 mm，常用的外形尺寸有 390 mm × 290 mm × 190 mm、290 mm × 240 mm × 190 mm 等，适合人工搬运和砌筑。中型砌块每块的重量为 20～350 kg，主砌块的高度为 380～980 mm，常用的外形尺寸有 240 mm × 380 mm × 280 mm、180 mm × 845 mm × 630 mm 等系列，需要用轻便机具进行搬运和砌筑。大型砌块每块的重量大于 350 kg，主砌块的高度大于 980 mm，由于大型砌块的体积、质量较大，人工搬运较困难，因此须用大型机具进行搬运和施工。

砌块具有生产工艺简单、生产周期短，能充分利用工业废渣及地方资源，节能环保，尺寸大，砌筑效率高等优点。此外，空心砌块还有利于提高墙体的保温、隔热性能。因此，砌块是当代应用较为广泛的墙体材料之一，发展砌块墙是建筑工业化中墙体改革的关键。目前工程中主要用中、小型砌块，包括普通混凝土小型空心砌块、轻集料混凝土小型空心砌块、蒸压加气混凝土砌块、粉煤灰砌块、石膏砌块等。

(1) 普通混凝土小型空心砌块。普通混凝土小型空心砌块是以水泥作为胶结材料，砂、石作为集料，经搅拌、振动成型、养护等工艺过程制成的，简称为混凝土小砌块。这种砌块适用于抗震设防烈度为 6～8 度的各种建筑墙体，包括高层与大跨度建筑墙体。其主规格尺寸为 390 mm × 190 mm × 190 mm，强度等级有 MU3.5、MU5、MU7.5、MU10、MU15、MU20。

(2) 轻集料混凝土小型空心砌块。轻集料混凝土小型空心砌块是由轻集料混凝土制成的，其常结合集料名称命名，如粉煤灰混凝土小型空心砌块、浮石混凝土小型空心砌块等。这种砌块多用于非承重结构，又因其绝热性能好、抗震性能好等特点，在各种建筑的墙体中广泛应用，特别是在绝热要求较高的围护结构上使用广泛。该砌块主规格尺寸与普通混凝土小型空心砌块基本相同，强度等级有 MU1.5、MU2.5、MU3.5、MU5、MU7.5、MU10。

(3) 蒸压加气混凝土砌块。蒸压加气混凝土砌块是由含硅材料 (如砂、粉煤灰等) 和钙质材料 (如水泥、石灰等) 加水并加适量的发气剂和其他外加剂，经混合搅拌、浇筑成型、胚体静停与切割后，再经蒸压或常压蒸气养护制成的。这种砌块单位体积重量仅为黏土砖的 1/3，保温和隔音性能分别是黏土砖的 3 倍和 2 倍，抗渗性能与黏土砖相当，耐火性能是钢筋混凝土的 6～8 倍，易加工且施工性能优良，适用于低层建筑的承重墙，多层和高层建筑的非承重墙、隔断墙、填充墙，以及工业建筑的围护墙体。但这种砌块易干缩开裂，故必须做好饰面层。加气混凝土砌块的规格尺寸通常为：长度 600 mm，宽度从 100 mm 至 300 mm 有九种，高度有 200 mm、250 mm、300 mm 等，强度等级有 A1、A2、A2.5、A3.5、A5、A7.5、A10。

(4) 石膏砌块。石膏砌块是以建筑石膏为主要原料，经料浆搅拌、浇筑成型、干燥制成的轻质块状材料。生产中根据需要可加入各种轻集料、填充料、纤维增强材料、发泡剂等。石膏砌块具有特殊的"呼吸"功能，即调节室内湿度的能力；同时，因其表观密度小、孔隙率高，故具有良好的蓄热功能和保温、隔热性能，且施工便捷，有利于建筑节能。此外，因为石膏中含有结晶水，故在遇火时可以释放结晶水，吸收热量，并形成水雾以阻止火势蔓延，因此石膏砌块是可持续发展的绿色墙体材料。石膏砌块适用于框架结构和其他结构中的非承重墙，一般做内隔墙用，尤其适用于高层建筑和有特殊防火要求的建筑。石膏砌块按截面可分为空心和实心两大类，按石膏类型可分为天然石膏砌块和化学石膏砌块。石膏砌块的长度和高度分别为 666 mm 和 500 mm，宽度从 60 mm 至 200 mm 有七种，规格可定制，并无严格限制。

(5) 烧结多孔砌块。烧结多孔砌块的原料和做法与烧结多孔砖相同，其孔洞率不小于 33%，主要用于承重部位。砌块规格尺寸有 490 mm、340 mm、290 mm、240 mm、115 mm 等。烧结多孔砌块在与砂浆的结合面上应设有增加结合力的粉刷槽，深度不小于 2 mm。砌块至少应在一个条面或顶面上设有砌筑砂浆槽。两个条面或顶面都有砌筑砂浆槽时，砌筑砂浆槽深应大于 15 mm 且小于 25 mm；只有一个条面或顶面有砌筑砂浆槽时，砌筑砂浆槽深应大于 30 mm 且小于 40 mm。砌筑砂浆槽宽应超过砂浆槽所在砌块面宽度的 50%，如图 3-10 所示。

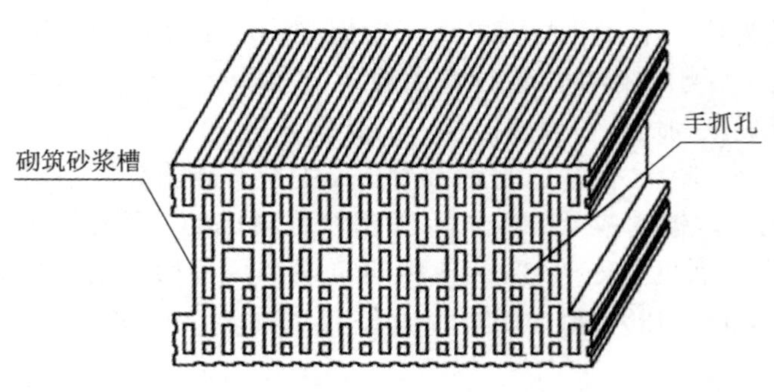

图 3-10　烧结多孔砌块

2. 砂浆

砂浆是砌块的胶结材料，由填充料（砂、矿渣、石屑等）和胶凝材料（水泥、石灰等）按一定比例加水混合搅拌而成。砌筑砂浆将块材胶结成整体，同时还起着嵌缝的作用，以提高墙体的强度、稳定性，使其均匀传力。

砂浆按组成材料的不同可分为水泥砂浆、水泥混合砂浆、非水泥砂浆（石灰砂浆、黏土砂浆）、砌块专用砂浆等。砂浆性能主要从强度、和易性、保水性这几个方面衡量。水泥砂浆主要组分为水泥和砂，其强度高、和易性差，适用于潮湿环境下的砌体，如地下室、砖基础等；石灰砂浆主要组分为石灰膏和砂，其遇水后强度会降低，可塑性好，适用于次要的民用建筑的地上砌体；混合砂浆主要组分为水泥、石灰膏和砂，既有较高的强度，又有良好的可塑性和保水性，广泛使用于民用建筑的地上砌体。砌筑砂浆要求有一定的强度，以保证墙体的承载能力，砌筑砂浆的强度等级有M20、M15、M10、M7.5、M5、M2.5。应用于承重结构和非承重结构中的不同强度等级的砖体，其砂浆的选用应符合规范及设计的要求。

与传统的砌筑砂浆相比，砌块专用砌筑砂浆可使砌体缝隙饱满、粘结性能良好，减少墙体开裂和渗漏，提高砌块建筑的质量。砌块专用砌筑砂浆由水泥、砂、保水增稠材料、外加剂、水，以及根据需要掺入的掺合料等组分，按一定比例，采用机械搅拌制成。强度等级用Mb表示，抗压强度划分为Mb5、Mb7.5、Mb10、Mb15、Mb20、Mb25六个等级。

砂浆按制作方式不同可分为现场搅拌砂浆与预拌砂浆。预拌砂浆是由专业生产厂家生产、用于建设工程的各种砂浆拌合物。预拌砂浆按性能分为普通预拌砂浆（砌筑砂浆、抹灰砂浆、地面砂浆）和特种砂浆（保温砂浆、装饰砂浆、防水砂浆等）；按生产方式又分为湿拌砂浆和干混砂浆两大类。预拌砂浆计量精确、质量有保证；具有优异的施工性能和品质，可满足保温、抗渗、灌浆、修补、装饰等多种功能性要求；使用方便，具有高质环保的社会效益。预拌砂浆是当前和未来的建筑工程中砂浆的主要应用形式。

3. 砌块灌孔混凝土

砌块灌孔混凝土是由水泥、（粗、细）集料、水及根据需要掺入的掺合料和外加剂等，按一定比例由机械拌和而成，用于灌注芯柱或需要填实部位孔洞的混凝土，简称灌孔混凝土，是保证砌块建筑整体性、抗震性、承受局部荷载的配套施工材料。灌孔混凝土强度等级分为C20、C25、C30、C35和C40。

需要注意的是，砌块专用砌筑砂浆、砌块灌孔混凝土与传统砂浆、普通混凝土强度等级表示方法不一致。

3.2.2 块材墙的组砌方式

在混合结构（主要指钢筋混凝土与砖或砌块砌体的混合结构）的建筑中，墙体经常采用砖或砌块砌筑，是主要的竖向承重构件。由于块材的材料、规格尺寸不一致，其组砌方式和细部构造做法也不同。国家也针对每种块材材料制定了相应的标准设计图集，其中承重墙主要以烧结多孔砖、普通砖、蒸压砖及混凝土小型空心砌块为例，非承重砌块填充墙的构造主要以轻集料混凝土小型空心砌块为例。

1. 块材的组砌

1) *砖墙的组砌*

砖墙的组砌方式是指砖在砖墙中的排列方式。砖可根据其尺寸和数量采用不同的排列方式，借砂浆形成的灰缝，组合成各种不同的墙体。在砖墙组砌中，把长方向垂直于墙面砌筑的砖称为丁砖，把长方向平行于墙面砌筑的砖称为顺砖，每排列一层砖则称为一皮，上下皮之间的水平灰缝称横缝，左右两块砖之间的垂直缝称竖缝。砖墙组砌应满足横平竖直、砂浆饱满、错缝搭接、避免出现通缝、丁砖和顺砖交替砌筑等基本要求，以保证墙体的强度和稳定性。普通砖墙、蒸压砖墙有一顺一丁、梅花丁、三顺一丁等砌筑形式；多孔砖墙常用一顺一丁和梅花丁的砌筑形式。砖墙的常见组砌方式如图 3-11 所示。

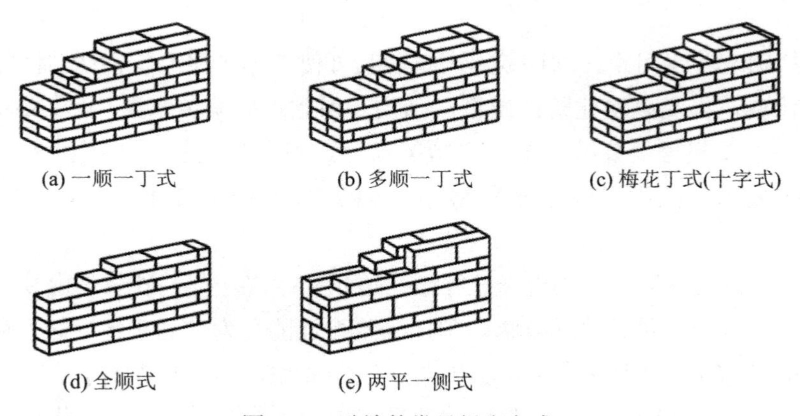

(a) 一顺一丁式　(b) 多顺一丁式　(c) 梅花丁式(十字式)

(d) 全顺式　(e) 两平一侧式

图 3-11　砖墙的常见组砌方式

(1) 一顺一丁式。如图 3-11(a)，丁砖和顺砖隔层砌筑，这种砌筑方法整体性好，主要用于砌筑 240 及以上砖墙。

(2) 多顺一丁式。如图 3-11(b)，这种方式一般是三皮顺砖、一皮丁砖相间砌筑。

(3) 梅花丁式 (十字式)。如图 3-11(c)，在每皮之内，丁砖和顺砖相间砌筑而成。这种方法砌筑的墙面美观，常用于清水墙的砌筑。

(4) 全顺式。如图 3-11(d)，每皮均为顺砖，上下皮错缝 120 mm。这种砌法适用于砌筑 120 mm 厚砖墙。

(5) 两平一侧式。如图 3-11(e)，每层由两皮顺砖与一皮侧砖组合相间砌筑而成。这种砌法主要用来砌筑 180 mm 厚砖墙。

2) *砌块墙的组砌*

中小型砌块的立面砌筑形式一般为全顺，每排砌块竖缝应错开 1/2 主规格砌块长度，混凝土小型空心砌块还应对孔、反砌。因为砌块的规格尺寸较大，砌筑的灵活差，所以砌筑前必须绘制砌块排列图，以尽量提高主要砌块的使用率，减少局部补填砖的数量，并在砌筑过程中采取加固措施。砌块排列图就是把不同规格的砌块在墙体中的安放位置用平面图和立面图加以表示，一般包括各层平面和内外墙立面分块图，如图 3-12 所示，图中标注的代号为小砌块规格编码。

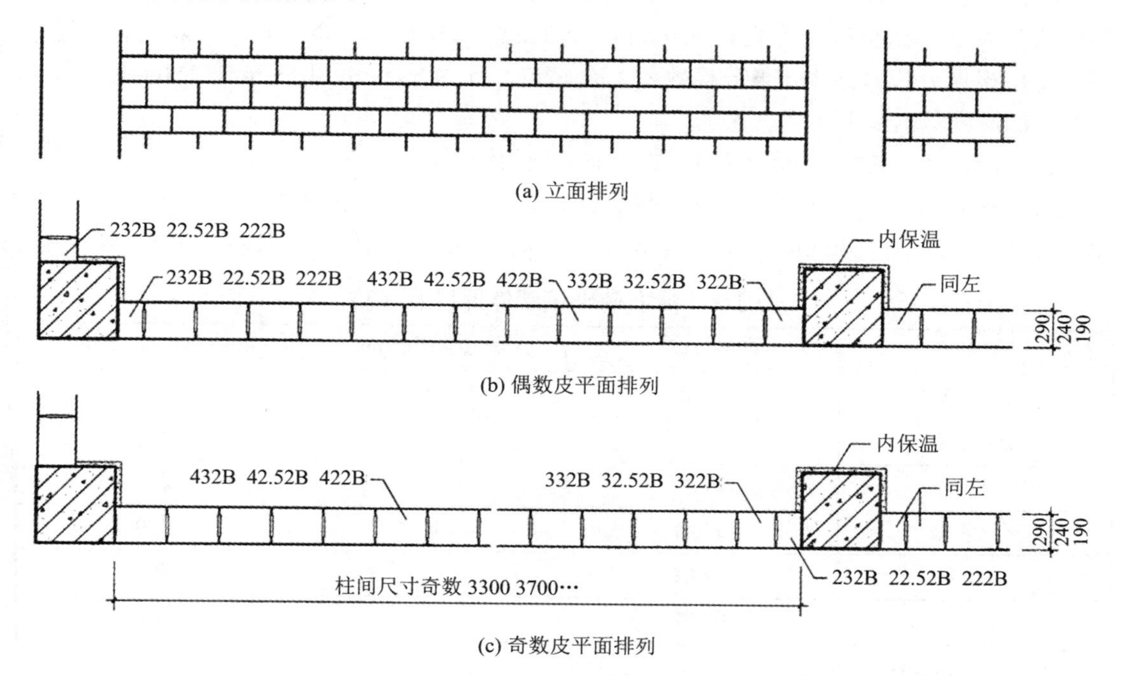

图 3-12　小砌块外墙排列图

砌块排列设计应满足以下要求：

(1) 合理选择砌块的规格尺寸，尽量减少砌块的规格类型，优先采用大规格砌块并使主砌块的总数量在 70% 以上。

(2) 按门窗洞口和墙面尺寸的布置情况对砌块进行合理的排列。

(3) 上下皮应错缝搭接，如主规格尺寸为 390 mm × 190 mm × 190 mm 的混凝土小型空心砌块，一般搭接长度为 200 mm，上下皮砌块应孔对孔、肋对肋以保证有足够的接触面。当搭砌长度不满足上述要求时，应在水平灰缝内设置不少于 2ϕ4 的焊接钢筋网片 (横向钢筋的间距不宜大于 200 mm)，网片每端均应超过该垂直缝，其长度不得小于 300 mm。

(4) 墙体交接处和转角处应使砌块彼此搭接，如图 3-13 所示。

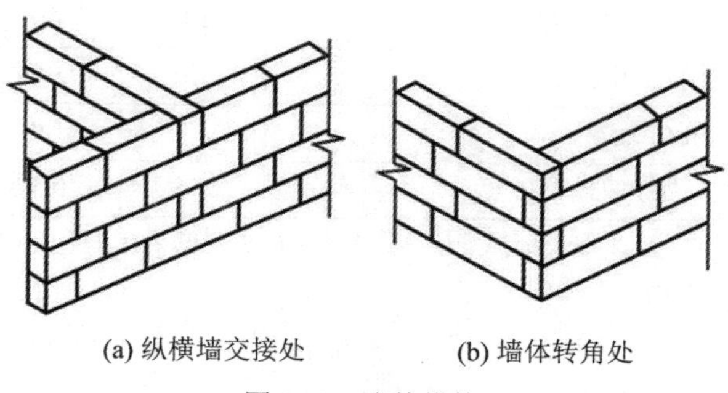

图 3-13　砌块搭接

2. 块材墙的尺寸

1) 块材墙厚度

根据《建筑模数协调标准》(GB/T 50002—2013) 的规定，承重墙的厚度优先根据 1M 的倍数与 M/2 的组合确定，宜为 150 mm、200 mm、250 mm、300 mm，内隔墙和管道井墙厚度可根据分模数或 1M 与分模数的组合确定，宜为 50 mm、100 mm、150 mm。各类砌块墙的厚度基本以上述厚度为主。

普通砖、蒸压砖按不同的组砌方式形成不同的墙厚，砖墙的厚度习惯上以砖长为基数来定义，如半砖墙、一砖墙、一砖半墙、两砖墙等，或以它们的标志尺寸来定义，如 12 墙 (115 mm)、24 墙 (240 mm)、37 墙 (365 mm)。标准砖砌筑墙体厚度及名称如表 3-2 所示。

表 3-2　标准砖砌筑墙体厚度及名称

习惯称谓	工程称谓	构造尺寸 / mm	标志尺寸 / mm
半砖墙	12 墙	115	120
3/4 砖墙	18 墙	178	180
一砖墙	24 墙	240	240
一砖半墙	37 墙	365	370
二砖墙	49 墙	490	490
二砖半墙	62 墙	615	620

2) 墙段和洞口尺寸

墙段尺寸主要是指窗间墙、转角墙等部位墙体的长度。实心砖模数为 125 mm，墙段长度一般有 240 mm、490 mm、740 mm、1120 mm、1240 mm 等。多孔砖墙的墙段长度以 50 mm(M/2) 进阶。建筑设计宜结合砌筑块材的模数来确定墙段尺寸。承重墙的墙段需满足结构和抗震要求。在抗震设防地区，根据《建筑抗震设计标准 (2024 年版)》(GB/T 50011—2010)，砌体墙段的局部尺寸应符合表 3-3 的要求。

表 3-3　房屋的局部尺寸限值　　单位：m

部　位	抗震设防烈度			
	6 度	7 度	8 度	9 度
承重窗间墙最小宽度	1.0	1.0	1.2	1.5
承重外墙尽端至门窗洞边的最小距离	1.0	1.0	1.2	1.5
非承重外墙尽端至门窗洞边的最小距离	1.0	1.0	1.0	1.0
内墙阳角至门窗洞边的最小距离	1.0	1.0	1.5	2.0
无锚固女儿墙 (非出入口处) 的最大高度	0.5	0.5	0.5	0.0

注：1. 局部尺寸不足时，应采取局部加强措施弥补，且最小宽度不宜小于 1/4 层高和表列数据的 80%；
2. 出入口处的女儿墙应有锚固。

门窗洞口的优先尺寸为 M 的整倍数，一般情况下小于 1000 mm 的洞口尺寸采用 1M 的整倍数，如 600 mm、700 mm、900 mm、1000 mm；大于 1000 mm 的洞口尺度采用 3M

的整倍数，如 1200 mm、1500 mm、1800 mm 等。

3) 块材墙高度

建筑层高的优先尺寸为 M 的整倍数，在住宅建筑中层高一般为 2700 mm、2800 mm、3000 mm 等，这些尺寸不是实心砖每皮高度 (63 mm) 的整倍数。因此，砌筑前必须先按图纸尺寸确定砌筑的皮数，适当调整灰缝厚度。

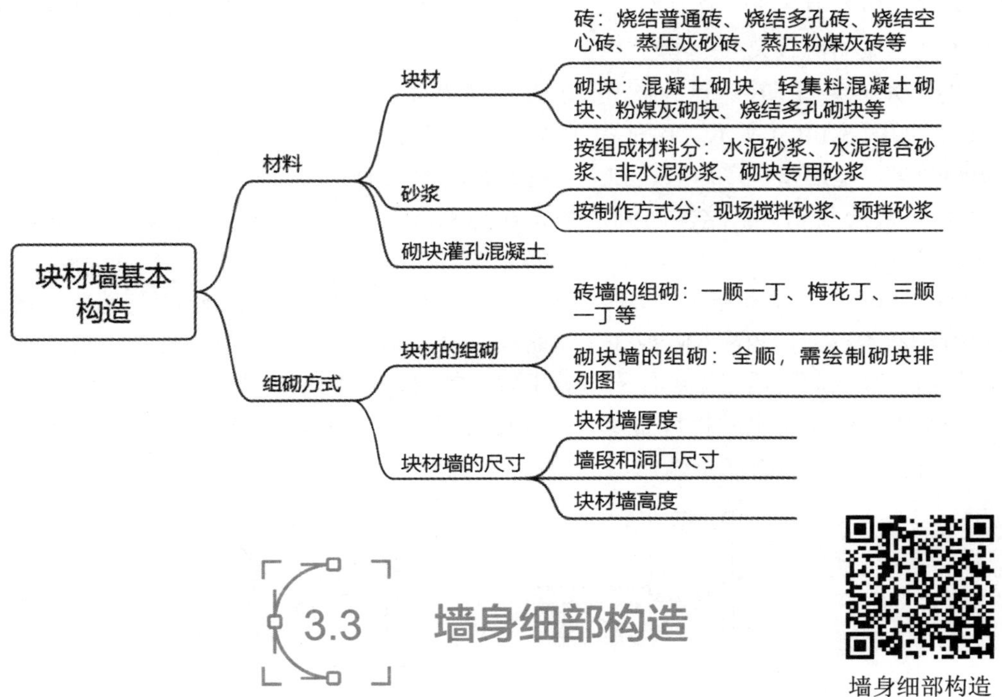

3.3 墙身细部构造

墙身细部构造

块材墙施工操作简单，不需要大型的施工设备，但其细部构造要求复杂，因此本章重点阐述块材墙的细部构造，包括墙脚、门窗洞口以及墙身加固措施。

3.3.1 墙脚构造

墙脚是指室内地面以下、基础以上的这段墙体，其在建筑最下方的位置。内外墙都有墙脚，外墙的墙脚又叫勒脚。墙脚和外界有频繁的接触，再加上块材墙本身存在很多微孔，地表水和土壤水易渗入墙脚使之受潮，造成饰面层脱落，破坏室内外环境。因此墙脚的构造要点是：一、做墙脚自身的防潮；二、增强勒脚的坚固耐久性；三、有效排除房屋四周的地面水。

1. 墙脚防潮

在墙脚铺设防潮层是墙身防潮的有效做法，可以防止土壤和地面水渗入墙体。防潮层以下的砌体不应使用多孔砖。使用空心砌块时，应采用强度不低于 C20 的混凝土灌实砌体。防潮层按构造形式可分为水平防潮层和垂直防潮层。

1) 水平防潮层

当室内地坪垫层为混凝土等密实材料时，水平防潮层应设在垫层范围以内，一般设置在低于室内地坪 60 mm 处，同时还应该至少高于室外地面 150 mm，以防止雨水溅湿墙面。当室内地坪垫层为炉渣、碎石等透水材料时，水平防潮层的位置应平齐或高于室内地面 60 mm。墙脚水平防潮层的构造做法有以下四种。

(1) 卷材防潮层。在设置防潮层的位置上，先抹 20 mm 厚砂浆找平层，后在其上铺卷材，如图 3-14(a) 所示。卷材宽度同墙厚，长度方向铺设时应至少搭接 300 mm。这种防潮层防潮效果好，但卷材将上下墙体分开，削弱了块材墙的整体性，且卷材寿命较短，不应在刚度要求高、振动荷载大或地震区采用。

(2) 防水砂浆防潮层。这种防潮层采用 1∶2 水泥砂浆加 3%～5% 的防水剂，厚度为 20～25 mm，如图 3-14(b) 所示。这种构造做法简单但施工要求高，且砂浆开裂或不饱满时影响防潮效果，适用于抗震地区、独立砖柱和振动较大的砖砌体中。

(3) 防水砂浆砌砖。这类防潮层是指在防潮层位置用防水砂浆砌筑 4～6 皮砖，如图 3-14(c) 所示。

(4) 细石混凝土防潮层。这类防潮层是指在防潮层位置浇筑 60 mm 厚与墙体等宽的 C15 或 C20 细石混凝土，内配 3ϕ6 或 3ϕ8 钢筋，如图 3-14(d) 所示。其抗裂性、防潮性能好，并与砌体结合紧密，故适用于整体刚度要求较高的建筑物中。

当墙脚采用不透水的材料如条石、混凝土等，或者设有地圈梁时，可不设防潮层，因为这些材料本身就具有防潮性能。

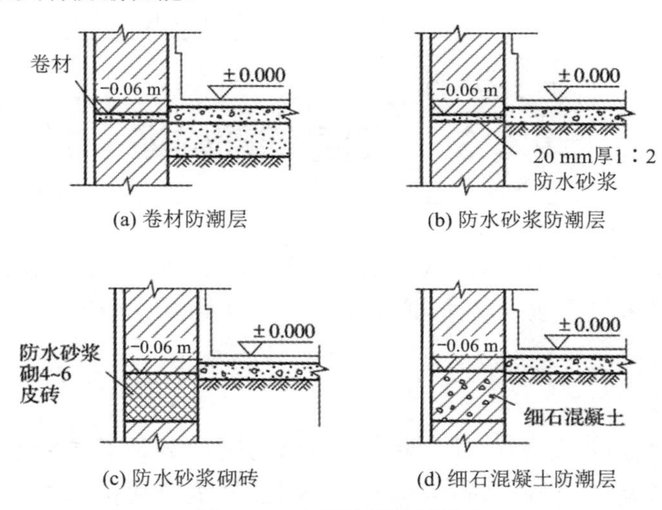

图 3-14 水平防潮层的做法

2) 垂直防潮层

垂直防潮层一般在墙体有侧面防护要求的时候设置。建筑物室内地坪会有高差或低于室外地面的标高，这时就需要在墙身内侧设高低两道水平防潮层，而且应在接触土壤的一侧设置垂直防潮层，以避免高差部位回填土中的潮气侵入墙身，如图 3-15 所示。一般做法是在需设垂直防潮层的墙面 (靠近回填土一侧) 上抹 20～25 mm 厚的 1∶2 防水砂浆，或用 15 mm 厚的 1∶3 水泥砂浆找平后，再涂 2～3 道防水涂膜或贴一道高分子防水卷材。

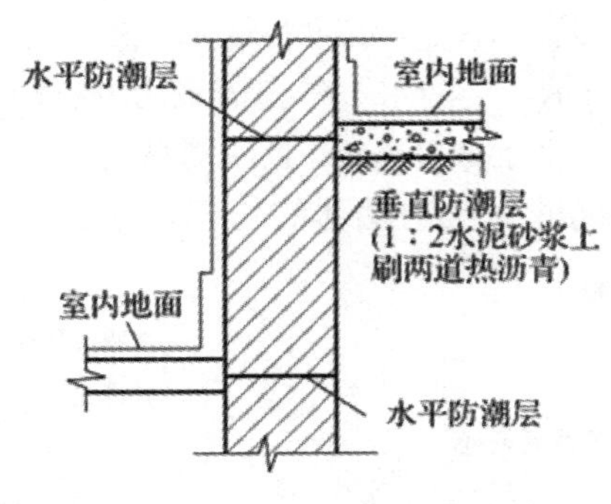

图3-15 垂直防潮层

2. 勒脚构造

勒脚是外墙的墙脚，它和内墙脚一样要受到土壤中水分的侵蚀，也需要做防潮层；同时，它还受地表水和机械力等外部因素的影响，所以勒脚应更加坚固耐久，防潮性更好。勒脚的选材、做法、高度、色彩等也是建筑外立面设计时着重考虑的因素。勒脚一般采用以下几种构造做法。

(1) 抹灰：可用20 mm厚1∶3水泥砂浆抹面，或用1∶2水泥白石子浆水刷石或斩假石抹面，如图3-16(a)所示。此法多用于一般建筑。

(2) 贴面：可用天然石材或人工石材贴面，如花岗石、水磨石板等，如图3-16(b)所示。贴面勒脚耐久性、装饰效果好，适用于高标准建筑。

(3) 坚固材料砌筑：采用条石、混凝土等坚固耐久材料代替砖勒脚，如图3-16(c)所示。

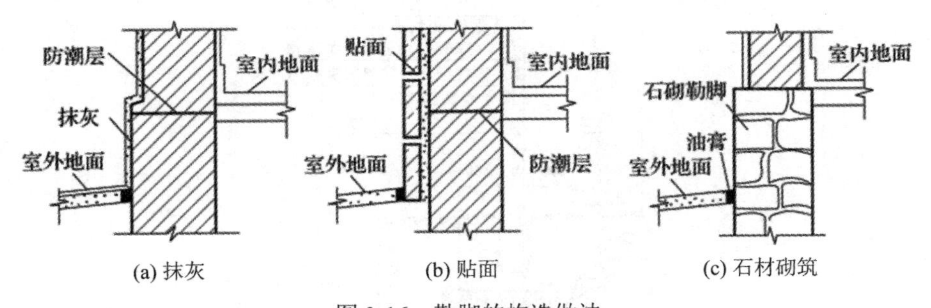

(a) 抹灰　(b) 贴面　(c) 石材砌筑

图3-16 勒脚的构造做法

3. 外墙周围的排水处理

外墙周围的排水是通过散水与明沟或暗沟组成的排水系统来完成的。

1) 散水

散水是指为避免建筑外墙根部积水，沿建筑外墙周边的地面设置的一定宽度向外找坡的保护面层。散水可用水泥砂浆、混凝土、砖、块石等材料做面层，通常是在夯实素土上铺三合土、混凝土等材料，厚度为60～70 mm。此外散水材料也可以结合建筑室外的铺地材料进行选择。

散水的宽度宜为600～1000 mm，具体根据地基土壤性质、气候条件、建筑物高度和屋面排水形式确定。当采用无组织排水时，散水的宽度可按檐口线放出200～300 mm，散水的坡度宜为3%～5%。当散水采用细石混凝土浇筑时，宜按20～30 m间距设置伸缩缝；散水与外墙勒脚交接处宜设缝，防止外墙下沉时将散水拉裂，缝宽为 20～30 mm，缝内应填柔性密封材料，如图 3-17(a) 所示。当散水不外露需采用种植散水时，散水上面应覆土，如图 3-17(b) 所示，覆土厚度不应大于 300 mm，且应对墙身下部做防水处理，其高度不宜小于覆土层以上 300 mm，并应防止草根对墙体的伤害。散水宽度由设计人员确定，并在施工图中注明。

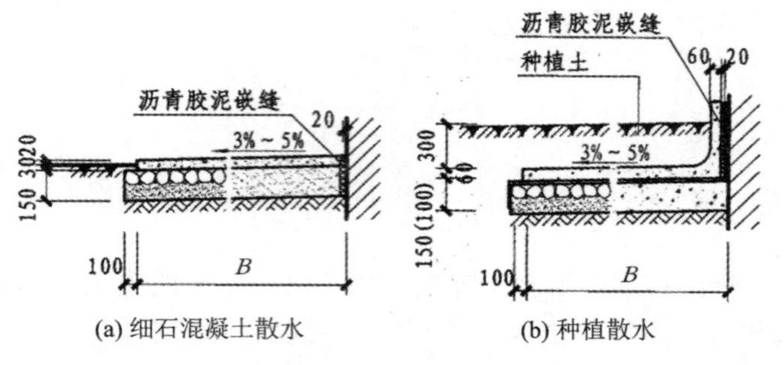

(a) 细石混凝土散水　　(b) 种植散水

图 3-17　散水的构造做法

2) 明沟或暗沟

当屋面为有组织排水时一般设暗沟，屋面为无组织排水时一般设明沟。明沟是在散水外沿或直接在外墙根部设置的排水沟。它可先将水有组织地导向集水井，然后再导向排水系统。明沟一般先用素混凝土浇筑或用砖石铺砌成沟槽，然后用水泥砂浆抹面，如图 3-18 所示。为保证排水通畅，沟底应有不小于 1% 的纵坡引导排水方向。

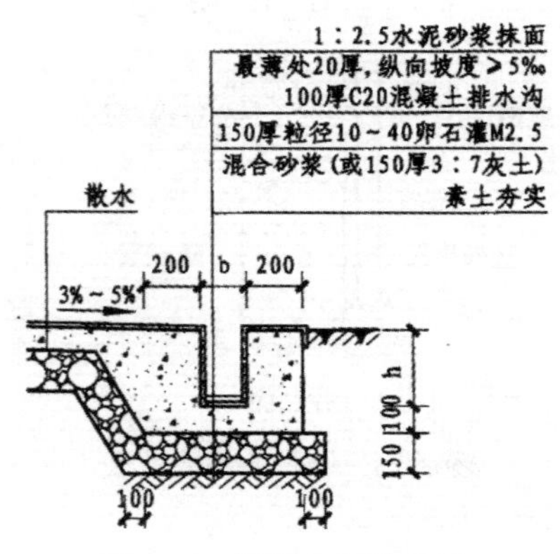

图 3-18　混凝土明沟构造

3.3.2　门窗洞口构造

1. 过梁

过梁跨越门窗洞口，用来支撑洞口上方墙体的重量，承重墙上的过梁还要支承楼板传递到墙体的荷载，所以过梁是承重构件。根据材料和构造方式的不同，过梁主要分为钢筋混凝土过梁、砖拱过梁和钢筋砖过梁三种。《建筑抗震设计标准 (2024 年版)》(GB/T 50011—2010) 明确规定不能采用砖过梁，不论是配筋还是无筋。因此，本章主要阐述钢筋混凝土过梁构造，对传统砖拱过梁的构造做法只进行简单介绍。

1) 钢筋混凝土过梁

钢筋混凝土过梁施工简单、承重能力强，对建筑的不均匀沉降及振动有一定的适应能力。钢筋混凝土过梁有现浇和预制两种，预制装配式过梁施工效率高，较为多用。梁高及配筋由计算确定。为了施工方便，梁高应与砖的块数相适应，以方便墙体的连续砌筑。梁宽一般同墙厚，梁两端支承在墙上的长度不应少于 240 mm，以保证有足够的承压面积。

钢筋混凝土过梁的断面形式有矩形和 L 形，如图 3-19(a)、(b) 所示。矩形过梁多用于内墙和混水墙，L 形过梁多用于外墙和清水墙。钢筋混凝土的导热系数大于墙体块材的导热系数，因此在寒冷地区常采用 L 形过梁，使外露部分的面积减小，或把过梁全部包起来，如图 3-19(c) 所示。为简化构造、节约材料，过梁可与圈梁、悬挑雨篷、窗楣板或遮阳板等结合起来。

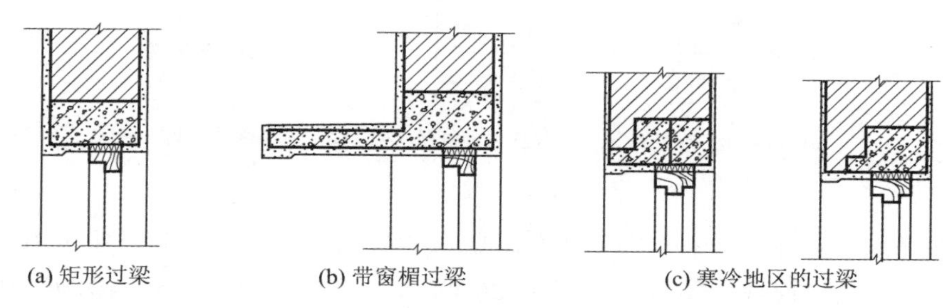

(a) 矩形过梁　(b) 带窗楣过梁　(c) 寒冷地区的过梁

图 3-19　钢筋混凝土过梁形式

2) 砖拱过梁

这类过梁利用块材相互挤压的作用，使洞口上方的砌体具有整体性，而没有其他材料在立面上出现，适用于清水砖墙，常见于传统建筑中。砖拱过梁形式多样，主要有平拱过梁和弧拱过梁。砖平拱过梁较为常见，其是由砖竖砌和侧砌形成的，高度多为一砖长，一般将砂浆灰缝做成上宽下窄，多用于非承重墙上的门窗，如图 3-20(a) 所示。弧拱过梁的弧拱高度不小于 120 mm，其余砌筑方法同平拱。起拱高度与跨度成正比，因此洞口的跨度也受到限制，典型的砖弧拱过梁如图 3-20(b) 所示。传统建筑中也有利用石材砌筑的石拱过梁，如图 3-20(c) 所示。砖拱过梁对基础的不均匀沉降适应能力较差，无法满足现行抗震规范的要求，已不再采用。

(a) 砖平拱过梁

(b) 砖弧拱过梁

(c) 石弧拱过梁

图 3-20　砖、石拱过梁

2. 窗台

窗台是窗洞下部的构造，其按构造做法不同可分为外窗台和内窗台。位于窗外的窗台叫外窗台。外窗台的作用是排除沿窗面流下的雨水，防止雨水侵入墙身并向室内渗透，保护墙体。因此外窗台应向外形成不小于 20% 的坡度，外窗台面还应低于内窗台面，同时采用不透水的面层。外窗台有悬挑窗台和不悬挑窗台两种。悬挑窗台常采用顶砌一皮砖出挑 60 mm 或将一皮砖侧砌并出挑 60 mm 的方式，如图 3-21(a)、(b) 所示；窗台表面的坡度可由斜砌的砖形成，也可用 1∶2.5 水泥砂浆抹出。目前多采用钢筋混凝土预制或现浇窗台，如图 3-21(c) 所示。

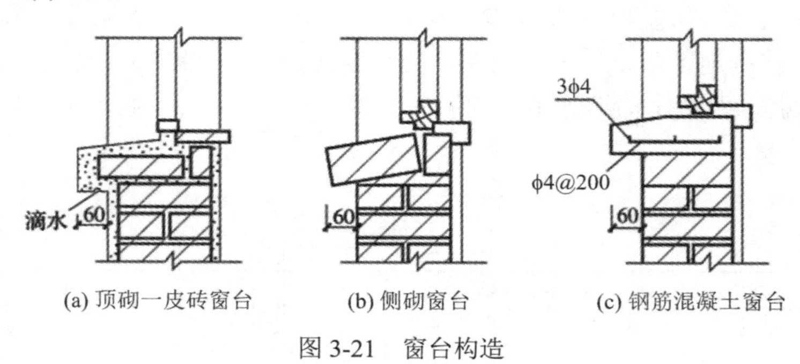

(a) 顶砌一皮砖窗台　(b) 侧砌窗台　(c) 钢筋混凝土窗台

图 3-21　窗台构造

在悬挑窗台底部边缘处抹灰时应做滴水线或滴水槽 (宽度和深度均不小于 10 mm)，还可以设置带滴水的金属板外窗台，如图 3-22(a) 所示。若外墙饰面材料为面砖、石材等自洁性好的材料，则可设不悬挑窗台，如图 3-22(b) 所示。

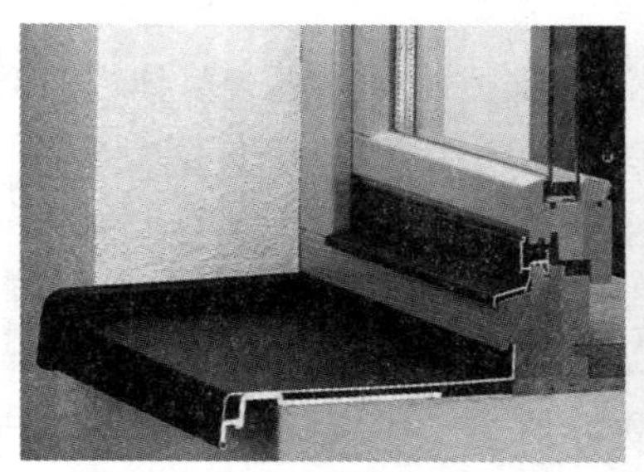

(a) 带滴水的金属板外窗台

(b) 不悬挑窗台

图 3-22　外窗台

位于室内的窗台叫内窗台。内窗台不受雨水的冲刷，一般不需要找坡，但其长时间在阳光的照射下，材料容易老化、褪色，因此需要结合室内装修选择耐久、耐候性好且易清洁的装修材料，如水泥砂浆抹灰、面砖或石材等饰面。

3.3.3　墙身加固措施

块材墙加固措施有门垛和壁柱、圈梁和构造柱，多层小砌块房屋还需要设置芯柱。

墙身加固措施

1. 门垛和壁柱

墙上开门洞一般需要设门垛，特别是在墙体转折处或丁字墙处，为了保证墙体的稳定性和门框安装的方便，应设置门垛，如图 3-23(a) 所示。门垛的宽度一般为 120 mm 或 240 mm。

当建筑物窗间墙上有集中荷载，而墙厚不足以承担荷载，或墙体的长度超过一定限度时，常在墙身的适当位置加设突出于墙面的壁柱 (扶壁柱)，与墙体共同承担荷载并稳定墙身，如图 3-23(b) 所示。壁柱的尺寸应符合块材自身的规格，砖壁柱一般尺寸为 120(240) mm × 370(490) mm。壁柱间隔根据墙体材料、墙厚及所承担的荷载而定。

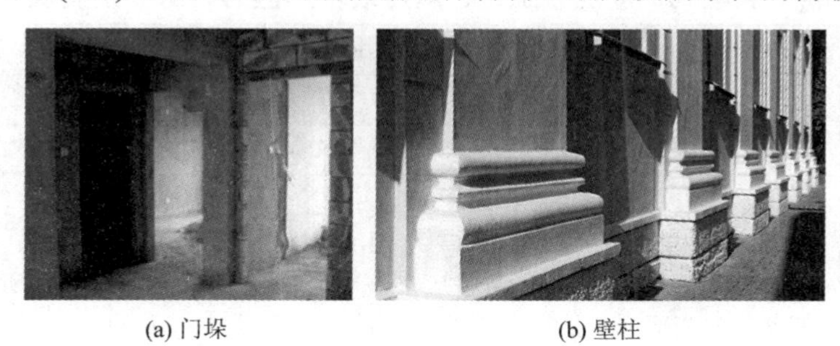

(a) 门垛　　(b) 壁柱

图 3-23　门垛和壁柱

2. 圈梁

圈梁是在房屋的四周外墙及部分内墙中，沿砌体墙水平方向设置的封闭状的按构造配筋的混凝土梁式构件，如图 3-24 所示。圈梁把墙箍住，提高了建筑物的空间刚度及整体性，减少了由于地基不均匀沉降而引起的墙身开裂。在抗震设防地区，利用圈梁加固墙身是非常必要的。

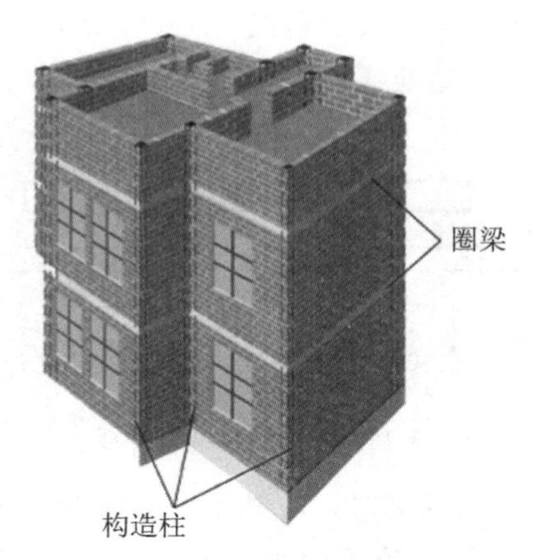

图 3-24　圈梁与构造柱

1) 圈梁的设置要求

根据《砌体结构通用规范》(GB 55007—2021)，对于多层砌体结构民用房屋，当层数为 3 层、4 层时，应在底层和檐口标高处各设置一道圈梁。当层数超过 4 层时，除应在底层和檐口标高处各设置一道圈梁外，至少应在所有纵、横墙上隔层设置圈梁。多层砌体工业房屋，应每层设置圈梁。设置墙梁的多层砌体结构房屋，应在托梁、墙梁顶面和檐口标高处设置圈梁。

根据《建筑抗震设计标准 (2024 年版)》(GB/T 50011—2010)，多层砖砌体房屋现浇钢筋混凝土圈梁设置应符合下列要求：装配式钢筋混凝土楼、屋盖或木屋盖的砖房，应按表 3-4

的要求设置圈梁；纵墙承重时，抗震横墙上的圈梁间距应比表 3-4 要求的适当小一些；现浇或装配整体式钢筋混凝土楼、屋盖与墙体有可靠连接的房屋，允许不另设圈梁，但楼板沿抗震墙体周边均应加强配筋并应与相应的构造柱钢筋可靠连接。

表 3-4　装配式钢筋混凝土楼、屋盖或木屋盖的砖房圈梁设置要求

墙　类	抗震设防烈度		
	6、7	8	9
外墙和内纵墙	屋盖处及每层楼盖处	屋盖处及每层楼盖处	屋盖处及每层楼盖处
内横墙	同上； 屋盖处间距不应大于 4.5 m； 楼盖处间距不应大于 7.2 m； 构造柱对应部位	同上； 各层所有横墙，且间距不应大于 4.5 m； 构造柱对应部位	同上； 各层所有横墙

2) 圈梁的构造

圈梁有钢筋混凝土圈梁和钢筋砖圈梁两种。钢筋混凝土圈梁整体刚度好，应用广泛；钢筋砖圈梁已很少采用。圈梁与门窗过梁宜尽量统一考虑，可用圈梁代替门窗过梁。砌块墙中圈梁通常与窗过梁合并，可现浇，也可预制成圈梁砌块。

多层砖砌体房屋现浇钢筋混凝土圈梁的构造应符合下列要求：

(1) 圈梁应闭合。当圈梁被门窗洞口截断时，应在洞口上部增设相同截面的附加圈梁，附加圈梁与圈梁的搭接长度不应小于其中垂直间距的 2 倍，且不得小于 1 m，如图 3-25 所示。圈梁宜与预制板设在同一标高处或紧靠板底。

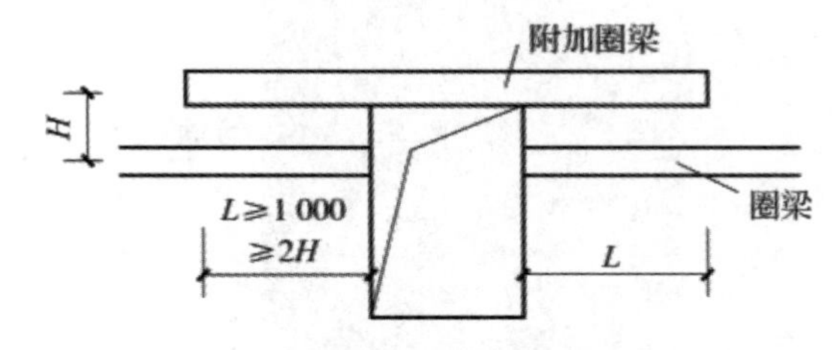

图 3-25　附加圈梁的搭接要求

(2) 在表 3-4 要求的间距内无横墙时，应利用梁或板缝中的配筋代替圈梁。

(3) 圈梁的宽度同墙厚，截面高度不应小于 120 mm，配筋应符合表 3-5 的要求；增设的基础圈梁，截面高度不应小于 180 mm。

表 3-5　多层砖砌体房屋圈梁配筋要求

配　筋	抗震设防烈度		
	6、7	8	9
最小纵筋	4ϕ10	4ϕ12	4ϕ14
箍筋最大间距 /mm	250	200	150

多层小砌块房屋现浇钢筋混凝土圈梁的设置位置与多层砖砌体房屋圈梁的要求一致，但圈梁构造不一致，圈梁宽度不应小于 190 mm，配筋不应少于 4ϕ12，箍筋间距不应

大于 200 mm。

配筋混凝土小型空心砌块抗震墙的圈梁构造，应符合下列要求：

(1) 墙体在基础和各楼层标高处均应设置现浇钢筋混凝土圈梁，圈梁的宽度应同墙厚，其截面高度不宜小于 200 mm。

(2) 圈梁混凝土抗压强度不应小于相应灌孔小砌块砌体的强度，且不应小于 C20。

(3) 圈梁纵向钢筋直径不应小于墙中横向分布钢筋的直径，且不应小于 4ϕ12；基础圈梁纵筋不应小于 4ϕ12；圈梁及基础圈梁箍筋直径不应小于 8 mm，间距不应大于 200 mm；当圈梁高度大于 300 mm 时，应沿圈梁截面高度方向设置腰筋，其间距不应大于 200 mm，直径不应小于 10 mm。

(4) 圈梁底部嵌入墙顶小砌块孔洞内，深度不宜小于 30 mm；圈梁顶部应是毛面。

3. 构造柱

构造柱是指在砌体房屋墙体的规定部位，按构造配筋，并按先砌墙后浇筑混凝土柱的施工顺序制成的钢筋混凝土构件，如图 3-24 所示。其作用是与圈梁形成空间骨架，共同约束砌体，使之有较高的变形能力，提高墙体的抗弯、抗剪能力。

1) 多层砖砌体房屋构造柱设置要求

根据《建筑抗震设计标准 (2024 年版)》(GB/T 50011—2010)，各类多层砖砌体房屋应按下列要求设置现浇钢筋混凝土构造柱：

(1) 构造柱设置部位，一般情况下应符合表 3-6。

表 3-6 多层砖砌体房屋构造柱设置要求

<table>
<tr><th colspan="4">房屋层数</th><th colspan="2" rowspan="2">设置部位</th></tr>
<tr><th>6 度</th><th>7 度</th><th>8 度</th><th>9 度</th></tr>
<tr><td>四、五</td><td>三、四</td><td>二、三</td><td></td><td rowspan="3">楼、电梯间四角，楼梯斜梯段上下端对应的墙体处；
外墙四角和对应转角；
错层部位横墙与外纵墙交接处；
大房间内外墙交接处；
较大洞口两侧</td><td>隔 12 m 或单元横墙与外纵墙交接处；
楼梯间对应的另一侧内横墙与外纵墙交接处</td></tr>
<tr><td>六</td><td>五</td><td>四</td><td>二</td><td>隔开间横墙 (轴线) 与外墙交接处；
山墙与内纵墙交接处</td></tr>
<tr><td>七</td><td>≥六</td><td>≥五</td><td>≥三</td><td>内墙 (轴线) 与外墙交接处；
内墙的局部较小墙垛处；
内纵墙与横墙 (轴线) 交接处</td></tr>
</table>

注：较大洞口，内墙指不小于 2.1 m 的洞口；外墙在内外墙交接处已设构造柱时应允许适当放宽，但洞侧墙体应加强。

(2) 外廊式和单面走廊式的多层房屋，应根据房屋增加一层后的层数，按表 3-6 的要求设置构造柱，且单面走廊两侧的纵墙均应按外墙处理。

(3) 横墙较少的房屋，应根据房屋增加一层后的层数，按表 3-6 的要求设置构造柱。当横墙较少的房屋为外廊式或单面走廊式时，应按 (2) 的要求设置构造柱；但抗震设防烈度为 6 度、房屋层数不超过四层、7 度不超过三层和 8 度不超过二层时，应按增加二层后的层数处理。

(4) 各层横墙很少的房屋，应按增加二层后的层数设置构造柱。

(5) 采用蒸压灰砂砖和蒸压粉煤灰砖的砌体房屋，当砌体的抗剪强度仅达到普通黏土砖砌体的 70% 时，应根据增加一层后的层数按 (1)～(4) 的要求设置构造柱；抗震设防烈度为 6 度、房屋层数不超过四层、7 度不超过三层和 8 度不超过二层时，应按增加二层后的层数处理。

2) *多层砖砌体房屋的构造柱构造要求*

(1) 构造柱最小截面可采用 180 mm × 240 mm(墙厚 190 mm 时为 180 mm × 190 mm)，纵向钢筋宜采用 4ϕ12，箍筋间距不宜大于 250 mm，且在柱上下端应适当加密；抗震设防烈度 6、7 度时房屋层数超过六层、8 度时超过五层和 9 度时，构造柱纵向钢筋宜采用 4ϕ14，箍筋间距不应大于 200 mm；房屋四角的构造柱应适当加大截面及配筋。

(2) 构造柱与墙连接处应砌成马牙槎，沿墙高每隔 500 mm 设 2ϕ6 水平钢筋和 ϕ4 分布短筋平面内点焊组成的拉结网片或 ϕ4 点焊钢筋网片，每边伸入墙内不宜小于 1 m，如图 3-26 所示。抗震设防烈度 6、7 度时底部 1/3 楼层，8 度时底部 1/2 楼层，9 度时全部楼层中，上述拉结钢筋网片应沿墙体水平通长设置。

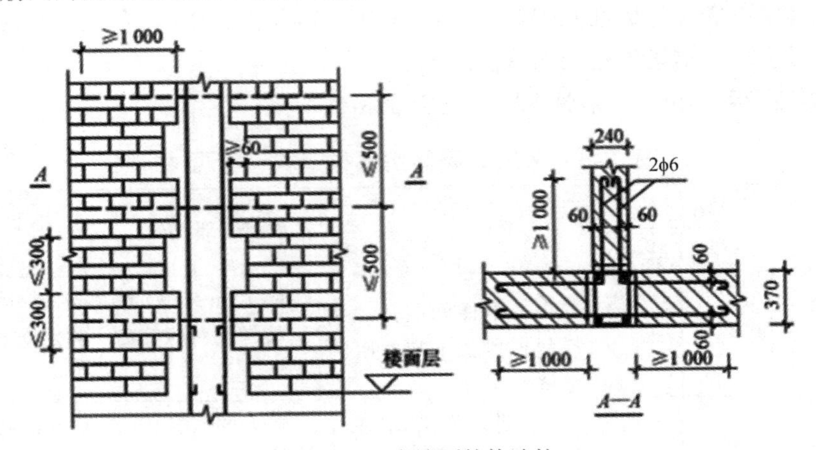

图 3-26　平直墙面的构造柱

(3) 构造柱与圈梁连接处，构造柱的纵筋应从圈梁纵筋内侧穿过，以保证构造柱纵筋上下贯通。

(4) 构造柱可不单独设置基础，但应伸入室外地面下 500 mm，或与埋深小于 500 mm 的基础圈梁相连。

(5) 房屋高度和层数接近表 3-1 的限值时，纵、横墙内构造柱间距还应符合下列要求：横墙内的构造柱间距不宜大于层高的 2 倍；下部 1/3 楼层的构造柱间距适当减小；当外纵墙开间大于 3.9 m 时，应另采取加强措施；内纵墙的构造柱间距不宜大于 4.2 m。

4. 芯柱

芯柱是指在砌块内部空腔中插入竖向钢筋并浇灌混凝土后形成的砌体内部的钢筋混凝

土小柱。芯柱设置在转角、墙连接处，其与圈梁和墙拉筋配合来加强房屋整体性，以提高砌块的变形能力及抗弯、抗剪能力。多层小砌块房屋应按表3-7的要求设置钢筋混凝土芯柱。对外廊式和单面走廊式的多层房屋、横墙较少的房屋、各层横墙很少的房屋，应分别按多层砖砌体房屋构造柱的设置要求中关于增加层数的对应要求，按表3-7的要求设置芯柱。

表3-7 多层小砌块房屋芯柱设置要求

房屋层数				设置部位	设置数量
6度	7度	8度	9度		
四、五	三、四	二、三		外墙转角，楼、电梯间四角，楼梯斜梯段上下端对应的墙体处； 大房间内外墙交接处；错层部位横墙与外纵墙交接处； 隔12 m或单元横墙与外纵墙交接处	外墙转角，灌实3个孔； 内外墙交接处，灌实4个孔； 楼梯斜段上下端对应的墙体处，灌实2个孔
六	五	四		同上； 隔开间横墙(轴线)与外纵墙交接处	
七	六	五	二	同上； 各内墙(轴线)与外纵墙交接处； 内纵墙与横墙(轴线)交接处和洞口两侧	外墙转角，灌实5个孔； 内外墙交接处，灌实4个孔； 内墙交接处，灌实4～5个孔； 洞口两侧各灌实1个孔
	七	≥六	≥三	同上； 横墙内芯柱间距不大于2 m	外墙转角，灌实7个孔； 内外墙交接处，灌实5个孔； 内墙交接处，灌实4～5个孔； 洞口两侧各灌实1个孔

注：外墙转角、内外墙交接处、楼电梯间四角等部位，应允许采用钢筋混凝土构造柱替代部分芯柱。

多层小砌块房屋的芯柱，应符合下列构造要求：

(1) 小砌块房屋芯柱截面不宜小于120 mm × 120 mm。

(2) 芯柱混凝土凝土强度等级，不应低于Cb20。

(3) 芯柱的竖向插筋应贯通墙身且与圈梁连接；插筋不应小于1ϕ12，抗震设防烈度6、7度时房屋层数超过五层、8度时超过四层和9度时，插筋不应小于1ϕ14。

(4) 芯柱应伸入室外地面下500 mm或与埋深小于500 mm的基础圈梁相连。

(5) 为提高墙体抗震受剪承载力而设置的芯柱，宜在墙体内均匀布置，最大净距不宜大于2.0 m。

(6) 如图3-27所示，多层小砌块房屋墙体转角处、交接处，或芯柱与墙体连接处应设置拉结钢筋网片，网片可采用ϕ4的钢筋点焊而成，沿墙高间距不大于600 mm，并应沿墙体水平通长设置。抗震设防烈度6、7度时底部1/3楼层、8度时底部1/2楼层、9度时全部楼层中，上述拉结钢筋网片沿墙高间距不大于400 mm。

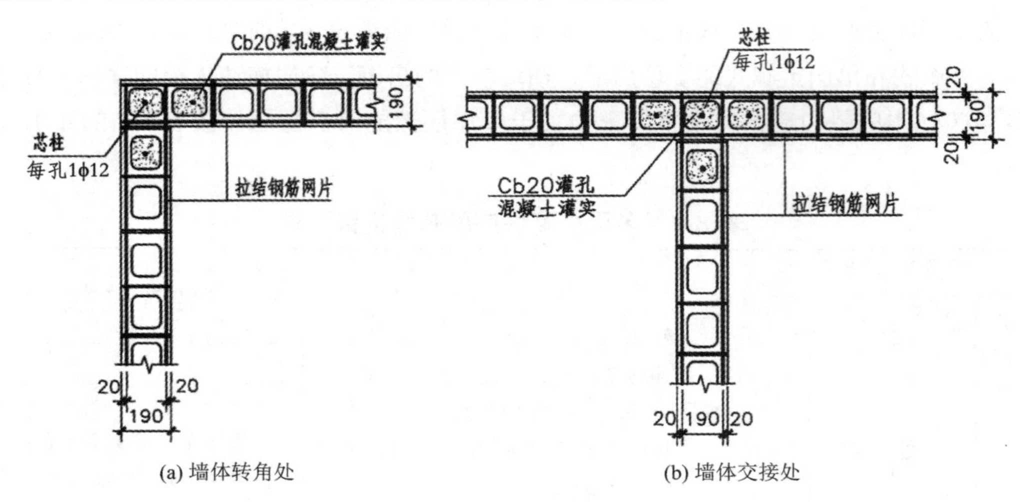

图3-27　芯柱

在当代，块材材料的类型在不断革新，未来墙体的构造做法会进行更多的优化及改革。

【思政课堂】

图3-28是一座三层楼房倒塌事故的现场。房屋刚遭受了暴雨的侵袭，但暴雨和积水并不是这座建筑倒塌的主要原因，图中可以看到这座砖砌的楼房没有任何的加固措施，而无加固措施的砌体结构几乎没有整体性和刚性可言，无法抵御极端天气导致的建筑的不均匀沉降及变形。这个典型事故说明了多层砌体房屋墙身加固的重要性。加固的本质是预防，这个案例启示我们，在建筑设计和施工中，应注重预防措施的落实，提前识别和消除潜在的安全隐患。这体现了"预防为主"的安全理念。

图3-28　无加固措施的砌体房屋倒塌现场

本节知识体系

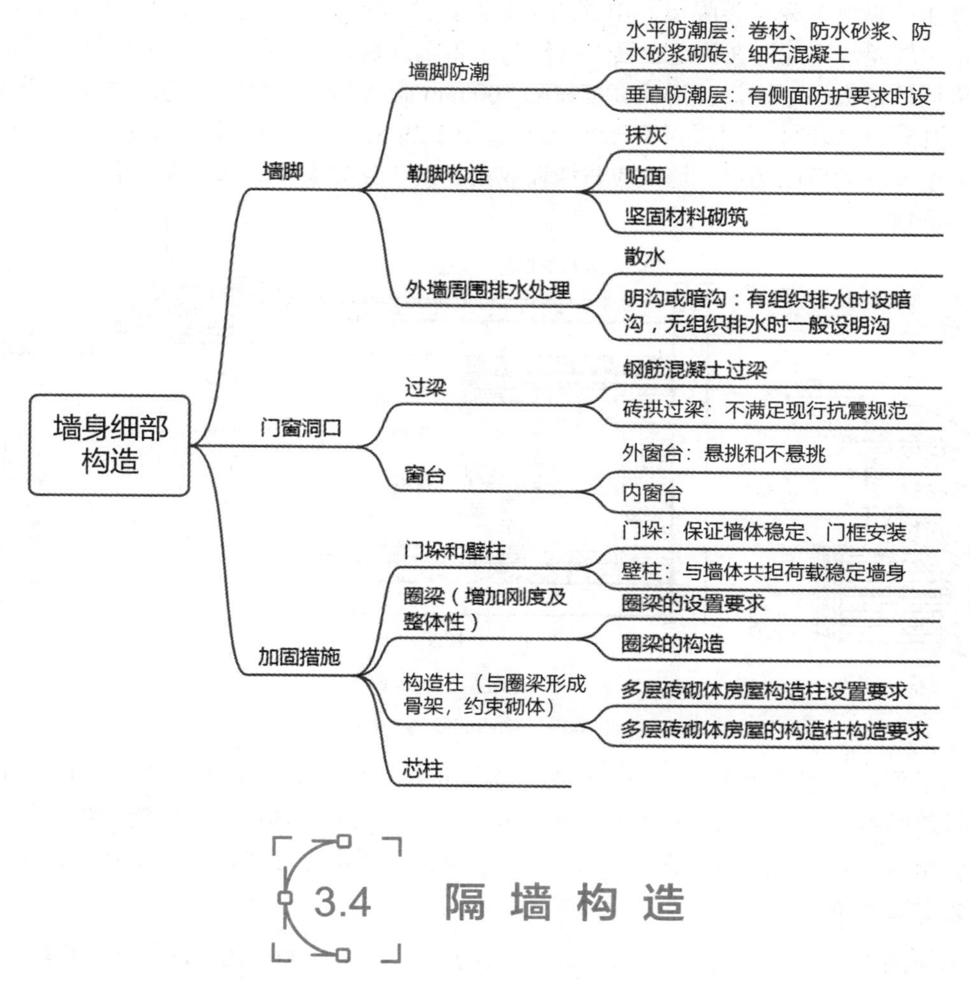

3.4　隔墙构造

隔墙是用于分隔建筑物内部空间的非承重构件，其本身重量由楼板或梁来承担，起外围护和内分隔的作用。本节主要介绍内分隔墙，用于外围护的幕墙将在下一节进行说明。为了减小荷载，隔墙应当自重轻，而且隔声、防火性能要好，最好便于拆卸。厨房、卫生间等房间的隔墙还要求有良好的防水、防潮性能。隔墙按构造方式的不同分为块材隔墙、轻骨架隔墙和板材隔墙三大类。

【拓展知识】

在框架结构中，非承重墙可以分为填充墙和幕墙；在混合结构中，非承重墙可以分为自承重墙和隔墙。隔墙和填充墙的构造做法基本一致。

3.4.1　块材隔墙

块材隔墙由普通砖、空心砖、轻集料混凝土小型空心砌块等块材砌筑而成，常分为普通砖隔墙和砌块隔墙两种。

1. 普通砖隔墙

普通砖隔墙多为半砖隔墙，由普通实心砖以全顺式方式砌筑而成。由于墙体轻而薄，其稳定性较差，因此，在构造上要求隔墙与承重墙或柱之间连接牢固，一般要求隔墙两端的承重墙须留出马牙槎，并沿墙高度每隔 500 mm 砌入 2ϕ6 的拉结钢筋，与承重墙或柱拉结，每边伸入隔墙的长度不宜小于 500 mm，如图 3-29 所示。抗震设防烈度为 8 度和 9 度时，长度大于 5 m 的后砌隔墙，墙顶应与楼板或梁拉结，独立墙肢端部及大门洞边宜设钢筋混凝土构造柱。

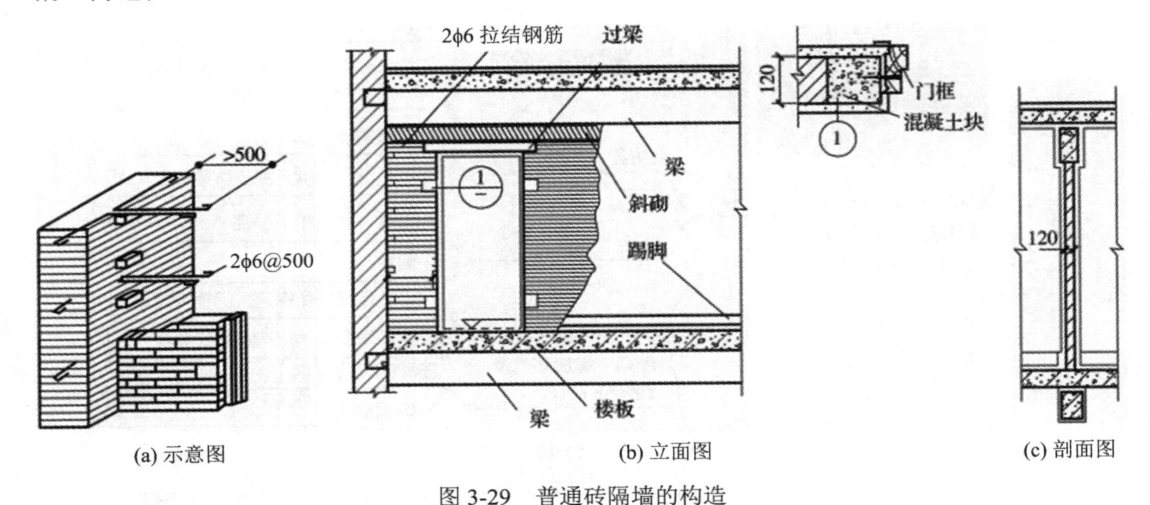

图 3-29 普通砖隔墙的构造

为了保证隔墙不承重，在隔墙顶部与楼板相接处应斜砌一皮砖。当隔墙上有门窗时，需预埋防腐木砖、铁件或将带有木楔的混凝土预制块砌入隔墙中，以固定门框。普通砖隔墙坚固耐久，有一定的隔声能力，但自重大，施工现场湿作业多，已较少采用。

2. 砌块隔墙

砌块隔墙优先采用轻质砌块。砌块隔墙的墙厚一般为 90～120 mm。其加固构造措施同普通砖隔墙，砌块不够整块时宜用普通砖填补。因砌块孔隙率、吸水量大，为提高隔墙防水性能，砌筑时应先在墙下部实砌 3～5 皮实心砖后，再砌砌块。钢筋混凝土结构中的砌块隔墙，又叫填充墙，其应符合下列要求：

(1) 填充墙在平面和竖向的布置宜均匀对称，避免形成薄弱层或短柱。

(2) 砌体的砂浆强度等级不应低于 M5，实心块体的强度等级不宜低于 MU2.5，空心块体的强度等级不宜低于 MU3.5；墙顶应与框架梁密切结合。当墙长小于 5 m 及用于非抗震设计时，填充墙一般用实心砖斜砌，与梁底顶紧，水泥砂浆塞缝，如图 3-30(a) 所示。

(3) 填充墙应沿框架柱全高每隔 500～600 mm 设 2ϕ6 拉筋，当抗震设防烈度 6、7 度时拉筋伸入墙内的长度宜沿墙全长贯通，8、9 度时应全长贯通。

(4) 墙长大于 5 m 时，墙顶与梁宜有拉结，常用的如膨胀锚栓固定铁件拉结，如图 3-30(b) 所示；墙长超过 8 m 或层高的 2 倍时，宜设置钢筋混凝土构造柱；墙高超过 4 m 时，在墙体半高处宜设置与柱连接且沿墙全长贯通的钢筋混凝土水平系梁。

(5) 楼梯间和人流通道的填充墙，还应采用钢丝网砂浆面层加强。

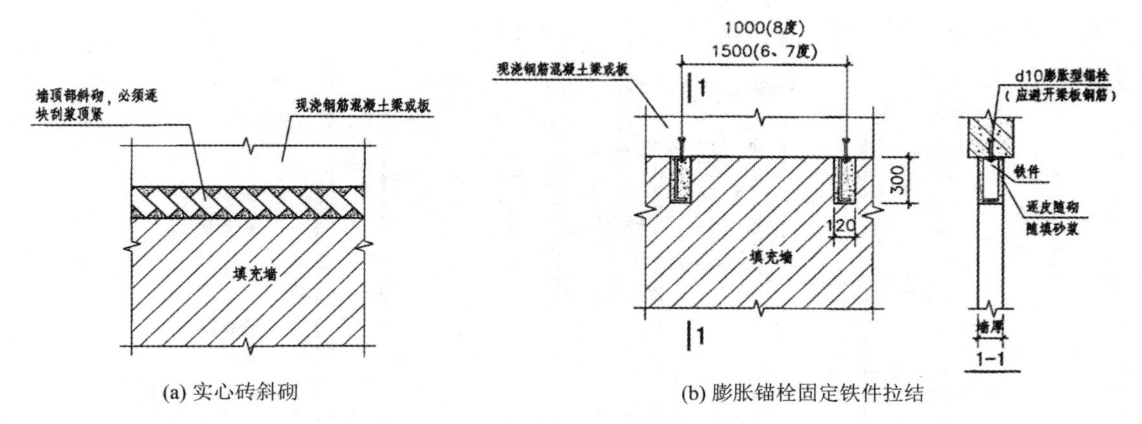

(a) 实心砖斜砌　　(b) 膨胀锚栓固定铁件拉结

图3-30　填充墙顶与楼、屋盖的拉结

3.4.2　轻骨架隔墙

轻骨架隔墙由骨架和面层两部分组成。由于它是先立墙筋(骨架)后做面层，故又称立筋式隔墙。轻骨架隔墙的骨架有木骨架和金属骨架，面层常用人造板材，如胶合板、纤维板、石膏板等。这类隔墙自重轻，一般可直接放置在楼板上。其利用隔墙中间的空气层填塞隔声材料，可以有很好的隔声效果，因而应用广泛。

1. 木骨架隔墙

木骨架隔墙的骨架由上槛、下槛、墙筋、横撑和斜撑等组成，如图3-31所示。上、下槛及墙筋断面尺寸为(45～50) mm × (70～100) mm，斜撑与横撑断面相同或略小些，墙筋间距常为400 mm，横撑间距可与墙筋相同，也可适当放大。面层一般采用实木板、胶合板、纤维板等，骨架、木基层板背面刷两遍防火涂料，以提高其防火性能。

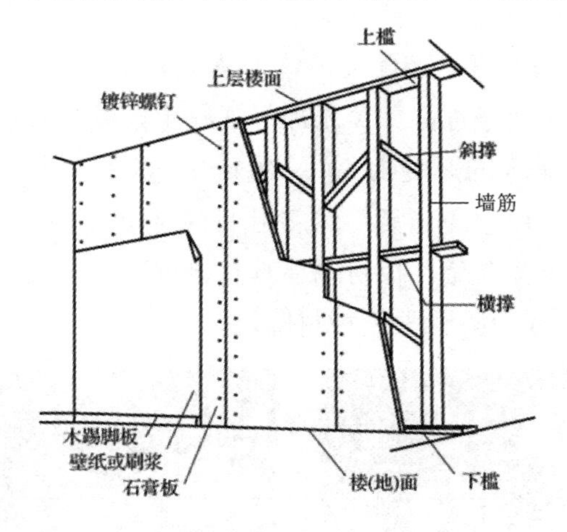

图3-31　木骨架隔墙

2. 轻钢龙骨隔墙

轻钢龙骨隔墙的骨架一般由沿顶龙骨、沿地龙骨、竖向龙骨、横撑龙骨、加强龙骨等组成，如图3-32所示，其以各种形式的薄壁型钢制成。轻钢龙骨隔墙的耐久性和防潮性均优于木骨架隔墙，因此应用更加广泛。

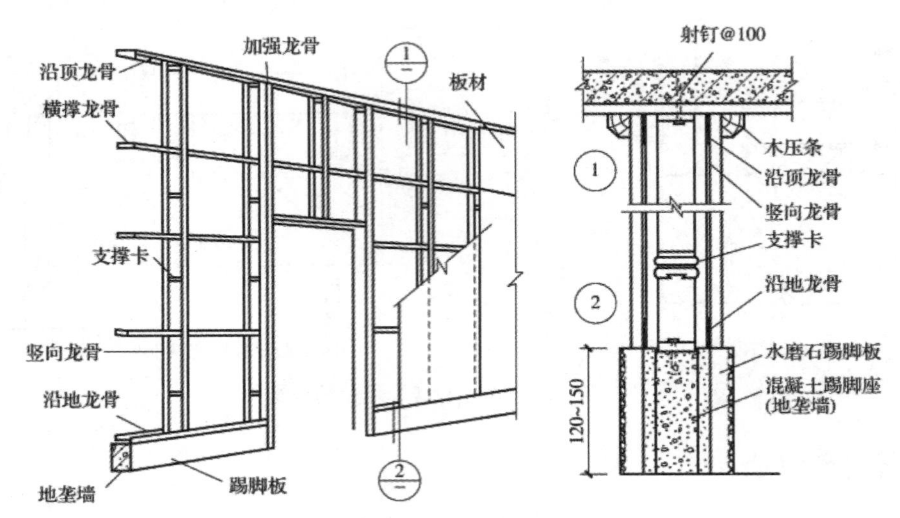

图 3-32 轻钢龙骨石膏板隔墙

轻钢龙骨隔墙的安装过程是先用螺栓将沿顶龙骨、沿地龙骨固定在楼板上，再安装竖向龙骨、横撑龙骨和加强龙骨，龙骨间距为 400～600 mm，其上留有走线孔。然后将板材用自攻螺钉钉在龙骨上，再用玻璃纤维带粘贴板缝，自攻螺钉防锈处理，最后做饰面。骨架间可填充保温材料以提高墙体的隔声与保温性能。

轻钢龙骨隔墙的面层常用木质板材、石膏板、硅酸钙板、水泥纤维板等。轻钢龙骨隔墙的名称以面板材料而定，如轻钢龙骨纸面石膏板隔墙。

3.4.3 板材隔墙

板材隔墙由单块轻质板材直接装配而成，不依赖骨架，板材的高度相当于房间净高。为便于运输和安装目前多采用条板，如蒸压加气混凝土条板、石膏条板、水泥条板、石膏珍珠岩板及各种复合板。条板的厚度为 60～120 mm，宽度常为 600 mm，一般按 100 mm 递增。安装时，条板下部先用木楔顶紧，然后用细石混凝土堵严，板缝用黏结剂黏结，并用胶泥刮缝，平整后再做表面装修。板材隔墙具有自重轻、安装方便、施工速度快、工业化程度高的优点。图 3-33(a)、(b) 为典型板材隔墙。

(a) 蒸压加气混凝土条板隔墙

(b) 轻质条板隔墙

图 3-33 板材隔墙

1. 蒸压加气混凝土板隔墙

蒸压加气混凝土板是以粉煤灰(或硅砂)、水泥、石灰等为主原料，内含经过处理的钢筋增强，经过高压蒸汽养护而成的多气孔混凝土成型板材。这种板材可用于外墙、内墙和屋面。其自重较轻，可锯、可刨、可钉，施工简单，具有良好的防火、隔音、隔热、保温、防水等性能，但不宜用于高温、高湿或有化学有害空气介质的建筑中。蒸压加气混凝土板与主体结构之间采用柔性连接构造进行连接，这样利于主体结构适应在地震或风载作用下的层间变形，缓解地震破坏。这种方法用于内墙不限制适用高度的情况，主要有U型卡法、直角钢件法、钩头螺栓法、管卡法。如图3-34所示为U型卡法。

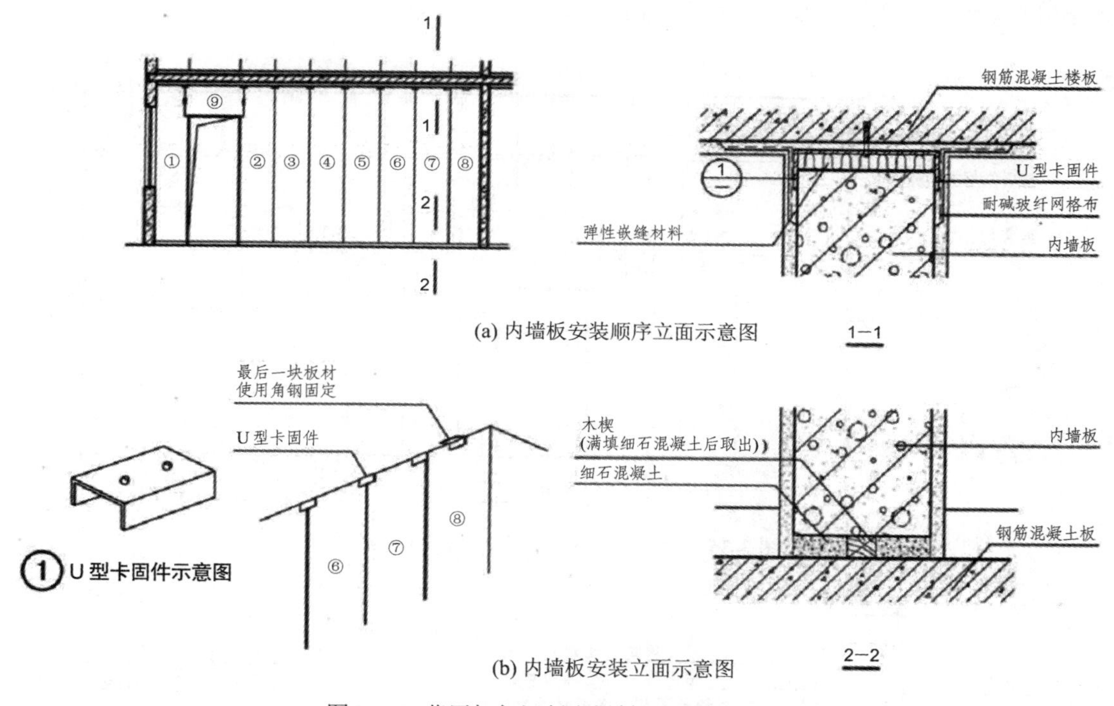

图3-34 蒸压加气混凝土板材U型卡法连接

2. 轻质条板隔墙

轻质条板包括由单一材料制成的板材，如轻混凝土空心(实心)条板、石膏空心条板、水泥条板等；还包括几种材料结合制成的复合板材，如泡沫水泥空心(实心)条板、植物纤维空心条板等。复合板材的面层有石棉水泥板、石膏板、铝板、树脂板、压型钢板等，夹芯材料可用矿棉、木质纤维、泡沫塑料和蜂窝状材料等。复合板材充分利用材料的性能，大多具有强度高，耐火性能、防水性能、隔声性能好的优点，且安装、拆卸方便，有利于建筑工业化。

轻质条板隔墙按使用功能要求可分为普通隔墙、防火隔墙、隔声隔墙；按使用部位可分为分户隔墙、走廊隔墙、楼梯间隔墙、房间分室隔墙等。轻质条板隔墙应根据技术性能、建筑使用功能和使用部位的不同，分别设计为单层条板隔墙、双层条板隔墙、接板拼装条板隔墙。60 mm 厚条板不得单独用于隔墙。安装条板隔墙时，条板应按隔墙长度方向竖向排列，排板应采用标准板。条板在安装时，与结构连接的上端用粘结材料粘结或固定卡件连接，下端用细石混凝土填实或用一对对口木楔将板底楔紧。当板材竖向高度不够时可接板，但在限高以内，竖向接板不宜超过一次，相邻条板接头位置应错开 300 mm 以上，如图 3-35 所示。采用空心条板作门、窗框板时，距板边 120～150 mm 不得有空心孔洞；可将空心条板的第一孔用细石混凝土灌实。有防水要求的条板隔墙，下端应做混凝土条形墙垫，墙垫一般用细石混凝土现浇，高度不应小于 100 mm，并应做泛水处理，如图 3-36(a) 所示。在抗震设防地区，条板隔墙与顶板、结构梁、主体墙和柱的连接应采用抗震卡件，并使用胀管螺丝或射钉固定，如图 3-36(b) 所示。

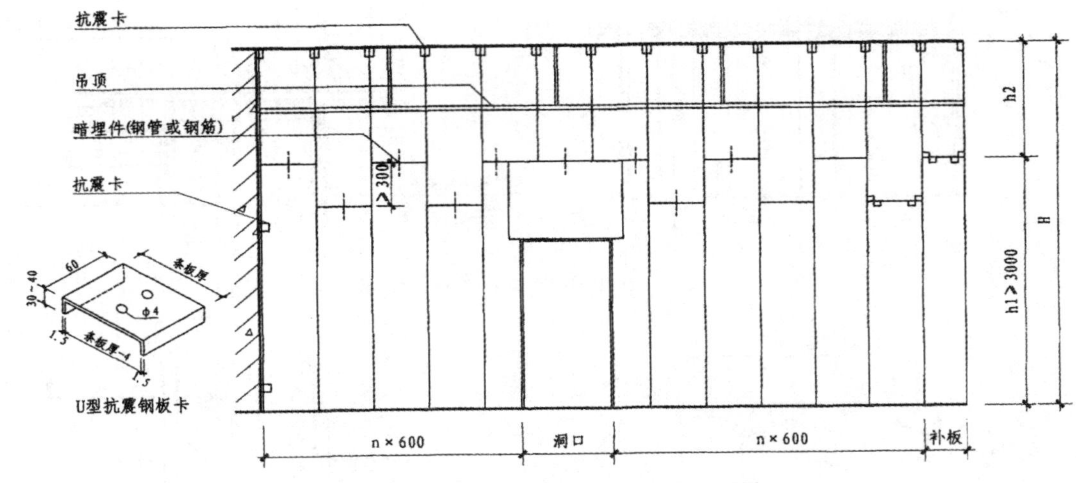

图 3-35　轻质条板内隔墙竖向接板立面图

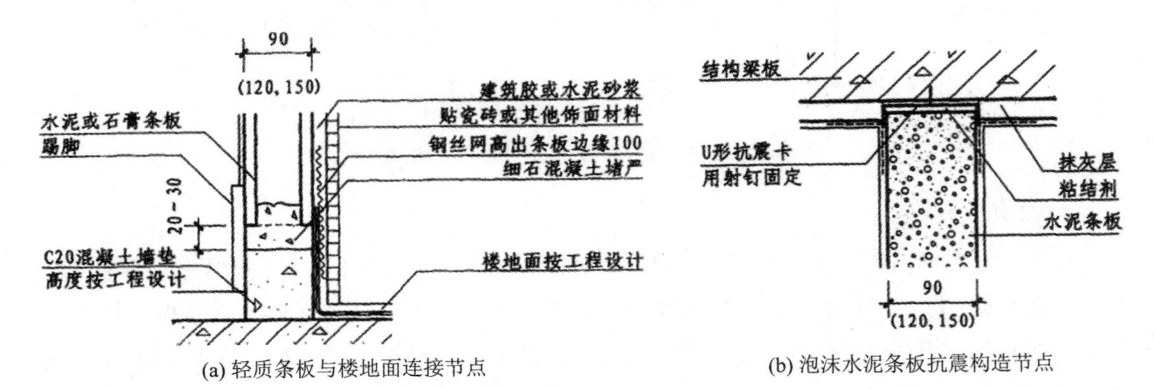

(a) 轻质条板与楼地面连接节点　　(b) 泡沫水泥条板抗震构造节点

图 3-36　轻质条板节点构造

【思政课堂】

钢丝网架夹芯隔墙是近年来快速发展的一种高强度的隔墙，其构造如图 3-37 所示。芯体通常采用膨胀珍珠岩或阻燃性聚苯乙烯泡沫板等保温材料。钢丝网架夹芯隔板具有透气性好、体积稳定、强度高等优点。高性能新型隔墙为建筑墙体的发展开辟了新的道路，使得墙体朝着更加环保、经济、美观的方向发展，这其中也体现了创新发展、安全环保、经济高效、可持续的理念。

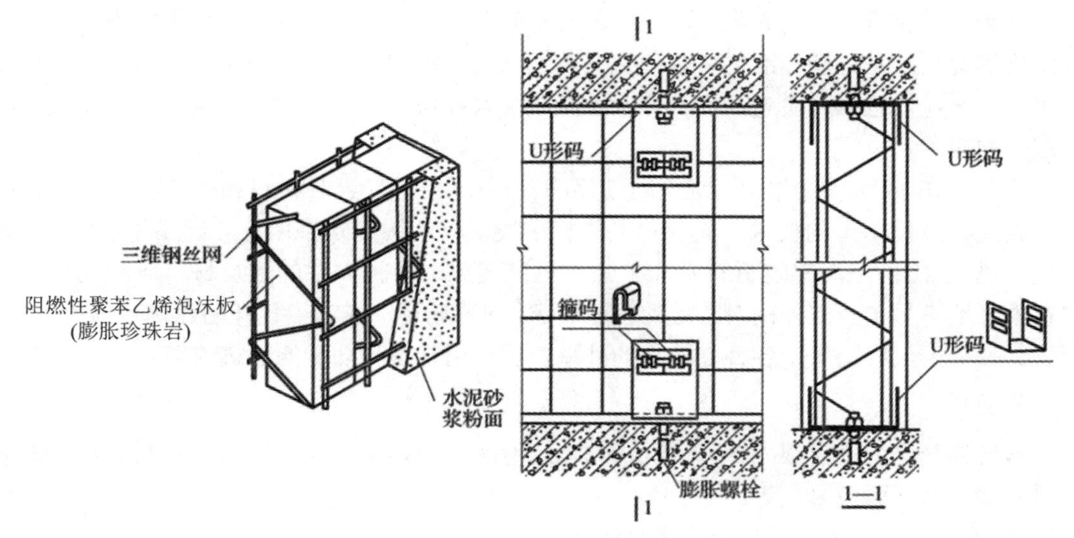

图 3-37　钢丝网架夹芯隔墙

本节知识体系

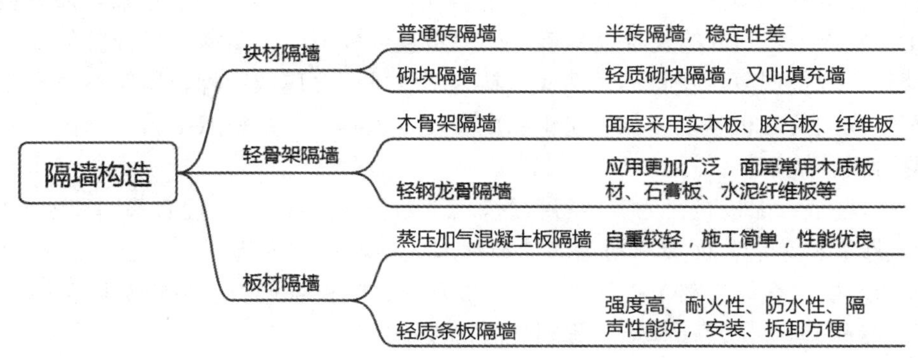

3.5 幕墙构造

幕墙构造

3.5.1　幕墙概述

1. 简介

幕墙是由面板与支承结构体系（支承装置与支承结构）组成的，相对主体结构有一定位移能力或自身有一定变形能力的，不承担主体结构所受作用的建筑外围护墙。组成幕墙的三个主要构造部分是：面材、支承结构、连接件，其他辅助构造为：保温系统、防火系统、防雷系统等。

幕墙不承重，其像幕布一样挂在建筑上，故又称为“帷幕墙”，它和建筑物有一定距离。幕墙对于建筑，如同衣服之于人。幕墙具有艺术效果好、质量轻、抗震能力强、施工系统化等优点，是外墙标准化、轻型化、装配化的一种理想形式。幕墙将使用功能和装饰作用融于一身，色彩和质感千变万化，尤其在当代高层、超高层建筑以及大跨度建筑中得到广泛的应用。

幕墙早在19世纪中叶就已应用于建筑工程中，由于受当时材料和工艺的局限，幕墙达不到结构及使用上的要求，无法得到很好的发展。我国建筑幕墙行业起步于20世纪80年代，进入21世纪后建筑材料及加工工艺迅速发展，各种类型的建筑材料研制成功，新材料很好地满足了建筑外围对幕墙的指标要求，使幕墙逐渐成为当代外墙建筑装饰的宠儿。今天，幕墙不仅广泛用于各种建筑物的外墙，还应用于各种功能的建筑内墙。

2. 分类

幕墙的分类方式有很多，按照面板材料可分为玻璃幕墙、金属幕墙、石材幕墙、人造板材幕墙、组合面板幕墙等。

(1) 玻璃幕墙：面板材料为玻璃的幕墙。

(2) 金属幕墙：包括金属板幕墙、金属复合板幕墙、双金属复合板幕墙。金属板幕墙是面板材料为金属板材的幕墙，如铝板幕墙、彩色钢板幕墙、不锈钢板幕墙、锌合金板幕墙、钛合金板幕墙等。金属复合板幕墙是面板材料为金属板材并与芯层非金属材料(或金属材料)经复合工艺制成的复合板幕墙，如铝塑复合板幕墙、铝蜂窝复合板幕墙、钛锌复合板幕墙等。双金属复合板幕墙是面板材料为两种不同金属或同种金属但不同属性板材经复合工艺制成的复合板幕墙，如不锈钢双金属复合板幕墙、铜铝双金属复合板幕墙、钛铜双金属复合板幕墙等。

(3) 石材幕墙：面板材料为天然石材的幕墙，如花岗石幕墙、大理石幕墙和砂岩幕墙等。

(4) 人造板材幕墙：面板材料为人造材料或天然材料与人造材料复合制成的人造外墙板(不包括玻璃和金属板材)的幕墙，如瓷板幕墙、陶板幕墙、石材蜂窝板幕墙、木纤维幕墙、玻璃纤维增强水泥板幕墙、预制混凝土板幕墙等。

(5) 组合面板幕墙：由不同材料面板，如玻璃、石材、金属、金属复合板、人造板材等组成的建筑幕墙。当代大型建筑外墙经常采用组合面板共同完成装饰和围护功能，国家大剧院的外表皮就是金属板幕墙和玻璃幕墙的结合，如图3-38所示。

(a) 国家大剧院幕墙

(b) 国家大剧院幕墙施工现场

图3-38 组合面板幕墙

本节重点介绍玻璃幕墙、金属幕墙、石材幕墙和人造板材幕墙。

3.5.2 玻璃幕墙

玻璃幕墙是当代建筑幕墙的主要形式之一，它以简洁的线条和透明的质感，给建筑以通透的空间效果，使得建筑更加灵动。玻璃幕墙按构造方式的不同分为有框和无框两大类。此外，双层玻璃幕墙也是当前幕墙发展的方向之一。

1. 有框玻璃幕墙

有框玻璃幕墙由骨架、玻璃和附件三部分组成。骨架由纵向立柱和横档组成，用来支撑和固定玻璃，使玻璃与墙体结构连成一个整体，并将玻璃的自重和风荷载及其他荷载传递给主体结构。骨架的常用材料有铝合金、不锈钢等型材。玻璃是幕墙的面板，它既是建筑围护构件，又是建筑装饰面，局部还兼起窗户的作用。面板玻璃通常选择热工性能好、抗冲击能力强的钢化玻璃、吸热玻璃、中空玻璃等。附件主要有膨胀螺栓、铝拉钉、射钉、密封材料及连接件，其作用是连接玻璃与骨架及骨架与建筑主体结构。有框玻璃幕墙又分为明框、半隐框、隐框三种，半隐框又分竖框、横框。

(1) 明框玻璃幕墙。这种幕墙的玻璃镶嵌在纵向立柱、横档等金属框上，并用金属压条卡住，其金属框暴露在室外，形成外观上可见的金属结构，如图 3-39(a) 所示。明框玻璃幕墙的固定方式非常牢固，因此幕墙安全可靠。

(2) 半隐框玻璃幕墙。这种玻璃幕墙金属框架的横向或竖向构件显露于面板外表面。半隐框玻璃幕墙可以是竖明横隐，即竖框，如图 3-39(b) 所示，也可以是横明竖隐，即横框，如图 3-39(c) 所示。

(3) 隐框玻璃幕墙。这种玻璃幕墙的金属框隐蔽在玻璃的背面，在室外完全看不见，如图 3-39(d) 所示。幕墙玻璃是用胶粘剂直接粘贴在骨架外侧的，幕墙的骨架不外露。这种幕墙装饰效果好，但对玻璃与骨架的粘贴技术要求比较高。

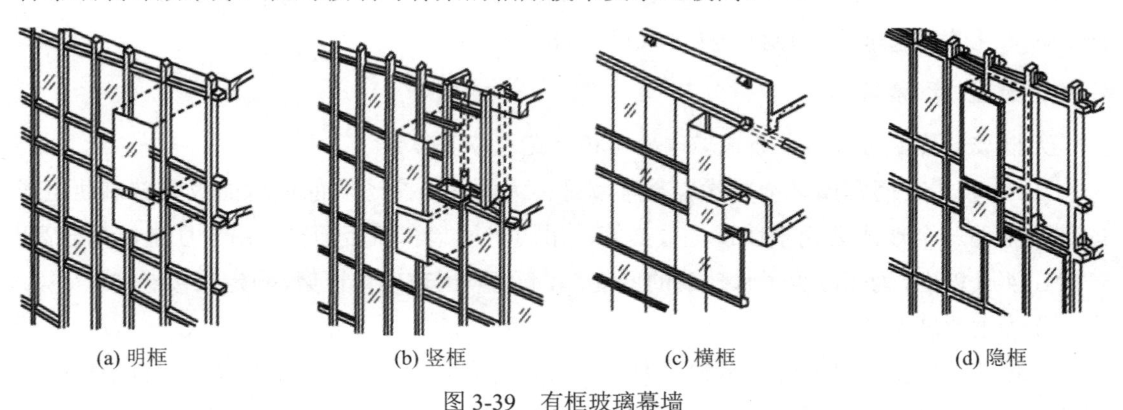

(a) 明框　(b) 竖框　(c) 横框　(d) 隐框

图 3-39　有框玻璃幕墙

【拓展知识】

有框玻璃幕墙按施工方式分为三种类型：构件式幕墙、单元式幕墙、半单元式幕墙。

(1) 构件式幕墙：所有面板、支承结构、连接件及其他附件均在现场按顺序逐个安装到主体结构上的建筑幕墙系统，如图 3-40 所示。它的优点是运输方便、费用低，缺点是要在现场逐件安装，安装周期相对较长。

(2) 单元式幕墙：将面板和支承框架在工厂制成不小于一个楼层高度的幕墙基本单元，直接安装在主体结构上组合而成的框支承幕墙，如图 3-41 所示。单元式幕墙是国际上近年出现的高档建筑外围护系统，是建筑产品工厂化的产物，代表着建筑外围护系统的未来发展方向。

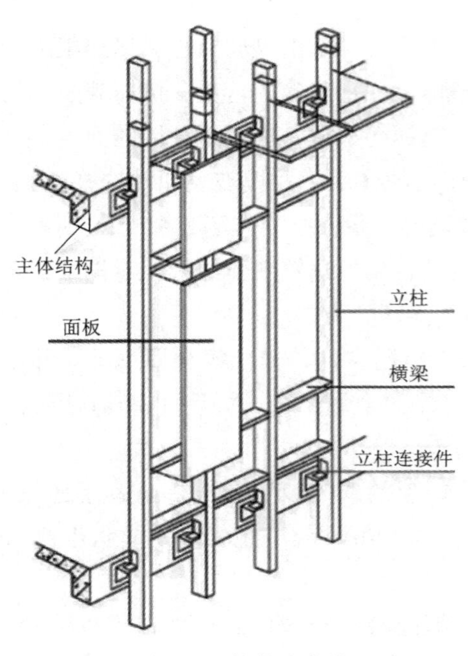

图 3-40　构件式幕墙

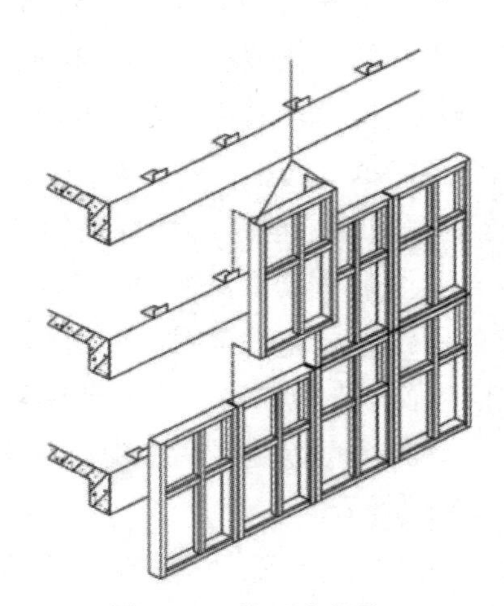

图 3-41　单元式幕墙

(3) 半单元式幕墙：面板材料与支承框架在工厂内预先组装成形，之后在工地与现场安装的主龙骨框架采用挂钩和插接方式连接的幕墙系统。

2. 无框玻璃幕墙

无框玻璃幕墙可分为全玻式玻璃幕墙和点支式玻璃幕墙。

(1) 全玻式玻璃幕墙。全玻式玻璃幕墙是由大面积、全透明的玻璃面板和玻璃肋组成的玻璃幕墙。全玻式玻璃幕墙视觉效果好，常用于厅堂和商店橱窗。由于厅堂层高较高，一般在 4 m 以上，为了减少大片玻璃的厚度，幕墙可利用玻璃作框架，固定在楼层楼板 (梁) 上，作为大片玻璃的支点。

全玻式玻璃幕墙只能现场组装，为了增强玻璃刚度，应每隔一定距离在垂直于玻璃幕墙的表面设置条形玻璃板。因为条形玻璃设置的位置如同板的肋一样，所以也叫玻璃肋。玻璃肋和形成幕墙的玻璃面板有多种相交方式，但不管用何种方式，相交部位都需要留出一定的间隙，用硅酮胶注满。

全玻式玻璃幕墙根据构造方式的不同又分为吊挂玻璃幕墙、吊挂点支式玻璃幕墙、座地玻璃幕墙、座地点支式玻璃幕墙。吊挂玻璃幕墙的玻璃肋与玻璃面板之间通过结构胶连接，玻璃肋顶部采用吊挂连接，底部采用垫块及密封胶固定，如图3-42所示。吊挂点支式和座地点支式玻璃幕墙的玻璃肋与玻璃面板之间通过不锈钢爪件点式驳接，玻璃肋顶部采用吊挂连接，或底部支撑。座地玻璃幕墙的玻璃靠底部支撑。

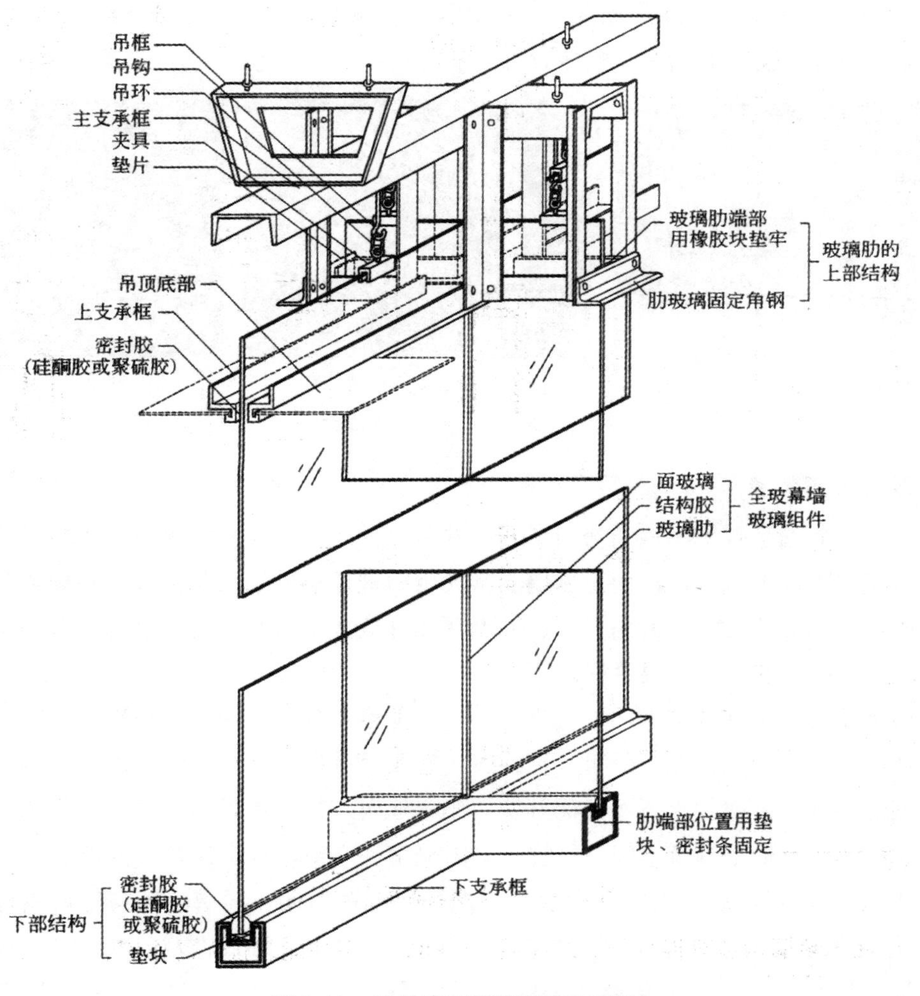

图3-42 吊挂玻璃幕墙构造示意图

(2) 点支式玻璃幕墙。点支式玻璃幕墙是在玻璃四角或其他部位打孔，通过固定在孔中的金属接驳器与主体支承结构连接的幕墙，在建筑结构中不需要安装通常使用的金属框架。因此，它是一种无框架的全玻璃幕墙结构，整个幕墙系统浑然一体。

依据支承结构形式，点支式玻璃幕墙的类型及特点如下：

① 拉索点支式玻璃幕墙。如图3-43(a)所示，这种幕墙轻盈、纤细、强度高，能实现较大跨度。

② 拉杆点支式玻璃幕墙。这种幕墙轻巧、光亮，有极好的视觉效果，满足建筑高档

装饰艺术要求。

③ 自平衡索桁架点支式玻璃幕墙。这种幕墙受拉、受压杆件合理分配内力，有利于主体结构的承载，外形新颖，有较好的观赏性。

④ 桁架点支式玻璃幕墙。如图 3-43(b) 所示，这种幕墙具备较大的刚度、强度，是大空间点支式幕墙的主要形式，在大跨度幕墙中综合性能优越。

⑤ 立柱点支式玻璃幕墙。如图 3-43(c) 所示，这种幕墙对周边结构要求不高，可选用圆形、方形或异形断面的立柱，整体效果简洁明快。

(a) 拉索点支式玻璃幕墙

(b) 桁架点支式玻璃幕墙

(c) 立柱点支式玻璃幕墙

图 3-43　点支式玻璃幕墙

3. 双层玻璃幕墙

双层玻璃幕墙是双层结构的新型幕墙。其中，外层幕墙通常采用点支式玻璃幕墙、明框玻璃幕墙或隐框玻璃幕墙，内层幕墙通常采用明框玻璃幕墙、隐框玻璃幕墙或铝合金门窗。双层玻璃幕墙通常可分为内循环、外循环和开放式。与其他传统幕墙体系相比，双层玻璃幕墙保温隔热和隔声效果更好。

双层幕墙可在下列几个方面增加室内环境舒适度：夏天夜晚可开窗散热，有效地减少空调的使用；恶劣天气情况下仍可开窗换气；遮阳百叶置于两层幕墙中间层，能有效防止日晒，创造多样的立面效果，不妨碍开窗；阳光通过双层幕墙，避免直射，无炫光，室内阳光柔和；双层玻璃幕墙及中间空气层有效阻隔室外噪声，临街建筑室内依然安静。

(1) 内循环双层幕墙。内循环双层幕墙的外层幕墙封闭，内层幕墙与室内由进气口和出气口连通，这使得双层幕墙通道内的空气可与室内空气进行循环，如图 3-44(a) 所示。外层幕墙采用断热型材，玻璃通常采用中空玻璃或 Low-E 中空玻璃，内层幕墙玻璃通常采用单片玻璃，空气腔宽度通常为 150～300 mm。内循环双层幕墙热工性能和隔声性能优良，防结露、易清洁，其单元划分复合防火规范，目前在我国应用较多。

(2) 外循环双层幕墙。外循环双层幕墙的内层幕墙封闭，外层幕墙与室外由进气口和出气口连通，这使得双层幕墙通道内的空气可与室外空气进行循环，如图 3-44(b) 所示。内层幕墙采用断热型材，可设开启窗，玻璃通常采用中空玻璃或 Low-E 中空玻璃，外层幕墙的进气口、出气口可开关，玻璃通常采用单片玻璃，空气腔宽度通常为 500 mm 以上。

(3) 开放式双层幕墙。开放式双层幕墙的外层幕墙仅具有装饰功能，通常采用单片幕墙玻璃且与室外永久连通、不封闭，如图 3-44(c) 所示。开放式双层幕墙的主要功能是装饰建筑立面，建筑立面的防火、保温和隔声等都由内层围护结构完成。这种幕墙有遮阳作用，其效果依设计选材而定，同时能够改善室内通风效果，恶劣天气不影响开窗，往往用于旧建筑的改造。

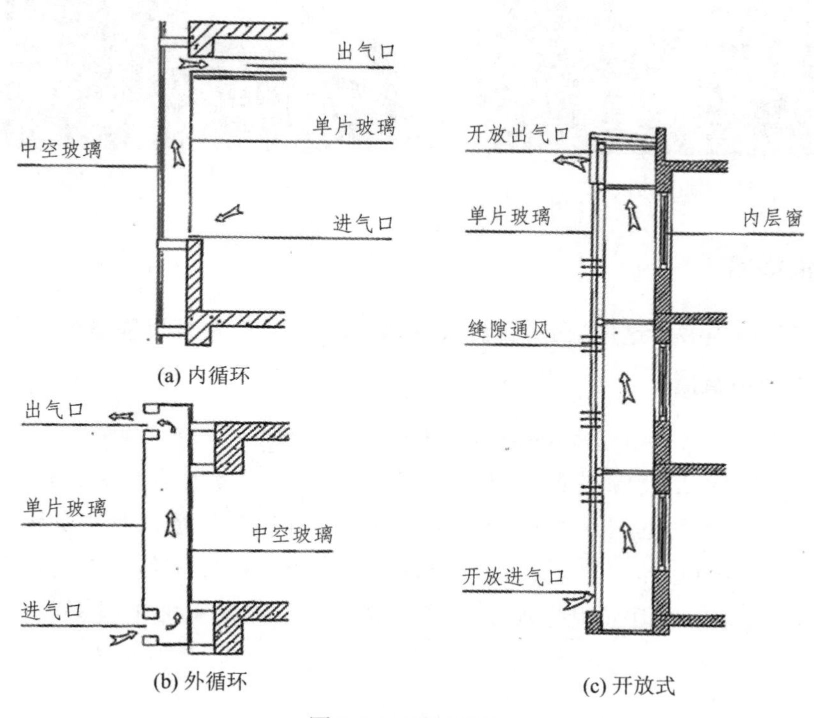

图 3-44　双层幕墙

【思政课堂】

虽然玻璃幕墙在功能和美观等方面有着显著优势，但它美丽的外衣下也存在阴暗的一面，如引发光污染。英国对讲机大楼的玻璃幕墙形成了一个巨大的凹面镜，如图 3-45 所示。在太阳光最强烈的时候，大楼的幕墙会将光线反射到对面的街道上，温度可达 100℃以上，街道旁停着的汽车经常被反射来的太阳光烧焦。选用低反射率的玻璃、调整安装的角度、安装双层玻璃或在玻璃上贴黑色的吸光材料都可以降低光害污染。

玻璃幕墙引发的第二个问题是高能耗。由于建筑大面积采用玻璃幕墙，从而出现了“冬寒夏热”的现象，多数摩天大厦不得不加大功率开放空调以调节室温，能源高消耗触目惊心。随着当下双碳目标的确立以及节能观念的普及，玻璃幕墙建筑作为能耗巨无霸，已经引起研究人员重视，目前，设置遮阳系统、安装发电玻璃幕墙等方法都能够降低能耗，图 3-46 为翻板外遮阳系统的应用。希望在不远的将来，玻璃幕墙不再是把双刃剑。

现代建筑需要更加注重绿色、低碳、可持续的发展理念。只有不断创新，才能解决建筑中的问题，以实现绿色发展。

图 3-45 对讲机大楼

图 3-46 翻板外遮阳系统

3.5.3 金属幕墙

金属幕墙类型很多，这里只介绍铝合金单板幕墙、铝塑复合板幕墙和蜂窝铝板幕墙。

1. 铝合金单板幕墙

铝合金单板厚度不小于 2.5 mm，单层铝板四边弯折成直角，角边均焊接在一起，以避免雨水从铝板的焊接缝隙进水，如图 3-47(a) 所示。铝合金单板经过氧化处理后形成致密的氧化膜，有很强的抗腐蚀性能，能够适应各种恶劣环境，具有高耐候性；此外，铝合金单板还具有抗风压、坚固、自重轻、表面平整、运输方便、安装简单、成本低、美观等优点。铝合金单板采用先加工后喷漆的工艺，铝板可加工成平面、弧形和球面等各种复杂几何形状，能满足建筑装饰设计的需求。铝合金单板幕墙可回收再利用，有利于环保。

外墙铝合金单板幕墙主要由铝板、龙骨 (立柱和横梁)、预埋件等组成。铝板与龙骨之间沿周边应采用铆接、螺栓或胶黏与机械连接相结合的形式固定。除开放式幕墙构造体系外，铝板之间的缝隙一般选用聚乙烯泡沫棒垫衬空隙，然后再用硅酮密封胶嵌缝。铝合金单板幕墙节点构造如图 3-47(b) 所示。

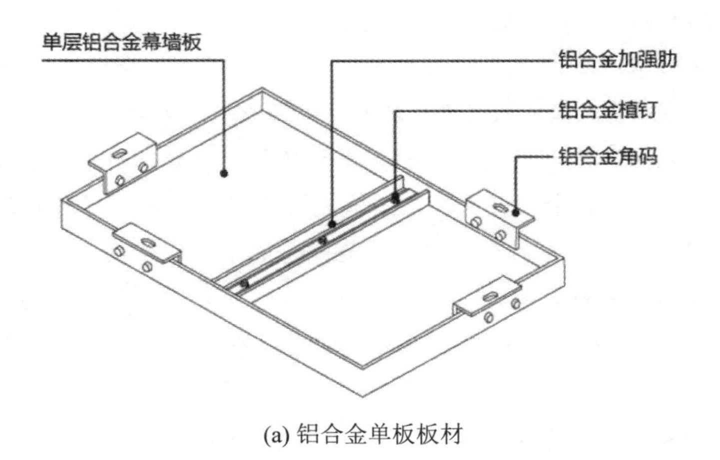

(a) 铝合金单板板材

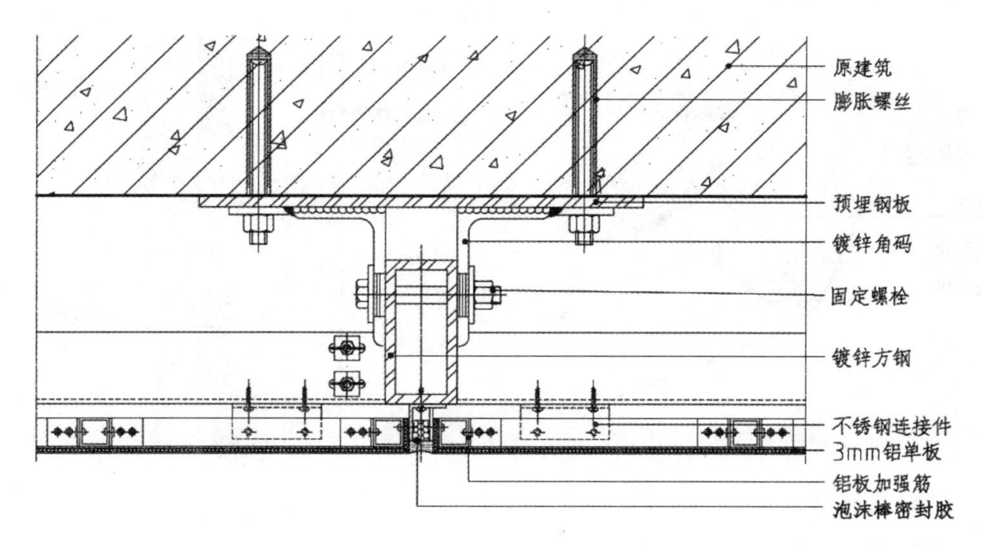

(b) 铝合金单板幕墙节点

图 3-47 铝合金单板幕墙

2. 铝塑复合板幕墙

铝塑复合板幕墙属于金属复合板幕墙。铝塑复合板由 0.5 mm 厚的内外铝板与 3 mm 厚阻燃无机物芯板，或者聚乙烯，粘接复合而成。它加工方便，重量轻，刚度、隔热、隔音、减振性都很好。铝塑复合板幕墙如图 3-48 所示。铝塑复合板幕墙主要由铝塑复合板、骨架、预埋件等组成，骨架有角钢的，有方管的，也有幕墙专用的。骨架安装完成后，在铝塑复合板型材内架上，先攻铣螺丝孔位，再用铆钉将铝塑复合板饰面逐块固定在型钢骨架上；板与板之间的缝隙为 10～15 mm。

板缝有两种处理方式：一种是封闭式，如图 3-49(a) 所示，板缝处用硅酮密封胶密封，这种是目前常见的板缝处理方式；另一种是开放式，如图 3-49(b) 所示，即板缝处不打胶，这种方式可减少面材的表面污染，提升建筑美观度，同时幕墙顶及底部空气流通，有良好的绝热及吸声效果，且在空气流通的过程中可以将冷凝水挥发掉。

图 3-48 铝塑复合板幕墙

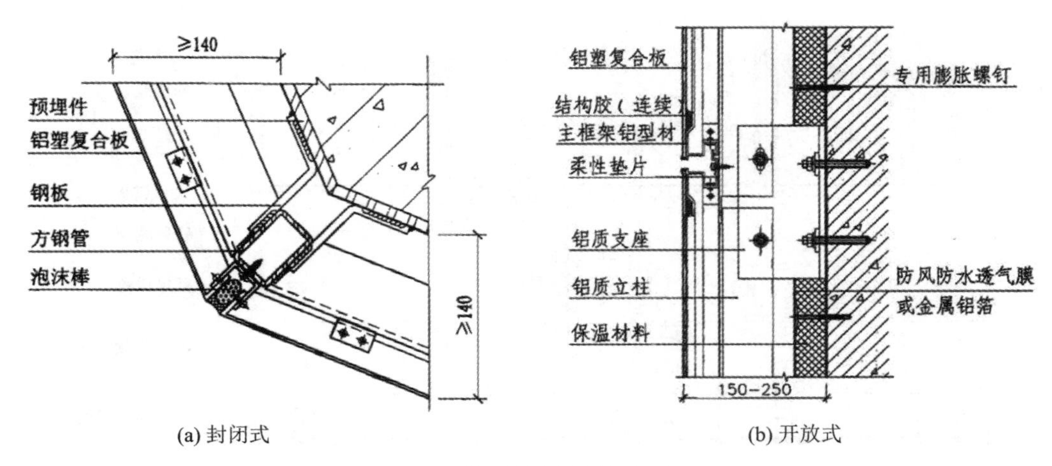

(a) 封闭式 (b) 开放式

图 3-49 铝塑复合板幕墙节点图

3. 蜂窝铝板幕墙

蜂窝铝板幕墙也属于金属复合板幕墙。蜂窝铝板采用“蜂窝式夹层”结构，即以表面涂覆耐候性极佳的装饰涂层的高强度合金铝板作为面、底板与铝蜂窝芯经高温高压复合制造而成，如图 3-50(a) 所示。这种板材增强了原本铝板的结构整体性，不易弯曲，尺度可以做到更大，平整度也会更好。蜂窝铝板轻质而高强，可定制化生产，安装简便；此外蜂窝铝板为四周包边的盒式结构，具有良好的密闭性，不仅提高了其安全性和使用寿命，还有一定的保温隔热性能。蜂窝铝板幕墙的构造和铝单板幕墙相似，如图 3-50(b) 所示。

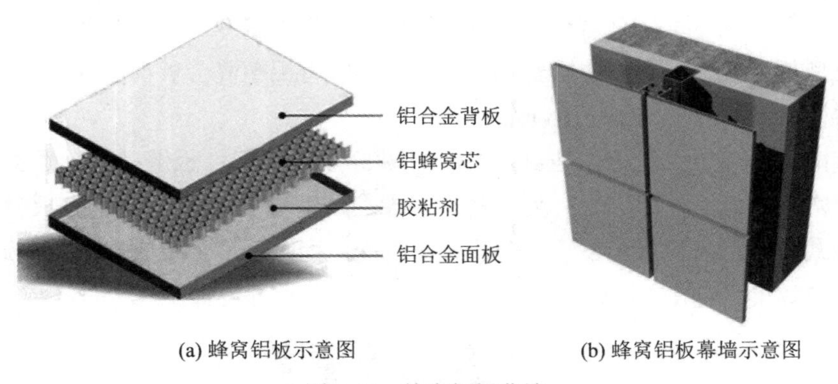

(a) 蜂窝铝板示意图 (b) 蜂窝铝板幕墙示意图

图 3-50 蜂窝铝板幕墙

3.5.4 石材幕墙

石材幕墙适用于建筑高度不大于 100 m、抗震设防烈度不大于 8 度的民用建筑石材幕墙工程。面板宜选用花岗岩，也可选用大理石、石灰岩、石英砂岩等，用于室外的幕墙应优先选用天然花岗石。

石材幕墙中的骨架包括立柱和横梁。立柱一般采用方钢或槽钢，横梁一般采用槽钢和角钢。基层与立柱连接，立柱与横梁连接，横梁与面板连接，如图 3-51(a) 所示。横梁与立柱可以共面，也可以不共面。

石材板的安装常用干挂法，即直接用不锈钢型材或金属连接件将石材板支托并锚固在墙体基面上。干挂石材安装形式多样，其中背栓式是目前世界上较先进的技术，是国内石材幕墙技术发展的方向。背栓式是在石材的背面开背栓孔，将背栓植入该孔后，在背栓上安装连接挂件，中间加弹性非金属垫片，形成幕墙板块组件，然后安装于承托件上，如图3-51(b) 所示。背栓式能实现石材的无应力加工，石材背面采用不锈钢背栓连接，连接强度高，板块抗变形能力强，且板材破损后可更换。

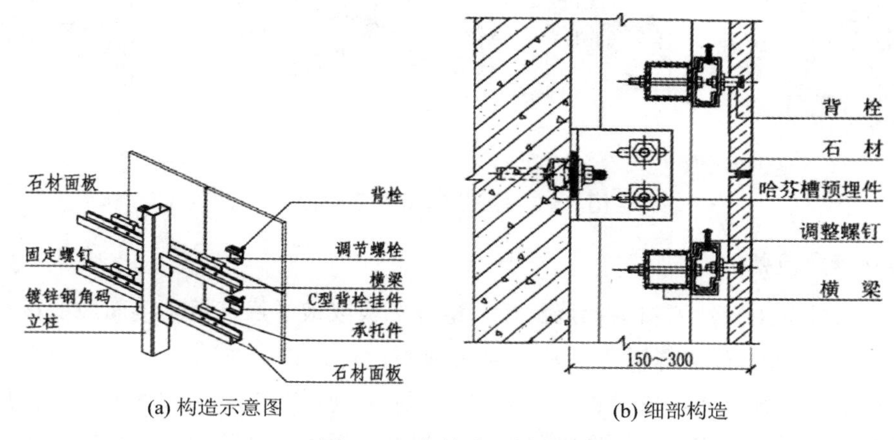

(a) 构造示意图 (b) 细部构造

图 3-51 背栓式石材幕墙

3.5.5 人造板材幕墙

人造板材幕墙的系统均采用干挂方式，即在主体结构上埋设预埋件连接立柱，再将横梁固定在立柱上，通过挂件将面板固定在横梁上，如图 3-52 所示。但挂板方式有所不同，接缝形式有封闭式和开放式两种。封闭式人造板材幕墙系统有带保温的和不带保温的，配合空气层的设置实现幕墙的节能要求。

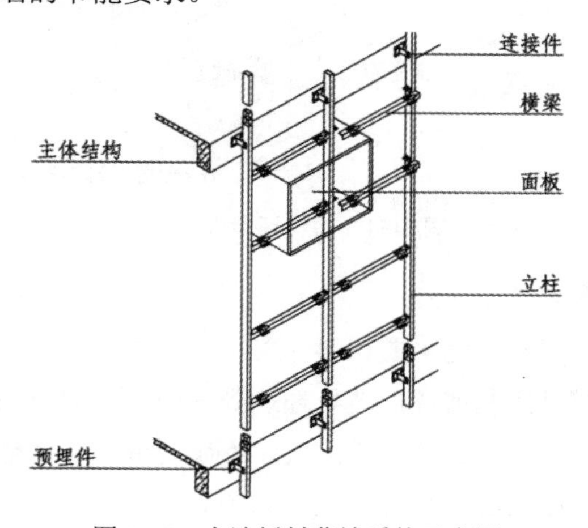

图 3-52 人造板材幕墙系统示意图

1. 瓷板、微晶玻璃板幕墙

瓷板、微晶玻璃板幕墙宜采用挂件连接和背栓连接方式。挂件连接又可分为短挂件连接和通长挂件连接，如图 3-53 所示。挂件连接在幕墙面板侧边 (上下面) 开槽，上面用 S 型挂件连接，下面用 E 型挂件连接，将连接挂件嵌入瓷板、微晶玻璃板，构成幕墙板块组件，然后安装于承托件上。

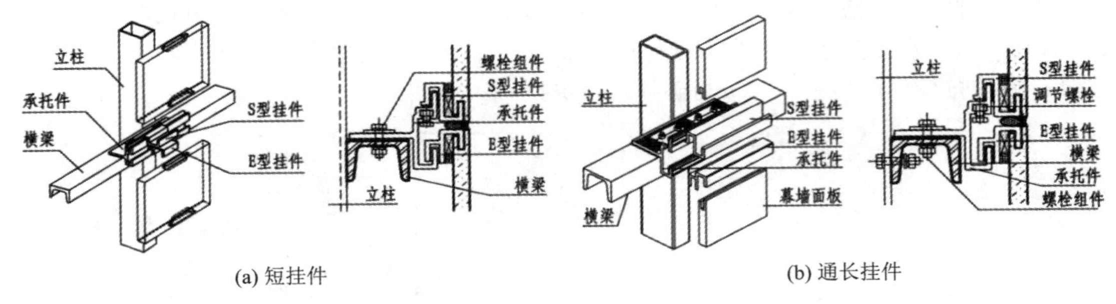

(a) 短挂件　　(b) 通长挂件

图 3-53　挂件连接系统示意图

2. 石材蜂窝板幕墙

石材蜂窝板是由天然石材与铝蜂窝板、钢蜂窝板或玻纤蜂窝板粘接而成的板材，如图 3-54(a) 所示。其饰面石材薄板可以是任何品种的石材。和传统的石材面板相比，石材蜂窝板具有重量轻、强度高、安全性好、美观、加工简便、节能环保的优点。石材蜂窝板宜通过板材背面预置螺母连接，预置螺母在工厂制作时埋入。蜂窝板粘结预置螺母，通过螺栓固定于短挂件上，构成幕墙板块组件，然后安装于承托件上，如图 3-54(b) 所示。采用开放式板缝时，石材蜂窝板边部应在工厂内做好封边。

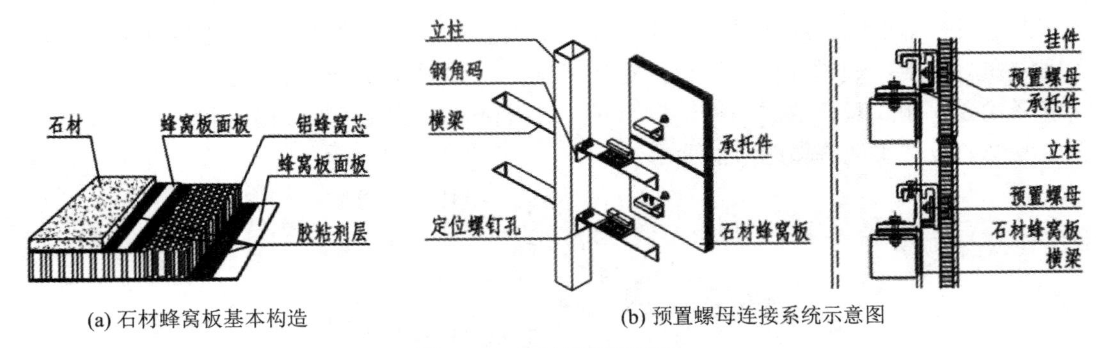

(a) 石材蜂窝板基本构造　　(b) 预置螺母连接系统示意图

图 3-54　石材蜂窝板幕墙

3. 预制混凝土挂板幕墙

预制混凝土挂板是以混凝土为主要材料，采用工厂预制的方式生产，同时经过标准养护处理，并且表面经过模具压制或预涂装处理达到饰面效果的外墙装饰挂板。预制混凝土挂板能够有效缓解清水混凝土现场施工难度大、不确定性多的问题。预制混凝土挂板与现浇混凝土挂板最大的不同是其经过高温高压的养护处理后，强度和耐久性提高，并能最大程度减少开裂、返碱等混凝土制品常见缺陷；除此之外，选择模具和抛光、预涂装等不同的处理工艺可以实现丰富多样的表面效果。预制混凝土挂板也采用干挂体系。图 3-55 为彩色装饰混凝土挂板幕墙应用与预制混凝土挂板施工现场。

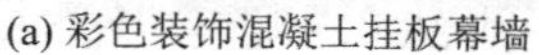
(a) 彩色装饰混凝土挂板幕墙

(b) 预制清水混凝土挂板施工

图 3-55　预制混凝土挂板幕墙

本节知识体系

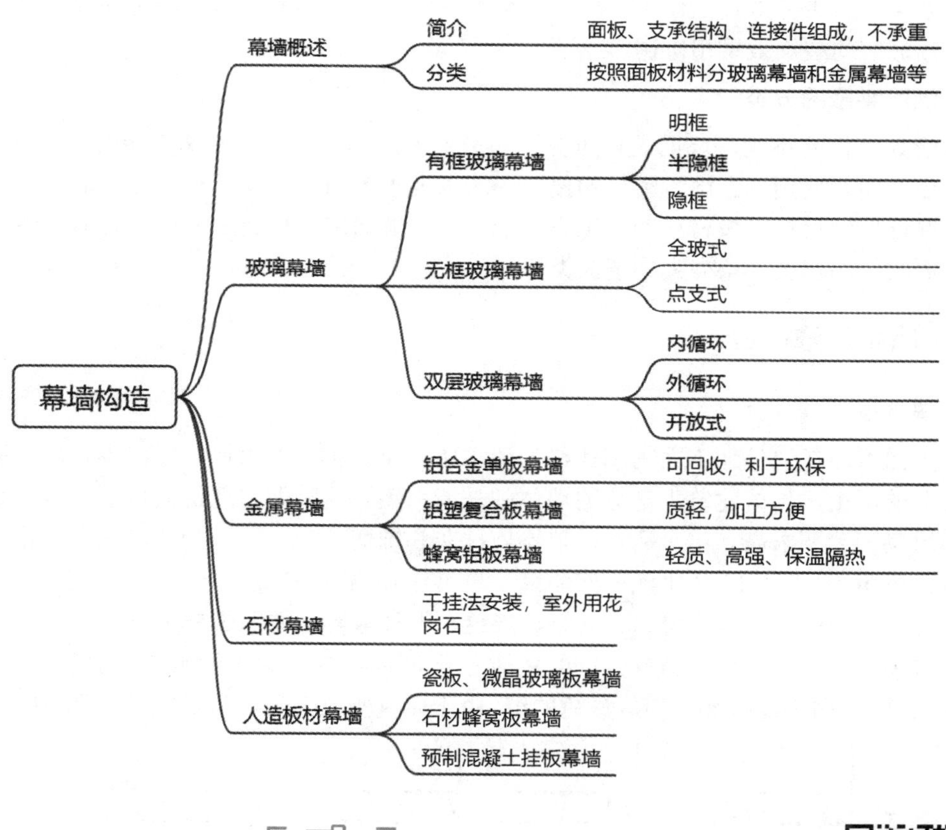

3.6　墙面装修

墙面装修

3.6.1　墙面装修的功能与分类

建筑的墙体除了满足基本的构造要求外，还需要满足人们使用上的需求及对其艺术性的追求，这就要求对墙体的内外表面进行装修，以建造更加人性化的建筑室内外环境。

1. 墙面装修的功能

墙面装修通常有以下功能：

(1) 保护墙体。外墙一直暴露在室外，容易受到风、雨、雪等的侵蚀；浴室、厨房这些地方室内湿度相对比较高，墙面长期被水侵蚀；人流较多的门厅、走廊等处的墙体也很容易污损。墙体经受着各种考验，因此需要进行内外表面的装修，提高其防潮、抗腐蚀、抗老化的能力，进而提高墙体的耐久性和坚固性。

(2) 改善墙体的使用功能。对墙身的装饰处理可以弥补和改善墙体材料在功能方面的某些不足。添加装饰层来增加墙体的厚度，或者使用一些有特殊性能的材料，这些措施都能够提高墙体保温、隔热、隔声等性能。

(3) 提升建筑的艺术性。外墙面的装饰处理所体现的质感、色彩、形式等，对建筑总体艺术效果具有十分重要的作用。内墙装饰起到美化室内环境的作用，这种装饰美化应与地面、顶棚等的装饰效果相协调。

2. 墙面装修的分类

按所处部位的不同，墙面装修可分为室外装修和室内装修。室外装修用于外墙表面。由于外墙表面要受到风、雨、雪等的侵蚀，所以要求采用强度高、抗冻性强、耐水性好及具有抗腐蚀性的材料。按材料和施工方式的不同，墙面装修构造主要可分为清水墙、抹灰类、贴面类、涂刷类、裱糊类、条板类等。

3.6.2 墙面装修构造

1. 清水墙

外表面不做任何外加饰面的墙体称为清水墙；反之称为混水墙。用砖砌筑清水墙在我国有悠久的历史，传统建筑大部分的墙体都是清水墙。这种做法造价低，但对砖的品质及砖墙的组砌工艺要求高。由于清水砖墙不做抹灰和饰面处理，因此为了美观和防止雨水浸入墙身，可用 1∶1 或 1∶2 水泥砂浆勾缝，也可在砌墙时用砌筑砂浆勾缝，这种方式称为原浆勾缝。勾缝的形式有平缝、平凹缝、斜缝、弧形缝等，如图 3-56 所示。

清水墙灰缝多，改变勾缝砂浆的颜色能有效地影响整个墙面色调的明暗度。一般用白水泥勾白缝，或用水泥掺颜料勾成深色的缝，由于砖缝颜色突出，可以增加墙面的肌理效果。

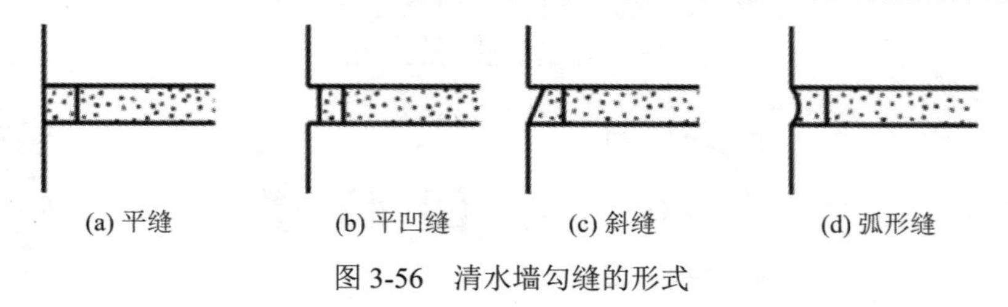

图 3-56 清水墙勾缝的形式

通过砖墙组砌方式的变化可以获得清水墙质感的变化，如采用多顺一丁砌法以强调横线条；在结构受力允许条件下，改平砌为斗砌、立砌以改变砖的尺度感；或采用个别砖成点成条凸出墙面几厘米的拔砌方式，形成丰富的墙面肌理。图 3-57 所示为清水砖墙不同组砌方式的效果。

图 3-57 清水砖墙

2. 抹灰类

抹灰是以水泥、石灰或石膏等为胶结材料，加入砂或石渣，用水拌和成砂浆或石渣浆，然后将其涂抹在墙体表面上的一种装修做法，其施工简单，造价低。为保证抹灰层的牢固和表面平整，防止墙面出现裂缝，施工时须分层操作，容易开裂的部位还需要铺贴加强层。抹灰层一般由底层、中间层和面层三部分组成，如图 3-58 所示。抹灰层还可以作为其他饰面装修的基层。

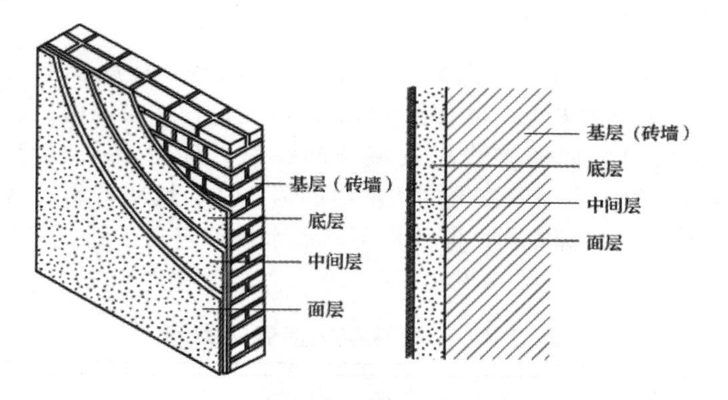

图 3-58 墙面抹灰层构造示意图

抹灰施工时应先清理基层，除去浮尘，以保证底层与基层粘接牢固。底层抹灰主要是对墙体基层的表面处理，起到与基层粘接和初步找平的作用。底层抹灰厚度一般为 5～10 mm。中间抹灰主要作用是找平与粘接，还可以弥补底层砂浆的干缩裂缝，一般用料、厚度与底层相同，根据墙体平整度与饰面质量要求，可一次抹成，也可分多次抹成。面层抹灰又称“罩面”，主要是满足装饰和其他使用功能要求，面层应表面平整、无裂痕、颜色均匀，其厚度一般为 3～5 mm。

根据面层所用材料的不同，抹灰可分为一般抹灰和装饰抹灰两类。

1) 一般抹灰

一般抹灰工程用砂浆宜选用预拌抹灰砂浆，抹灰砂浆应采用机械搅拌。常用砂浆有水泥抹灰砂浆、水泥石灰抹灰砂浆、水泥粉煤灰抹灰砂浆、掺塑化剂水泥抹灰砂浆、聚合物水泥抹灰砂浆、石膏抹灰砂浆等。一般抹灰工程分为普通抹灰和高级抹灰两个等级。高级抹灰要求包含一层底层、数层中层和一层面层，多遍成活；普通抹灰要求包含一层底层、一层中层和一层面层，三遍成活。普通抹灰表面应光滑、洁净、接槎平整，分格缝应清晰；

高级抹灰表面应光滑、洁净、颜色均匀、无抹纹，分格缝和灰线应清晰美观。

内墙的墙、柱间的阳角应在墙、柱抹灰前，用 M20 以上的水泥砂浆做护角，或固定成品护角。自地面开始计，护角高度不宜小于 1.8 m，每侧宽度宜为 50 mm，如图 3-59(a) 所示。不同材质的基体交接处应采取防止开裂的加强措施；当采用加强网时，每侧铺设宽度不应小于 100 mm，如图 3-59(b) 所示。

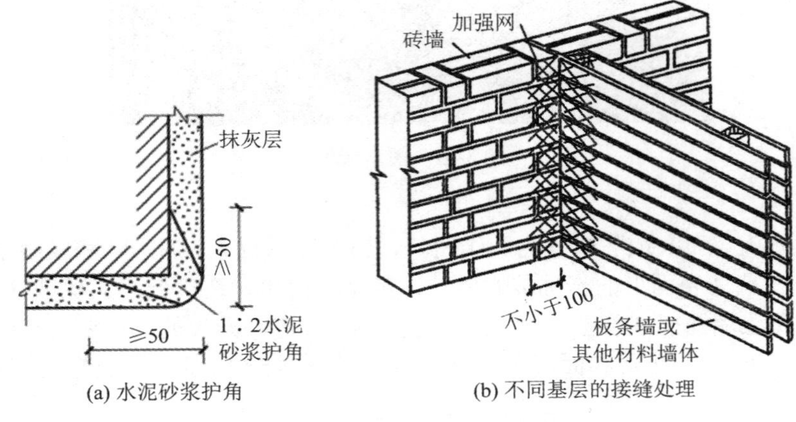

图 3-59　一般抹灰墙面细部构造

外墙应根据图纸和构造要求，先弹线分格、粘分格条，待底层七八成干后再抹面层灰，一般抹灰构造做法举例见表 3-8。外墙细部抹灰应符合：在抹檐口、窗台、窗楣、阳台、雨篷、压顶和突出墙面的腰线以及装饰凸线时，应有流水坡度，下面应做滴水线 (槽)；窗洞口的抹灰层应深入窗框周边的缝隙内，并应堵塞密实；做滴水线 (槽) 时，应先抹立面，再抹顶面，后抹底面，并应保证其流水坡度方向正确。阳台、窗台、压顶等部位应用 M20 以上水泥砂浆分层抹灰。

表 3-8　一般抹灰构造做法举例

抹灰名称	构 造 做 法	适 用 范 围
水泥石灰抹灰砂浆墙面	(1) 3 厚外加剂专用砂浆打底刮糙或用专用界面剂一道甩毛； (2) 8 厚 1∶1∶6 水泥石灰砂浆打底扫毛或划出纹道； (3) 5 厚 1∶0.5∶2.5 水泥石灰砂浆找平	内墙面 (加气混凝土砌块墙、加气混凝土条板隔墙、加气硅酸盐砌块墙)
水泥抹灰砂浆墙面	(1) 3 厚外加剂专用砂浆打底刮糙或用专用界面剂一道甩毛； (2) 8 厚 1∶1∶6 水泥石灰砂浆打底扫毛或划出纹道； (3) 5 厚 1∶2.5 水泥砂浆抹平	内墙面 (加气混凝土砌块墙、加气混凝土条板隔墙、加气硅酸盐砌块墙)
	(1) 甩浆 1∶1 水泥砂浆中加建筑胶水 8% 配制成浆料，或采用专用界面剂一道； (2) 9 厚 1∶3 专用水泥砂浆打底扫毛或划出纹道； (3) 10 厚 1∶1.25(或 1∶3) 水泥砂浆面层	外墙面 (加气混凝土砌块墙、加气混凝土条板隔墙、加气硅酸盐砌块墙)

2) 装饰抹灰

装饰抹灰做法有水刷石、干粘石、斩假石等。装饰抹灰的底层做法均为 1∶3 水泥砂浆打底，仅面层做法不同。

水刷石是传统的外墙装饰抹灰做法。这种做法用水泥、石屑、小石子或颜料等加水拌和，将拌和料抹在建筑物的表面，待其半凝固后，用硬毛刷蘸水刷去表面的水泥浆而使石屑或小石子半露。水刷石施工过程浪费水资源，并对环境有污染，已很少用。

干粘石是在抹好找平层后，边抹粘结层边用拍子或喷枪把石渣往粘结层上甩，边甩边拍平压实，直至粘结牢固且不能拍出或压出水泥浆，获得石渣排列致密、平整的饰面效果。由于石渣容易脱落，干粘石目前已很少采用。

斩假石，又称剁斧石，是人工在水泥面上剁出剁斧石的斜纹，获得的有纹路的石面样式。剁石深度以石渣剁掉三分之一为宜。

【思政课堂】

近年来，随着干混砂浆的大量应用，机械喷涂抹灰技术得到了普及与推广。袋装或筒仓的预拌干混砂浆按一定比例和水在砂浆喷涂机中搅拌充分，通过喷枪即可实现现场喷涂。中建八局将砂浆输送泵、机械喷涂机和刮平机器人 3 种设备组合使用，实现了砂浆自出罐泵送至楼层、喷涂上墙至抹面成型的人机融合作业。与传统抹灰人工运输及抹面方式相比，这种方式提升了 30% 以上的施工效率。“智能装备 + 产业工人”的施工模式充分体现了民族智慧与国家硬实力。

3. 贴面类

贴面类墙面装修是指将各种天然石材、人造石板、块材干挂或直接粘贴于基层表面的装修做法，它具有耐久性好、装饰效果好、易清洗、防水等优点。常见的贴面材料有三种：陶瓷制品、天然石材、预制块材。轻而小的块面可以直接镶贴，目前多采用胶粘法；大而厚重的块材一般用干挂等方式以加强与主体结构的连接。干挂法在前面的幕墙部分已经介绍过，不再赘述，这里对小块贴面材料的镶贴进行说明。

陶瓷墙砖是由黏土或其他无机非金属原料，经成型、烧结等工艺处理，用于装饰和保护建筑物、构筑物墙面的板块状陶瓷制品，陶瓷墙砖类型见表 3-9。陶瓷墙砖具有无毒、无味、易清洁、防潮、耐酸碱腐蚀、美观耐用等特点，是应用广泛的墙面装修材料。安装时先清洁墙体基底，刷界面剂，然后涂刮聚合物砂浆或瓷砖胶，再贴陶瓷墙砖，最后嵌缝剂填缝、修整清理。

表 3-9 陶瓷墙砖产品类型、品种、特点及适用范围

类型	品 种	特 点	适用范围
釉面砖	彩色釉面砖	颜色丰富、多姿多彩、经济实惠	室内墙面
	闪光釉面砖、透明釉面砖、普通釉面砖、浮雕艺术砖、腰线砖	明亮、光洁、美观、色彩丰富、品种多样	室内墙面
瓷质砖	通体砖、全瓷釉面砖、仿大理石砖、瓷质抛光砖、瓷质艺术砖、全瓷渗花砖、全瓷渗花高光釉砖、玻化砖、仿古砖、瓷质仿石砖、仿花岗岩砖、陶瓷锦砖（马赛克）	强度高、防滑、耐磨、防划痕、美观高雅	室内墙面、室外墙面
劈离砖		色调古朴高雅、背纹深、燕尾槽构造、粘贴牢固、不易脱落、防冻性能好	室外墙面

铺贴陶瓷墙砖需要适当的留缝，原因在于：一是避免铺贴时因同规格瓷砖尺寸偏差出现扭曲；二是避免瓷砖因为热胀冷缩引起变形。留缝一般有密缝和空缝，密缝留缝在1～2 mm，空缝留缝在3～5 mm。每种瓷砖都有专用十字定位器，以保证瓷砖接缝平直、大小均匀，十字定位器宽度有1 mm、2 mm、3 mm、5 mm等。瓷砖贴好之后，等待24小时再进行填缝处理。目前使用较多的是填缝剂和美缝剂，其干燥之后强度好、吸水率低，不容易受潮，不容易吸附污垢。

陶瓷墙砖常见的阳角收边方式有三种，分别为：45°角收边、海棠角收边、阳角做收边条，如图3-60(a)、(b)、(c) 所示。45°角收边较为锋利且容易崩角。海棠角是指在两块石材或瓷砖进行45°磨斜边的基础上，对每块对接边倒直角。这种做法导致两块石材对接时，形成5 mm × 5 mm工艺凹槽。海棠角中间拼起来的缝方便后期做美缝。阴角也可用转角墙砖收边，如图3-60(d) 所示。

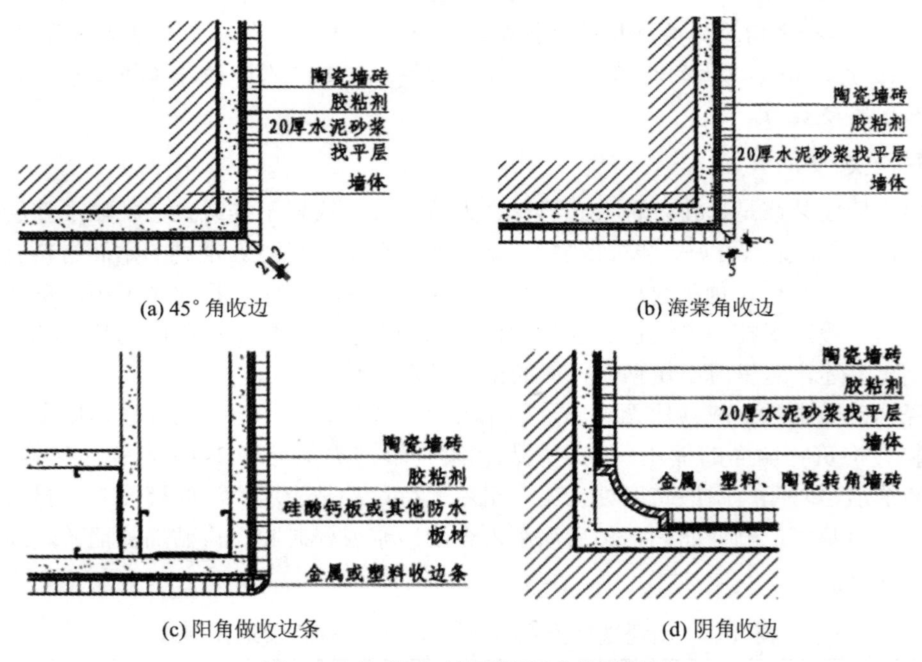

(a) 45°角收边　(b) 海棠角收边

(c) 阳角做收边条　(d) 阴角收边

图3-60　陶瓷墙砖墙面阴阳角做法举例

4. 涂料类

涂料类墙面装修是指将各种涂料涂于基层表面而形成完整和牢固的保护膜的做法。建筑涂料种类较多、色彩多样、质感丰富、易于维修翻新，将其采用特定的施工方法涂覆于建筑物的内外墙、顶、地表面，可形成坚韧的膜，这种膜质轻、与基层附着力强，对建筑物起保护作用。有些建筑涂料还具有防火、防霉、抗菌、耐候、耐污等特殊功能。墙面涂料有合成树脂乳液内墙涂料、合成树脂乳液外墙涂料、溶剂型外墙涂料、其他墙面涂料，主要成膜物质类型包括丙烯酸酯类及其改性共聚乳液，醋酸乙烯及其改性共聚乳液，聚氨酯、氟碳等树脂，无机粘合剂等。目前，我国的主流墙面涂料是水性涂料，最主要的品种是乳胶涂料。

内墙涂料主要品种有苯乙烯 - 丙烯酸酯、纯丙烯酸酯、乙酸乙烯 - 丙烯酸酯等合成树脂乳液内墙涂料，有平光、丝光、半光等不同光泽。这些乳液内墙涂料价格便宜，对人体无害，有一定的透气性，耐擦洗性较好，室内外均可使用。近几年，随着人们环保意识的加强，在乳胶涂料的基础上又开发出了释放负离子、防霉杀菌、去除异味等环境友好型的环保涂料。施涂的基层主要是抹灰层，也可以是砖、混凝土、木材等。根据内墙墙体的不同，其基本构造也各有所异，具体构造做法举例如图 3-61 所示。

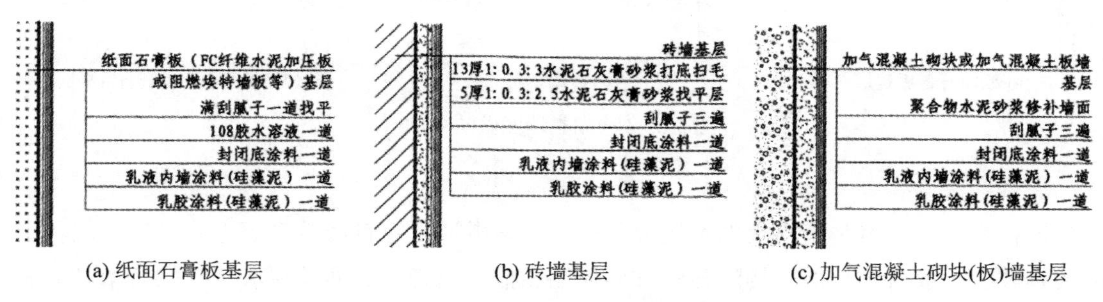

(a) 纸面石膏板基层　　(b) 砖墙基层　　(c) 加气混凝土砌块(板)墙基层

图 3-61　内墙涂料墙面做法举例

外墙涂料主要品种有苯乙烯 - 丙烯酸酯、纯丙烯酸酯、有机硅改性丙烯酸酯、氟碳等合成树脂乳液薄质外墙涂料，其中有平光、半光、有光、高光等不同类型。除此之外还有弹性外墙涂料、砂壁状外墙涂料、真石漆外墙涂料、复层花纹外墙涂料等合成树脂乳液厚质涂料及仿金属幕墙涂料 (金属漆) 等。

建筑涂料的施涂方法有刷涂、滚涂、喷涂、弹涂等。施涂的基层主要是抹灰层，有时也可以是砖、混凝土、木材等。

5. 裱糊类

裱糊类墙面装修是将各种壁纸、壁布等材料裱糊在墙面上的一种装修做法。裱糊类墙面具有品种多样、色彩丰富、图案变化多样、质轻美观、装饰效果好、施工效率高以及吸声、保温、防潮、抗静电等特点，经防火处理过的壁纸和壁布还具备相应的防火功能。裱糊类墙面装修主要用于室内。

常用壁纸、壁布的分类如下。

(1) 按材质分：可分为塑料壁纸、织物壁纸、金属壁纸、装饰壁布等。

(2) 按功能分：可分为吸声、防火阻燃、保温、防霉、防菌、防潮、抗静电等壁纸、壁布。

(3) 按花色分：可分为套色印花压纹、仿锦缎、仿木材、仿石材、仿金属及静电植绒等品种。

(4) 按基材分：可分为纸基壁纸和布基壁布。

裱糊类饰面在施工前要进行基层处理，即批刮基层腻子，基层腻子应平整、坚实，无粉化、起皮和裂缝；腻子的粘接强度应符合《建筑室内用腻子》(JG/T 298—2010) 的规定，基层表面颜色应一致，裱糊前应用封闭底胶涂刷基层，然后裱糊壁纸，壁纸及基层涂刷胶粘剂；壁纸应根据实际尺寸裁纸，纸幅应编号，按顺序粘贴。裱糊壁纸时纸幅要垂直，先对花、对纹、拼缝。裱糊类墙面构造做法举例如图 3-62 所示。

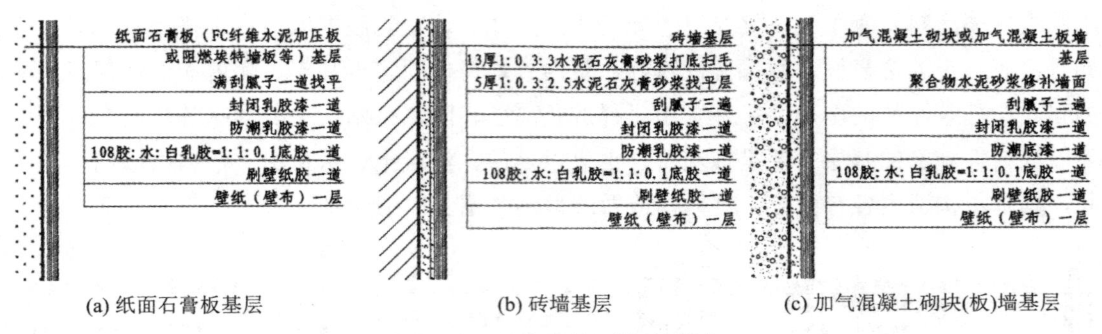

(a) 纸面石膏板基层　(b) 砖墙基层　(c) 加气混凝土砌块(板)墙基层

图 3-62　裱糊类墙面做法举例

6. 板材类

板材类墙面装修是指将天然木板或各种人造薄板通过镶钉或胶粘等方式固定在墙体上的装修做法。板材类墙面的构造与轻骨架隔墙相似，由骨架和面板组成。骨架有木骨架和金属骨架，采用木骨架时，应在木骨架表面涂刷防火涂料。室内墙面装修用面板，一般采用硬木条板、胶合板、纤维板、金属面板、石膏板及各种吸声板等。施工时先在墙面上立骨架，然后在骨架上铺钉面板。

硬木条板装修是将木条板密排竖直镶钉在横撑上或其他板材上。图 3-63 为在轻钢龙骨刨花石膏板隔墙上做硬木条板饰面的细部构造图。织物吸声板 (软包) 墙面的龙骨骨架上须铺阻燃板，再填超细玻璃丝棉，如图 3-64 所示。软包布种类多样，施工时根据设计裁切。胶合板、纤维板、穿孔石膏板等人造薄板可用自攻螺钉直接固定在骨架上，板间留有 5～8 mm 缝隙，以保证面板可进行微量伸缩，也可用木压条或铜、铝等金属压条盖缝。

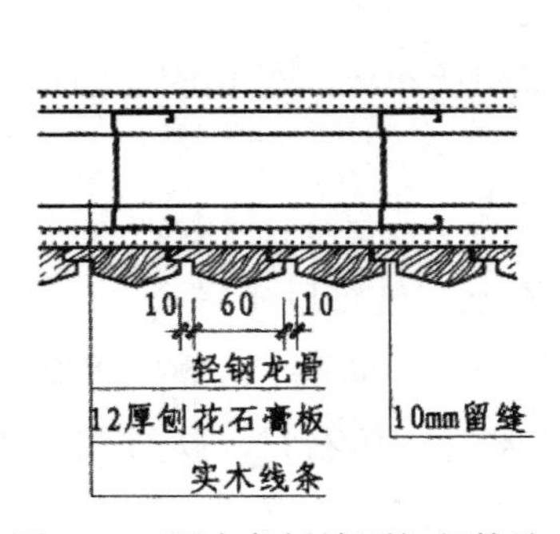

图 3-63　硬木条板墙面细部构造

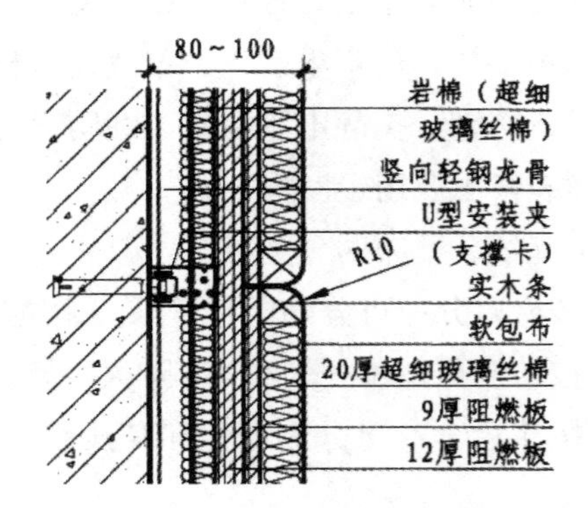

图 3-64　织物吸声板 (软包) 墙面细部构造

金属面板种类和幕墙类似，安装方式和构造也相似，但用于室内墙面装饰的金属面板构造相对简化。

本节知识体系

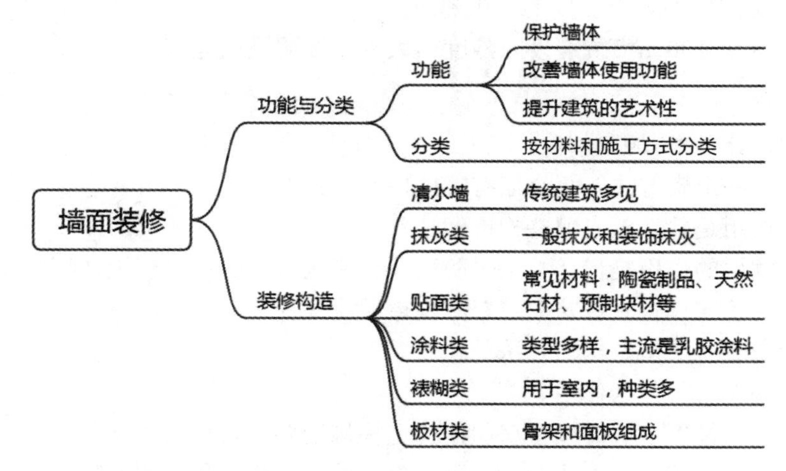

思考与练习

一、填空题

1. 墙体是房屋的重要组成部分，在民用建筑中墙体的主要作用有 __________、__________ 和 __________。

2. 墙体按施工方式，可以分为 __________、__________ 和 __________。

3. 墙面装修的主要作用是 __________、__________ 和 __________。

4. 隔墙按其构造方式不同常分为 __________、__________ 和 __________。

5. 组成幕墙的三个主要构造部分是 __________、__________ 和 __________。

二、选择题

1. 普通混凝土小型空心砌块的主规格尺寸是 (　　)。

A. 60 mm × 115 mm × 240 mm　　B. 53 mm × 115 mm × 240 mm

C. 390 mm × 190 mm × 190 mm　　D. 390 mm × 240 mm × 190 mm

2. 墙体的稳定性与墙的 (　　) 有关。

A. 高度、长度和厚度　　B. 高度、强度

C. 平面尺寸、高度　　D. 材料强度、砂浆标号

3. 当门窗洞口上部有集中荷载作用时，其过梁可选用 (　　)。

A. 砖平拱过梁　　B. 拱砖过梁

C. 钢筋砖过梁　　D. 钢筋混凝土过梁

4. 当室内地坪垫层为混凝土等密实材料时，水平防潮层的位置应设在 (　　)。

A. 室内地面标高 ±0.000 m 处　　B. 室内地面以下 −0.060 m 处

C. 室内地面以上 +0.060 m 处　　D. 室内地面以下 +0.060 m 处

5. 石材幕墙适用于 (　　)。

A. 高度不大于 100 m 的民用建筑

B. 超高层建筑

C. 抗震设防烈度不大于 8 度的民用建筑

D. 高度不大于 100 m、抗震设防烈度不大于 8 度的民用建筑

三、简答题

1. 墙体的设计要求有哪些？
2. 砖墙有哪些组砌方式？复合墙有哪些构造形式？
3. 勒脚的作用是什么？有哪些构造做法？
4. 墙脚防潮层的作用是什么？水平防潮层有哪些构造做法？应设在哪些位置？
5. 什么情况下应设置垂直防潮层？其构造做法是什么？
6. 外窗台有哪些类型？构造做法是什么？
7. 什么是圈梁？有什么作用？
8. 什么是构造柱？多层砖砌体房屋的构造柱构造要求是什么？
9. 有框玻璃幕墙按施工方式可分为哪几类？请简要说明各类型的特点。

参考答案

项目 4　楼　地　层

学习目标

1. 知识目标

(1) 熟悉楼地层的构造组成、类型及设计要求。

(2) 掌握常见楼板的类型、构造与适用范围。

(3) 掌握常见地面的构造及适用范围。

(4) 了解顶棚的分类及熟悉各类型的构造做法。

2. 能力目标

(1) 能根据需要正确地选择楼板的类型。

(2) 能够区分不同类型顶棚的构造，并能简述吊顶的构造。

3. 思政目标

(1) 培养认真负责的工作态度和严谨细致的工作作风。

(2) 培养创新思维和能力。

学习任务

任务 1：绘制楼层结构布置图

试设计图 1-1 所示的某 6 层砖混结构单元式住宅的标准层结构平面布置图及细部构造详图。适合使用预制钢筋混凝土楼板的部位尽量使用，其余部位使用现浇钢筋混凝土楼板。比例自定。

任务 2：设计教学楼地面构造

试设计某高校教学楼的教室地面构造，绘出其分层构造详图。

要求：教室地面的设计色彩、质地和图案均符合教室的功能性需求；选用的材料应环保、整洁、防滑、耐磨。

任务 3：完成楼地层构造实训任务表

参观、调研常见建筑的楼板、地面及顶棚的形式，描述其构造特征等，扫描二维码获取楼地层构造实训任务表并完成填写。

楼地层构造实训任务表

楼地层概述

4.1　楼地层概述

楼地层包括楼板层和地坪层，是分隔建筑空间的水平承重构件。楼板层和地坪层均可供人们在上面活动使用，因此，它们具有相同的面层类型。但是，由于它们所处位置的不同，受力情况也不尽相同。

楼板层是建筑物的重要组成部分。楼板是用来分隔建筑物垂直方向室内空间的水平构件，又是承重构件，承受着自重和作用在它上部的各种荷载，并将这些荷载传递给下面的墙或柱；另一方面，楼板又是墙或柱在水平方向的支撑构件，用来减小风力和地震产生的对墙体水平方向的推力，提高建筑墙体抵抗水平方向变形的刚度；同时，楼板层还提供了敷设各类水平管线的空间，如电缆、水管、暖气管道、通风管等；此外楼板还应具有一定程度的隔声、防水、防火等能力。地坪层是建筑物底层与土壤相接的构件，和楼板层一样承受着作用在其上的全部荷载，并将它们均匀地传给地基。

4.1.1　楼地层的构造

1. 楼板层的组成

为了满足多种要求，楼板层都由若干层次组成，各层有着不同的作用。楼板层主要由面层、结构层和顶棚层三个基本层次组成，有时为了满足某些特殊要求，必须加设附加层，如图 4-1 所示。

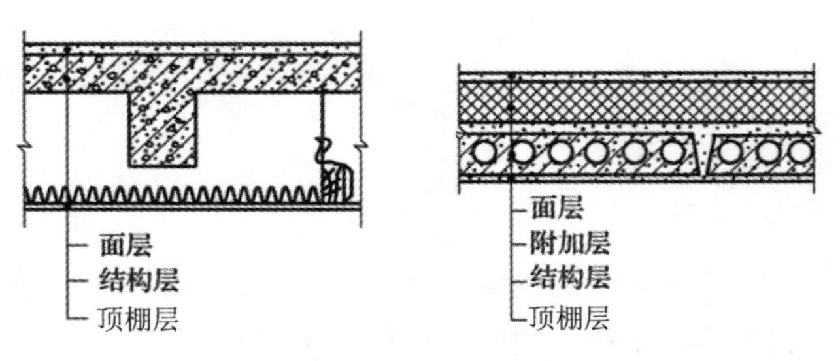

图 4-1　楼板层的构造组成

(1) 面层。面层是楼板层上表面的铺筑层，也是室内空间的下部装饰层，又称楼面或地面。面层是楼板层中与人、家具、设备直接接触的部分，起着保护楼板、分布荷载的作用，使结构层免受损坏，同时也起着装饰室内环境的作用。

(2) 结构层。结构层是楼板层的承重部分，包括板和梁。结构层的主要作用是承受楼板层上的全部荷载，并将荷载传递给墙或梁柱，同时还对墙体起到水平支撑作用，增加建筑物整体刚度。

(3) 顶棚层。顶棚层位于楼板层的最下面，起着保护楼板、装饰室内环境等作用，并为灯具安装、管线敷设提供了空间。

(4) 附加层。附加层又称功能层，是根据楼板层具体的功能要求而设置的，具有隔声、保温、隔热、防水、防潮等作用。

2. 地坪层的组成

地坪层的基本组成部分有面层、垫层和基层，如图4-2所示。对于有特殊要求的地坪，常在面层和垫层之间增设附加层。

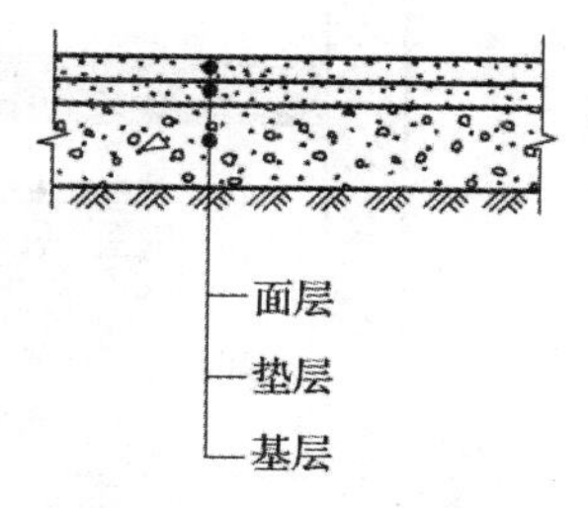

图4-2 地坪层的组成

(1) 面层。地坪的面层又称地面，和楼面一样，其直接承受人、家具、设备等的各种物理和化学作用，起着保护结构层和美化室内的作用。

(2) 垫层。垫层的作用是承受地面上的荷载并将荷载传递给基层。按照材料的不同，垫层可以分为刚性垫层和非刚性垫层两大类。其中，刚性垫层的混凝土厚度一般为50～100 mm，刚性垫层具有足够的整体刚度，受力后不产生塑性变形；非刚性垫层的材料为灰土、砂和碎石、炉渣等松散材料，受力后产生塑性变形。当地面面层为整体性面层时，如水泥地面、水磨石地面等，常采用刚性面层；当地面面层的整浇性较差时，如块料地面，常采用非刚性垫层。

(3) 基层。基层即垫层下的土，又称地基，一般为原土层或分层夯实的填土。

4.1.2 楼板层的设计要求

楼板层的目的是保证建筑物的使用安全和质量。根据所处位置和使用功能的不同，楼板层设计时应满足下列几点要求：

(1) 具有足够的强度和刚度。楼板必须具有足够的强度，以保证在各种荷载作用下的使用安全，不发生任何破坏；同时楼板又必须具有足够的刚度，以保证在荷载作用下楼板变形不超过容许范围，能够使用正常。

(2) 具有一定的隔声能力。为了避免楼层间的相互干扰，楼板层应有一定的隔声能力。不同的使用房间对隔声要求也不同。建筑标准较高的房间应对楼板层做必要的构造处理，以提高其隔绝撞击声的能力。

(3) 具有防水和防潮能力。对于用水房间(如厨房、厕所、卫生间等)的地面，一定要做好防水和防潮处理，以免水渗漏或渗入墙体，进而影响建筑物的正常使用和使用寿命。

(4) 具有一定的防火能力。根据不同的使用要求和建筑质量等级，楼板层应具有一定的防火能力。楼板层要正确地选择材料和构造做法，使其燃烧性能和耐火极限符合国家防火规范中的有关规定。

(5) 具有一定的保温和隔热性能。楼板需具备一定的保温和隔热性能，施工时应正确地选择材料和相应的构造做法，以保证室内温度适宜、居住舒适。

(6) 满足敷设各种管线的要求。在现代建筑中，通常要借助楼板层来敷设各种管线。另外，为保证室内平面布置的灵活性和使用空间的完整性，在楼板层的设计中，必须仔细考虑各种设备管线的走向。

此外，楼板层还应考虑经济、美观和建筑工业化等方面的要求。

4.1.3 楼板的类型

楼板按其所用材料的不同可分为木楼板、钢筋混凝土楼板、压型钢板组合楼板等，如

图 4-3 所示。

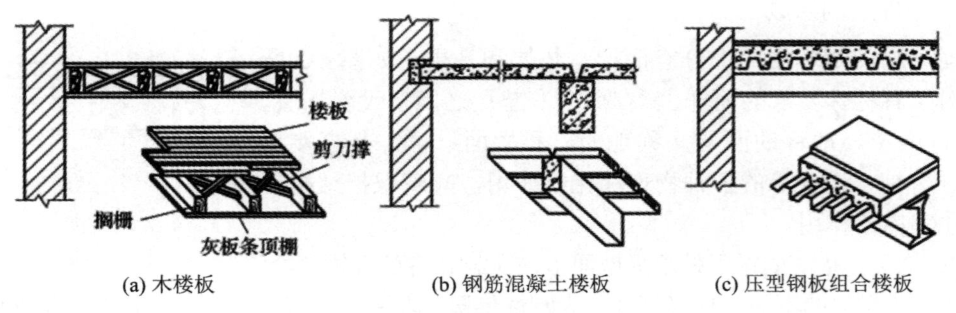

(a) 木楼板　(b) 钢筋混凝土楼板　(c) 压型钢板组合楼板

图 4-3　楼板的类型

(1) 木楼板。木楼板是我国的传统楼板。木楼板自重轻，保温隔热性能好，但耗费木材较多，且耐火性和耐久性均较差，目前很少使用。

(2) 钢筋混凝土楼板。钢筋混凝土楼板造价低廉、容易成型、强度高、耐火性和耐久性好，且便于工业化生产，目前应用最广。

(3) 压型钢板组合楼板。压型钢板组合楼板是在钢筋混凝土楼板基础上发展起来的一种新型楼板。它利用压型钢板作为楼板的受弯构件和底模，既提高了楼板的刚度和强度，又加快了施工速度。

本节知识体系

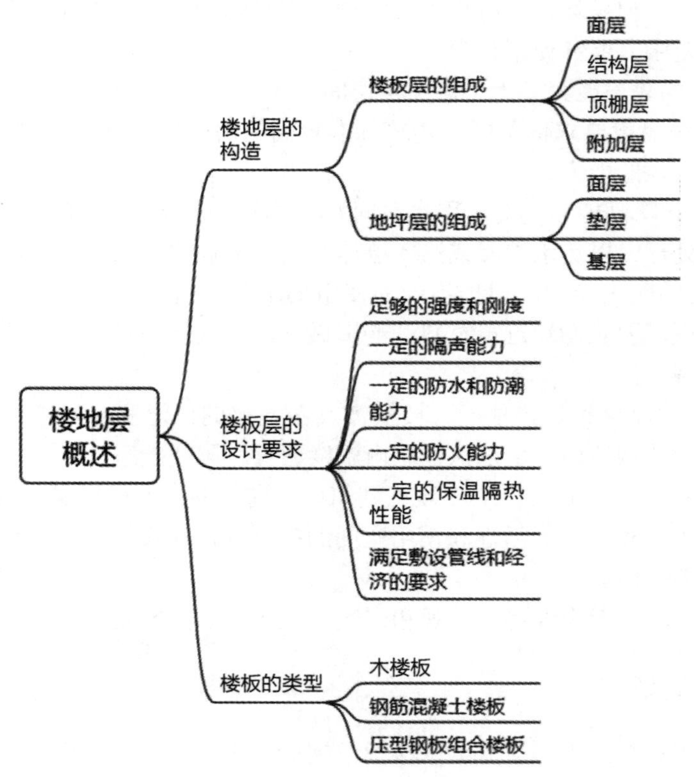

4.2　钢筋混凝土楼板构造

钢筋混凝土楼板造价低廉、容易成型，耐久性、防火性都较好，所以它是目前最常用的楼板类型。根据施工方法的不同，钢筋混凝土楼板可分为现浇式、装配式和装配整体式(叠合)三种。

4.2.1　现浇式钢筋混凝土楼板

现浇式钢筋混凝土楼板是在施工现场制作的。它整体性好，抗震能力强，刚度高，容易适应各种形态或尺寸不符合建筑模数要求的平面，但存在模板用量大、工序繁多、需要养护、施工工期长、浇筑劳动强度高以及湿作业量大等缺点。现浇式钢筋混凝土楼板主要用于平面形态复杂、整体性要求高、管道布置较多、对防水防潮要求高的房间。

现浇式钢筋混凝土楼板按受力和支承情况的不同分为板式楼板、肋梁楼板、无梁楼板和压型钢板混凝土组合楼板。

1. 板式楼板

楼板内不设梁，将板直接搁置在承重墙上，楼面荷载可直接通过楼板传给墙体，这种厚度一致的楼板称为板式楼板。

板式楼板根据受力特点和支承情况的不同，分为单向板和双向板。当板的长边与短边之比大于2时，荷载基本上沿短边方向传递，这种板称为单向板；当板的长边与短边之比不大于2时，荷载沿长边和短边两个方向传递，这种板称为双向板。

为了满足施工要求和经济要求，对各种板式楼板的最小厚度和最大厚度规定如下：当楼板为单向板时，屋面板的板厚为60～80 mm，民用建筑的楼板厚度为70～100 mm，工业建筑的楼板厚度为80～180 mm；当楼板为双向板时，板厚为80～160 mm。

板式楼板板底平整、美观、施工方便，适用于墙体承重的小跨度空间，如厨房、卫生间、走廊等。

2. 肋梁楼板

当房间很大时，除板外还有次梁和主梁等构件，这样的楼板通常称为肋梁楼板。当板为单向板时，其称为单向板肋梁楼板。单向板肋梁楼板由板、次梁和主梁组成，如图4-4所示。当板为双向板时，其称为双向板肋梁楼板。双向板肋梁楼板常无主梁、次梁之分，而仅由板和梁组成。

肋梁楼板的结构布置应依据房间尺寸的大小、柱和承重墙的位置等进行。梁的布置应整齐、合理、经济。

一般现浇式钢筋混凝土楼板的经济跨度为1.7～2.7 m；次梁的经济跨度为4～6 m，次梁的高度为次梁跨度(即主梁间距)的1/18～1/12，宽度为梁高的1/3～1/2；主梁的经济跨度为 5～8 m，主梁的高度为主梁跨度的 1/14～1/8，主梁的宽度为主梁高度的 1/3～1/2；板厚一般为 100 mm。

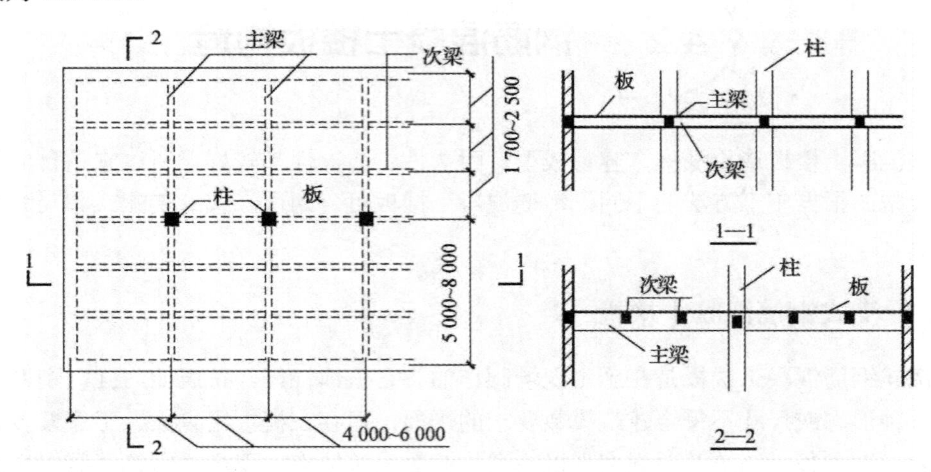

图 4-4 单向板肋梁楼板

布置主梁时，主梁可以沿房屋横向布置，次梁沿房屋纵向布置，如图 4-5(a) 所示。这种布置的优点是柱和主梁在横向上组成一个刚度较大的框架体系，能承受较大的横向水平荷载。当房屋的横向进深大于纵向柱距时，主梁也可以沿纵向布置，如图 4-5(b) 所示。这样可以减少主梁的截面高度，有利于提高房间净高，并且因为次梁垂直于纵墙，可避免梁在天棚上产生阴影。

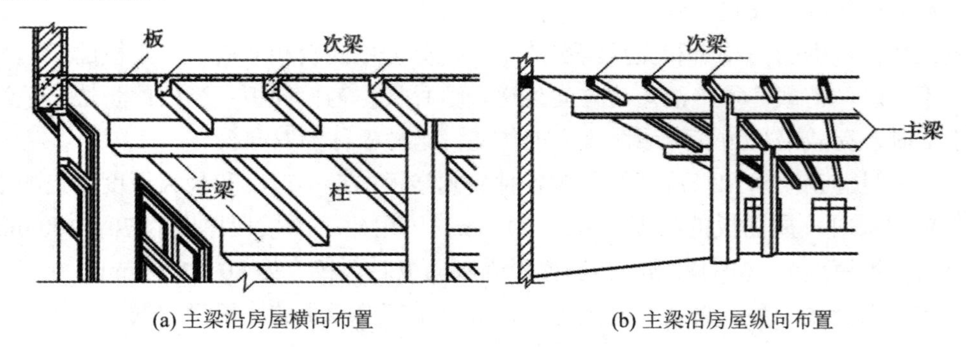

(a) 主梁沿房屋横向布置 (b) 主梁沿房屋纵向布置

图 4-5 单向板肋梁楼板的布置

当双向板肋梁楼板的板跨相同，且两个方向的梁截面也相同时，就构成了井式楼板。井式楼板实际上是一块扩大了的双向板，适用于正方形平面的长宽之比不大于 1.5 的矩形平面，板的跨度为 3.5～6.0 m，梁的跨度可达 20～30 m，梁截面的高度不小于梁跨的 1/15，宽度为梁高的 1/4～1/2，且不少于 120 mm。

与墙体正交放置的井式楼板称为正井式，如图 4-6(a) 所示；与墙体斜交放置的井式楼板称为斜井式，如图 4-6(b) 所示。由于井式楼板可以用于较大的无柱空间，而且楼板底部的井格整齐划一，很有规律，稍加处理就可形成艺术效果很好的顶棚，因此，其常用于门厅、大厅、会议室、小型礼堂、歌舞厅等。井式楼板中的板也可去掉，将井格设在中庭的顶棚上，这样的做法可以获得很好的采光和通风效果，同时也很美观。

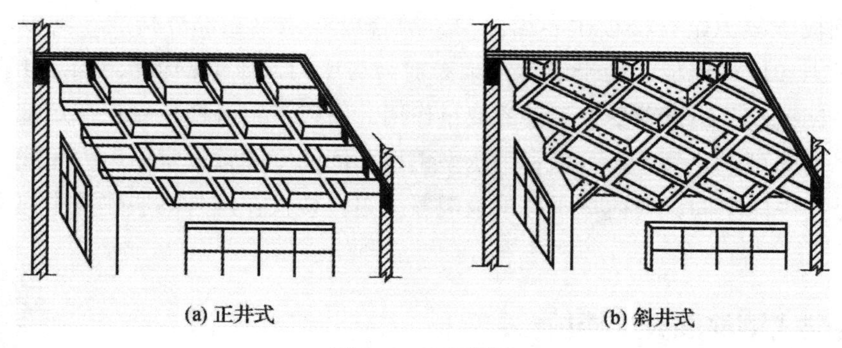

图 4-6　井式楼板

3. 无梁楼板

当房间的空间较大时，也可不设梁，而将板直接支承在柱上，这种楼板称为无梁楼板。无梁楼板常是框架结构中的承重形式。楼板的四周可支承在墙上，亦可支承在边柱的圈梁上，或是悬臂伸出边柱以外。无梁楼板分为柱帽式和无柱帽式两种。当荷载较大时，一般在柱的顶部设柱帽或托板，如图 4-7 所示。

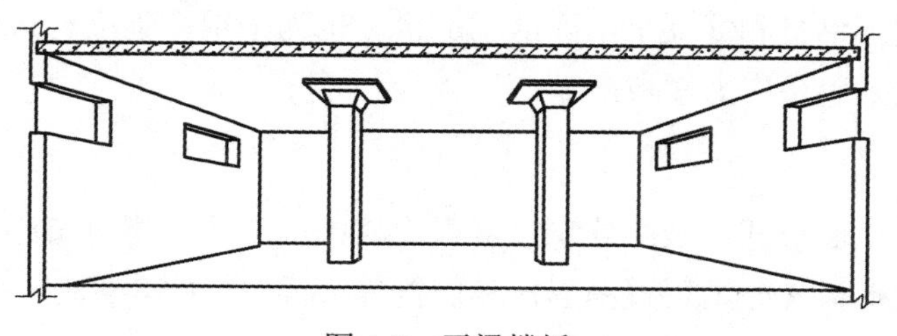

图 4-7　无梁楼板

无梁楼板柱网一般为正方形或矩形，以正方形柱网最为经济，跨度一般在 6 m 左右，板厚通常不小于 120 mm，一般为 160～200 mm。

无梁楼板顶棚平整，增加了室内的净空高度，同时具有采光和通风条件好等特点，多用于商店、仓库、展览馆等建筑。

4. 压型钢板混凝土组合楼板

压型钢板混凝土组合楼板是以截面为凹凸相间的压型钢板做衬板，与现浇混凝土面层浇筑在一起构成的整体性很强的一种楼板，如图 4-8 所示。

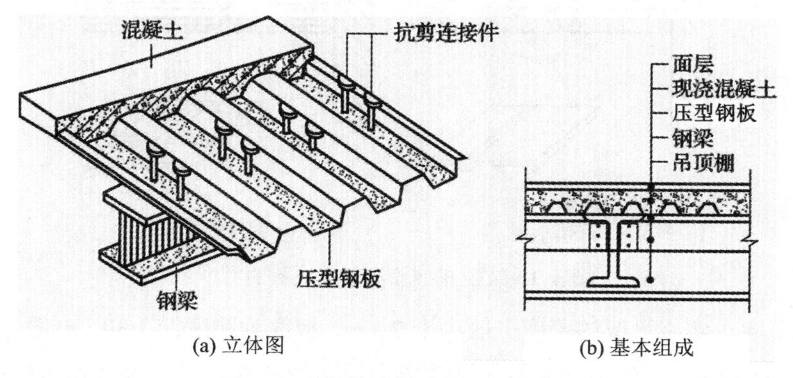

图 4-8　压型钢板混凝土组合楼板

压型钢板混凝土组合楼板主要由面层、组合板和钢梁三部分构成。其中，组合板包括现浇混凝土和压型钢板。由于混凝土承受剪力与压力，压型钢板承受下部的压弯应力，因此，压型钢板起着模板和受拉钢筋的双重作用。所以，组合楼板受正弯矩部分只需配置部分构造钢筋即可。此外，还可以利用压型钢板肋间的空隙敷设室内电力管线，从而充分利用楼板结构中的空间。目前，压型钢板混凝土组合楼板在国外高层建筑中已得到广泛的应用。

4.2.2　装配式钢筋混凝土楼板

装配式钢筋混凝土楼板

装配式钢筋混凝土楼板是指在构件预制加工厂或施工现场外预先制作，然后运到工地现场进行安装的钢筋混凝土楼板。这种楼板可以节省模板、加快施工速度、缩短工期，但楼板的整体性差。一般情况下，平面形状规则、尺寸符合建筑模数的建筑物，应尽量采用装配式钢筋混凝土楼板。

装配式钢筋混凝土楼板有预应力和非预应力两种。预应力楼板与非预应力楼板相比，减轻了自重，节约了钢材和混凝土，降低了造价，也为采用高强度材料创造了条件，因此在建筑施工中优先采用预应力楼板。

1. 板的类型

根据预制板的截面形式，装配式钢筋混凝土楼板的常用类型有实心平板、空心板、槽形板三种，其中槽形板又分为正置槽形板和倒置槽形板，如图 4-9 所示。

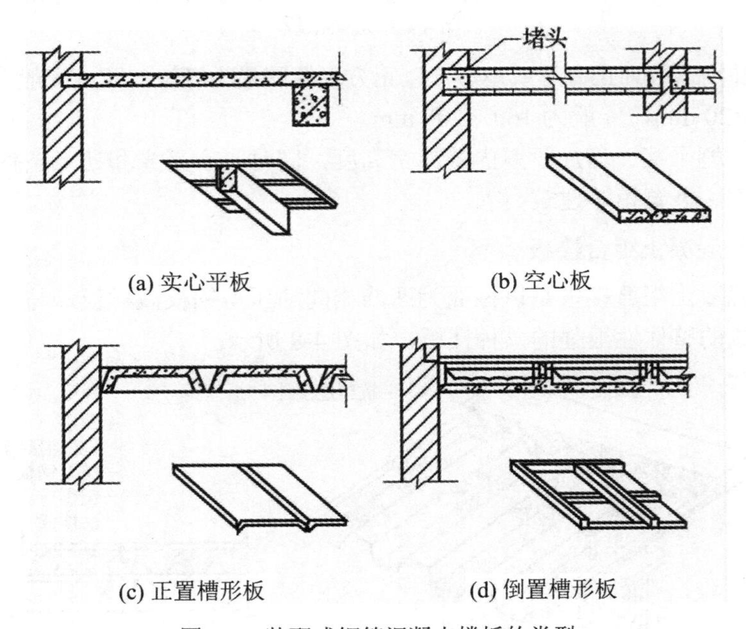

(a) 实心平板　(b) 空心板

(c) 正置槽形板　(d) 倒置槽形板

图 4-9　装配式钢筋混凝土楼板的类型

(1) 实心平板。实心平板的跨度一般小于 2.5 m，板厚为跨度的 1/30，一般为 50～80 mm，板宽为 400～900 mm。板的两端支承在墙或梁上。对板的支承长度也有具体规定：搁置在钢筋混凝土梁上时，不小于 80 mm；搁置在内墙上时，不小于 100 mm；搁置在外墙上时，不小于 120 mm。

实心平板由于其跨度小、板面上下平整、隔声效果差，故常用于过道和小房间、卫生间的楼板，也可作为架空搁板、管沟盖板、阳台板、雨篷板等。

(2) 空心板。空心板是目前广泛采用的一种形式。它的结构计算理论与下文将介绍的槽形板相似，两者的材料消耗也相近，但空心板上下板面平整，且隔声效果优于槽形板，因此较槽形板有更大的优势。

空心板根据板内抽孔形状的不同分为方孔板、椭圆孔板和圆孔板。方孔板能节约一定量的混凝土，但脱模困难，易出现裂缝；椭圆孔板和圆孔板的刚度较好，制作也方便，因此被广泛采用。需要注意的是，空心板的板面不能任意打洞。

根据板的宽度，圆孔板的孔数有单孔、双孔、三孔、多孔。目前我国的圆孔非预应力空心板的跨度一般在 4 m 以下，板的厚度为 120～180 mm，宽度为 600～1200 mm。

(3) 槽形板。槽形板是一种梁板结合的预制构件，即在实心板的两侧及端部设有边肋，边肋用于承担作用在板上的荷载。当板的跨度较大时，板的中部每隔 1500 mm 需增设一道横肋。

一般槽形板的跨度为 3～6 m，板宽为 500～1200 mm，板肋高为 120～240 mm，板厚仅为 30～50 mm。槽形板减轻了自重，具有节省材料、便于在板上开洞等优点，但隔声效果较差。

槽形板做楼板时，有正置 (肋向下) 和倒置 (肋向上) 两种。正置槽形板由于板底不平，通常做吊顶遮盖，为避免板端肋被压坏，可将板端伸入墙内的部分堵砖填实，正置槽形板板端支承在墙上，如图 4-10(a) 所示。倒置槽板虽板底平整，但在上面需要另做面层，且受力不如正置槽板合理，但可在槽内填充轻质材料，以解决楼板的隔声和保温隔热问题。倒置槽形板的楼面如图 4-10(b) 所示。

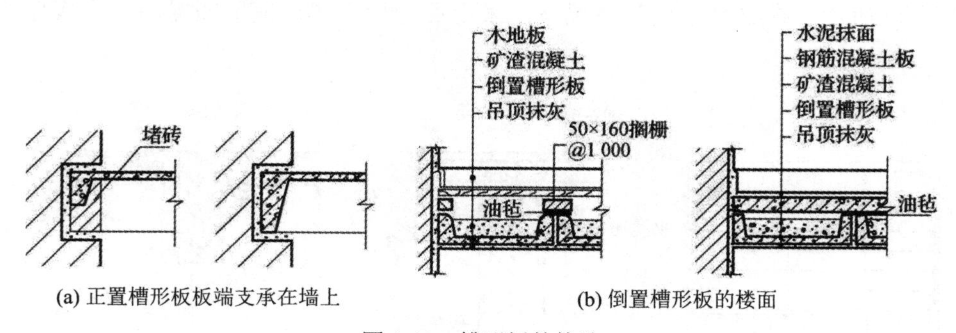

(a) 正置槽形板板端支承在墙上 (b) 倒置槽形板的楼面

图 4-10 槽形板的构造

2. 板的结构布置位置

预制楼板的结构布置方式应根据房间的平面尺寸及房间的使用要求确定，可采用墙承重系统和框架承重系统。

在砖混结构中，横墙承重一般适用于横墙间距较密的宿舍、办公楼及住宅建筑等。当房间开间较小时，预制板可直接搁置在墙或圈梁上，如图 4-11 所示。对于教学楼、实验楼等开间、进深都较大的建筑物，可以把预制板搁置在梁上，如图 4-12(a) 所示。

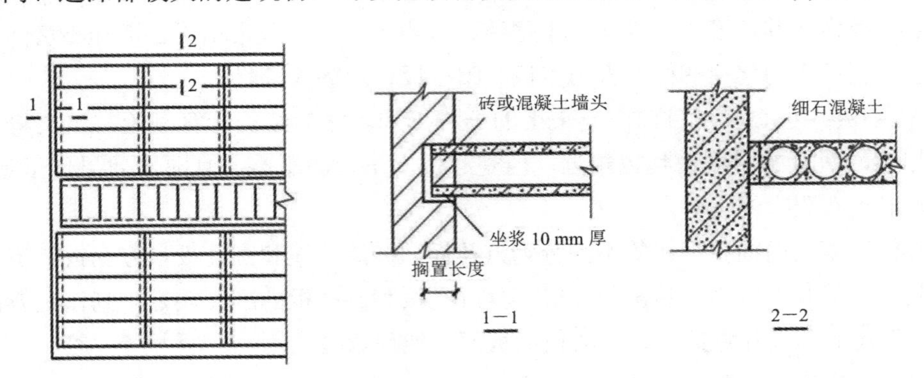

图 4-11　板在墙上的搁置

3. 板的搁置要求

预制板直接搁置在墙上或梁上时，均应有足够的搁置长度。支承于梁上时，其搁置长度应不小于 80 mm；支承于内墙上时，其搁置长度应不小于 100 mm；支承于外墙上时，其搁置长度应不小于 120 mm。一般要求板的规格、类型越少越好，因为板的规格过多不仅会给板的制作增加麻烦，而且还会使施工变得复杂。

在安装空心板前，应在板端的圆孔内填塞 C15 混凝土短圆柱 (堵头)，以避免安装过程中板端被压坏。

铺板前，先在墙或梁上用 10～20 mm 厚 M5 水泥砂浆找平 (坐浆)，然后再铺板，使板与墙或梁有较好的连接，同时也保证墙体受力均匀。

当采用梁板式结构时，预制板在梁上的搁置方式一般有两种：一种是板直接搁置在梁上，如图 4-12(b) 所示；另一种是把板搁置在花篮梁或十字梁上，板面与梁顶面平齐，如图 4-12(c) 所示。在梁高不变的情况下，采用后一种方式可使房间提高一个板厚的净空高度。

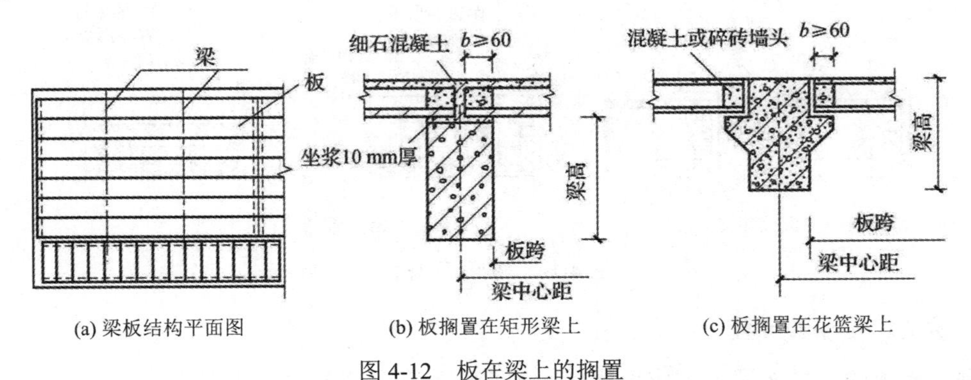

(a) 梁板结构平面图　(b) 板搁置在矩形梁上　(c) 板搁置在花篮梁上

图 4-12　板在梁上的搁置

4. 板缝处理

为了施工方便，板的规格、类型一般要求越少越好，通常一个房间的预制板宽度类型不超过两种。为了便于板的安装，板的标志尺寸和构造尺寸之间应有 10～20 mm 的差值，以形成板缝，在板缝中填入水泥砂浆或细石混凝土 (灌缝)。

板的侧缝一般有 V 形缝、U 形缝和凹形缝三种形式，如图 4-13 所示。V 形缝具有制作简单的优点，但容易开裂、连接不牢固；U 形缝上部开口大，易于灌浆，但牢固性也不如凹形缝；凹形缝连接牢，整体性强，相邻板之间共同工作的效果好，抵抗板间裂缝和错动的能力最强，但灌浆和捣浆都比较困难。

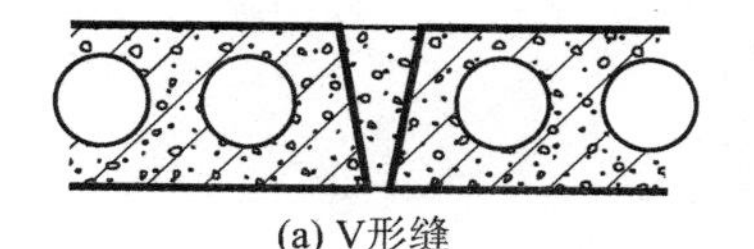
(a) V形缝

(a) U形缝

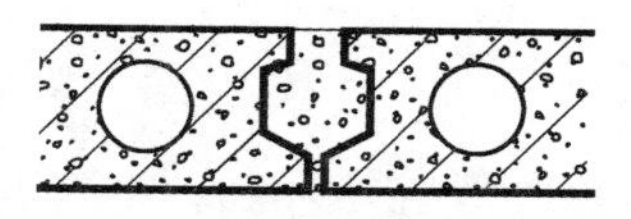
(a) 凹形缝

图 4-13 板间侧缝形式

当空心板的横向尺寸与房间尺寸有差值，出现不足以排一块板的缝隙时，可以通过以下方法进行处理：当缝隙宽度小于 60 mm 时，可调整板间侧缝的宽度，即将各板缝的宽度适当加大，调整后板缝宽度应小于 50 mm，再灌浆；当缝隙宽度为 60～120 mm 时，可平行于墙挑砖，注意挑砖的上下表面与板面平齐，如图 4-14(a) 所示，或者在灌注混凝土内配钢筋，如图 4-14(b) 所示；当缝隙宽度为 120～200 mm 时，可局部现浇钢筋混凝土板带，且将板带设在墙边或有穿管的部位，如图 4-14(c) 所示；当缝隙宽度大于 200 mm 时，调整板的规格。

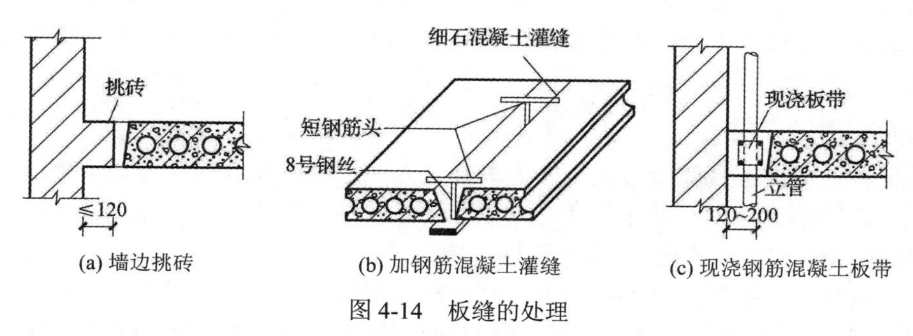

(a) 墙边挑砖　(b) 加钢筋混凝土灌缝　(c) 现浇钢筋混凝土板带

图 4-14 板缝的处理

为了加强预制楼板的整体刚度，抵抗地震的水平荷载，在两块预制板之间、板与纵墙、板与山墙等处均应增加钢筋锚固，然后在缝内填筑细石混凝土；或者在板上铺设钢筋网，然后在上面浇筑一层厚度为 30～40 mm 的细石混凝土作为整浇层。

5. 楼板上隔墙的设置

在预制楼板上设隔墙时，应尽量采用轻质材料。当房间内设有重质块材隔墙和砌筑隔墙时，应避免将隔墙直接搁置在楼板上，而应采取一些构造措施，如在隔墙下部设置钢筋混凝土小梁，通过梁将隔墙荷载传给墙体，如图 4-15(a) 所示。当楼板结构层为预制槽形板时，可将隔墙设置在槽形板的纵肋上，如图 4-15(b) 所示。当楼板结构层为空心板时，可将板缝拉开，在板缝内配置钢筋后浇筑 C20 细石混凝土形成现浇钢筋混凝土板带支承隔墙，如图 4-15(c) 所示。

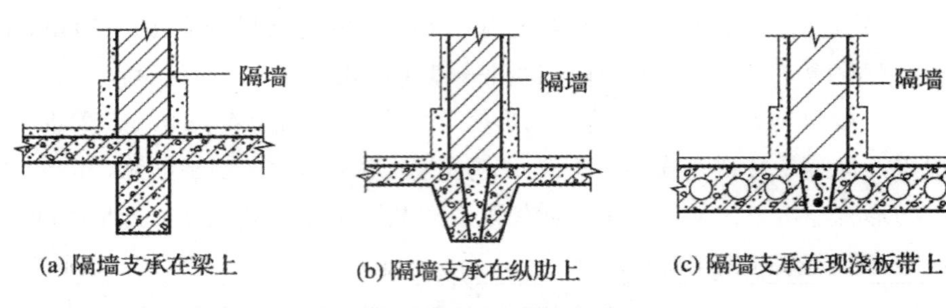

图 4-15 隔墙在楼板上的搁置

4.2.3 装配整体式钢筋混凝土楼板

装配整体式钢筋混凝土楼板是将楼板中的部分构件预制安装后，再通过现浇的部分连接成整体的楼板。它既综合了现浇式楼板整体性较好的特点和装配式楼板施工简单、工期短、节省模板的优点，又避免了现浇式楼板湿作业多、施工复杂和装配式楼板整体性差的缺点。常用的装配整体式钢筋混凝土楼板有叠合楼板和密肋填充块楼板。这里只对叠合楼板进行介绍。

1. 叠合楼板的概念

叠合楼板是由预制板和现浇钢筋混凝土层叠合而成的装配整体式楼板。预制板既是楼板结构的组成部分之一，又是现浇钢筋混凝土叠合层的永久性模板，现浇混凝土层内可敷设水平设备管线。叠合楼板整体性好，刚度大，可节省模板，而且板的上下表面平整，便于饰面层装修，适用于对整体刚度要求较高的高层建筑和大开间建筑。叠合楼板跨度一般为 4～6 m，最大跨度可达 9 m。

2. 叠合楼板的类型

混凝土叠合楼板按具体受力状态分为单向受力叠合楼板和双向受力叠合楼板；按预制底板有无外伸钢筋可分为有胡子筋和无胡子筋；按拼缝连接方式可分为分离式接缝 (底板间不拉开的密拼) 和整体式接缝 (底板间有后浇混凝土带)。

预制板按照受力钢筋种类可以分为预制混凝土底板和预制预应力混凝土底板。预制混凝土底板采用非预应力钢筋，目前桁架钢筋混凝土底板因具有较高的刚度最为常用，如图 4-16 所示；预制预应力混凝土底板包括预应力混凝土平板、预应力混凝土带肋板和预应力混凝土空心板。

图 4-16 桁架钢筋混凝土底板

本节知识体系

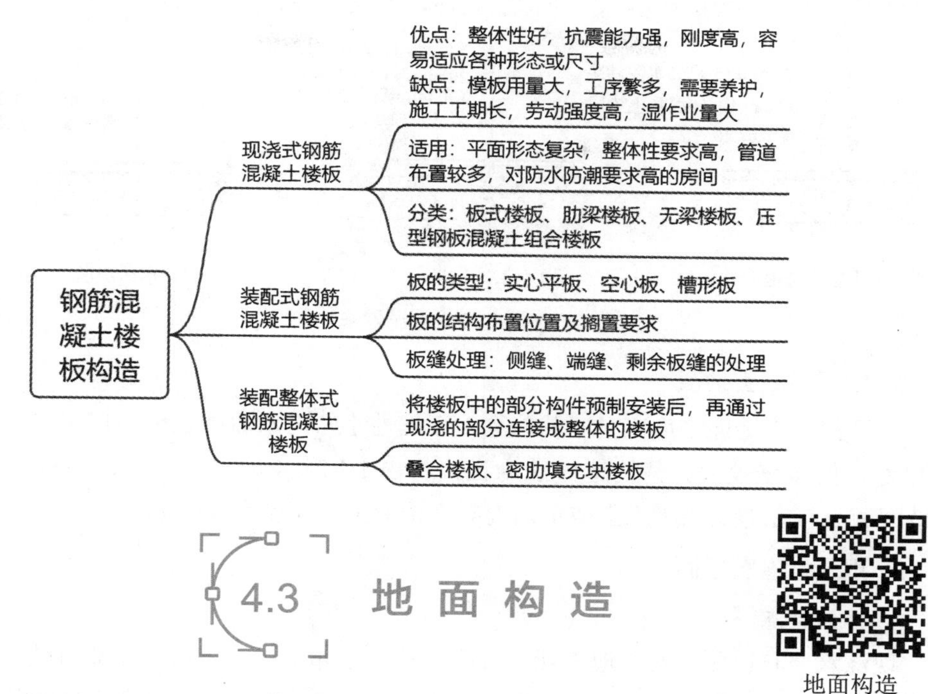

4.3 地面构造

地面构造

楼板层的面层和地坪层的面层统称为地面。两者面层的构造要求和做法基本相同，区别只是下面的基层有所不同：地坪层面层通常做在垫层和基层上，楼板层面层则做在楼板上。

地面通常以面层所用材料分类。由于材料的品种繁多，因此地面的种类也很多。根据地面的构造特点，其可分为整体浇筑地面、块材类地面、木地面、卷材类地面和涂料类地面等。

4.3.1 整体浇筑地面

整体浇筑地面是指用砂浆、混凝土或其他材料的拌合物在现场浇筑而成的地面。

1. 水泥砂浆地面

水泥砂浆地面是在混凝土垫层或结构层上抹 1∶2 或 1∶2.5 的厚度为 15～20 mm 的水泥砂浆作为面层，图 4-17(a)、(b)、(c) 分别为单层底层地面、双层底层地面和楼层地面的构造。水泥砂浆面层必须做在刚性垫层上，刚性垫层通常是在夯实的素土上做 60～80 mm 厚的混凝土垫层。水泥砂浆地面构造简单、坚固耐磨、防水防潮、造价低廉，但导热系数大，冬天感觉阴冷，是一种广为采用的低档地面。

为改善水泥地面的使用质量，增加其美观性，面层上可涂刷地面涂料，如聚氨基甲酸酯地板漆、过氯乙烯涂料、苯乙烯焦油涂料、聚乙烯醇缩丁醛涂料等。这些涂料施工方便、造价较低，可以提高地面的耐磨性、柔韧性和不透水性，弥补了水泥砂浆地面的缺陷。涂刷之前，面层应充分干燥、清洁，以便使涂料与地面面层黏结牢固。但溶剂型涂料在施工中会散发有害气体污染环境，同时涂层较薄，磨损较快。

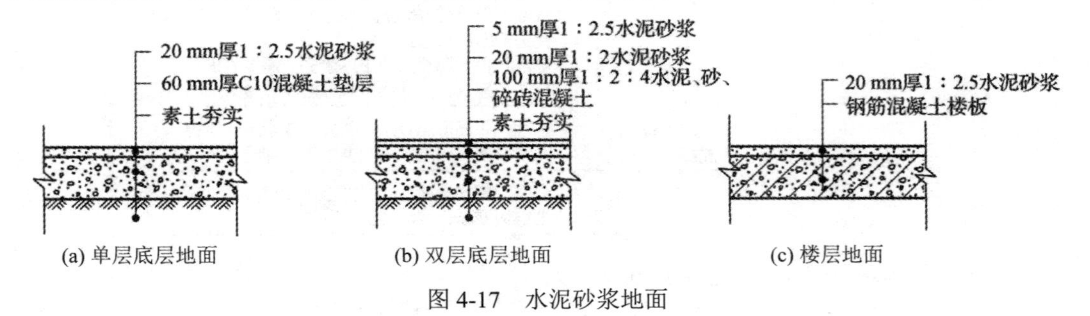

图 4-17 水泥砂浆地面

2. 细石混凝土地面

细石混凝土地面强度高且不易起尘，干缩性小，与水泥砂浆地面相比，耐久性和防水性更好，但自重较大。其构造做法为直接将由 1∶2∶4 的水泥、砂、小石子配置而成的 C20 混凝土铺在夯实的素土上或钢筋混凝土楼板上，厚度为 35 mm。

3. 现浇水磨石地面

1) 饰面特点

现浇水磨石地面具有质地美观、表面光洁、不起尘、易清洁，耐油耐碱、防火防水等优点，且具有良好的耐久性，通常用于公共建筑门厅、走道、主要房间的地面。

2) 材料选用

(1) 水泥：宜采用强度等级不低于 32.5 级的硅酸盐水泥、普通硅酸盐水泥和矿渣硅酸盐水泥，白色或浅色水磨石地面则应选用白水泥。

(2) 石碴：应采用坚硬可磨的白云石、大理石、花岗岩等岩石加工而成。石碴的色彩、粒径、形状、级配直接影响现浇水磨石地面的装饰效果。石碴应洁净、无泥砂杂物、色泽一致、粗细均匀。

(3) 分格条：常用的分格条有铜条、铝条和玻璃条。其中，铜条装饰效果和耐久性最好，一般用于美术水磨石地面；铝条耐久性较好，但不耐酸碱；玻璃条一般用于普通水磨石楼地面。分格条厚度一般为 1～3 mm，宽度根据面层厚度而定。

(4) 颜料：掺入水泥拌合物中的颜料应为矿物颜料，并应具有良好的耐碱性，不易被氧化还原，比重与水泥接近，pH 值 6～7 为宜。常用的颜料有氧化铁红、银汞、氧化铁黑、炭黑等，其掺入量为水泥质量的 3%～6% 或由试验确定。

3) 基本构造

现浇水磨石地面的构造一般分为底层和面层两部分。

底层用 18 mm 厚的 1∶3 水泥砂浆打底找平，面层为 12 mm 厚的 (1∶1.5)～(1∶2) 水泥石碴，石碴的粒径为 8～10 mm。地坪层地面如图 4-18(a) 所示，楼板层地面如图 4-18(b) 所示。为防止地面开裂，施工时应先将找平层做好，在找平层上按设计为 1 m × 1 m 方格的图案嵌固玻璃条 (铜条、铝条)，并用 1∶1 水泥砂浆固定，如图 4-18(c) 所示；然后将拌和好的水泥石屑铺入压实，经浇水养护达到适当强度后，用磨石机加水研磨二三次，修补掉石、气眼等缺陷；最后用草酸水溶液擦洗、打蜡抛光。

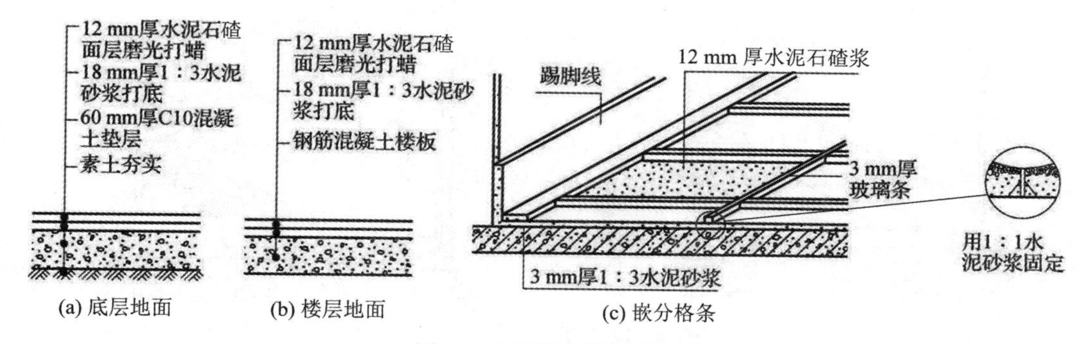

图 4-18　现浇水磨石地面

4.3.2　块材类地面

块材类地面是指用各种预制的铺地用砖或板材所做的地面，如铺砖地面、缸砖地面、地面砖地面、陶瓷锦砖地面、石板地面、塑料板地面等。这类地面的垫层可以是刚性的也可以是非刚性的，主要依据面层材料而定。为使面层铺设平整、黏结牢固，垫层与面层之间需要做结合层。大多数面层可以用水泥砂浆做结合层；对于混凝土板、黏土砖等厚重面层，可以用砂或细炉渣做结合层；塑料板则需要用黏合剂。

1. 铺砖地面

铺砖地面有黏土砖地面、水泥砖地面、预制混凝土块地面等。因为这些砖厚度较大，故可直接铺在素土夯实的地基上。为了铺砌方便和易于找平，可用砂或细炉渣做结合层。铺砖地面造价低廉，但不耐磨损，吸水性大，仅用于要求不高的地面。

2. 缸砖、地面砖及陶瓷锦砖地面

缸砖是用陶土烧制而成的，因其中加入了矿物颜料而有各种色彩，常见的有红棕色和深米黄色两种。缸砖的主要形状有正方形、矩形、菱形、六角形、八角形等，并可拼成各种图案。砖的背面有凹槽，能使砖与结构层黏结牢固。方形砖的尺寸有 100 mm × 100 mm 和 150 mm × 150 mm，厚度为 10～19 mm。缸砖一般铺在混凝土垫层上，做法为：先用 20 mm 厚的 1∶3 水泥砂浆找平，然后用 3～4 mm 厚水泥胶 (水泥∶107 胶∶水 = 1∶0.1∶0.2) 粘贴缸砖，最后用素水泥浆擦缝。缸砖地面构造如图 4-19(a) 所示。

缸砖外形美观，质地细密坚硬，耐磨、耐水、耐酸碱，易于清洁不起灰，施工简单，广泛应用于卫生间、盥洗室、浴室、厨房、实验室及有腐蚀性液体房间的地面。

地面砖的各项性能都优于缸砖，且色彩、图案丰富，装饰效果好，但造价较高，多用于装修标准较高的建筑物地面，构造做法类同缸砖。

陶瓷锦砖 (马赛克) 质地坚硬、经久耐用、色泽多样、耐磨、防水、耐腐蚀、易清洁，适用于有水、有腐蚀性液体的地面。其做法为：先用 15～20 mm 厚的 1∶3 水泥砂浆找

平；然后用 3～4 mm 厚水泥胶粘贴陶瓷锦砖，用滚筒压平，使水泥胶挤入缝隙，用水洗去牛皮纸；最后用白水泥浆擦缝。陶瓷锦砖地面构造如图 4-19(b) 所示。

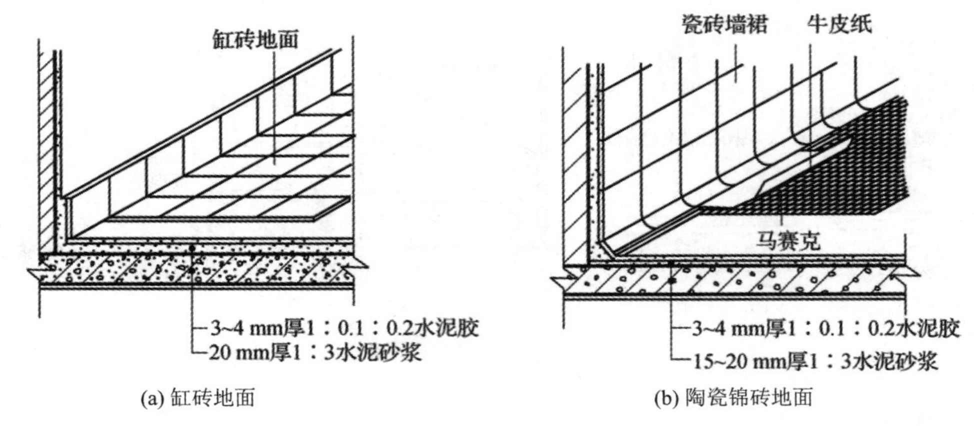

(a) 缸砖地面　　(b) 陶瓷锦砖地面

图 4-19　预制块材地面

3. 石板地面

石板包括天然石板和人造石板。常用的天然石板指大理石板和花岗石板，它们质地坚硬、色泽丰富艳丽，属高档地面装饰材料，但造价较高。人造石板有预制水磨石板、人造大理石板等。石板地面一般多用于高级宾馆、会堂、公共建筑的大厅等处。其做法为：先在基层上刷素水泥浆一道，用 30 mm 厚 1∶3 干硬性水泥砂浆找平；然后在面上撒 2 mm 厚素水泥 (洒适量清水)，粘贴石板；最后用素水泥浆擦缝，如图 4-20 所示。

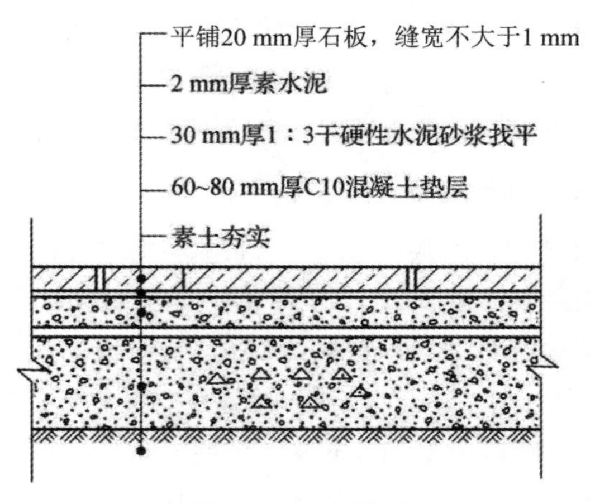

图 4-20　石板地面

4. 塑料板地面

随着石化工业的发展，塑料板地面的应用日益广泛，其中以聚氯乙烯板地面应用最多。聚氯乙烯板品种繁多，按外形可分为卷材和板材两种。聚氯乙烯板尺寸多样，可从 100 mm × 100 mm 到 500 mm × 500 mm，厚度为 1.5～2.0 mm。聚氯乙烯板应铺贴在干燥清洁的水泥砂浆找平层上，并用塑料黏结剂粘牢。

4.3.3 木地面

木地面用于无防水要求的房间，具有易清洁、弹性好、热导率小、保温性能好的优点，与家具、设备等的质地、色彩容易统一，是目前应用广泛的装饰要求相对比较高的一种地面。木地面按照构造方式可分为架空式和实铺式两种。

1. 架空式木地面

架空式木地面用于面层与基层距离较大的情况，需要用地垄墙(或砖墩、钢木支架)的支撑才能达到设计要求的标高，如图4-21所示。在建筑的首层，为减少回填土方量，或者为便于管道设备的架设和维修，需要一定的敷设空间时，通常考虑采用架空式木地面。由于支撑木地面的搁栅架空搁置，使其能够保持干燥，避免腐烂损坏。

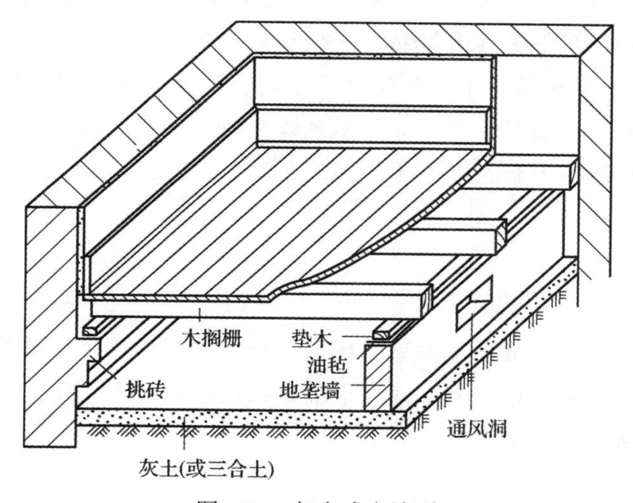

图4-21 架空式木地面

2. 实铺式木地面

实铺式木地面是将木搁栅直接固定在结构基层上，不再需要用地垄墙等架空支撑，构造比较简单，适合于地面标高已经达到设计要求的情况，如图4-22所示。

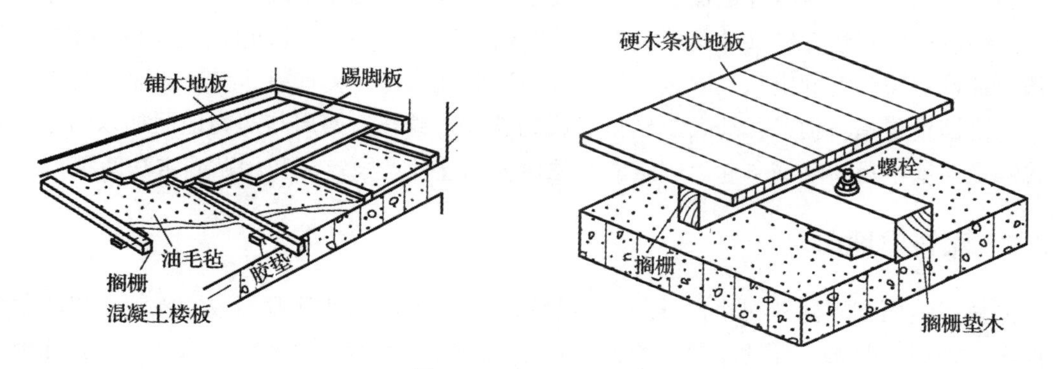

图4-22 实铺式木地面

【拓展知识】

实木地板由于耐用、环保、舒适、美观等优点，在住宅的地面装修中得到了广泛应用。在选择实木地板时，我们要对以下几个方面加以注意。

(1) 纹理是判定地板好坏的标准。有规则的纹理美观大方，不要选用那些纹理杂乱无章的地板。

(2) 优质的实木地板应有自然的色调、清晰的木纹，材质肉眼可辨。有些地板表面颜色很深，漆层较厚，则可能是为掩饰地板的表面缺陷而有意为之。我国实木地板标准中并未规定地板的色差要求，因为实木地板是天然材料，有一定的色差是可以接受的，但在选用时应避免色差过大。

(3) 裂痕会影响地板的美观度。低档的木地板很难避免这一问题，有的裂痕产生于木材的纹理之间，这种裂痕不会延伸，不影响地板的使用；但有的裂痕穿透纹理，这些裂痕会延伸，会给地板的使用带来负面影响，一般不宜选用。

(4) 木地板作为天然制品是不可能没有节子的，节子可分为活节和死节，节子的合理分布，反而会使木制品更美观。优等品是不允许有缺陷性节子存在的。国家标准规定：凡直径不大于 3 mm 的活节子和直径小于 2 mm 的且没有脱落、非常密实的死节子都不作为缺陷性节子看待。

4.3.4 卷材类地面

卷材类地面指将卷材，如塑料地毡、橡胶地毡、化纤地毯、纯羊毛地毯等直接铺在平整基层上的地面。卷材可满铺、局部铺、干铺、粘贴等。

1. 橡胶地毡地面

橡胶地毡表面有光滑和带肋两类。带肋的橡胶地毡一般用在防滑走道，其厚度为 4～6 mm。橡胶地毡地板可制成单层或双层，也可根据设计制成各类颜色和花纹。

橡胶地毡一般用胶结材料粘贴在水泥砂浆或混凝土基层上。

2. 地毯地面

铺设地毯的基层为楼地面面层，一般要求其具有一定强度、表面平整并保持洁净；木地板上铺设地毯应注意钉头或其他突出物，以免刮坏地毯；底层地面的基层应做防潮处理。地毯的铺设方法分为固定和不固定两种；就铺设范围而言，又有满铺和局部铺设之分。

固定铺设是指将地毯裁边、黏结拼缝成为整片，铺设后四周与房间地面加以固定。固定式铺设地毯不易移动或隆起。固定的方法可分为挂毯条固定法和粘贴固定法两种。

4.3.5 涂料类地面

涂料类地面利用涂料在水泥砂浆或混凝土地面表面涂刷或涂刮而成。涂料用以改善水泥地面在使用和装饰方面的不足。涂料品种较多，有溶剂型、水溶型、水乳型等。涂料类地面需具有良好的耐磨、抗冲击、耐酸、耐碱等性能，水乳型和溶剂型涂料还应具有良好的防水性能。

本节知识体系

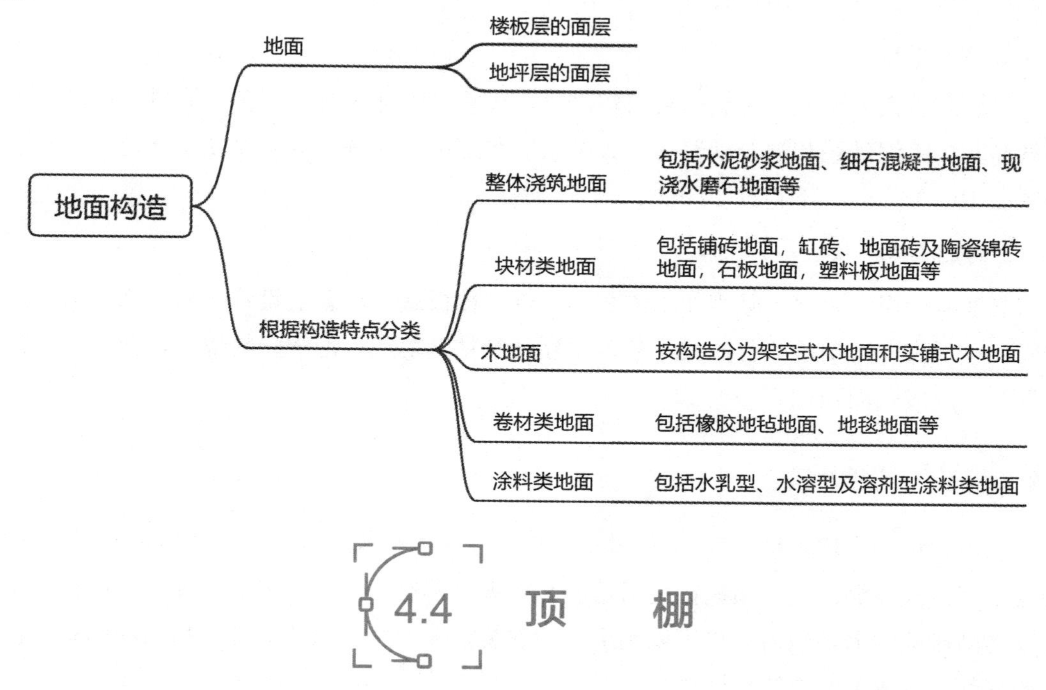

4.4　顶　棚

顶棚又称天花板，是楼板层下面的装修层。顶棚按照构造方式不同可分为直接式顶棚和悬吊式顶棚两种类型。

4.4.1　直接式顶棚

直接式顶棚是指直接在楼板层下做饰面层而形成的顶棚，有抹灰顶棚和贴面顶棚等形式，如图 4-23(a)、(b) 所示。这种顶棚构造简单、施工方便、造价较低，可以取得较高的室内净空，多用于大量性建筑工程中，用途较为广泛，但暴露出凸出的梁和水平管线，不利于美观。

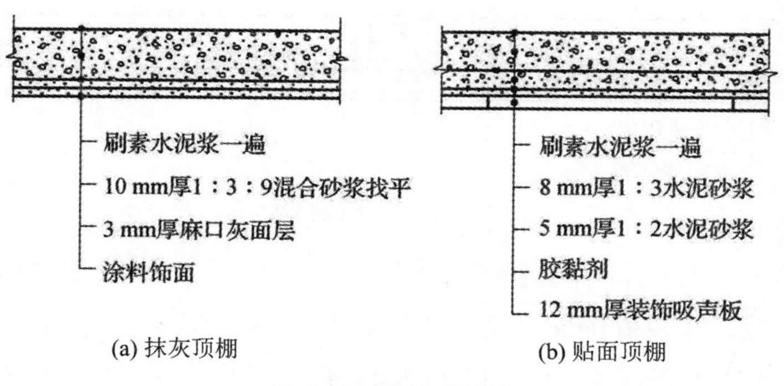

(a) 抹灰顶棚　(b) 贴面顶棚

图 4-23　直接式顶棚

1. 直接喷刷涂料顶棚

当板底平整、室内装修要求不高时，楼板底面可填缝刮平后直接喷刷大白浆、石灰浆等各种涂料，以增加顶棚的反射光照作用。

2. 抹灰顶棚

当板底不太平整或室内装修要求较高时，板底可先抹灰再喷刷各种涂料。顶棚抹灰可用纸筋灰、水泥砂浆和混合砂浆等，其中纸筋灰应用最普遍。抹灰厚度不宜过大，一般应控制在 10～15 mm，不超过 20 mm。

3. 贴面顶棚

某些有保温、隔热、吸声要求的房间，以及楼板底不需要敷设管线而装修要求又高的房间，楼板底面可用砂浆打底找平后，用黏结剂粘贴墙纸、泡沫塑料板、铝塑板、装饰吸音板等，形成贴面顶棚。

4.4.2 悬吊式顶棚

悬吊式顶棚又称“吊顶”，它通过悬挂构件与主体结构相连，悬挂在屋顶或楼板下面。相比于直接式顶棚，这类顶棚在使用功能和美观上都有一定的优势。在使用功能上，吊顶可以提高楼板的隔声能力，也可以利用吊顶安装管道设施；在美观上，吊顶的色彩、材质及图案都可以改善室内的装饰效果。

吊顶一般由龙骨与面层两部分组成。吊顶龙骨分为主龙骨与次龙骨，主龙骨为吊顶的承重结构，次龙骨则是吊顶的基层。主龙骨通过吊筋或吊件固定在屋顶 (楼板) 结构上，次龙骨固定在主龙骨上，如图 4-24 所示。

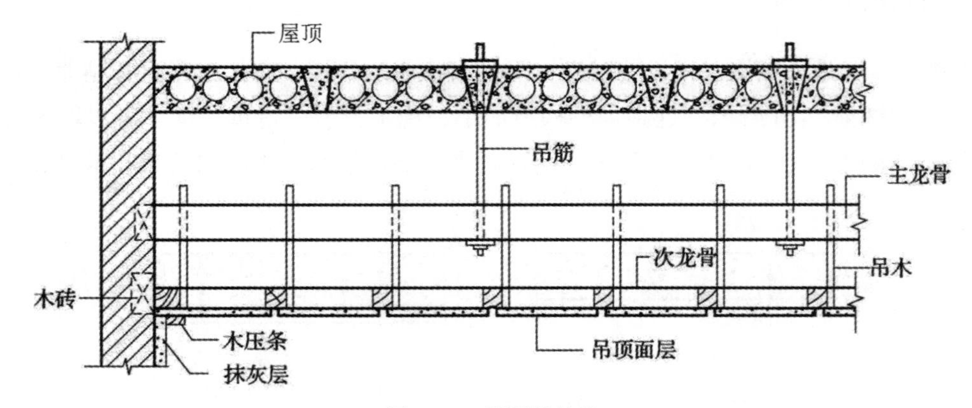

图 4-24 吊顶的构造

龙骨可用木材、轻钢、铝合金等材料制成，其断面大小依据材料、荷载和面层构造做法等因素而定。主龙骨的断面比次龙骨要大，间距约为 2 m。悬吊主龙骨的吊筋为 ϕ8～ϕ10 钢筋，间距不超过 2 m。次龙骨的间距视面层材料而定，一般不超过 600 mm。

吊顶面层分为抹灰面层和板材面层两大类。抹灰面层需湿作业施工，费工费时，故应用较少。目前板材面层应用较广，因为它的施工速度较快，同时施工质量较高。吊顶板材有植物板材、矿物板材和金属板材等。

1. 植物(木质)板材吊顶

植物板材包括胶合板、硬质纤维板、软质纤维板、装饰吸音板、木丝板、刨花板等，其中用得最多的是胶合板和纤维板。植物板材吊顶的优点是施工速度快，干作业施工，故比抹灰吊顶应用更广。

吊顶龙骨一般用木材制作，龙骨布置成格子状，如图4-25(a)所示，分格大小应与板材规格相协调。龙骨的间距最宜为450 mm。

由于植物板材易吸湿而产生凹凸变形，因此，面板宜锯成小块板铺钉在次龙骨上，板块接头应留3～6 mm的间隙以防止板面翘曲。板缝的缝形根据设计要求可做成密缝、斜槽缝、立缝等形式，分别如图4-25(b)、(c)、(d)所示。胶合板应采用较厚的不易翘曲变形的五夹板，纤维板则宜用硬质纤维板。面板铺钉前可进行表面处理，提高植物板材抗吸湿的能力。例如，铺胶合板吊顶时，板材两面可事先涂刷一遍油漆。

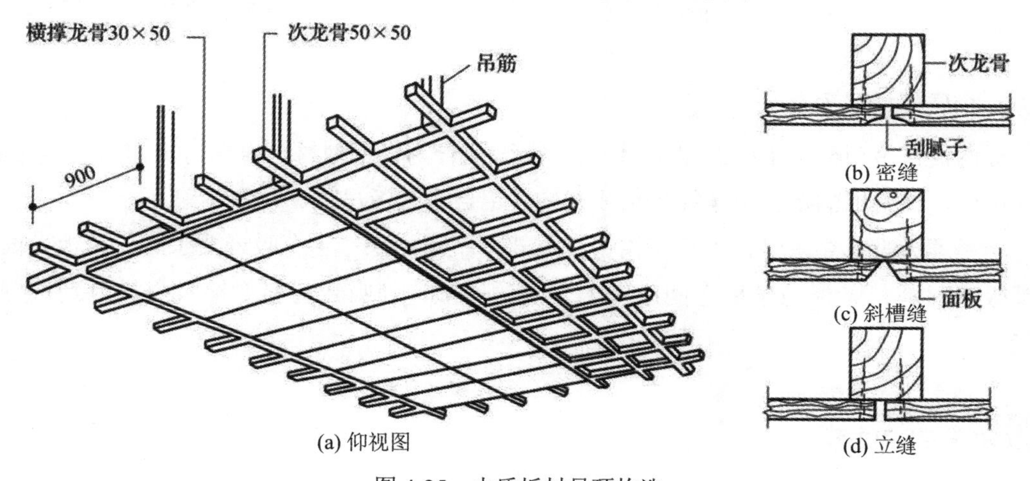

图4-25 木质板材吊顶构造

2. 矿物板材吊顶

矿物板材吊顶常用石膏板、石棉水泥板、矿棉板等板材做面层，轻钢或铝合金型材做龙骨。这类吊顶自重轻、施工安装速度快、耐火性好，多用于公共建筑或高级工程中。

轻钢和铝合金龙骨的布置方式为：主龙骨采用槽形断面的轻钢型材，次龙骨采用T形断面的铝合金型材。矿物板材安装在次龙骨翼缘上，次龙骨露在顶棚表面呈方格形，方格大小为500 mm左右，如图4-26(a)所示。悬吊主龙骨的吊挂件为槽形断面，吊挂点间距为0.9～1.2 m，最大不超过1.5 m。次龙骨与主龙骨的连接采用U形连接吊钩，如图4-26(b)

所示。

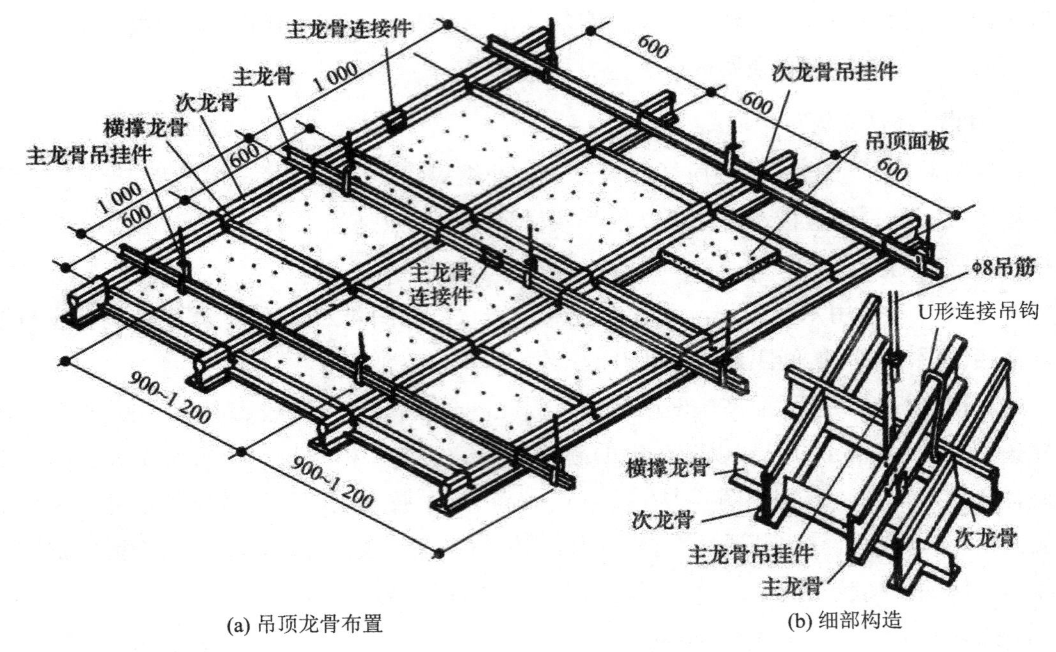

(a) 吊顶龙骨布置　　(b) 细部构造

图 4-26　矿物板材吊顶构造

3. 金属板材吊顶

金属板材吊顶最常用的面层是铝合金条板，龙骨为轻钢型材。根据建筑物的具体要求，吊顶可以选择密铺的铝合金条板吊顶或开敞式铝合金条板吊顶。

当吊顶无吸音要求时，条板采用密铺方式，不留间隙；当有吸音要求时，条板上面需加铺吸音材料，条板与条板之间应留出一定的间隙，使吸音材料能够吸收投射到顶棚的声能。

本节知识体系

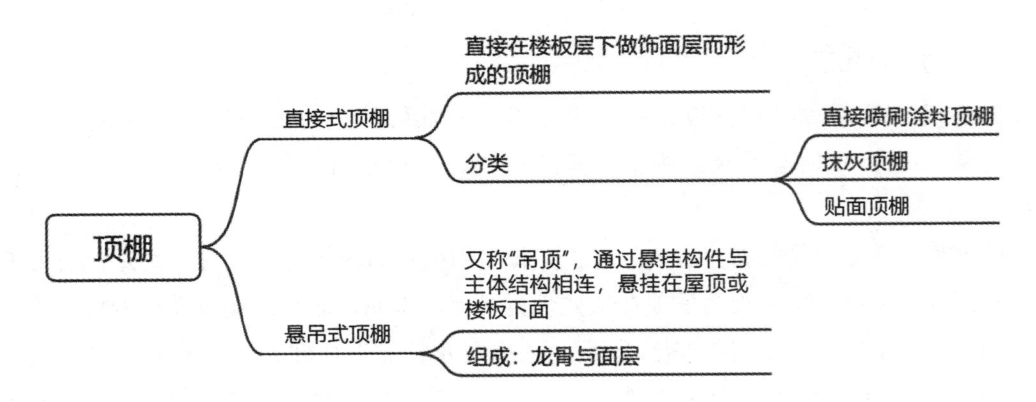

4.5 阳台与雨篷

4.5.1 阳台

阳台是连接室内的室外平台，给居住在建筑里的人提供一个舒适的室外活动与休息空间，是多层住宅、高层住宅、旅馆等建筑中不可缺少的一部分。

1. 阳台的类型和设计要求

1) 类型

阳台按其与外墙面的关系分为挑阳台、凹阳台和半挑半凹阳台，如图 4-27 所示；按其在建筑中所处的位置可分为中间阳台和转角阳台。

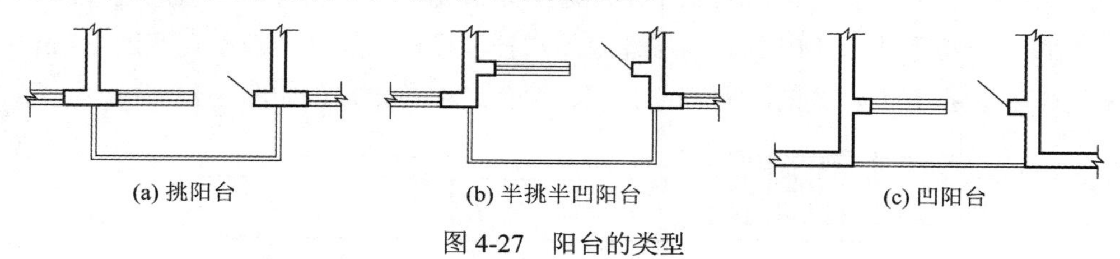

图 4-27 阳台的类型

阳台按使用功能不同又可分为生活阳台 (靠近卧室或客厅) 和服务阳台 (靠近厨房)。

2) 设计要求

(1) 安全适用。挑阳台的挑出长度不宜过大，以 1.2～1.8 m 为宜，应保证在荷载作用下阳台不发生倾覆现象。低层、多层住宅阳台栏杆净高不低于 1.05 m，中高层住宅阳台栏杆净高不低于 1.1 m，但也不大于 1.2 m。阳台栏杆形式应防坠落 (垂直栏杆间净距不应大于 110 mm)、防攀爬 (不设水平栏杆)，以避免潜在危险。放置花盆处，也应采取防坠落措施。

(2) 坚固耐久。阳台所用材料和构造措施应经久耐用，承重结构宜采用钢筋混凝土，金属构件应做防锈处理，表面装修应注意涂料的耐久性和抗污染性。

(3) 排水顺畅。为防止阳台上的雨水流入室内，设计时阳台地面标高要低于室内地面标高 60 mm 左右，并将地面抹出 5‰ 的排水坡，以将水导入排水孔，使雨水能顺利排出。

地区气候特点也应得到考虑。南方地区宜采用有助于空气流通的空透式栏杆，而北方寒冷地区和中高层住宅应采用实体栏杆，并满足立面美观的要求，为建筑物的形象增添风采。

2. 阳台结构的布置方式

1) 挑梁式

挑梁式是从横墙内外伸挑梁，其上搁置预制楼板的结构。这种结构布置简单、传力直接明确、阳台长度与房间开间一致。挑梁根部截面高度 H 为 $\frac{1}{5}L\sim\frac{1}{6}L$，$L$ 为悬挑净长的 $\frac{1}{5}\sim\frac{1}{6}$，截面宽度为 $\frac{1}{2}H\sim\frac{1}{3}H$。为美观起见，挑梁端头可设置面梁，这样既可以遮挡挑梁头，又可以承受阳台栏杆重量，还可以加强阳台的整体性。

2) 挑板式

当楼板为现浇楼板时，可选择挑板式。挑板式的悬挑长度一般为 1.2 m 左右，即从楼板外延挑出平板，板底平整美观，同时阳台平面形式可做成半圆形、弧形、梯形、斜三角形等各种形状。挑板厚度不小于挑出长度的 1/12。

3) 压梁式

压梁式的阳台板与墙梁现浇在一起。墙梁的截面应比圈梁大，以保证阳台的稳定，而且阳台悬挑不宜过长，一般为 1.2 m 左右，并在墙梁两端设拖梁压入墙内。

3. 阳台的细部构造

1) 阳台栏杆扶手

(1) 阳台栏杆、栏板。栏杆和栏板是阳台外围设置的竖向的围护构件，主要供人们扶靠之用，以保障人身安全，同时对整个房屋起一定装饰作用。栏杆和栏板的高度应大于人体重心高度，一般不小于 1.05 m。高层建筑的栏杆和栏板应加高，但不宜超过 1.2 m。

栏杆和栏板按立面形式的不同有空花式、混合式和实体式，如图 4-28 所示。

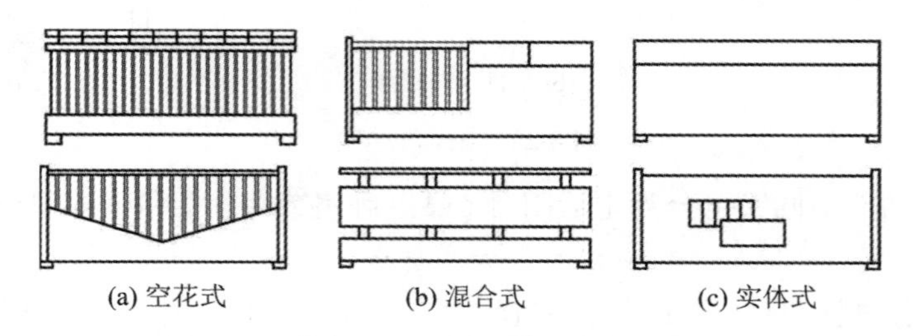

图 4-28　按立面形式划分的阳台栏杆的类型

栏杆和栏板按材料可分为金属栏杆、钢筋混凝土栏板与栏杆、砌体栏板。

金属栏杆可由不锈钢钢管、铸铁花饰 (铁艺)、方钢和扁钢等钢材制作。方钢的截面为 20 mm × 20 mm，扁钢的截面为 4 mm × 50 mm。金属栏杆与阳台板的连接有两种方法：一种是在阳台板上预留孔槽，将栏杆立柱插入，用细石混凝土浇灌；另一种是在阳台板上预埋钢板或钢筋，将栏杆与钢筋焊接，如图 4-29 所示。

钢筋混凝土栏板按施工方式为预制和现浇两种。

预制钢筋混凝土栏板因其耐久性和整体性较好，故应用较为广泛。厚度一般为 30 mm，宽度为 600 mm，也可以根据具体情况调整。材料为 C20 细石混凝土，双向配筋 ϕ6@150。预制钢筋混凝土栏板与阳台板的连接有两种做法：一种是将栏板预留铁件与阳台板预留铁件焊接在一起，如图 4-30(a) 所示。另一种是将钢筋混凝土栏板中的钢筋与阳台板预留钢筋焊接在一起，如图 4-30(b) 所示。

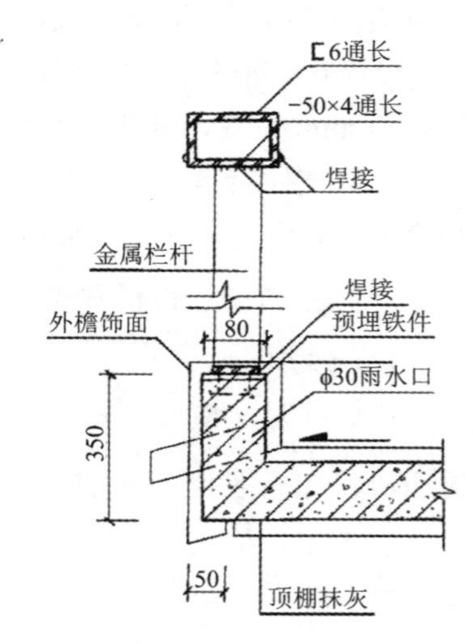

图 4-29　金属栏杆的形式和构造

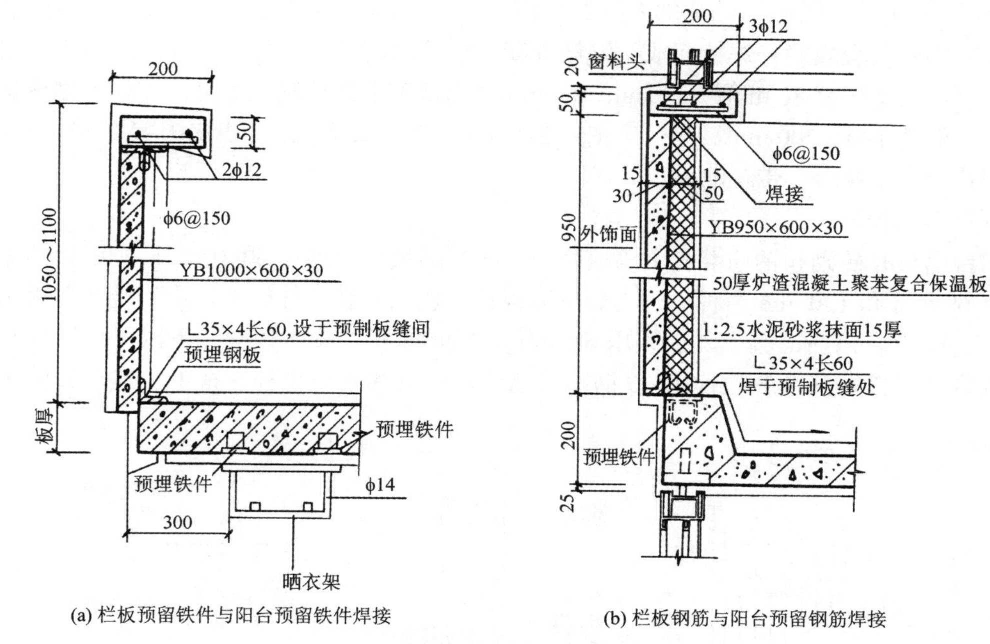

(a) 栏板预留铁件与阳台预留铁件焊接　　(b) 栏板钢筋与阳台预留钢筋焊接

图4-30　预制钢筋混凝土栏板构造

砌体栏板的块材可采用普通粘土砖、空心砖或空心砌块，块材的强度等级不小于MU5，砌体砂浆采用M5混合砂浆。砌体栏板的厚度为120 mm。封闭阳台中的砌体栏板内侧设50 mm厚炉渣混凝土聚苯复合保温板。栏板上部的现浇混凝土扶手设2ϕ12通长钢筋，分布筋ϕ6@150，通长钢筋通过铁件与砌体墙内的预留钢筋焊接在一起，并与构造柱的钢筋连接，如图4-31(a)所示。在砌体栏板的转角处设170 mm × 170 mm现浇混凝土柱，主筋4ϕ6，箍筋ϕ6@250，如图4-31(b)所示。

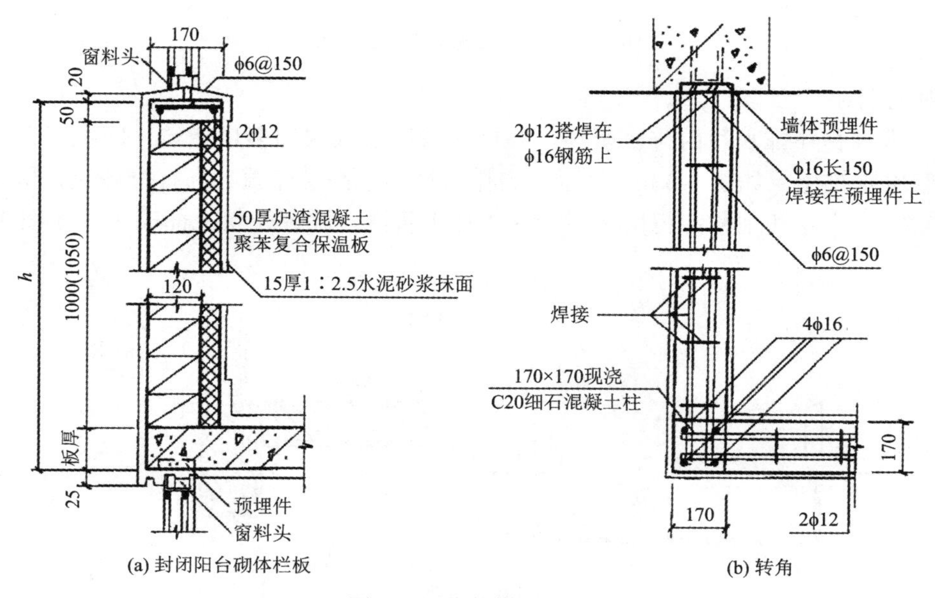

(a) 封闭阳台砌体栏板　　(b) 转角

图4-31　砌体栏板构造

(2) 栏杆扶手。栏杆扶手是供人手扶使用的，有金属和钢筋混凝土两种。金属扶手一般用 ф50 钢管与金属栏杆焊接而成；钢筋混凝土扶手应用广泛，形式多样，一般直接用做栏杆压顶，其宽度有 80 mm、120 mm、60 mm。当扶手上需放置花盆时，需在外侧设保护栏杆，一般高 180～200 mm，花台净宽为 240 mm。钢筋混凝土扶手用途广泛，形式多样，有不带花台、带花台、带花池等。

2) 阳台隔板

阳台隔板有砖砌和钢筋混凝土隔板两种。阳台隔板用于连接双阳台。砖砌隔板的厚度一般有 60 mm 和 120 mm 两种。因为砖砌隔板荷载较大且整体性较差，所以现在多采用钢筋混凝土隔板。钢筋混凝土隔板采用 60 mm 厚 C20 细石混凝土预制，下部预埋铁件与阳台预埋铁件焊接，其余各边伸出 ф6 钢筋与墙体、挑梁和阳台栏杆、扶手相连，如图 4-32 所示。

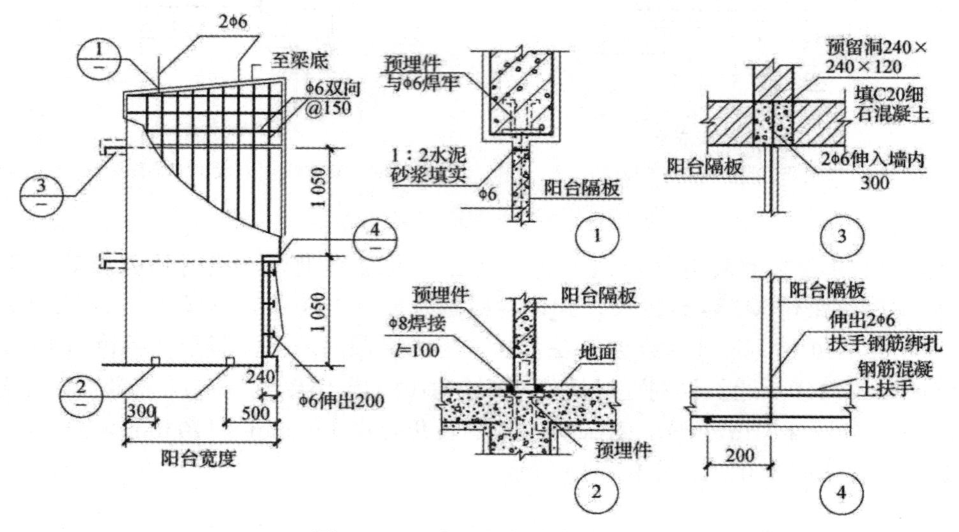

图 4-32　阳台隔板的构造与连接

3) 阳台排水

阳台排水有外排水和内排水两种。外排水适用于低层和多层建筑，即在阳台外侧设置泄水管将水排出，如图 4-33(a) 所示。内排水适用于高层建筑和高标准建筑，即在阳台内侧设置排水立管和地漏，将雨水直接排入地下管网，保证建筑立面美观，如图 4-33(b) 所示。

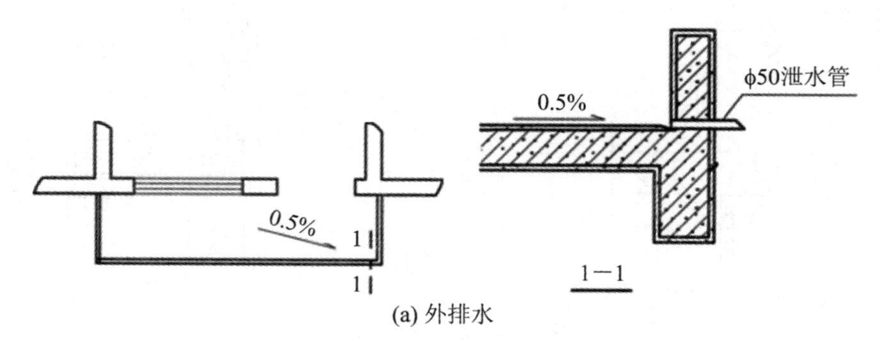

(a) 外排水

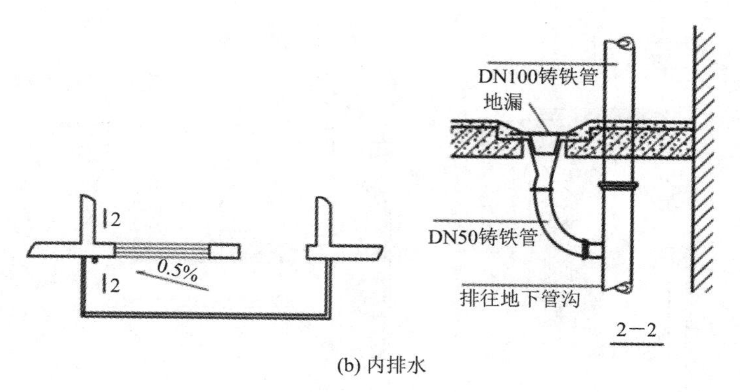

(b) 内排水

图 4-33　阳台排水构造

4.5.2　雨篷

雨篷位于建筑物出入口的上方，用来遮挡雨雪，给人们提供一个从室外到室内的过渡空间，并起到保护门和丰富建筑立面的作用。雨篷有各种类型，典型雨篷构造如图 4-34 所示。

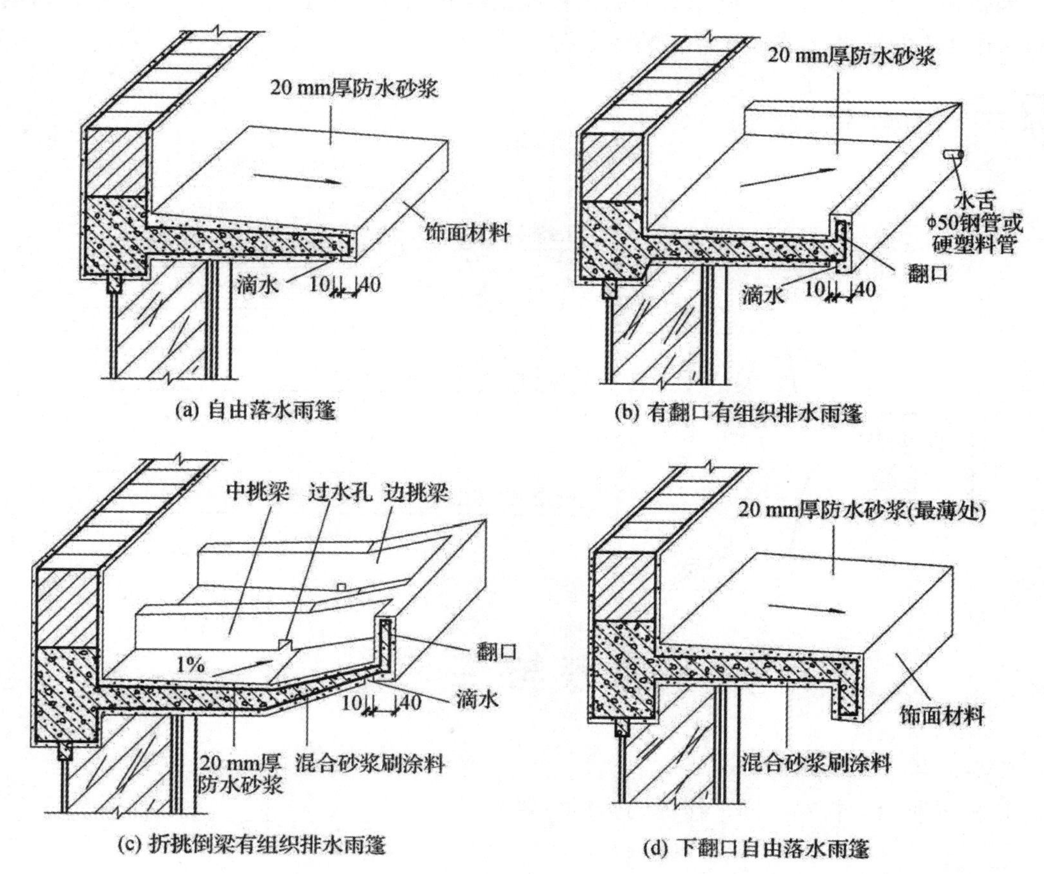

(a) 自由落水雨篷　(b) 有翻口有组织排水雨篷

(c) 折挑倒梁有组织排水雨篷　(d) 下翻口自由落水雨篷

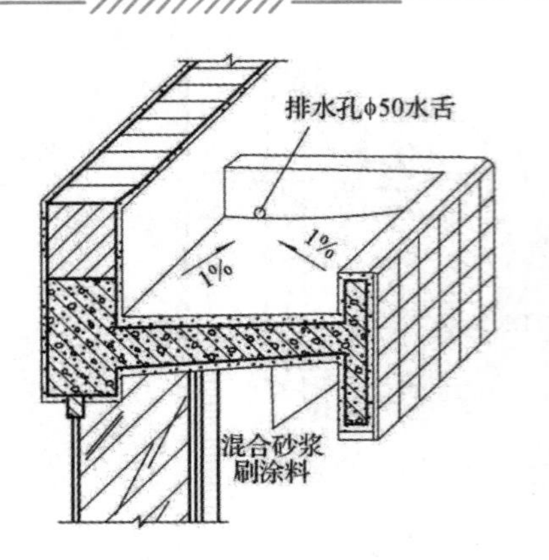

(e) 上下翻口有组织排水雨篷

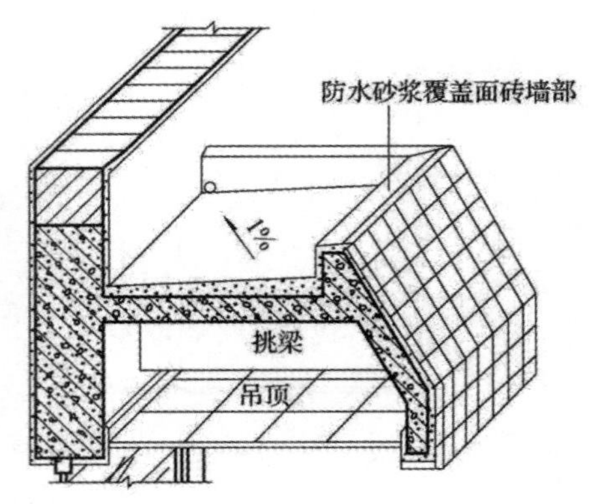

(f) 下挑梁有组织排水带吊顶雨篷

图 4-34 雨篷的构造

雨篷为悬臂构件，其受力与阳台相似。雨篷一般由雨篷板和雨篷梁组成。为防止雨篷发生倾覆，常将雨篷与过梁或圈梁浇筑在一起。雨篷板的悬挑长度由建筑要求决定：当悬挑长度较小时，可采用悬板式，一般挑出长度不大于 1.5 m；当挑出长度较大时，可采用挑梁式。

为防止雨水渗入室内，梁面必须高出板面至少 60 mm。板面用防水砂浆抹面，并向排水口做出 1% 的坡度，防水砂浆应顺墙上卷至少 300 mm。

本节知识体系

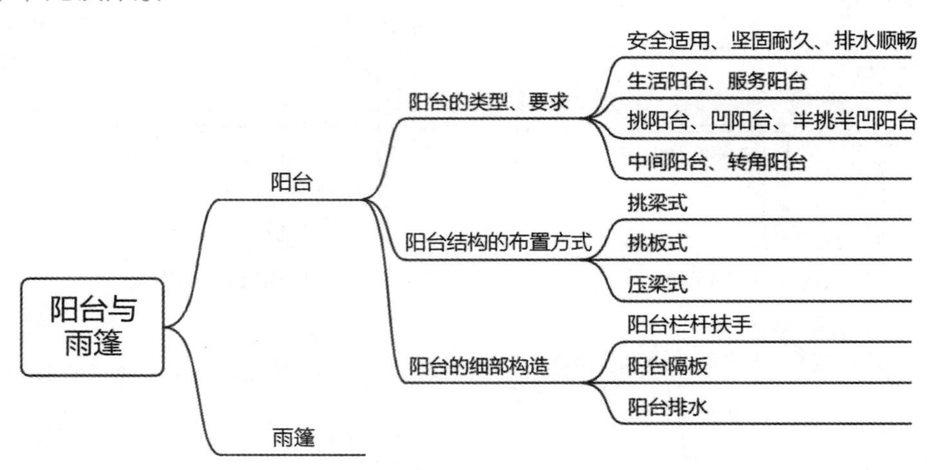

思考与练习

一、填空题

1. 根据所用的材料不同，楼板的类型主要有 __________、__________、__________ 和 __________。

2. 阳台按其与外墙的相对位置不同分为 __________、__________ 和 __________。

3. 顶棚按构造方式分为 __________ 和 __________。

二、选择题

1. 楼板层基本上由三个层次组成，它们是面层、结构层和 (　　)。

A. 防潮层　　B. 抹灰层

C. 附加层　　D. 顶棚层

2. 当房间尺寸较大、形状近似正方形时，现浇混凝土楼板常采用 (　　)。

A. 井式楼板　　B. 板式楼板

C. 梁板式楼板　　D. 无梁楼板

3. 单元式住宅的楼层采用装配式楼板时，最常见的是 (　　)。

A. 预制多孔板　　B. 预制平板

C. 预制槽形板　　D. 预制加肋板

4. 楼板要有一定的隔声能力，以下的隔声措施中，效果不理想的是 (　　)。

A. 楼面铺地毯　　B. 采用软木地砖

C. 在楼板下加吊顶　　D. 铺地砖地面

三、简答题

1. 楼板层主要由哪些部分组成？各部分的作用是什么？
2. 现浇钢筋混凝土楼板的类型有哪几种？各有什么特点？
3. 预制混凝土楼板的侧缝形式有哪几种？板缝如何处理？
4. 常用的顶棚有哪几种类型？

参考答案

项目 5 楼 梯

学习目标

1. 知识目标

(1) 理解楼梯的组成、主要尺度及类型。

(2) 掌握楼梯的防火及无障碍设计的基本要求。

(3) 掌握钢筋混凝土楼梯的构造。

(4) 了解电梯与自动扶梯的基本知识。

(5) 理解台阶和坡道的形式与构造。

2. 能力目标

(1) 具有根据不同建筑物楼梯间的情况和环境条件，合理布置楼梯间平面的能力。

(2) 具有识读双跑平行楼梯平面图的能力。

(3) 具备合理设计楼梯的防火及无障碍节点构造的能力。

3. 思政目标

(1) 树立安全意识，遵守行业规范。

(2) 培养科学严谨、精益求精的作风。

(3) 学会换位思考，注重以人为本。

学习任务

任务 1：制作楼梯模型

通过参观、调查等方式，描述常见典型建筑中楼梯类型，并选择其中一种形式进行模型制作。

要求：可以采用任意材料进行模型制作，需要表达出楼梯的构造组成、结构形式、比例尺寸。

任务 2：设计楼梯平面

绘制层高为 3 m 的多层住宅建筑单体中疏散楼梯的各层平面图。

要求：平面需要满足楼梯各部分的尺寸要求；结合建筑层高合理设计台阶数量及尺寸；需要表达出栏杆扶手的位置；形式简洁规整，尽量不设计曲线形式平面。

任务 3：填写楼梯构造实训任务表

通过参观、调查等方式，了解常见建筑楼梯的构造情况，扫描二维码获取楼梯构造实训任务表，并完成填写。

楼梯构造实训任务表

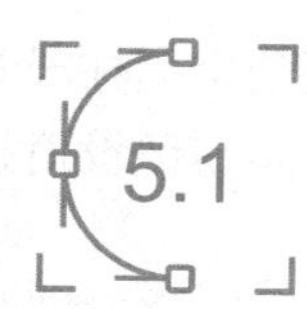

5.1 楼梯的组成与类型

5.1.1 楼梯的组成

楼梯一般由楼梯梯段、楼梯平台、栏杆（栏板）和扶手几部分组成，如图5-1所示。楼梯所处的空间称为楼梯间。

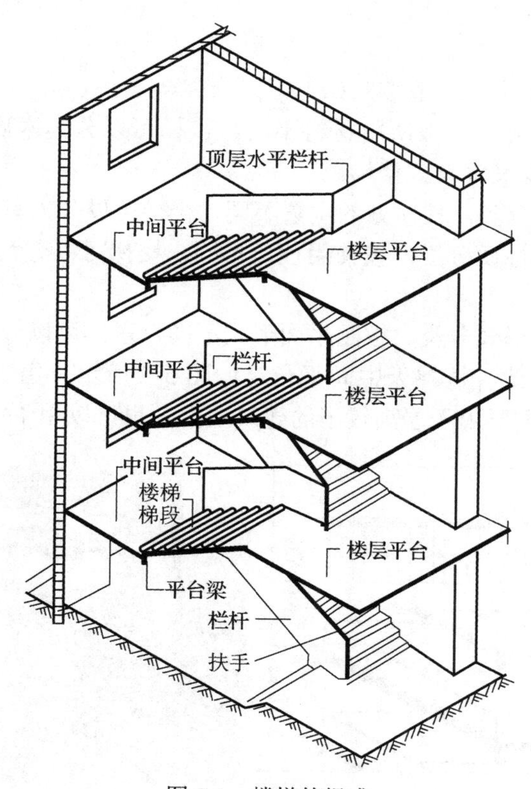

图5-1　楼梯的组成

(1) 楼梯梯段。楼梯梯段又称楼梯跑，是楼层之间的倾斜构件，同时也是楼梯的主要使用和承重部分。它由若干个踏步组成。踏步又分为踏面（供行走时踏脚的水平部分）和踢面（形成踏步高差的垂直部分），踏步的数量称为“步”或“级”。楼梯的坡度就是由踏步的长度和宽度形成的。

为减轻人们上下楼梯时的疲劳和适应人们行走的习惯，一个楼梯段的踏步数要求最多为18级，最少为3级。

(2) 楼梯平台。楼梯平台是指楼梯梯段与楼面连接的水平段或连接两个梯段之间的水平段，其供楼梯转折或使用者略作休息之用。平台的标高有时与某个楼层相一致，有时介于两个楼层之间。与楼层标高相一致的平台称为楼层平台，介于两个楼层之间的平台称为中间平台。

(3) 栏杆 (栏板) 和扶手。为了保障人在楼梯上行走安全，梯段和平台的临空边缘应设置栏杆或栏板，它必须坚固可靠，有足够的安全高度，其顶部设倚扶用的连续构件，称为扶手。

(4) 梯井。楼梯的两梯段或三梯段之间形成的竖向空隙称为梯井。在住宅建筑和公共建筑中，根据不同的使用和空间效果，梯井宽度有不同的取值。住宅建筑应尽量减小梯井宽度，以增大梯段净宽，梯井宽度一般为 100～200 mm；公共建筑梯井宽度的取值一般不小于 160 mm，并应满足消防要求。

5.1.2 楼梯的类型

建筑中楼梯的类型较多，一般按照如下方式分类。

(1) 按照楼梯的材料分类。按所用材料不同，楼梯可以分为木质楼梯、钢筋混凝土楼梯、钢质楼梯、金属楼梯及混合式楼梯。

(2) 按照楼梯的位置分类。按所处的位置不同，楼梯可以分为室内楼梯和室外楼梯。

(3) 按照楼梯的使用性质分类。按使用性质不同，楼梯可以分为主要楼梯、辅助楼梯、疏散楼梯以及消防楼梯。

(4) 按照楼梯的平面形式分类。按照平面形式不同，楼梯可以分为如下几种：

① 直行单跑楼梯。此种楼梯无中间平台，如图 5-2 所示。由于踏步数一般不超过 18 级，因此直行单跑楼梯主要用于层高较小的建筑室内，也可以用于室外。

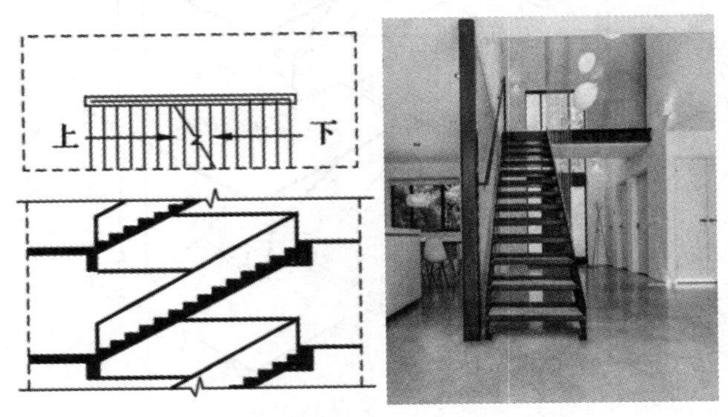

图 5-2　直行单跑楼梯

② 直行多跑楼梯。此种楼梯在直行单跑楼梯的基础上增加了中间休息平台，从而将一个梯段变成了多个梯段，如图 5-3 所示。直行多跑楼梯适合于层高较大的建筑物，在公共建筑中常用于人流较大的室外入口处。直行多跑楼梯给人以直接、顺畅的感觉，导向性强。但是，由于其缺乏方位上回转上升的连续性，因此用于需上多层楼面的建筑物中时，会增加交通面积，并加长人们行走的距离。

③ 平行双跑楼梯。平行双跑楼梯由两个梯段组成，其中第二跑楼梯段相对于第一跑楼梯段折回后平行布置，中间设置休息平台，如图 5-4 所示。这种楼梯通过平台改变人流行进的方向，整个楼梯间长度较小、面积紧凑、使用方便，空间结构简单，是建筑物中采用较多的一种形式。

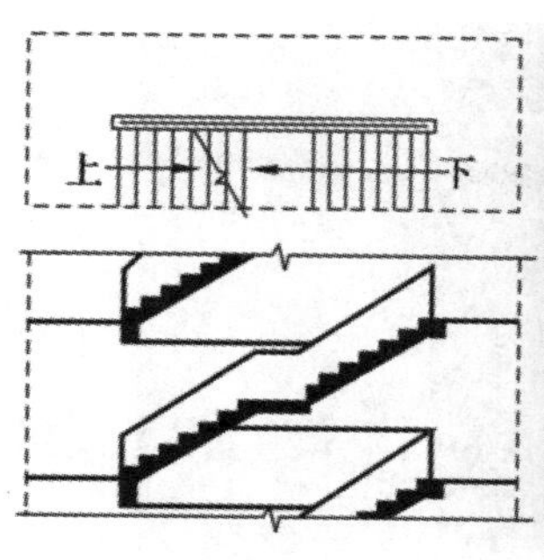

图 5-3　直行多跑楼梯

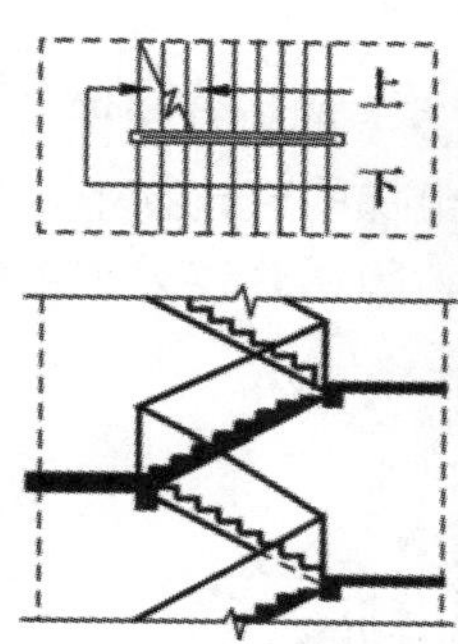

图 5-4　平行双跑楼梯

④ 平行双分式楼梯和平行双合式楼梯。平行双分式楼梯是在平行双跑楼梯的基础上产生的，其梯段平行而行走方向相反，且第一跑在中间上行，为一较宽梯段，经过休息平台后向两边分为两跑，各以第一跑一半的梯段宽上至上一楼层，如图 5-5 所示。平行双分式楼梯通常在人流大、楼梯宽度较大时采用。由于其造型对称、严谨，因此常用作办公类建筑的主要楼梯。

平行双合式楼梯第一跑为两个平行的较窄的梯段，经过休息平台后合成一个宽度为第一跑两个梯段宽之和的梯段上至上一楼层，如图 5-6 所示。

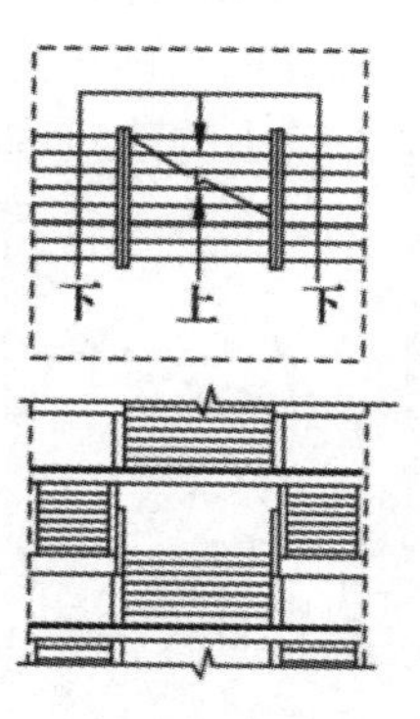

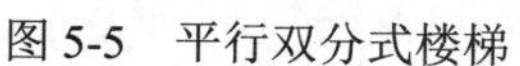

图 5-5　平行双分式楼梯

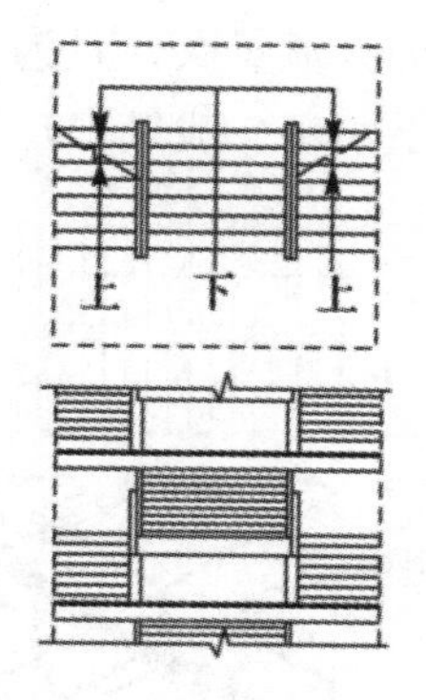

图 5-6　平行双合式楼梯

⑤ 折行双跑楼梯。折行双跑楼梯第二跑与第一跑的梯段之间成 90° 或其他角度，如图 5-7 所示。折行双跑楼梯人流导向较自由，适于布置在靠房间一侧的转角处，多用于仅上一层楼的影剧院、体育馆等建筑的门厅中。

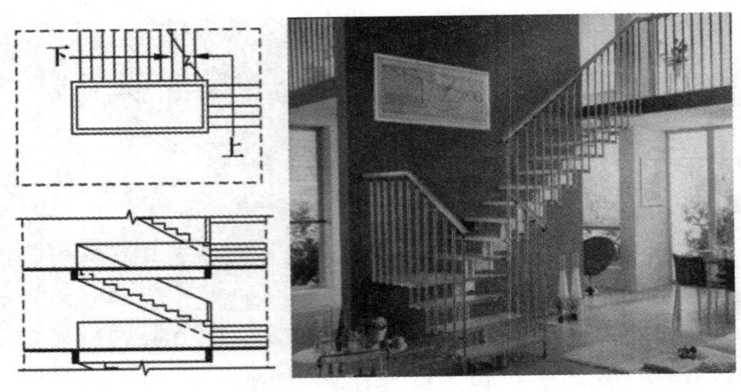

图 5-7 折行双跑楼梯

⑥ 折行多跑楼梯。折行多跑楼梯是指楼梯段数较多的折行楼梯，如图 5-8 所示。折行多跑楼梯围绕的中间部分形成较大的楼梯井，在有电梯的建筑物中，常在楼梯井部位布置电梯，但对视线有遮挡。当楼梯井未作为电梯井时，因梯井较大、不安全，故折行多跑楼梯不宜用于幼儿园、中小学学校等建筑中。

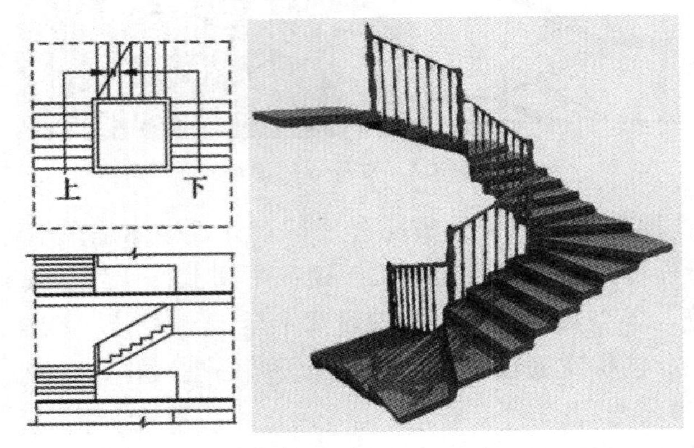

图 5-8 折行多跑楼梯

⑦ 交叉式楼梯。交叉式楼梯可认为是由两个直行单跑楼梯交叉并列而成的，如图 5-9 所示。此种楼梯通行的人流量大，且为上下楼层的人流提供了两个方向，有利于楼层人流的多方向进出，但由于踏步一般较少，其仅适用于层高较小的建筑物。

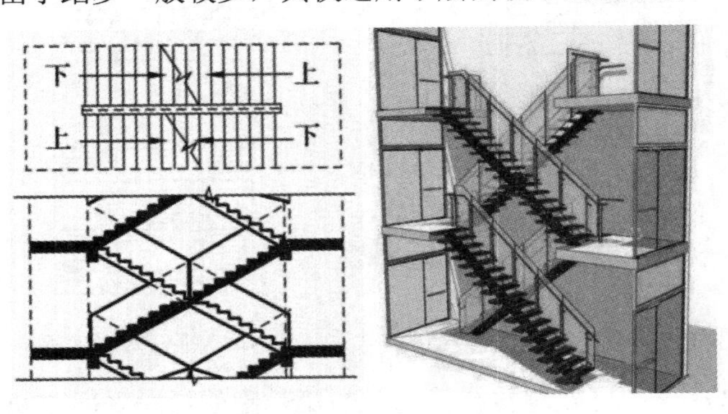

图 5-9 交叉式楼梯

⑧ 剪刀式楼梯。剪刀式楼梯相当于两个双跑楼梯对接，如图 5-10 所示。剪刀式楼梯

能同时通行较大的人流，并能有效地利用建筑空间，适用于层高较大且有人流多向性选择要求的建筑物，如商场、多层食堂等。

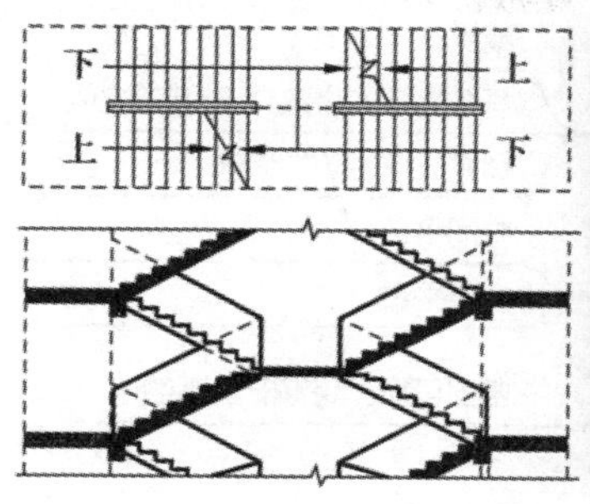

图 5-10 剪刀式楼梯

⑨ 螺旋式楼梯。螺旋式楼梯的平面呈圆形，梯段绕一根主轴旋转而上，如图 5-11 所示。螺旋式楼梯分为中柱式和无中柱式两类。中柱式的扇形踏步悬挑支承在中立柱上，不设中间楼梯平台，占地少、结构简单、施工方便，但受层高限制，坡度较陡，适用于人流小、使用不频繁的场所。无中柱式的内半径较中柱式大，结构形式分扭板和扭梁两种，结构和施工较复杂，常用于公共建筑的大厅中。螺旋式楼梯的平台和踏步呈扇形，踏步内侧宽度较小，行走不安全。

图 5-11 螺旋式楼梯

⑩ 弧形楼梯。弧形楼梯是投影平面呈弧形的楼梯，如图 5-12 所示。其由扭板或扭梁支承，踏步略呈扇形，一般布置于公共建筑的门厅，具有明显的导向性和优美、轻盈的造型。

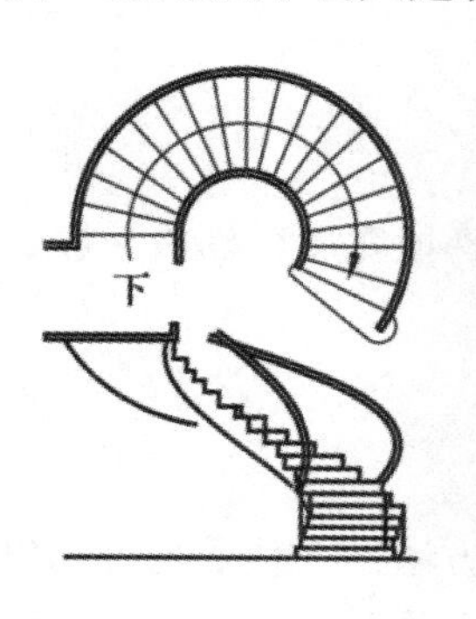

图 5-12 弧形楼梯

本节知识体系

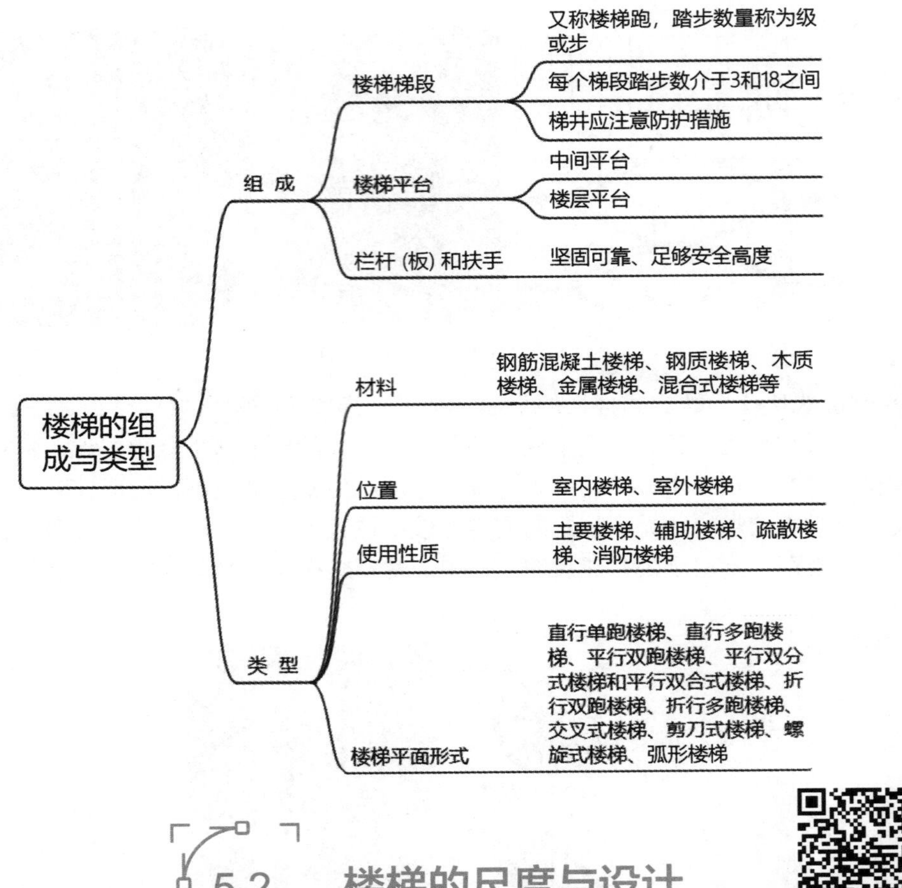

5.2 楼梯的尺度与设计

楼梯的尺度与设计

楼梯主要是依靠平面图和与其对应的剖面图来表达各部分尺寸的。平面图中有梯段、休息平台、踏步、栏杆、扶手等构件的平面布置及尺寸；剖面图中有梯段、休息平台、梯梁、踏步的剖面以及楼层、休息平台标高等。在进行计算时要注意各部分之间的相互联系，做到尺度协调统一。

5.2.1 楼梯的尺度

楼梯的尺度主要包括楼梯坡度、踏步尺寸、梯段宽度、梯段长度、平台宽度、梯井宽度、栏杆扶手高度以及楼梯净空高度等内容。

1. 楼梯坡度和踏步尺寸

1) 楼梯坡度

楼梯坡度是指楼梯段的坡度。其有两种表示方法：一种是用楼梯斜面与水平面的夹角来表示，如30°、45°等；另一种是用楼梯斜面的垂直投影高度与斜面的水平投影长度之比来表示，如1∶12、1∶8等。

常见的楼梯坡度为20°～45°，其中30°较为通用。楼梯坡度小时，人行走舒适，但楼梯占地面积大；反之可节约面积，但人行走较吃力。当楼梯坡度小于10°时，采用坡道；大于45°时，采用爬梯。具体坡度范围对应的构造形式如图5-13所示。

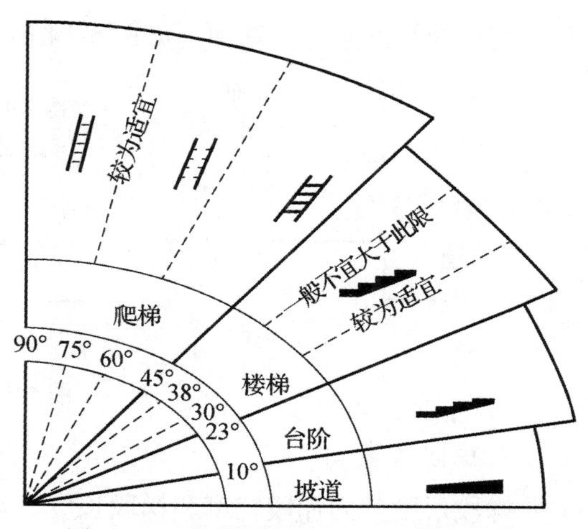

图5-13 不同坡度范围对应的构造形式

2) 踏步尺寸

楼梯坡度取决于踏步的高度与宽度之比，即踏步的高宽比。因此必须选择合适的踏步尺寸以控制坡度。踏步的高宽比需要根据人行走的舒适性、安全性以及楼梯间的尺度、面积等因素进行综合考虑后确定。

确定和计算踏步尺寸的方法和公式有很多，通常采用以下经验公式确定：

$$2h + b = l$$

式中，h为踏步踢面高度(mm)；b为踏步踏面宽度(mm)；l为600～620 mm，即为一般人行走时的平均步距。

不同性质的建筑物对楼梯踏步的宽度和高度要求不同。《民用建筑设计统一标准》(GB 50352—2019)中规定的楼梯踏步的最小宽度与最大高度的限制值见表5-1。

表5-1 楼梯踏步最小宽度和最大高度 单位：m

楼梯类别		最小宽度	最大高度
住宅楼梯	住宅公共楼梯	0.260	0.175
	住宅套内楼梯	0.220	0.200
宿舍楼梯	小学宿舍楼梯	0.260	0.150
	其他宿舍楼梯	0.270	0.165
老年人建筑楼梯	住宅建筑楼梯	0.300	0.150
	公共建筑楼梯	0.320	0.130
托儿所、幼儿园楼梯		0.260	0.130
小学校楼梯		0.260	0.150
人员密集且竖向交通繁忙的建筑和大、中学学校楼梯		0.280	0.165
其他建筑楼梯		0.260	0.175
超高层建筑核心筒内楼梯		0.250	0.180
检修及内部服务楼梯		0.220	0.200

注：螺旋式楼梯和扇形踏步离内侧扶手中心0.250 m处的踏步宽度不应小于0.220 m。

踏步的一般形式如图5-14(a)所示。在设计踏步宽度时，当楼梯间深度受到限制，导致踏面宽度小于最小尺寸时，为保证踏面有足够的宽度而又不增加总深度，可以将踏步的踏面前缘做成挑出的形式，如图5-14(b)所示。一般踏面前缘挑出尺寸为20～25 mm；也可以将踢面倾斜来加宽踏面，如图 5-14(c) 所示。

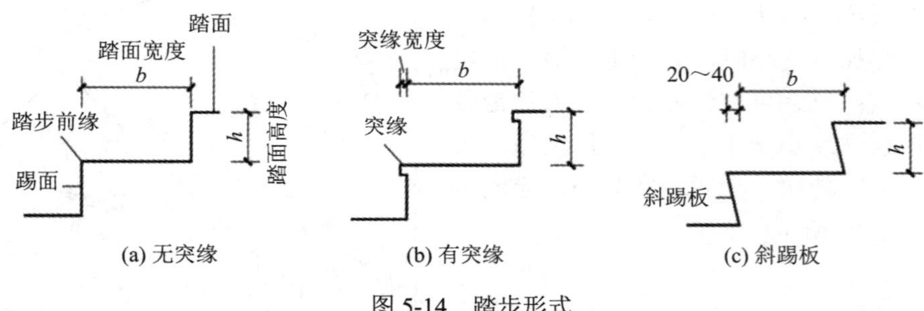

(a) 无突缘　(b) 有突缘　(c) 斜踢板

图 5-14　踏步形式

2. 梯段尺度

梯段尺度分为梯段宽度和梯段长度。

1) 梯段宽度

梯段宽度是指墙面至扶手中心线，或扶手中心线之间的水平距离。梯段宽度必须满足上下人流及搬运物品的需要，应根据紧急疏散时要求通过的人流股数确定，并不少于两股人流宽度。每股人流的宽度按 [0.55 + (0～0.15)] m 考虑。其中，0～0.15 m 为人流在行进中的摆幅，对人流较多的公共建筑应取上限。同时，梯段宽度需满足各类建筑设计规范中对梯段宽度的限定，如住宅的梯段宽度为 1100 mm，公共建筑的梯段宽度不小于 1300 mm。

2) 梯段长度

梯段长度 L 是每个梯段的水平投影长度，其满足 $L = (N - 1)b$。其中，b 为踏步踏面宽度，N 为每个梯段的踏步数。

3. 平台宽度

楼梯平台宽度可分为中间平台宽度和楼层平台宽度。在设计平行和折行多跑等类型的楼梯时，为保证转向后的中间平台能通行和梯段同样股数的人流，平台宽度应不小于梯段宽度，且应不小于 1200 mm，同时应满足搬运家具的要求；医院建筑为保证担架在平台处能转向通行，其中间平台宽度应不小于 1800 mm。直行多跑楼梯中间平台宽度可等于梯段宽度，或者不小于 1000 mm。为利于人流的分配和停留，封闭式楼梯间楼层平台宽度可比中间平台宽度大一些；而开敞式楼梯楼层平台可以与走廊合并使用，其宽度不宜小于 550 mm。

4. 栏杆扶手高度

楼梯栏杆扶手高度指踏步前沿至扶手顶面的垂直距离。栏杆扶手高度与楼梯坡度、楼梯的使用要求有关。在 30° 左右的坡度下，栏杆扶手高度常采用 900 mm；儿童使用的楼梯栏杆扶手高度一般为 600 mm；一般室内楼梯栏杆扶手高度不小于 900 mm，通常取 1000 mm；靠梯井一侧水平栏杆扶手长度大于 500 mm，其高度不小于 1000 mm；室外楼梯栏杆扶手高度不小于 1100 mm；高层建筑的栏杆扶手高度应再适当提高，但不宜过高。

5. 梯井宽度

楼梯井是指梯段之间形成的空隙，此空隙从顶层贯通到底层。考虑消防、安全和施工的要求，梯井宽度一般为60～200 mm。当梯井宽度超过200 mm时，必须采取安全措施。

6. 净空高度

楼梯净空高度包括梯段净高和平台净高。梯段净高以踏步前缘处到顶棚垂直线的净高度计算。这个净高应保证人们行走或搬运物品时不受影响，一般不小于2200 mm。楼梯平台净高是平台结构下缘至人行通道的垂直高度，应不小于2000 mm。梯段的起始、终了踏步的前缘与顶部突出物的外缘线应不小于300 mm，如图5-15所示。

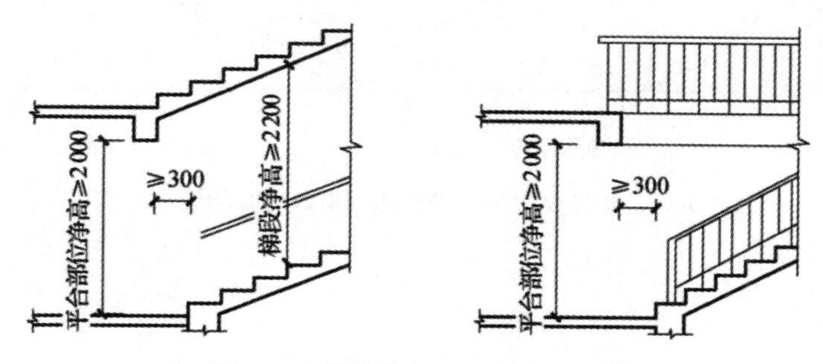

图5-15 楼梯梯段及平台净高要求

当楼梯底层中间平台下部做通道时，为使平台净高满足要求，常采用以下几种处理方式：

(1) 将楼梯一层设计成长短跑的形式。这种做法是指增加楼梯一层中第一个梯段踏步数量，即抬高底层中间平台，通过改变踏步数来调节下部净空的高度，如图5-16(a)所示。

(2) 局部降低地坪标高。这种做法原有楼梯一层两个梯段的长度不变，将部分室外台阶移至室内，使得一层室内地面局部下沉，以增加中间平台下的净空高度，如图5-16(b)所示。但应注意两点：其一，降低后的室内地面标高至少应比室外地面高出一级台阶的高度，即100～150 mm；其二，移至室内的台阶前缘线与顶部平台梁内边缘之间的水平距离应不小于300 mm。

(3) 上述两种方法结合。这种做法在降低楼梯中间平台下的地面标高的同时，增加楼梯一层第一个梯段的踏步数量，如图5-16(c)所示。

(4) 其他。如底层采用直跑楼梯直达二楼，如图5-16(d)所示。这种做法楼梯段较长，楼梯间相应也较长，这种形式多用于少雨地区的住宅建筑。

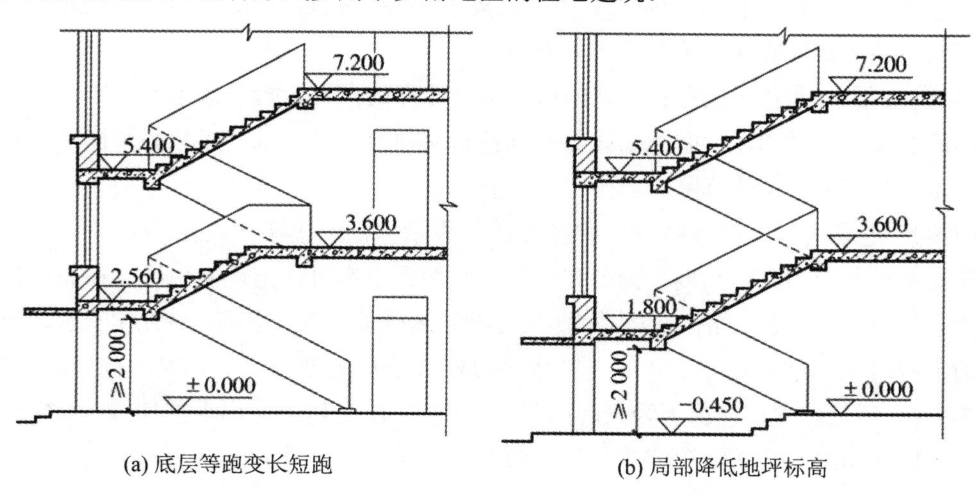

(a) 底层等跑变长短跑

(b) 局部降低地坪标高

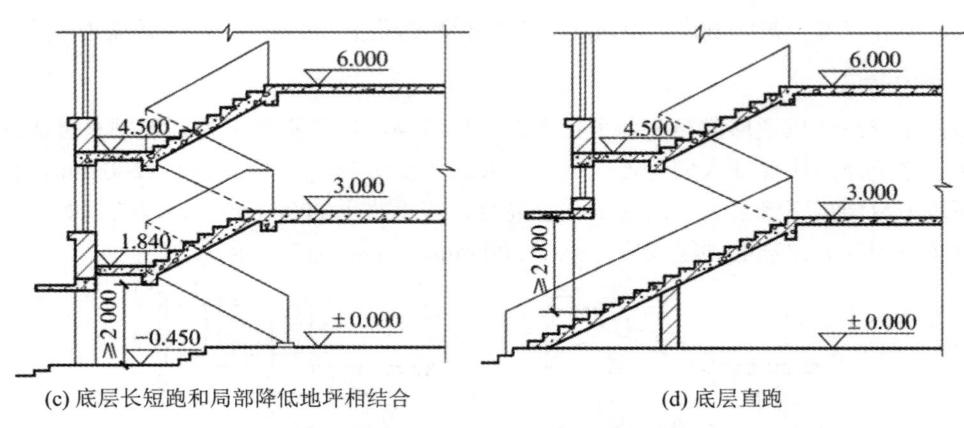

(c) 底层长短跑和局部降低地坪相结合　　(d) 底层直跑

图 5-16　楼梯底层中间平台作为出入口时的处理方式

5.2.2　楼梯的设计

1. 楼梯的设计要求

楼梯作为建筑物中的垂直交通联系设施和进行安全疏散的主要工具，为保证使用安全，其设计必须满足以下要求：

(1) 功能方面的要求。楼梯的数量、尺度、平面形式、位置等均应满足功能要求，并要充分考虑其造型美观、人流通行顺畅、行走舒适的要求。

(2) 结构方面的要求。楼梯应具有足够的承载能力和较小的变形。

(3) 防火要求。楼梯间除允许直接对外开窗采光外，不得向室内的任何房间开窗；楼梯间四周的墙壁必须为防火墙；对防火要求高的建筑物特别是高层建筑，楼梯应设计成封闭式楼梯或防烟楼梯。

(4) 施工和经济方面的要求。楼梯设计应考虑施工方便、经济合理。

2. 楼梯设计的一般步骤

在对建筑物的楼梯进行设计时，先要决定楼梯所在的位置，然后按照以下步骤进行设计。

1) 确定层间梯段数及其平面转折关系

在建筑物的层高及平面布置已定的情况下，楼梯的平面转折关系由楼梯所在的位置及交通的流线决定。楼梯在层间的梯段数必须符合交通流线的要求，而且每个梯段所有的踏步数应该在规范所规定的范围内。

图 5-17 是底层、中间层和顶层楼梯平面的表示方法。由于平面图的剖切位置默认为是站在该层平面上的人眼高度，因此在楼梯的平面图上有可能出现剖切线。在底层楼梯平面中，一般只有上行段，剖切线将梯段在人眼的高度处截断，如图 5-17(a) 所示。中间层楼梯的上行段表示法同底层，下行段的水平投影线的可见部分至上行段的剖切线处为止，如图 5-17(b) 所示。顶层楼梯因为只有向下行一个方向，所以不会出现剖切线，如图 5-17(c) 所示。各层平面中必须用箭头标明上下行的方向，注清上行或下行。

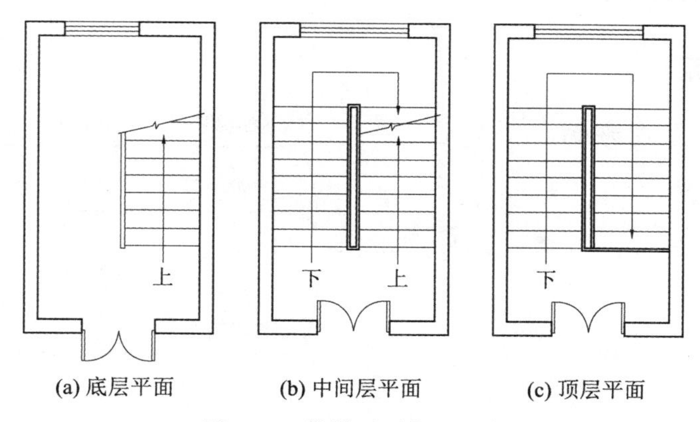

(a) 底层平面 (b) 中间层平面 (c) 顶层平面

图 5-17 楼梯平面表示方法

2) 按照规范要求通过试商决定层间的楼梯踏步数

根据所设计建筑物的性质，用规范所规定的楼梯踏步踢面高度的上限来对建筑物层高进行试商，经调整可以得出层间的楼梯踏步数。将其分配到各个梯段中，就可以决定梯段长度。

由于梯段与平台之间存在一个踏步的高差，因此在楼梯平面图中，应该将一条线看成一个高差，如果某梯段有 N 个踏步，则该梯段的长度 $L = (N - 1)b$，其中 b 为踏步踏面宽度。

如果整个建筑物的各层层高有变化，则不同的梯段间踏步的踢面高度可略有不同，但差别不能太大，大约在几毫米，否则会影响其使用安全。同时每一个梯段中各个踏步的高度应该一致。

对于弧形楼梯或者螺旋式楼梯这种踏步两端宽度不一的楼梯，以及内径较小的楼梯来说，为了人的行走安全，往往需要将梯段的宽度加大。当梯段的宽度小于 1100 mm 时，以梯段的中线为衡量标准，当梯段的宽度大于 1100 mm 时，以距其内侧 500～550 mm 处为衡量标准来作为踏面的有效宽度。

3) 决定整个楼梯间的平面尺寸

根据紧急疏散时的防火要求，楼梯往往需要设置在符合防火规范规定的封闭楼梯间内。扣除墙厚后，楼梯间的净宽度为梯段总宽度及中间的楼梯井宽度之和，楼梯间的长度为平台总宽度与最长的梯段长度之和。其计算基础是符合规范规定的梯段的设计宽度以及层间的楼梯踏步数。

此外，当楼梯平台通向多个出入口或有门向平台方向开启时，楼梯平台的深度应考虑适当加大以防止碰撞。如果梯段需要设两道以及两道以上的扶手或扶手按照规定必须伸入平台较长距离时，也应考虑扶手设置对楼梯和平台净宽的影响。

4) 用剖面来检验楼梯的平面设计

楼梯在设计时必须单独进行剖面设计以检验其通行的可能性，尤其是检验与主体结构交汇处有无构件安置方面的矛盾，以及其下面的净空高度是否符合规范要求。如果发现问题，应当及时修改。

本节知识体系

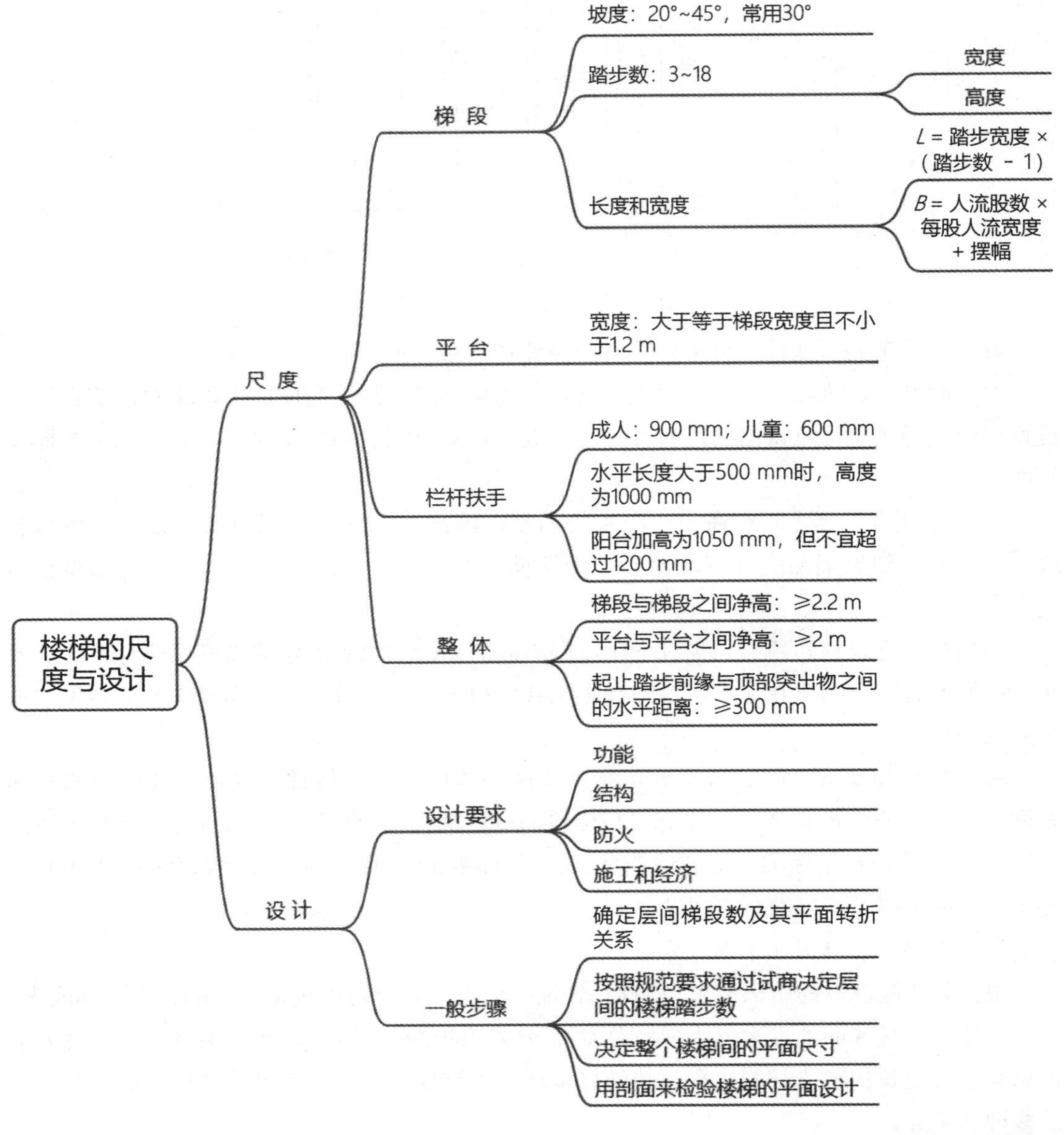

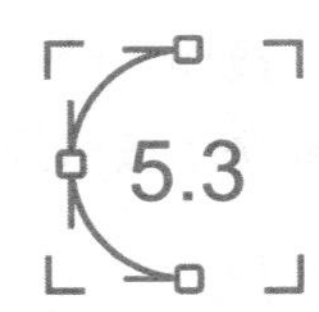

5.3 楼梯的防火要求和无障碍楼梯

楼梯的防火要求和无障碍楼梯

建筑物的各个楼层之间，联系空间的设施有楼梯、电梯、自动扶梯、爬梯、坡道等。在层数较多，或者有特殊需求的建筑物中，即使设置有电梯或自动扶梯，也必须同时设置楼梯，以便发生紧急情况时供人们使用。

楼梯应坚固、耐久，保证上、下通行方便，以及有足够的通行宽度和疏散能力，满足安全、防火和无障碍的要求。

5.3.1 楼梯的防火要求

1. 相关术语

(1) 安全出口：供人员安全疏散用的楼梯间和室外楼梯的出入口，或直通室内外安全区域的出口。

(2) 防火分区：在建筑内部采用防火墙、楼板及其他防火分隔设施分隔而成的，能在一定时间内防止火灾向同一建筑的其余部分蔓延的局部空间。

(3) 封闭楼梯间：相对于开敞楼梯间，封闭楼梯间在楼梯间入口处设置门，以防止火灾产生的烟和热气进入，如图 5-18(a)、(b) 所示。

(4) 防烟楼梯间：在楼梯间入口处设置防烟的前室、开敞式阳台或凹廊等设施，且通向前室和楼梯间的门均为防火门，以防止火灾产生的烟和热气进入的楼梯间，如图 5-18(c) 所示。

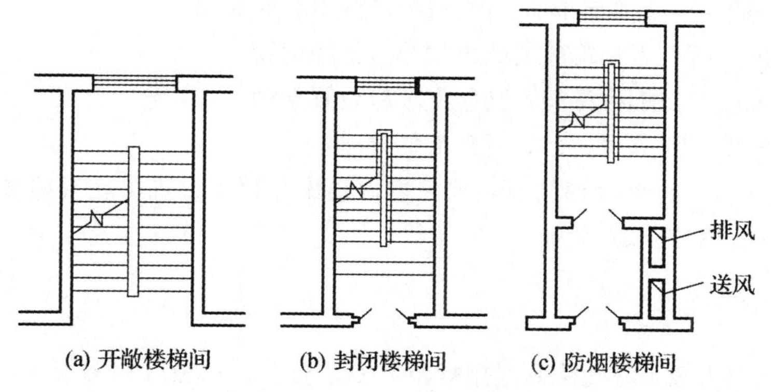

图 5-18 楼梯间的平面形式

2. 楼梯防火的一般要求

根据《建筑设计防火规范》(GB 55016—2024) 相关规定，楼梯防火应满足下列要求：

(1) 民用建筑应根据其建筑高度、规模、使用功能和耐火等级等因素合理设置安全疏散和避难设施。安全出口和疏散门的位置、数量、宽度及疏散楼梯间的形式，应满足人员安全疏散的要求。

(2) 建筑内的安全出口和疏散门应分散布置，且建筑内每个防火分区，或一个防火分区的每个楼层、每个住宅单元每层相邻两个安全出口以及每个房间相邻两个疏散门最近边缘之间的水平距离不应小于 5 m。

(3) 建筑的楼梯间宜通至屋面，通向屋面的门或窗应向外开启。

(4) 自动扶梯和电梯不应计作安全疏散设施。

(5) 除人员密集场所外，建筑面积不大于 500 m^2、使用人数不超过 30 人且埋深不大于

10 m 的地下或半地下建筑 (室)，当需要设置两个安全出口时，其中一个安全出口可利用直通室外的金属竖向梯。

(6) 直通建筑内附设汽车库的电梯，应在汽车库部分设置电梯候梯厅，并应采用耐火极限不低于 2 h 的防火隔墙和乙级防火门与汽车库分隔。

(7) 高层建筑直通室外的安全出口上方，应设置挑出宽度不小于 1 m 的防护挑檐。

(8) 一类高层公共建筑和建筑高度大于 32 m 的二类高层公共建筑，其疏散楼梯应采用防烟楼梯间。裙房和建筑高度不大于 32 m 的二类高层公共建筑，其疏散楼梯应采用封闭楼梯间。

(9) 医疗建筑、旅馆、商店、图书馆、展览建筑、会议中心及类似使用功能的建筑等多层公共建筑的疏散楼梯，除与敞开式外廊直接相连的楼梯间外，均应采用封闭楼梯间。

3. 疏散楼梯间的规定

疏散楼梯间应符合下列规定：

(1) 楼梯间应能天然采光和自然通风，并宜靠外墙设置。靠外墙设置时，楼梯间、前室及合用前室外墙上的窗口与两侧门、窗、洞口最近边缘的水平距离不应小于 1 m。

(2) 楼梯间内不应设置烧水间、可燃材料储藏室、垃圾道。

(3) 楼梯间内不应有影响疏散的凸出物或其他障碍物。

(4) 封闭楼梯间、防烟楼梯间及其前室不应设置卷帘。

(5) 楼梯间内不应设置甲、乙、丙类液体管道。

(6) 封闭楼梯间、防烟楼梯间及其前室内，禁止穿过或设置可燃气体管道，敞开楼梯间内不应设置可燃气体管道。

5.3.2 无障碍楼梯

根据《建筑与市政工程无障碍通用规范》(GB 55019—2021) 相关规定，视觉障碍者主要使用的楼梯和台阶应符合下列规定：

(1) 距踏步起点和终点 250～300 mm 处应设置提示盲道，提示盲道的长度应与梯段的宽度相对应。

(2) 上行和下行的第一阶踏步应在颜色或材质上与平台有明显区别。

(3) 不应采用无踢面和直角形突缘的踏步。

(4) 踏步防滑条、警示条等附着物均不应突出踏面。

行动障碍者和视觉障碍者主要使用的三级及三级以上的台阶和楼梯应在两侧设置扶手。

【思政课堂】

2023 年 6 月 28 日，第十四届全国人民代表大会常务委员会第三次会议通过了《中华人民共和国无障碍环境建设法》，该法律于 9 月 1 日起正式实施。作为建筑行业的专业技术人员，必须利用所学全方位推动无障碍建设“从有到好”，增进民生福祉，守护幸福底线，充分发挥社会合力，共同构建全龄友好的无障碍环境，绘就城市发展的温暖底色。

本节知识体系

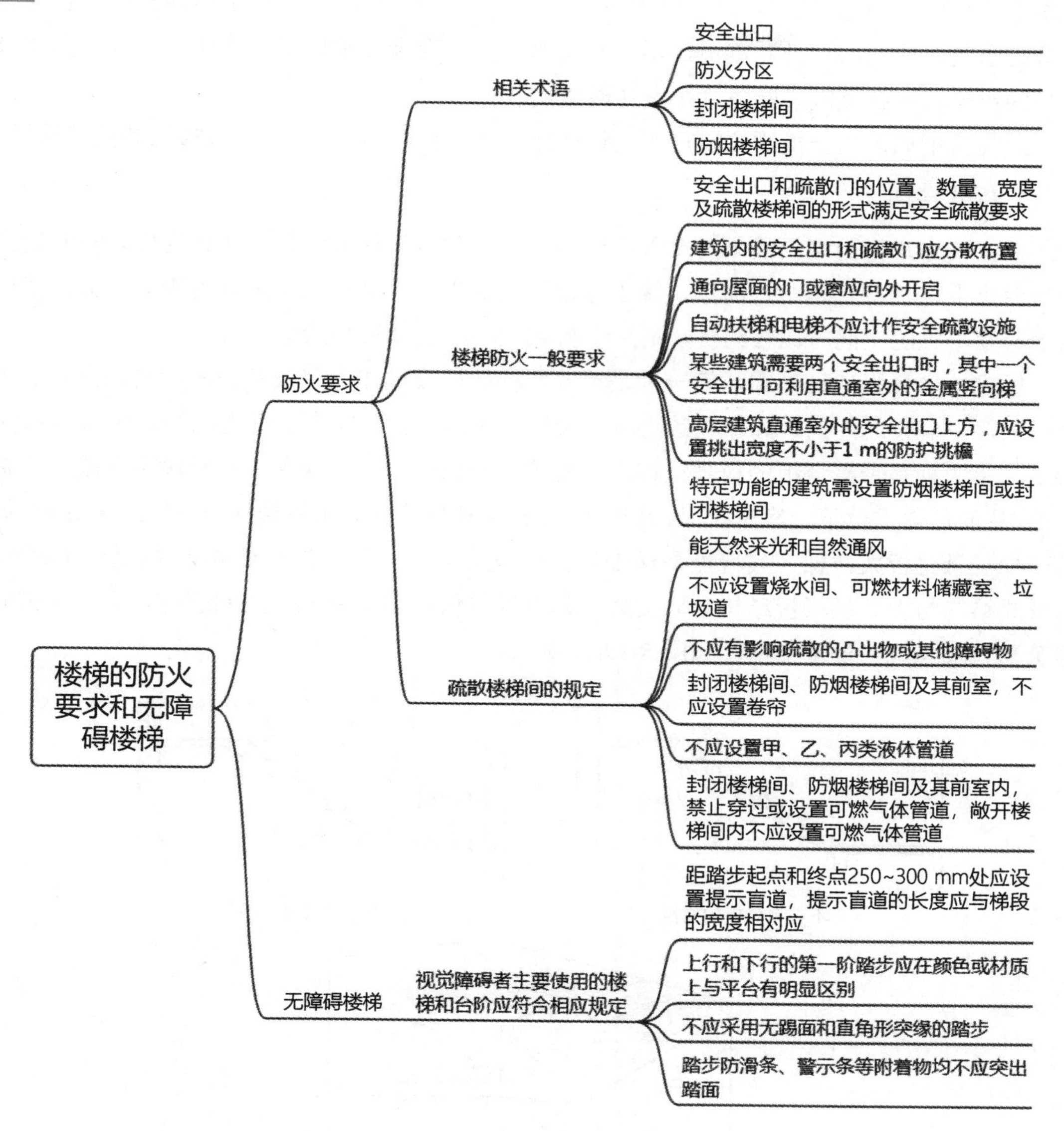

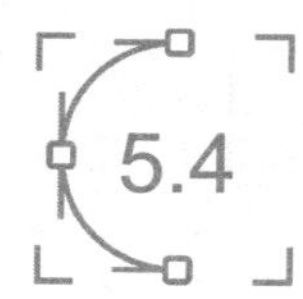

5.4　钢筋混凝土楼梯的构造

钢筋混凝土楼梯的构造

钢筋混凝土楼梯按施工方式不同，分为现浇式钢筋混凝土楼梯和预制装配式钢筋混凝土楼梯。

5.4.1　现浇式钢筋混凝土楼梯

现浇式钢筋混凝土楼梯是指将楼梯段、楼梯平台等整体浇筑在一起的楼梯。其充分发挥钢筋混凝土的可塑性，结构整体性好、刚度大，能适应各种楼梯间平面和楼梯形式。但在施工过程中，因为需要现场支模，这种形式楼梯模板耗费较大，施工周期较长，且抽孔困难，不便做成空心构件，混凝土用量和自重较大。现浇式常用于异形楼梯，或整体要求较高的楼梯，或在预制装配条件不具备时采用。

现浇式钢筋混凝土楼梯构造形式根据梯段传力路径的不同，分为板式楼梯和梁式楼梯。

1. 板式楼梯

板式楼梯是指由楼梯段承受全部荷载的楼梯。此时楼梯段作为一块整浇板，斜向搁置在平台梁上。其特点是结构简单，施工方便，底面平整。但梯段板厚、自重大。板式楼梯用于跨度不大的空间时比较经济，适用于荷载较小、层高较小的建筑。

板式楼梯分为三种形式。第一种是板式楼梯的梯段板作为一块整浇板，斜向搁置在平台梁上，平台梁之间的距离即板的跨度，楼梯段应沿跨度方向布置受力钢筋，如图 5-19(a) 所示。第二种是带平台板的板式楼梯，其是把两个或一个平台板和一个梯段组合成一块折形板，从而使得平台下的净空扩大，且形式简洁，这种形式称为折板楼梯，如图 5-19(b) 所示。第三种是悬臂板式楼梯，其特点是梯段和平台均无支承，完全靠上下梯段和平台组成的空间板式结构与上下层楼板结构共同受力。悬臂板式楼梯造型新颖，空间感好，多用于公共建筑和庭院建筑的外部楼梯，如图 5-19(c) 所示。

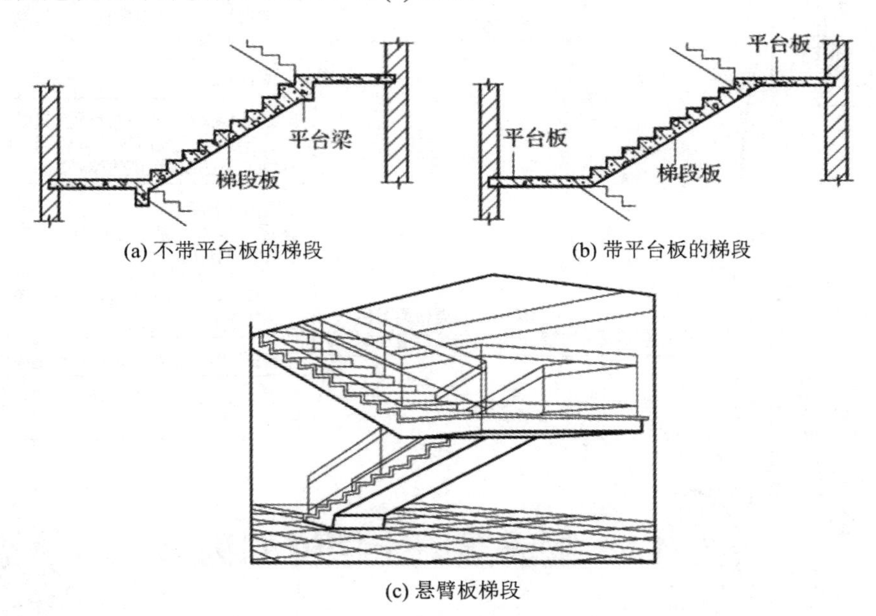

(a) 不带平台板的梯段　(b) 带平台板的梯段

(c) 悬臂板梯段

图 5-19　现浇式钢筋混凝土板式楼梯的三种形式

板式楼梯一般由梯段板、平台梁、平台板组成，折板式楼梯无平台梁。

板式楼梯荷载传递过程为：荷载→梯段板→平台梁→楼梯间的墙（柱）。

2. 梁式楼梯

当楼梯荷载较大，且楼梯段的跨度也较大时，若采用板式楼梯，则需要增加板的厚度，此时钢筋混凝土的用量增加，经济性下降，这种情况需要采用梁式楼梯，即由踏步、楼梯斜梁、平台梁和平台板组成的楼梯。梁式楼梯通过增加斜梁以承受板的荷载，并将其荷载传给平台梁。

梁式楼梯荷载传递过程为：荷载→梯段板→斜梁→平台梁→楼梯间的墙(柱)。

梁式楼梯与板式楼梯相比，板的跨度小，故在板厚相同的情况下，梁式楼梯可以承受较大的荷载。反之，荷载相同的情况下，梁式楼梯的板厚可以比板式楼梯的板厚小。但是梁式楼梯在支模、扎筋等施工操作方面比板式楼梯复杂。

梁式楼梯在结构上分为双梁式和单梁式。

1) 双梁式楼梯

双梁式楼梯是将梯段斜梁布置在踏步的两端，这时踏步板的跨度便是梯段的宽度，也就是楼梯段斜梁间的距离。斜梁和踏步板在竖向的相对位置有两种。一种是把斜梁设置在踏步板上面的两侧，形成暗步楼梯，梯段板下面平整，但斜梁的存在使梯段净宽变小，如图5-20(a)所示。另一种是把斜梁放在踏步板下部，这种形式称为正梁式梯段，上面踏步露明，为明步楼梯，如图5-20(b)所示。这种楼梯在梯段下部形成暗角，容易积灰，梯段侧面经常被清洗地面的脏水污染，影响美观。

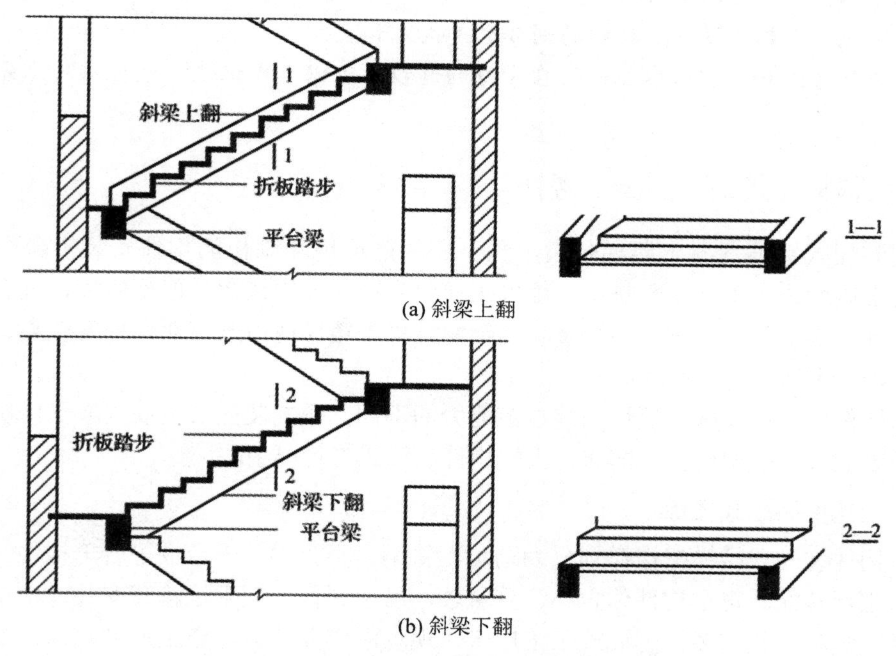

图5-20 双梁式楼梯梁与踏步的关系

2) 单梁式楼梯

单梁式楼梯的每个梯段由一根梯梁支承踏步。梯梁布置分单梁悬臂式和单梁挑板式两种，前者是将梯梁布置在踏步的一端，而将踏步另一端向外悬臂挑出，如图5-21(a)所示；后者是将梯梁布置在踏步的中间，让踏步从梁的两端挑出，如图5-21(b)所示。单梁式楼梯受力复杂，梯梁不仅受弯，而且受扭。

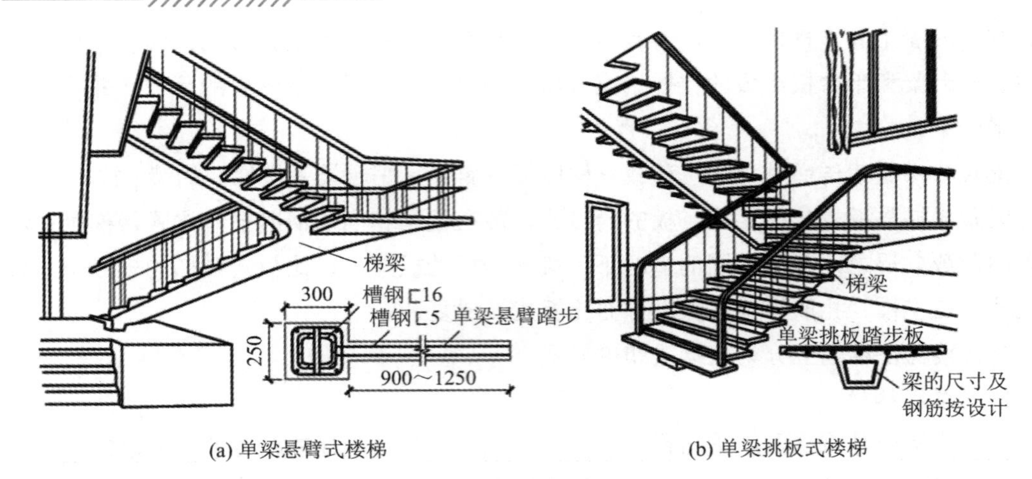

(a) 单梁悬臂式楼梯

(b) 单梁挑板式楼梯

图 5-21　单梁式楼梯梁与踏步的关系

【拓展知识】

本书项目 4——楼地层中，将钢筋混凝土楼板按照施工方式不同分为现浇式、装配式和装配整体式。其中现浇式楼板按照板的支承方式不同划分为板式楼板、肋梁楼板、无梁楼板和压型钢板混凝土组合式楼板。

本节对现浇式钢筋混凝土楼梯的划分也是板式和梁式。

两种分类形式和原理基本相同，在学习的过程中可以类比记忆，也可以对比分析、系统掌握。

5.4.2　预制装配式钢筋混凝土楼梯

预制装配式钢筋混凝土楼梯是指用预制厂生产或现场制作的构件安装拼合而成的楼梯。其施工速度快，受气候影响小，可以工业化生产，节约模板，但整体性、抗震性、灵活性差，且一次性投资较多。预制装配式钢筋混凝土楼梯适用于工业化程度较高、工期要求紧的工程，不适用于抗震地区。

根据构件尺度以及施工现场吊装设备能力的不同，预制装配式钢筋混凝土楼梯可分为小型构件装配式、中型构件装配式、大型构件装配式三种类型。

1. 小型构件装配式楼梯

小型构件装配式楼梯把楼梯划分为踏步、斜梁、平台梁、平台板等若干构件，分别预制，然后进行装配。每个构件体积小，重量轻，易于制作，便于运输和安装。小型构件装配式楼梯安装时件数较多，因此施工工序多，现场湿作业较多，施工速度较慢，多用于施工过程中没有吊装设备，或只有小型吊装设备，以及机械化程度较低的建筑物中。

1) 预制踏步、斜梁、平台梁、平台板

梯段部分的预制踏步板从断面形式上看，有一字形、L 形、三角形等。一字形踏步如图 5-22(a) 所示，其制作方便，简支和悬挑均可。L 形踏步有正 L 形和倒 L 形两种，如图 5-22(b)、(c) 所示。三角形踏步如图 5-22(d) 所示，其最大特点是安装后底面平整。为减轻踏步自重，三角形踏步可抽孔，如图 5-22(e) 所示。

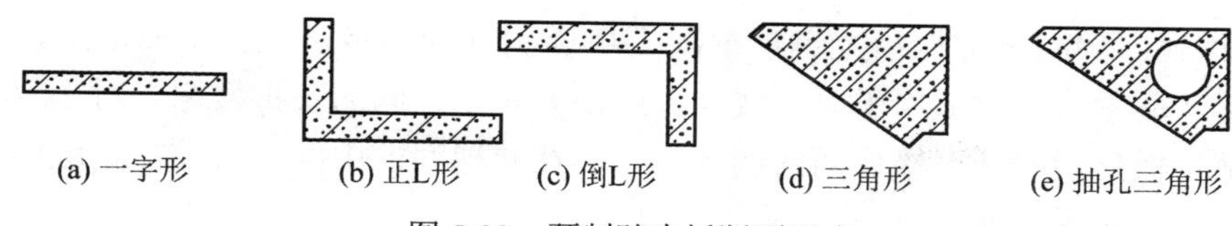

图 5-22　预制踏步板断面形式

梯段的斜梁一般有锯齿形截面和矩形截面两种，如图 5-23 所示。锯齿形截面斜梁主要用于搁置一字形、正 L 形、倒 L 形的踏步板。矩形截面斜梁用于搁置三角形踏步板。

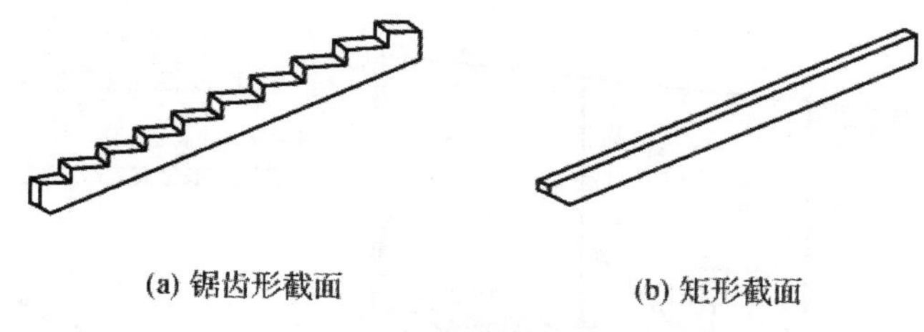

图 5-23　预制斜梁形式

为了便于支承斜梁或梯段板，同时减少平台梁占用的结构空间，一般将平台梁做成 L 形断面，结构高度按 $L/12$ 估算 (L 为平台梁跨度)。平台梁断面形式如图 5-24 所示。

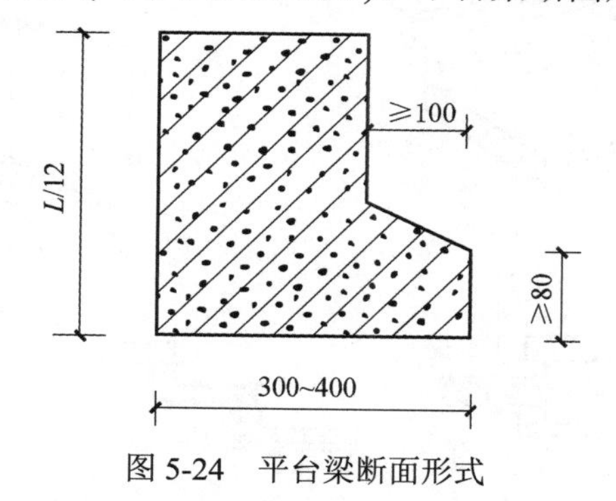

图 5-24　平台梁断面形式

平台板可根据需要采用预制钢筋混凝土空心板、槽形板或平板。平台上有管道井的不宜布置空心板。平台板一般宜平行于平台梁布置，如图 5-25(a) 所示，以加强楼梯间的整体刚度；当垂直于平台梁布置时，常采用小平板，如图 5-25(b) 所示。

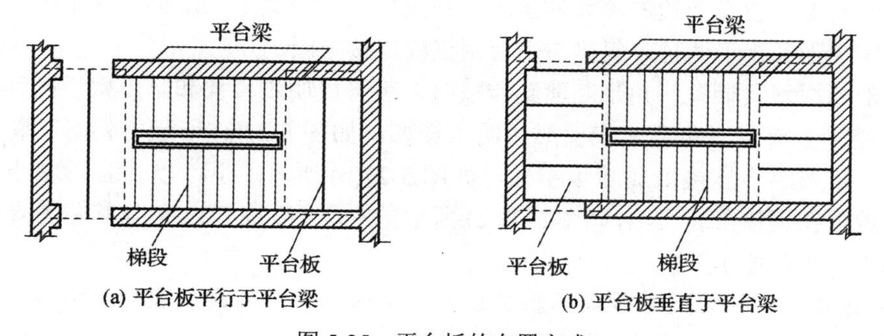

图 5-25　平台板的布置方式

2) 预制踏步的支承

小型构件装配式楼梯按照其构造方式可分为墙承式、梁承式和悬臂式。

(1) 墙承式。预制装配墙承式钢筋混凝土楼梯把预制踏步搁置在两面墙上，而省去梯段上的斜梁。墙承式一般适用于单向楼梯，或中间有电梯间的三折楼梯。对于双跑楼梯来说，每块踏步板直接安装在楼梯间两侧墙上，则在楼梯间的中间，必须加一道中墙，作为踏步板的支座，如图 5-26 所示。

这种楼梯由于在梯段之间有墙，使得视线、光线受到阻挡，所以让人感到空间狭窄，不利于搬运家具及较多人流上下。其通常在中间墙上开设观察口，改善视线和采光。

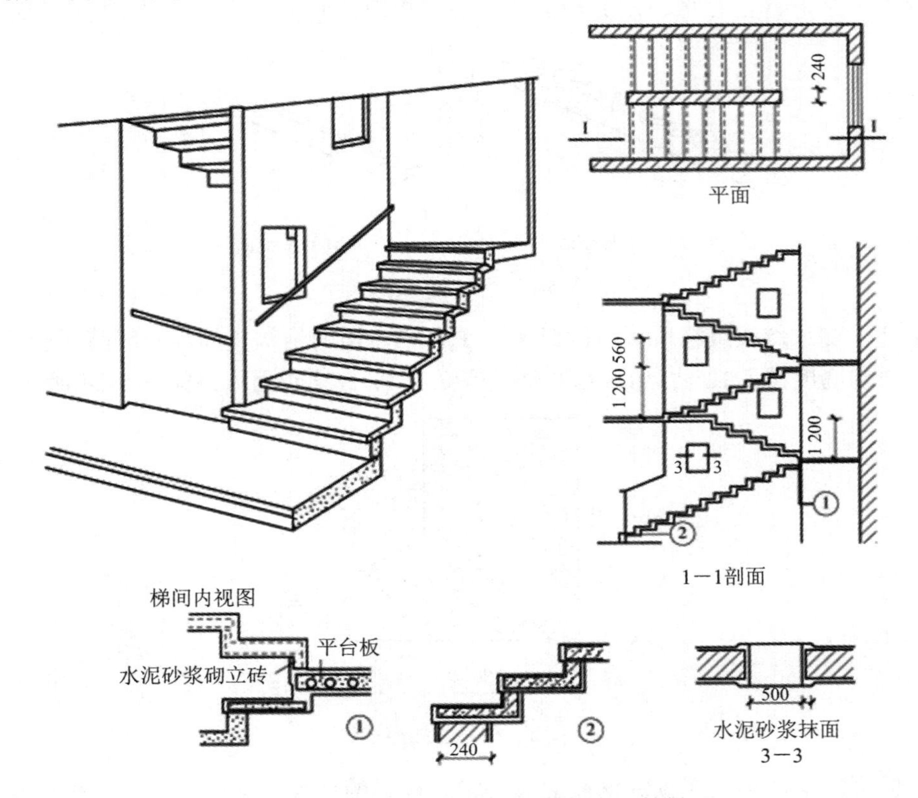

图 5-26　预制装配墙承式钢筋混凝土楼梯

(2) 梁承式。预制装配梁承式钢筋混凝土楼梯由踏步、斜梁、平台梁、平台板组成。安装时将平台梁搁置在两边的墙和柱子上，斜梁搁在平台梁上，斜梁上搁置踏步。斜梁的截面做成锯齿形和矩形两种，斜梁与平台用钢板焊接牢固。

当矩形断面斜梁搁置三角形断面踏步板时，可形成明步楼梯和暗步楼梯两种形式。直接在矩形斜梁上放置三角形踏步板形成明步楼梯，如图 5-27(a) 所示。将斜梁断面变形为 L 形式与三角形踏步连接形成暗步楼梯，如图 5-27(b) 所示。也可以将 L 形踏步或一字形踏步直接放置在锯齿形斜梁上，如图 5-27(c) 所示。斜梁一般按 $L/12$ 估算其断面有效高度 (L 为斜梁水平投影跨度)。

(3) 悬臂式。预制装配悬臂式钢筋混凝土楼梯指的是预制钢筋混凝土踏步板一端嵌固于楼梯间侧墙上，另一端悬挑的楼梯形式。

预制悬挑的踏步构件安装时只需按楼梯的尺寸要求依次砌入砖墙内即可。这种楼梯在住宅建筑中使用较多，但其楼梯间整体刚度差，不能用于有抗震设防要求的地区。

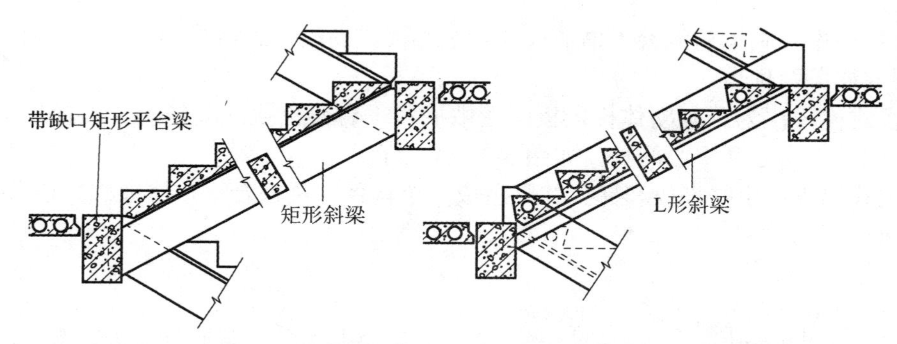

(a) 三角形踏步与矩形斜梁组合(明步楼梯)　(b) 三角形踏步与L形斜梁组合(暗步楼梯)

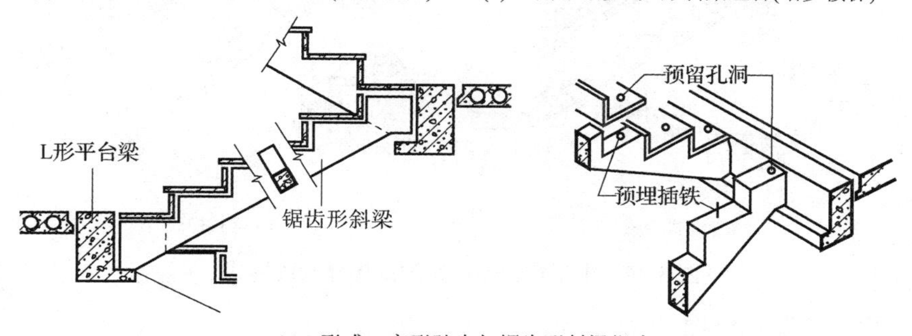

(c) L形或一字形踏步与锯齿形斜梁组合

图 5-27　踏步与斜梁组合形式

悬臂式楼梯用于嵌固踏步板的墙体厚度，不应小于 240 mm，踏步板悬挑长度一般不大于 1500 mm。踏步板一般采用 L 形或倒 L 形带肋断面形式，并在悬空一端分别设置预留插筋和预留孔，如图 5-28 所示。

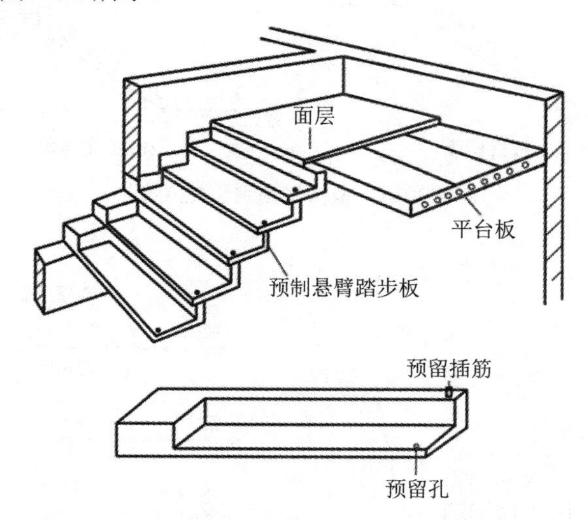

图 5-28　预制装配墙悬臂式楼梯

2. 中型构件装配式楼梯

当施工机械化程度较高时，可采用中型构件装配式楼梯，以减少构件数量，加快施工速度。中型构件装配式楼梯一般由楼梯段和带平台梁的平台板两个构件组成。带平台梁的平台板可以采用预制钢筋混凝土槽形板或者空心板。梯段按其结构形式的不同可分为板式梯段和梁式梯段两种。

(1) 板式梯段：为预制整体梯段板，两端搁在平台梁出挑的翼缘上，将梯段荷载直接传给平台梁，有实心和空心两种，如图 5-29(a) 所示。

(2) 梁式梯段：由踏步板和梯梁共同组成一个构件，梁板合一，比板式梯段节省材料，如图 5-29(b) 所示。

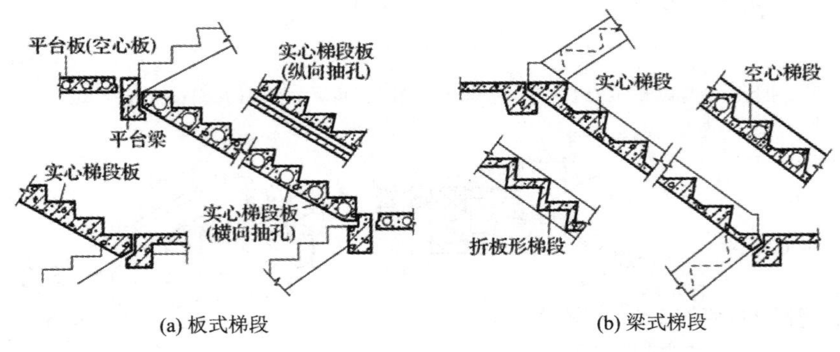

(a) 板式梯段　　(b) 梁式梯段

图 5-29　中型构件预制装配式楼梯梯段形式

3. 大型构件装配式楼梯

大型构件装配式楼梯，是把整个梯段和平台连在一起，预制成一个构件。按结构形式的不同，大型构件装配式楼梯可分为板式楼梯和梁式楼梯两种，如图 5-30 所示。为减轻自重，也可采用空心楼梯段。这种楼梯构件数量少、装配化程度高、施工速度快，但施工时需要大型的吊装运输设备，主要用于大型装配式建筑中。

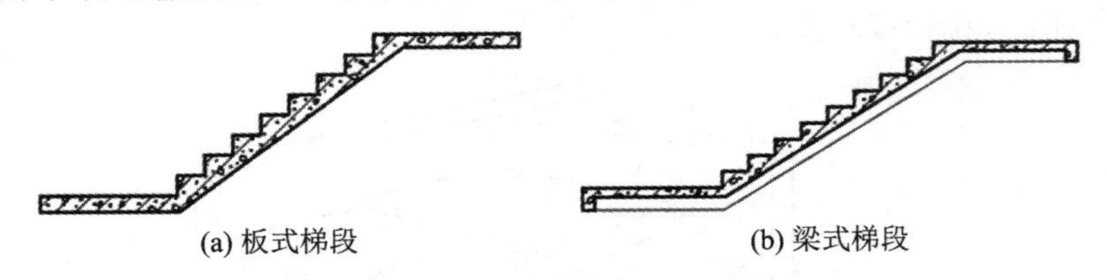

(a) 板式梯段　　(b) 梁式梯段

图 5-30　大型构件预制装配式楼梯

本节知识体系

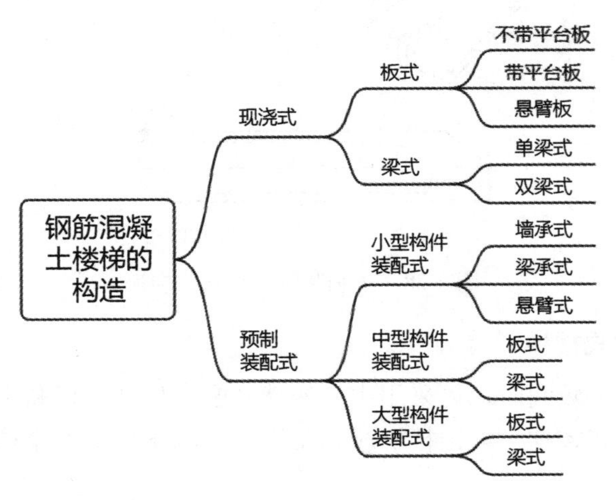

5.5 楼梯的细部构造

5.5.1 踏步面层及防滑处理

1. 踏步面层

楼梯的踏步面层应光洁、耐磨、防滑，便于清洁，同时要求美观。踏步面层的材料视装修要求而定，常与门厅或走道的楼地面面层材料一致，常用的有天然石材、大理石、水泥砂浆、水磨石、缸砖、塑胶等。

2. 防滑处理

为防止行人在行走时滑倒，踏步表面应采取防滑和耐磨措施，一般做法是在踏步踏口处做防滑凹槽、防滑条或防滑包口，如图5-31所示。防滑条可采用摩擦阻力较大的材料，如金刚砂、马赛克、塑料或橡胶等。防滑条要求高出踏步面层2～3 mm，宽10～20 mm。最简单的做法是在做踏步面层时，在靠近踏口处留两三道凹槽。防滑条或防滑凹槽的长度一般为踏步长度每边减去150 mm。防滑包口通常采用耐磨防滑材料，这样既能防滑又能起到保护作用。对标准较高的建筑物，可铺地毯或用防滑塑料、橡胶贴面。

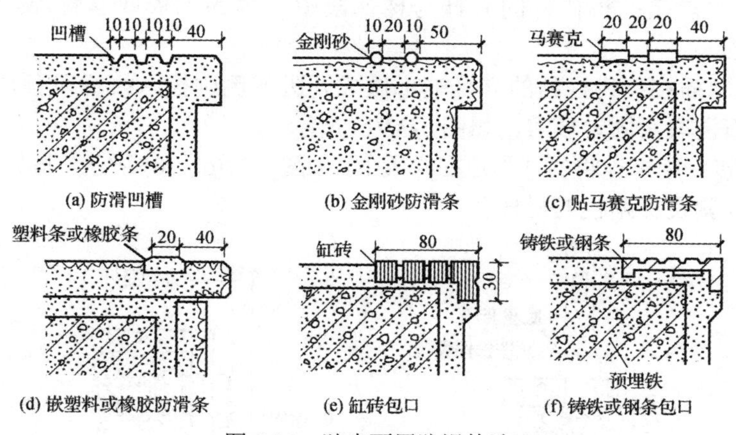

图5-31 踏步面层防滑构造

5.5.2 栏杆、栏板和扶手构造

栏杆或栏板是布置在楼梯梯段和平台边缘处临空的一侧，起一定安全保护作用的围护构件，同时它也有一定的装饰作用。栏杆或栏板顶部供人们行走倚扶用的连续构件称为扶手。

扶手的高度是指踏面宽度中点至扶手面的竖向高度，一般为900 mm；供儿童使用的扶手高度为600 mm；室外楼梯栏杆、扶手的高度应不小于1100 mm。

栏杆和扶手在设计、施工时应考虑满足坚固、安全、适用、美观的要求。

1. 栏杆、栏板的形式与构造

1) 空花栏杆

空花栏杆多用方钢、圆钢、扁钢等型材焊接或铆接成各种图案，这样既能起到防护作用，又有一定的装饰效果，如图 5-32 所示。在儿童活动的场所，为防止儿童穿过栏杆空档发生危险，栏杆垂直杆件间的净距不应大于 110 mm，且不能采用易于攀登的花饰。

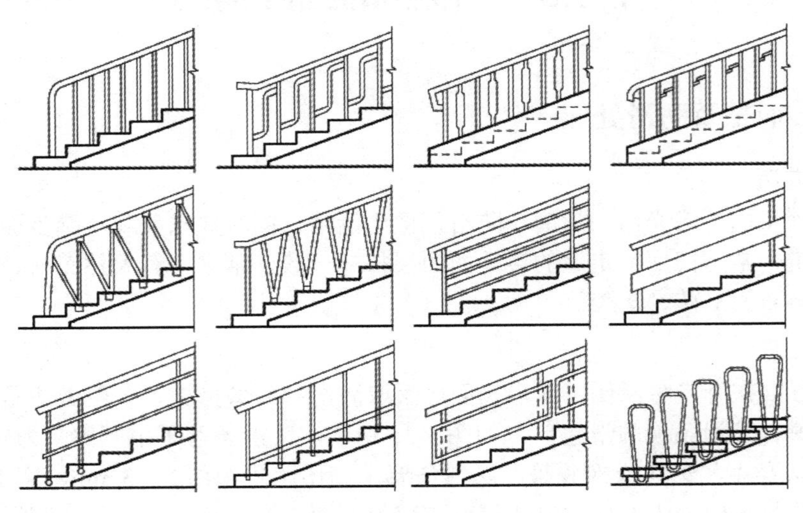

图 5-32　空花栏杆的形式

空花栏杆与楼梯段的连接方法有以下几种：预埋铁件焊接、预留孔洞插接以及螺栓连接。

(1) 预埋铁件焊接：将栏杆的立杆与楼梯段中预埋的钢板或套管焊接在一起，如图 5-33(a)、(b) 所示。

(2) 预留孔洞插接：将栏杆的立杆端部做成开脚或倒刺插入楼梯段预留的孔洞内，用水泥砂浆或细石混凝土固定填实，如图 5-33(c) 所示。

(3) 螺栓连接：用螺栓将栏杆固定在梯段上，如图 5-33(d)、(e) 所示。固定方法有若干种，如用板底螺帽栓紧贯穿踏板的栏杆。

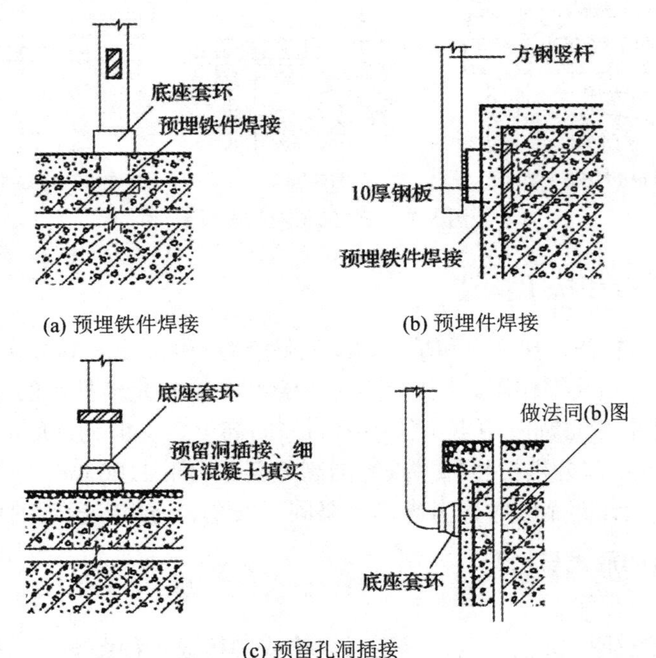

(a) 预埋铁件焊接　　(b) 预埋件焊接

(c) 预留孔洞插接

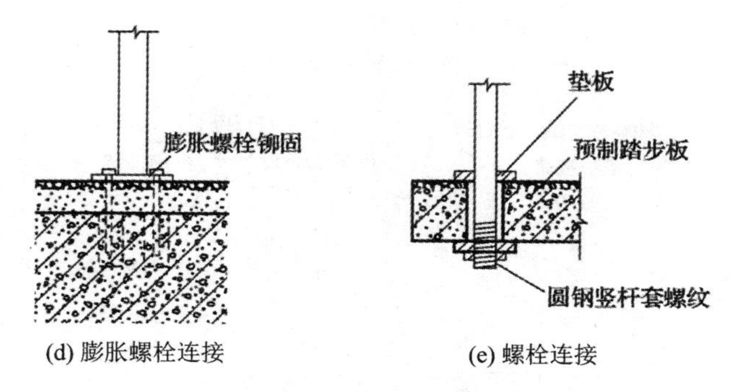

(d) 膨胀螺栓连接　　(e) 螺栓连接

图 5-33　栏杆与梯段的连接

2) 实体栏板

实体栏板是不透空构件。其采用实体材料构成，常用砖砌筑，也可用预制或现浇钢筋混凝土板以及加筋砖砌体做成，如图 5-34 所示。在装饰等级要求较高的建筑中，常采用有机玻璃、钢化玻璃等制成。

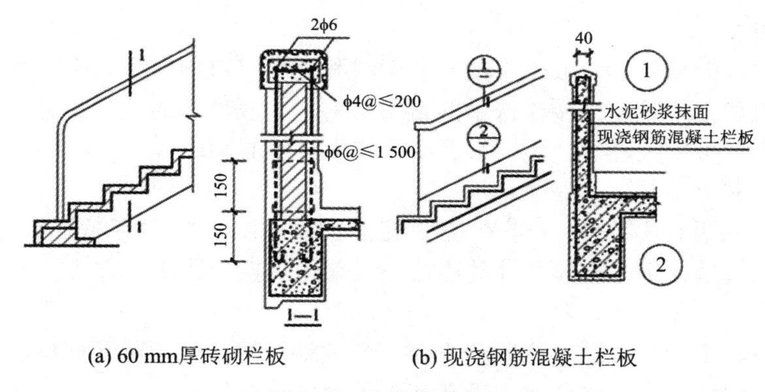

(a) 60 mm厚砖砌栏板　　(b) 现浇钢筋混凝土栏板

图 5-34　实体栏板构造

3) 组合式栏板

组合式栏板是将空花栏杆与实体栏板组合而成的一种形式。空花部分多用金属材料制成，栏板部分可用砖砌栏板、有机玻璃、钢化玻璃等作为防护和美化装饰构件，如图 5-35 所示。

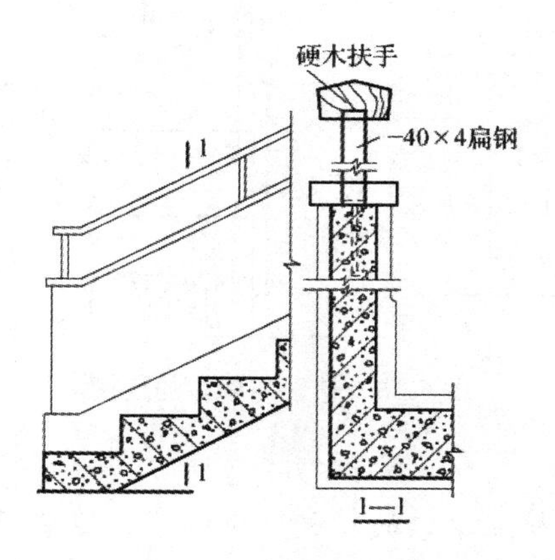

(a) 金属与钢筋混凝土栏杆组合

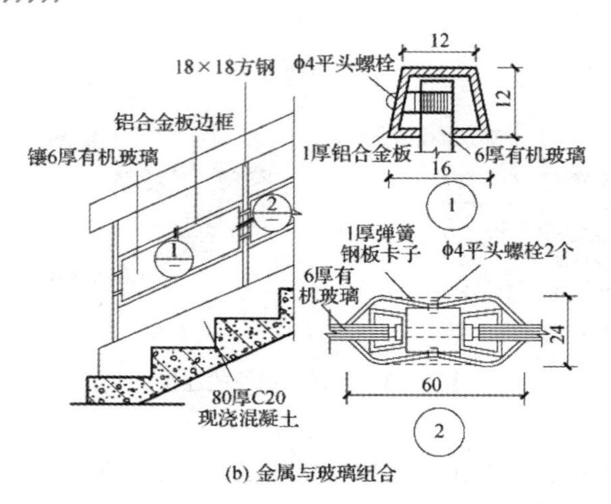

(b) 金属与玻璃组合

图 5-35　组合式栏板构造

2. 扶手的构造

1) 扶手的类型

扶手位于栏杆的顶部，一般采用硬木、塑料和金属材料制作。其中，硬木扶手常用于室内楼梯，塑料和金属是室外楼梯扶手的常用材料。栏板顶部的扶手还可用水泥砂浆或水磨石抹面而成，也可用大理石、预制水磨石板或木材贴面制成。

2) 扶手与栏杆的连接

当采用木材或塑料扶手时，一般在栏杆顶部设通长扁钢，与扶手底面或侧面槽口榫接，用木螺钉固定。金属扶手与金属栏杆的连接一般采用焊接或铆接的方式。

3) 栏杆与梯段、平台的连接

栏杆与梯段、平台一般通过梯段和平台上预埋钢板焊接或预留孔插接。为保护栏杆免受锈蚀和增加美观性，常在竖杆底部设套环，盖住接头部位。

4) 扶手与墙体的连接

扶手若需固定在砖墙上，则可在墙上预留 120 mm × 120 mm × 120 mm 的孔洞，将扶手伸入洞内，用细石混凝土或水泥砂浆填实。扶手与混凝土柱或墙连接时，可在墙或柱上预埋铁件与扶手焊接，也可用膨胀螺钉连接，或预留孔洞插接，如图 5-36 所示。

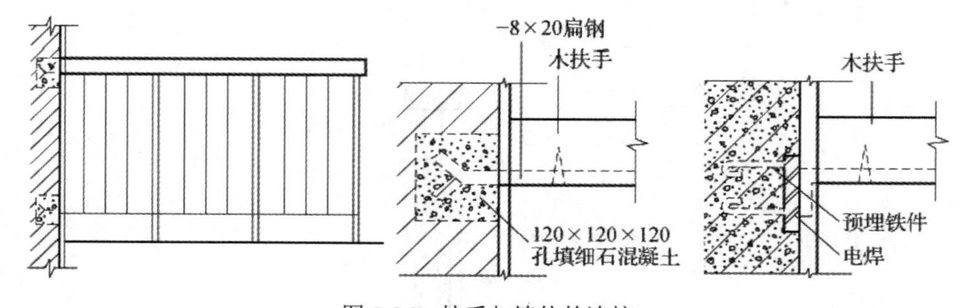

图 5-36　扶手与墙体的连接

【思政课堂】

工匠精神是一丝不苟、精益求精的精神。重细节、追求完美是工匠精神的关键要素。几千年来，我国古代工匠制造了无数精美的工艺美术作品及建筑艺术作品。这些都是古代工匠智慧的结晶，同时也是中国工匠对细节完美追求的体现。现代机械工业尤其是智能工业对细节和精度有着十分严格的要求，细节和精度决定成败。对细节与精度的把握，是长期工艺实践和训练的结果，我们应通过训练将其培养成为习惯气质、成为品格，从而达到“从心所欲不逾矩”的境界。

本节知识体系

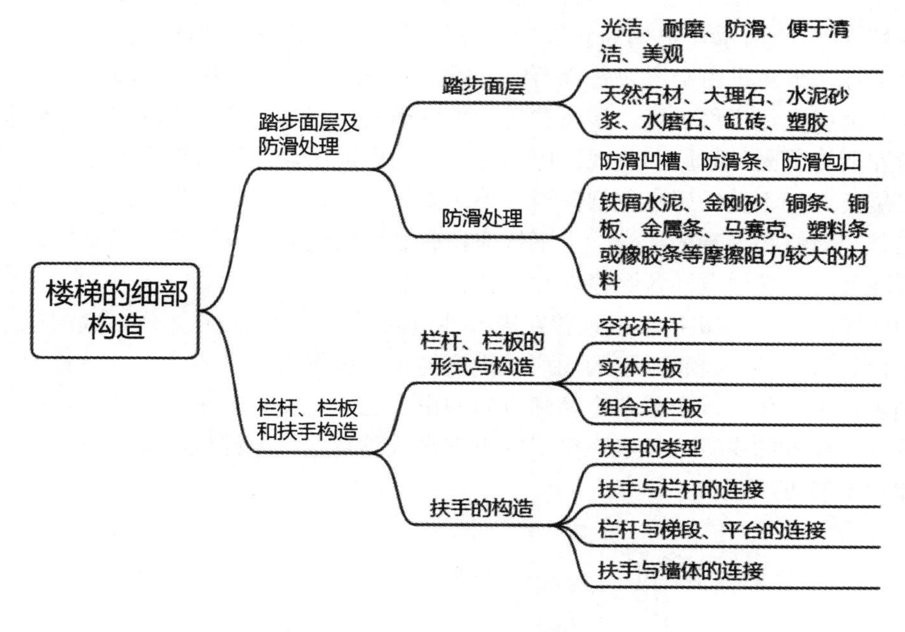

5.6 电梯与自动扶梯

电梯与自动扶梯

5.6.1 电梯

1. 电梯的类型

电梯是高层住宅与公共建筑等不可或缺的垂直交通联系设施。电梯一般按照使用性质、行驶速度和载重量进行分类。

(1) 按使用性质分类。电梯按使用性质可分为客梯、货梯、消防电梯、医用电梯、观光电梯等。其中，客梯主要用于人们在建筑物中的垂直联系；货梯主要用于运送货物及设备；消防电梯是在发生火灾、爆炸等紧急情况下为安全疏散人员和供消防人员紧急救援而使用的电梯；医用电梯属于专用电梯，主要用于医用病床、设备在建筑物中的垂直联系；观光电梯是将竖向交通和登高流动观景相结合的电梯，透明的轿厢使电梯内外景观相互沟通，主要用于大商场、旅游景点等商业场所。

(2) 按行驶速度分类。电梯按行驶速度可分为低速电梯、中速电梯、高速电梯和超高速电梯。其中，低速电梯的速度在 1.5 m/s 以内，中速电梯的速度在 2 m/s 以内且不小于 1.5 m/s，高速电梯的速度不小于 2 m/s，超高速电梯的速度超过 5 m/s。

(3) 按载重量分类。目前，电梯大多以载重量作为划分规格的标准，如载重量 400 kg、1000 kg、2000 kg 等。

2. 电梯的组成

电梯由以下几部分组成：电梯井道、电梯机房、电梯门套。

(1) 电梯井道。电梯井道是电梯运行的通道，其内部安装有轿厢、导轨、平衡重、限速器等，如图 5-37(a) 所示。电梯导轨固定在导轨撑架上，导轨撑架固定在井道侧壁上，轿厢沿导轨滑行。平衡重由金属块叠合而成，用吊索与轿厢相连，保持轿厢平衡。

电梯井道属土建工程内容，涉及井道、地坑和机房三部分。井道的尺寸由轿厢的尺寸确定；轿厢要求坚固、耐用和美观；电梯井道必须保证所需的垂直度和规定的内径，以保证设备安装及运行不受妨碍；电梯井道要考虑防火、隔声、防振、通风的要求。井道内为了满足安装、检修和缓冲的要求，上下均应留有必要的空间；井道底部设有地坑，地坑地面设有缓冲器，以减缓电梯轿厢停靠时对坑底的冲撞。

(2) 电梯机房。电梯机房一般设置在电梯井道的顶部，少数设在本层、底层或地下，其是安装电梯起重设备及控制系统的场所。机房的尺寸根据机械设备的尺寸及管理、维修等需要来确定，可向任意一个或两个相邻方向伸出，且应有良好的采光和通风条件。为了减少电梯运行时设备的噪音，一般在机房的下部设置隔音层。电梯机房与电梯井道的平面位置关系如图 5-37(b) 所示。

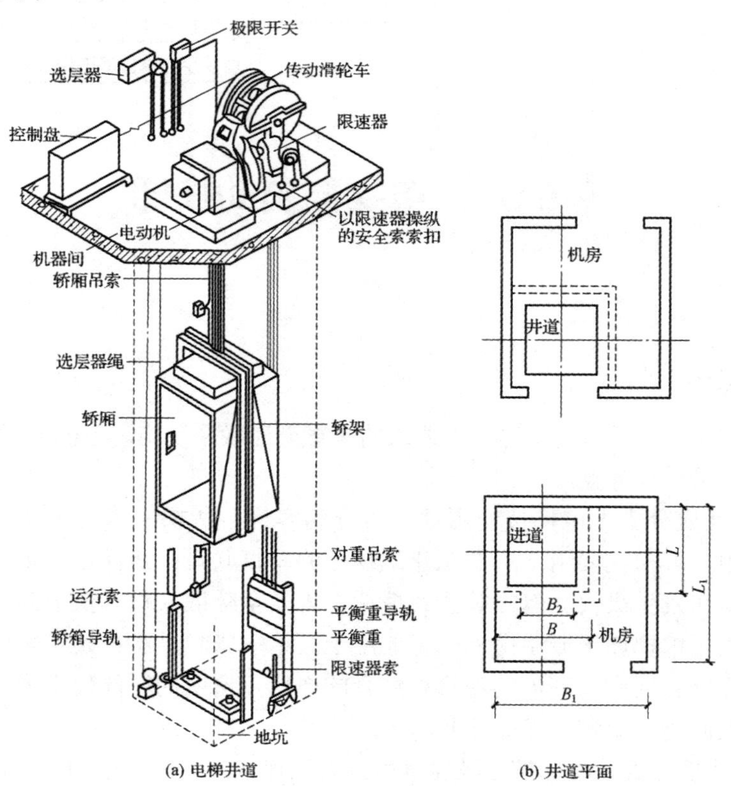

图 5-37　电梯井道及平面

(3) 电梯门套。电梯门套装修的构造做法应与电梯厅的装修统一考虑，可用水泥砂浆抹灰、水磨石或木板装修，还可采用大理石或金属装修。

电梯门一般为双扇推拉门，宽度为800～1500 mm，有中央分开推向两边的和双扇推向同一边的两种。推拉门的滑槽通常安置在门套下的楼板边梁，该边梁呈牛腿状挑出。

3. 消防电梯

消防电梯是在火灾发生时供运送消防员与消防设备、抢救受伤人员用的垂直交通工具。消防电梯设置数量与建筑主体每层的建筑面积有关，多台消防电梯在建筑中应设置在不同的防火分区之内。

下列建筑均应设置消防电梯，且每个防火分区可供使用的消防电梯不应少于1部：

(1) 建筑高度大于33 m的住宅建筑；

(2) 5层及以上且建筑面积大于3000 m^2(包括设置在其他建筑内第5层及以上楼层) 的老年人照料设施；

(3) 一类高层公共建筑及建筑高度大于32 m的二类高层公共建筑；

(4) 建筑高度大于32 m的丙类高层厂房；

(5) 建筑高度大于32 m的封闭或半封闭汽车库；

(6) 除轨道交通工程外，埋深大于10 m且总建筑面积大于3000 m^2 的地下或半地下建筑 (室)。

5.6.2 自动扶梯

自动扶梯，也称电动扶梯或自动行人电梯、扶手电梯，是一种以运输带方式运送行人的运输工具。自动扶梯多用于有大量人流出入的公共建筑中，如商场、展览馆、火车站、航空港、地铁站等。

1. 自动扶梯的运行原理

自动扶梯由电动机驱动，牵引踏步连同扶手带同步运行。其可正向运行，也可反向运行，停机时可当作临时楼梯使用。运行基本原理为：采用机电系统技术，由电动马达变速器和安全制动器组成的推动单元，拖动两条环链，而每级踏步板都与环链连接，通过轧轮的滚动，踏板便沿主构架中的轨道循环运转，而在踏板上面的扶手带以相应的速度与踏板同步运转。机房悬挂在楼板下面，楼层下做装饰外壳处理，底层做地坑并做好防水处理。在机房上部自动扶梯的入口处应做活动地板，以利于检修，如图5-38所示。

2. 自动扶梯的规格

自动扶梯的坡度比较平缓，一般优先采用30°的坡度。运行速度为0.5～0.7 m/s，载客能力一般为5000～10 000人 / 小时。自动扶梯根据宽度可分为多种形式，包括600 mm(单人)、800 mm(单人携物)、1000 mm(双人)、1200 mm(双人) 等几种尺寸。

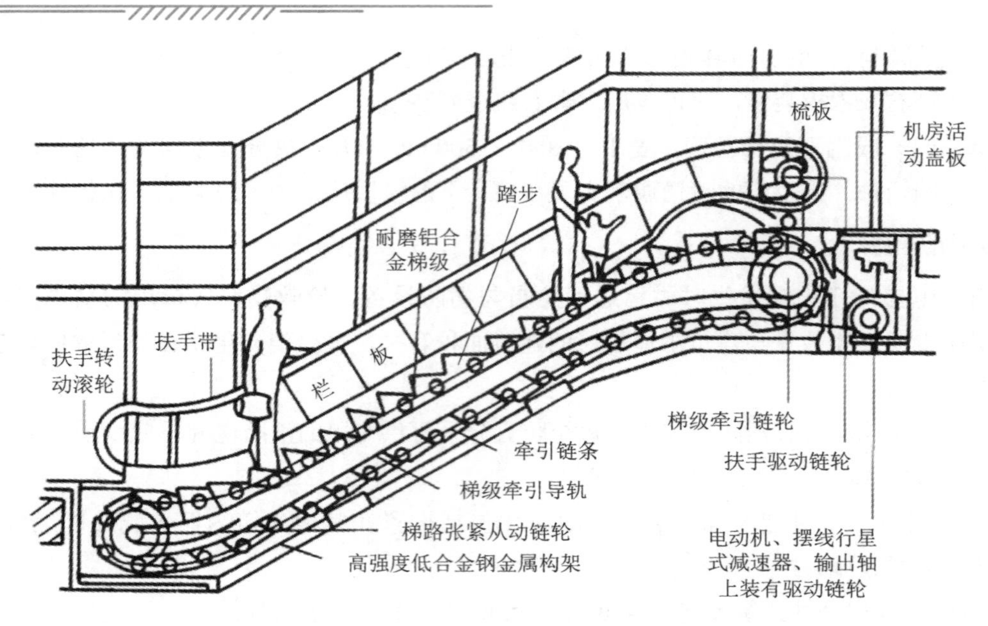

图 5-38　自动扶梯构造组成

3. 自动扶梯的布置方式

根据在建筑中的位置及建筑平面布局，自动扶梯的布置方式主要有以下几种。

(1) 平行排列式：安装占地面积小，但楼层交通不连续。

(2) 交叉排列式：楼层交通乘客流动可连续，升降两方向交通均分离清楚，外观豪华，但占地面积大。

(3) 串联并列式：楼层交通乘客流动可以连续。

(4) 并联排列式：乘客流动升降两方向均为连续，升降客流不发生混乱，安装占地面积小。

4. 自动扶梯的使用安全

当建筑物设置自动扶梯时，若上下层面积的总和超过防火分区的面积，则应按防火要求设置防火隔断或复合式防火卷帘封闭自动扶梯井，如图 5-39 所示。

图 5-39　自动扶梯处的防火卷帘

本节知识体系

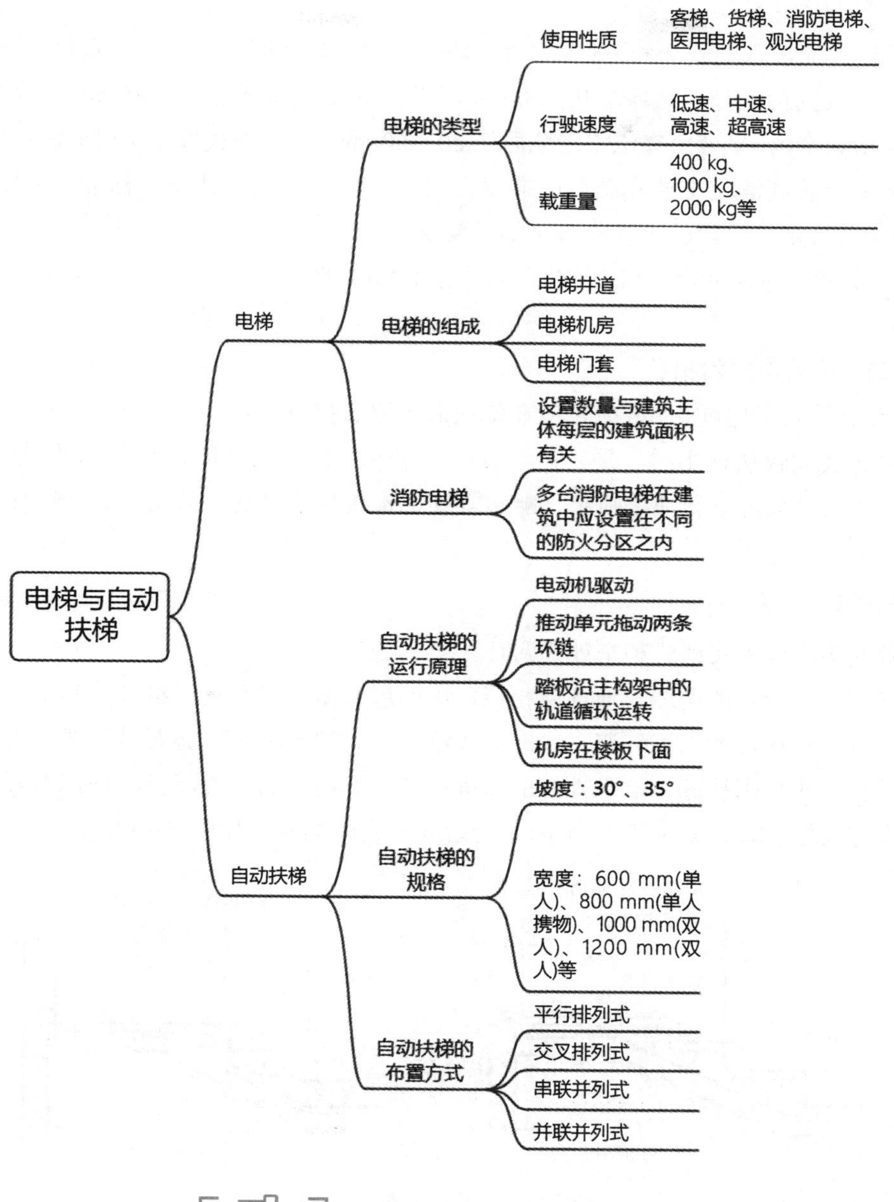

5.7 室外台阶与坡道

室外台阶与坡道

5.7.1 台阶的形式与构造

1. 台阶的形式

台阶由踏步和平台组成，连接着不同高度的地面。其形式多样，按照平面形式可分为单面踏步、两面踏步、三面踏步以及单面踏步带花池或花台等形式。

2. 台阶的尺寸

为保证人流出入的安全和方便，室外台阶和建筑入口之间应留有一定宽度的缓冲平台。平台宽度一般为门洞口两边各多出 500 mm，平台深度一般不小于 1000 mm。为防止雨水积聚或溢水到室内，平台面宜比室内地面低 20～60 mm，并向外找坡 1%～3%，以利于排水。

为了使台阶能满足交通和疏散的需求，根据《民用建筑设计统一标准》(GB 50352—2019) 的相关规定，台阶的设置应满足如下要求：

(1) 公共建筑室内外台阶踏步宽度不宜小于 0.3 m，踏步高度不宜大于 0.15 m，且不宜小于 0.1 m；

(2) 踏步应采取防滑措施；

(3) 台阶总高度超过 0.7 m 时，应在临空面采取防护设施。

台阶的坡度较楼梯平缓，平台位于台阶和出入口的大门之间，是室内外的过渡空间。在设计时多结合坡道、花池、喷泉、雕塑等其他构筑物或景观，共同打造舒适优美的空间形式。

3. 台阶的构造

台阶的构造分为实铺式和空铺式两种。

实铺式室外台阶的构造与地坪层相似，由面层、结构层和垫层组成。其中，面层应采用耐磨、抗冻材料，如水泥砂浆、水磨石、缸砖、天然石板等，必要时还要考虑进行防滑处理；结构层应采用抗冻、抗水性好的坚固材料，如砖、石、混凝土、钢筋混凝土等；垫层是素土夯实层 (即夯实地基)。混凝土台阶和石台阶的构造如图 5-40 所示。

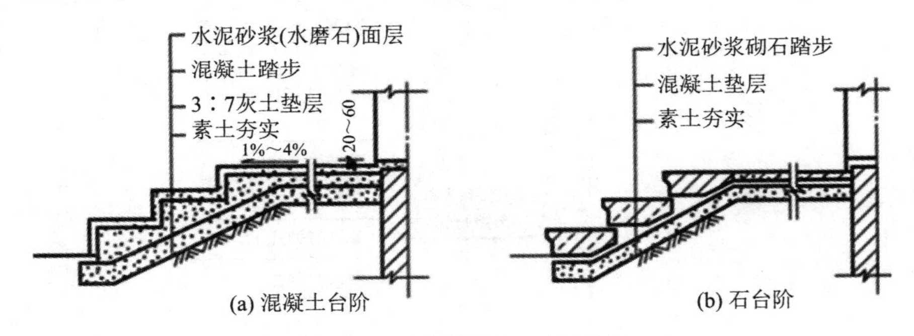

(a) 混凝土台阶　　(b) 石台阶

图 5-40　台阶的构造 (实铺式)

当台阶尺寸较大或北方地区土壤冻胀严重时，为了避免过多填土产生不均匀沉降或台阶开裂，往往选用空铺式台阶。空铺式台阶的平台板和踏步板可选用预制钢筋混凝土板或花岗岩等天然石材板，分别搁置在钢筋混凝土斜梁或砖砌的地垄墙上，其构造如图 5-41 所示。

为防止建筑物主体结构下沉时拉裂台阶，可加强主体与台阶间的联系以形成整体沉降；也可将台阶和主体完全断开，加强缝隙处理，如图 5-42 所示。

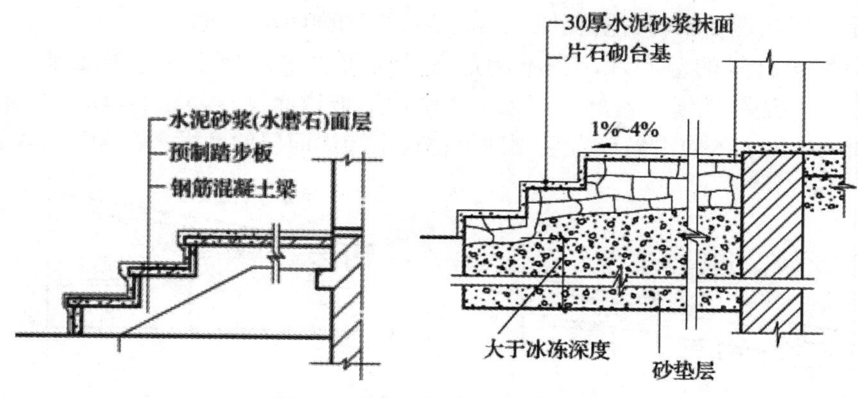

图 5-41 台阶的形式(空铺式)

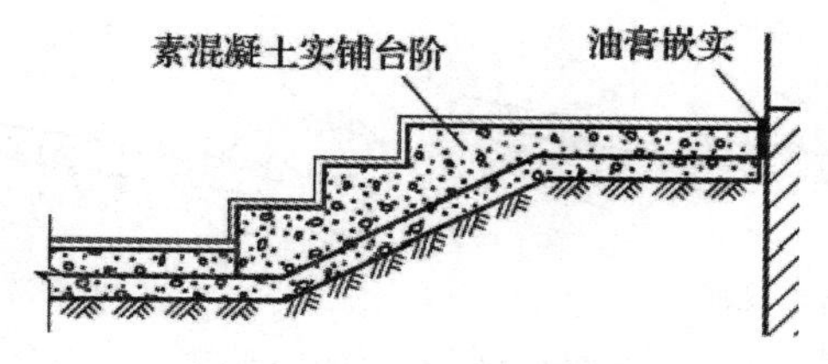

图 5-42 台阶的变形处理

5.7.2 坡道的形式与构造

1. 坡道的形式

坡道按照用途的不同，可分为行车坡道和轮椅坡道。行车坡道分为普通行车坡道和回车坡道两种。普通行车坡道多为单面坡形式，其坡度与使用要求、面层材料和做法有关，一般为1/12～1/6。轮椅坡道是专供残疾人使用的无障碍交通设施。为便于汽车在大门口处通行，可考虑采用台阶与坡道相结合的形式，如图5-43所示。

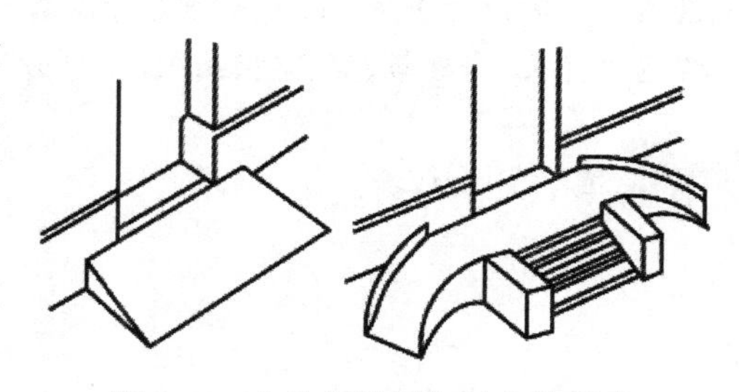

图 5-43 台阶与坡道相结合的形式

2. 坡道的尺寸

在车辆经常出入或不适宜做台阶的场所如电影院、剧场大门的安全疏散口，可采用坡道来进行室内室外的联系。根据《民用建筑设计统一标准》(GB 50352—2019) 的相关规定，坡道有关尺寸设计要求如下：

(1) 坡道尺寸比门洞口宽度每边大于或等于500 mm；

(2) 室外坡道坡度不宜大于1∶10；

(3) 坡道应采取防滑措施；

(4) 当坡道总高度超过0.7 m时，应在临空面采取防护措施。

3. 坡道的构造

常见的坡道材料有混凝土和石块等，坡道面层多为水泥砂浆。常见的混凝土坡道如图

5-44(a) 所示。其构造要求与台阶相似，同时应注意加强防滑处理。

考虑到坡道材料的坚固性，当不满足条件时可以采用换土法，换土地基坡道如图 5-44(b) 所示。面层要防滑、耐磨，可以采用锯齿形坡道面层，如图 5-44(c) 所示；也可以在整体性面层中，加入防滑条或者金刚砂等材料来增加面层的摩擦力，如图 5-44(d) 所示。

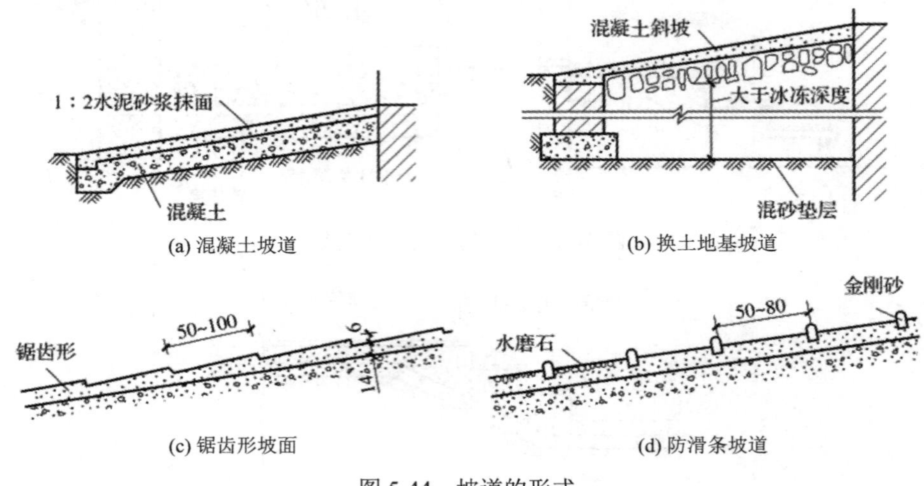

图 5-44　坡道的形式

台阶和坡道可以塑造出怎样的空间形式？

将建筑作为研究中心，设计者应首先考虑建筑与周围环境的关系，再结合构件的形式与构造措施、空间设计手法，环境心理学等因素，灵活选择最适宜的台阶与坡道形式；充分利用台阶与坡道的特点，与建筑、环境相互组合，划分空间、引导暗示，在功能、结构、形式上达到协调统一。

本节知识体系

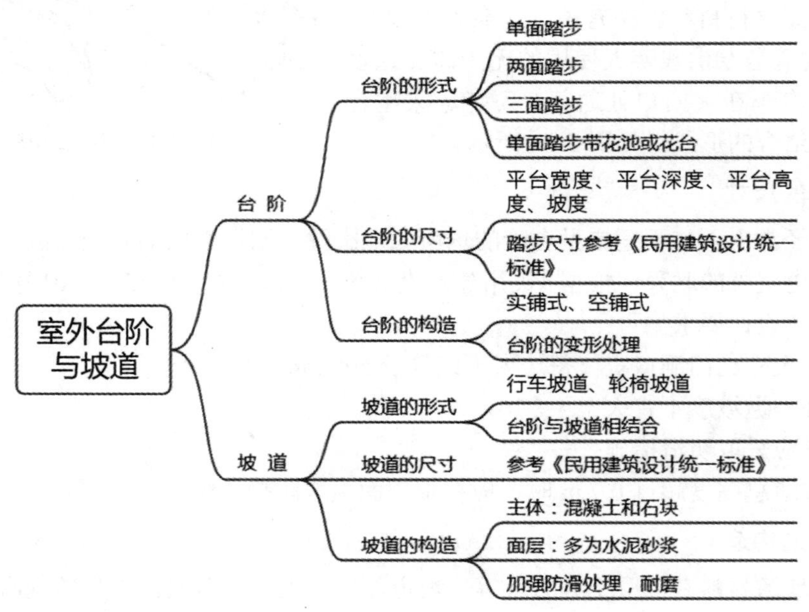

思考与练习

一、填空题

1. 楼梯一般由 ＿＿＿＿＿＿、＿＿＿＿＿＿、＿＿＿＿＿＿ 三部分组成。

2. 我国规定每个楼梯段上的踏步数不得超过 ＿＿＿＿＿＿ 级，且不宜少于 ＿＿＿＿＿＿ 级，否则步数太少容易被忽略而发生事故。

3. 按照使用性质分，楼梯有 ＿＿＿＿＿＿、＿＿＿＿＿＿、＿＿＿＿＿＿、＿＿＿＿＿＿。

二、单选题

1. 楼梯梯段常见坡度范围为 23°～45°，其中 (　　) 左右较为适宜。

A. 25°　　B. 30°

C. 35°　　D. 40°

2. 室内楼梯栏杆扶手高度一般不宜小于 (　　)。

A. 900 mm　　B. 1000 mm

C. 1050 mm　　D. 1100 mm

3. (　　) 楼梯平面布置紧凑、占地面积小，结构较为简单，因此在建筑中大量采用。

A. 直行单跑　　B. 直行双跑

C. 弧形　　D. 平行双跑

4. 小型构件装配式楼梯按照构造方式分为 (　　)。

A. 板式和梁板式　　B. 单梁式和双梁式

C. 墙承式、梁承式和悬臂式　　D. 板式、折板式和悬挑平台板式

5. 踏步的尺寸计算经验公式为 (　　)。

A. $b + 2h = (600\sim620)$ mm　　B. $b + h = (600\sim620)$ mm

C. $b + 2h = (600\sim660)$ mm　　D. $b + h = (600\sim660)$ mm

三、简答题

1. 平行双跑楼梯的梯段宽度与平台宽度二者之间尺寸关系如何？

2. 现浇整体式钢筋混凝土楼梯的结构形式有哪些？各有什么特点？

3. 电梯由哪几部分组成？

4. 台阶的平面形式有哪几种？

参考答案

项目 6　屋　顶

学习目标

1. 知识目标

(1) 了解屋顶的类型及设计要求。

(2) 掌握平屋顶的组成和排水形式。

(3) 掌握平屋顶保温与隔热的处理方法在实际施工中的应用。

(4) 了解坡屋顶的支承结构类型。

2. 能力目标

(1) 具有根据不同建筑物的情况，绘制平屋顶平面图的能力。

(2) 具有根据设计要求及气候特征，进行屋顶防、排水构造设计的能力。

(3) 具备绘制平屋顶细部节点详图的能力。

3. 思政目标

(1) 培养审美能力，增强建筑文化自信。

(2) 培养严谨求实的学术态度，沉淀工匠精神内核。

(3) 增强环保意识，践行高效、绿色、低碳、循环发展理念。

学习任务

任务 1：认识屋顶类型

通过参观、调查等方式，描述常见典型建筑中的屋顶类型。通过对比，重点分析平屋顶和坡屋顶的区别，例如造型特征、构造特点、材料选择、适用场景等。

要求：可以大致描述某建筑单体屋顶形式的具体名称、建筑材料、构造特征；能够针对不同屋顶形式进行专业系统的对比分析。

任务 2：绘制平屋顶防水构造图

分别绘制平屋顶卷材防水屋面及刚性防水屋面的水平构造做法示意图。

要求：能够熟练掌握平屋顶的基本构造层次，对于不同类型的防水构造能够设计合理的防、排水组织方案。

任务 3：填写屋顶构造实训任务表

通过参观、调研等方式，了解常见建筑屋顶的构造情况，扫描二维码获取屋顶构造实训任务表，并完成填写。

屋顶构造实训任务表

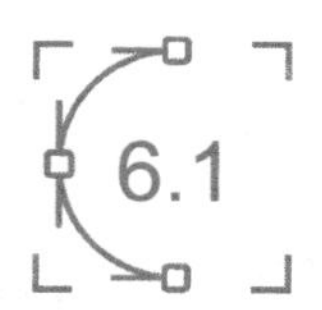

6.1 屋顶的基础知识

6.1.1 屋顶的组成

屋顶既是房屋最上层的水平围护结构，也是房屋的重要组成部分。屋顶由屋面、承重结构、保温(隔热)层和顶棚等部分组成，有坡屋顶和平屋顶两种形式，如图 6-1(a)、(b) 所示。

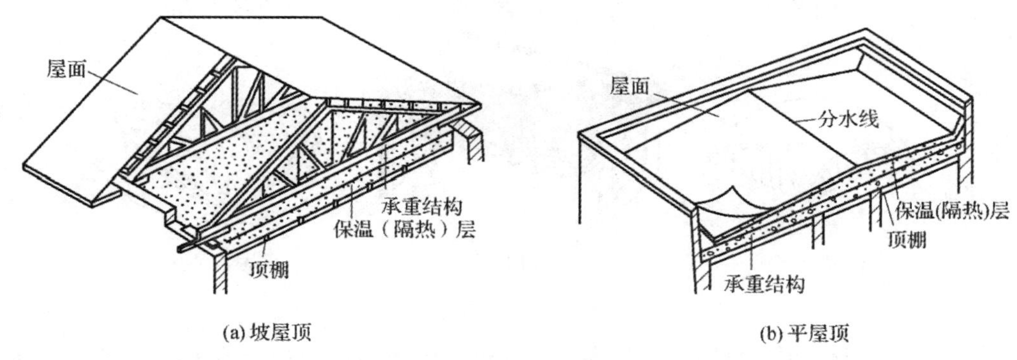

图 6-1 屋顶的组成

1. 屋面

屋面是屋顶的面层，它暴露在大气中，直接受阳光、风、雨等自然因素的影响。所以，屋面材料不仅应有一定的抗渗能力，还应能经受外界各种有害因素的长期作用。此外，屋面材料还应该具有一定的强度，以便承受风雪荷载和屋面检修荷载。

2. 承重结构

屋顶的承重结构承受屋面传来的荷载和屋顶自重，承重结构可以是平面结构也可以是空间结构。当房屋内部空间较小时，承重结构多采用平面结构，如屋架、刚架、梁板结构等；大型公共建筑(如体育馆、会堂等)的内部使用空间大，不允许设柱支承屋顶，故承重结构常采用空间结构，如薄壳结构、悬索结构、网架结构等。

3. 保温(隔热)层

保温层是寒冷地区为了防止冬季室内热量通过屋顶散失而设置的构造层，隔热层是炎热地区为了夏季隔绝太阳辐射热进入室内而设置的构造层。保温层和隔热层均应采用导热系数小的材料，其位置均应设在顶棚与承重结构之间或承重结构与屋面之间。

4. 顶棚

顶棚是屋顶的底面。当承重结构采用梁板结构时，可以在梁板的底面抹灰，形成抹灰顶棚；当承重结构为屋架或要求顶棚平齐时，应从屋顶承重结构向下吊挂顶棚，形成吊顶。顶棚也可以用搁栅搁置在墙上形成，而与屋顶的承重结构不相连。

6.1.2 屋顶的形式

屋顶的形式

1. 根据屋顶的外形和坡度划分

屋顶根据外形和坡度的不同，可分为平屋顶、坡屋顶、曲面屋顶(折板、壳体、网架、悬索)和其他形式的屋顶，如图 6-2 所示。

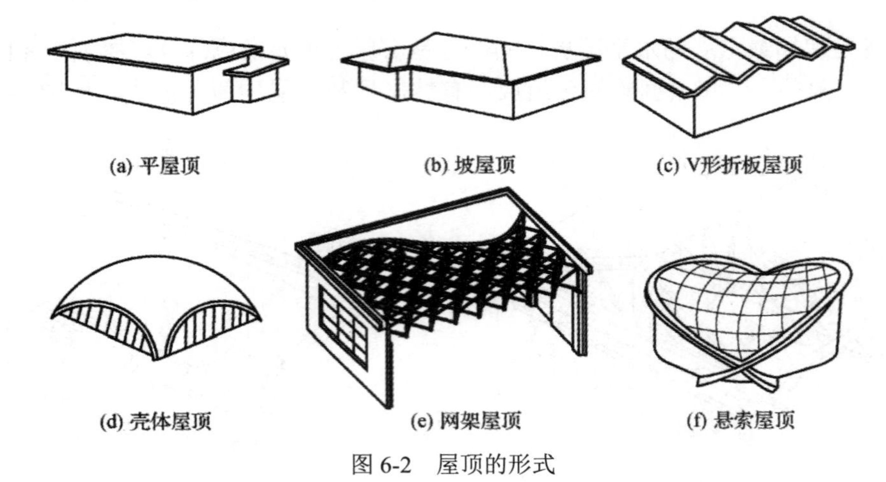

图 6-2 屋顶的形式

(1) 平屋顶。平屋顶是目前应用最为广泛的一类屋顶形式，为了方便排水需要设置坡度，平屋顶的屋面坡度应小于 10%，常用的坡度范围为 2%～5%。其一般构造是用现浇或预制的钢筋混凝土屋面板做基层，上面铺设卷材防水层或其他类型的防水层。其优点是可节省材料，扩大建筑空间，提高预制安装程度，同时屋面相对平整。平屋顶可作为固定的活动场所，如观景平台、屋顶花园、露天泳池等。

(2) 坡屋顶。坡屋顶通常是指屋面坡度大于 10% 的屋顶。我国传统建筑多采用坡屋顶的构造形式，其造型丰富多彩，便于就地取材，在各类型建筑中应用广泛。坡屋顶的形式有单坡、双坡、四坡和歇山等多种形式。其中，单坡顶用于小跨度的房屋，双坡顶和四坡顶用于跨度较大的房屋，歇山屋顶多用于古代的皇家宫殿、王公府邸等建筑中。坡屋顶的屋面多以各种小块瓦为防水材料，所以坡度一般较大；以波形瓦、镀锌铁皮等为屋面防水材料时，坡度可以较小。坡屋顶排水快，保温、隔热性能好，但是承重结构的自重较大，施工难度也较大。

(3) 曲面屋顶。曲面屋顶是由各种薄壳结构、悬索结构、拱结构和网架结构作为承重结构的屋顶，如双曲拱屋顶、球形网壳屋顶、扁壳屋顶、鞍形悬索屋顶等。这类屋顶结构的内力分布合理，能充分发挥材料的力学性能，可节约材料，但这类屋顶施工复杂，造价高，故常用于大体量的公共建筑中。

2. 根据屋面防水材料划分

屋面按照防水材料可分为柔性防水屋面、刚性防水屋面、瓦屋面、波形瓦屋面、金属薄板屋面、粉剂防水屋面等。

(1) 柔性防水屋面。柔性防水屋面是用防水卷材或制品做防水层的屋面，如沥青油毡、橡胶卷材、合成高分子防水卷材等。这种屋面具有一定的柔韧性。

(2) 刚性防水屋面。刚性防水屋面是用细石混凝土等刚性材料做防水层的屋面，其构造简单、施工方便、造价低，但韧性差，屋面易产生裂缝而渗漏水，在寒冷地区应慎用。

(3) 瓦屋面。瓦屋面使用的瓦有平瓦、小青瓦、筒板瓦、平板瓦、石片瓦等。其中，最常用的是平瓦。瓦屋面的坡度一般大于 10%，瓦屋面都是坡屋面。

(4) 波形瓦屋面。波形瓦屋面的材料有石棉水泥瓦、镀锌铁皮波形瓦、钢丝瓦、水泥波形瓦、玻璃钢瓦等。一般波形瓦的长度为 1200～2800 mm，宽度为 660～1000 mm。波形瓦重量轻、耐久性能好，是良好的非导体和不燃烧体，不受潮湿与煤烟侵蚀，但易折断破裂，保温、隔热性能差。

(5) 金属薄板屋面。金属薄板屋面的材料有镀锌铁皮、涂塑薄钢板、铝合金板和不锈钢板等，常采用折叠接合的方法使屋面形成一个密闭的覆盖层。该屋面的坡度较小，为 10%～20%，可用于曲面屋顶。

(6) 粉剂防水屋面。粉剂防水屋面是用憎水、松散粉末状防水材料做防水层的屋面，其具有良好的耐久性和应变能力。

【拓展知识】

由于屋面材料和承重结构形式的多样性，以及建筑本身的功能特征，屋顶类型的划分也是不同的。例如：按保温要求不同可以分为保温屋顶和无保温屋顶；按是否上人可以分为上人屋顶和不上人屋顶；按排水方式不同可以分为有组织排水屋顶和无组织排水屋顶。

6.1.3　屋顶的作用和设计要求

1. 屋顶的作用

屋顶需抵御自然界的风霜雨雪、太阳辐射、昼夜气温变化和各种外界不利因素对建筑物的影响；屋顶还需承受作用于上部的荷载，包括风、雪荷载和屋顶自重，并将它们通过墙、柱传递给基础；另外，屋顶的形式对建筑造型有重要的影响，可以使房屋造型美观、协调。

2. 屋顶的设计要求

屋顶的设计要求包括：足够的刚度和强度，防水可靠、排水迅速，良好的保温与隔热性能，防火与安全防护，以及建筑的艺术性。

总之，屋顶设计应力求自重轻、构造简单、施工方便、就地取材、造价经济、抗震性能良好。

6.1.4　屋顶的坡度及排水组织

1. 影响坡度的因素

屋顶的坡度首先取决于建筑物所在地区的降水量大小。设置合理的屋顶坡度是排除屋面雨水最快、最直接的途径，以减少渗漏的可能。我国南方地区年降雨量较大，屋顶坡度应较大；北方地区年降雨量较小，屋面可平缓些。屋顶坡度的大小也取决于屋面防水材料的性能，采用防水性能好、单块面积大、接缝少的材料，如防水卷材、金属钢板、钢筋混凝土板等材料时，屋顶坡度可小些；采用小青瓦、平瓦、琉璃瓦等小块面层的材料时，因其接缝多，屋顶坡度应大一些。

2. 坡度的表示方法

屋顶坡度的常用表示方法有斜率法、百分比法和角度法三种，三种方法表示的坡度关系如图 6-3 所示。斜率法以屋顶高度与坡面的水平投影长度之比表示坡度，可用于平屋顶或坡屋顶，如 1∶2、1∶4、1∶50 等。百分比法是以屋顶高度与坡面水平投影长度的百分比表示坡度，多用于平屋顶，如 1%、2%～3%。角度法是以倾斜屋面与水平面的夹角表示坡度，多用于有较大坡度的坡屋面，如 15°、30°、45° 等，角度法目前在工程中较少采用。

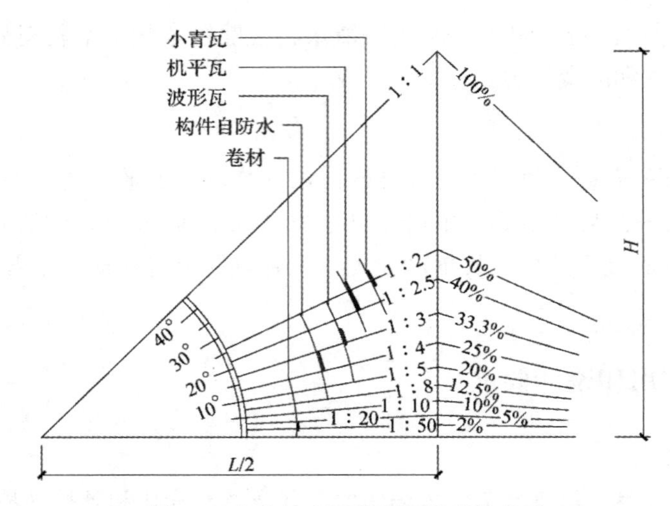

图 6-3　各方法表示的屋顶坡度的关系

3. 坡度形成的方法

屋顶坡度形成的方法有结构找坡和材料找坡两种。

1) 结构找坡

结构找坡是指屋顶结构自身有排水坡度，一般采用上表面呈倾斜的屋面梁或在屋架上安装屋面板，也可在顶面倾斜的山墙上搁置屋面板，使结构表面形成坡面。这种做法的优点是不需另加找坡材料，构造简单，不增加荷载。其缺点是室内的天棚是倾斜的，空间不够规整，有时需加设吊顶。某些坡屋顶，如曲面屋顶常用结构找坡方法形成坡度。

2) 材料找坡

材料找坡是指屋顶坡度借助轻质垫坡材料形成，一般用于坡度较小的屋面。垫坡材料通常选用炉渣等。找坡保温屋面也可根据情况直接采用保温材料找坡。

4. 屋顶排水方式

屋顶排水方式有无组织排水和有组织排水两种。

1) 无组织排水

无组织排水是指屋面雨水直接从檐口滴落至地面的一种排水方式，如图6-4所示。当平屋顶采用无组织排水时，需把屋顶在外墙四周挑出，形成挑檐，并在挑檐端头做滴水，如图6-5所示。屋面雨水经挑檐自由下落至室外地坪，这种排水又称自由落水。无组织排水不需在屋顶上设置排水装置，构造简单，造价低，但沿檐口下落的雨水会溅湿墙脚，有风时雨水还会污染墙面。所以，无组织排水一般适用于低层或次要建筑及降雨量较小地区的建筑物。

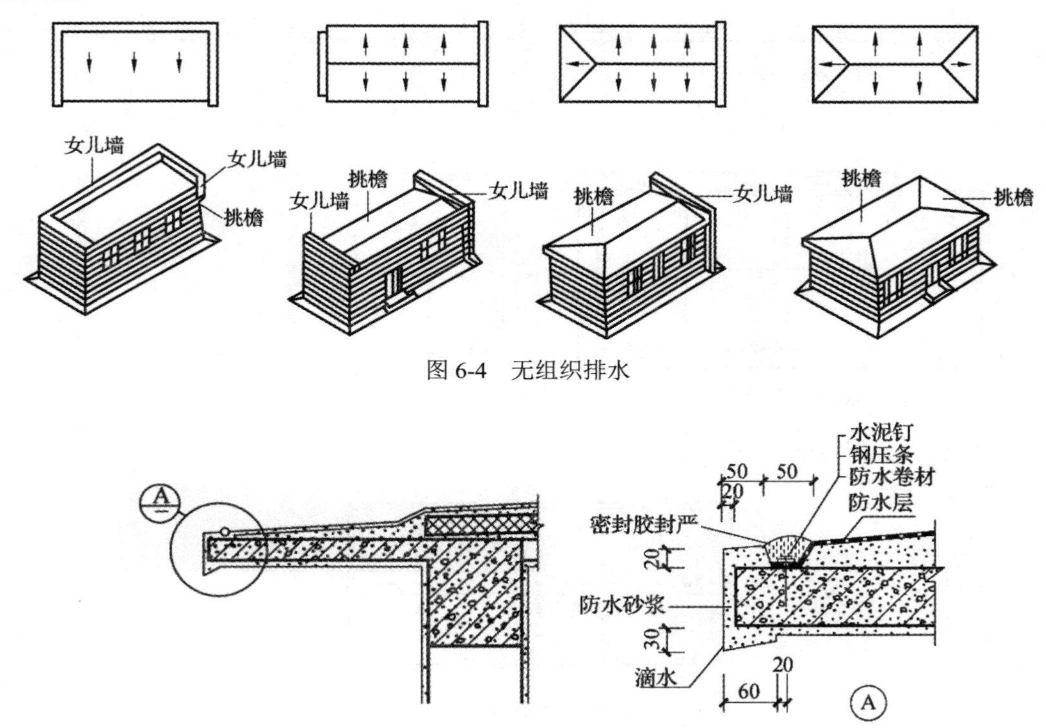

图6-4 无组织排水

图6-5 无组织排水挑檐口滴水构造

【拓展知识】

本书项目3—墙体部分的墙身细部构造中要求：在悬挑窗台底部边缘处抹灰时应做滴水线或滴水槽，还可以设置带滴水的金属板外窗台。这可以引导雨水垂直下落，不致影响窗下墙面。

本节屋顶部分中也要求，无组织排水挑檐底部需要做滴水构造，引导雨水流向，保护靠近屋顶的建筑外墙面免受污染。

由此拓展，建筑外墙突出物底部都需要考虑雨水流向问题，为了保护墙面，需要进行细部构造设计，滴水的设置可以很好地解决这一问题。

2) 有组织排水

有组织排水是将屋面雨水通过排水系统，进行有组织的排除。这种排水方式是在屋顶设置与屋面排水方向垂直的纵向天沟，汇集雨水后，再将雨水由雨水口、雨水斗、雨水管有组织地排到室外地面或室内地下排水系统，如图6-6所示。有组织排水的屋顶构造复杂、造价高，但避免了雨水自由下落时对墙面和地面的冲刷与污染。有组织排水按照雨水管位置的不同，可分为外排水和内排水。

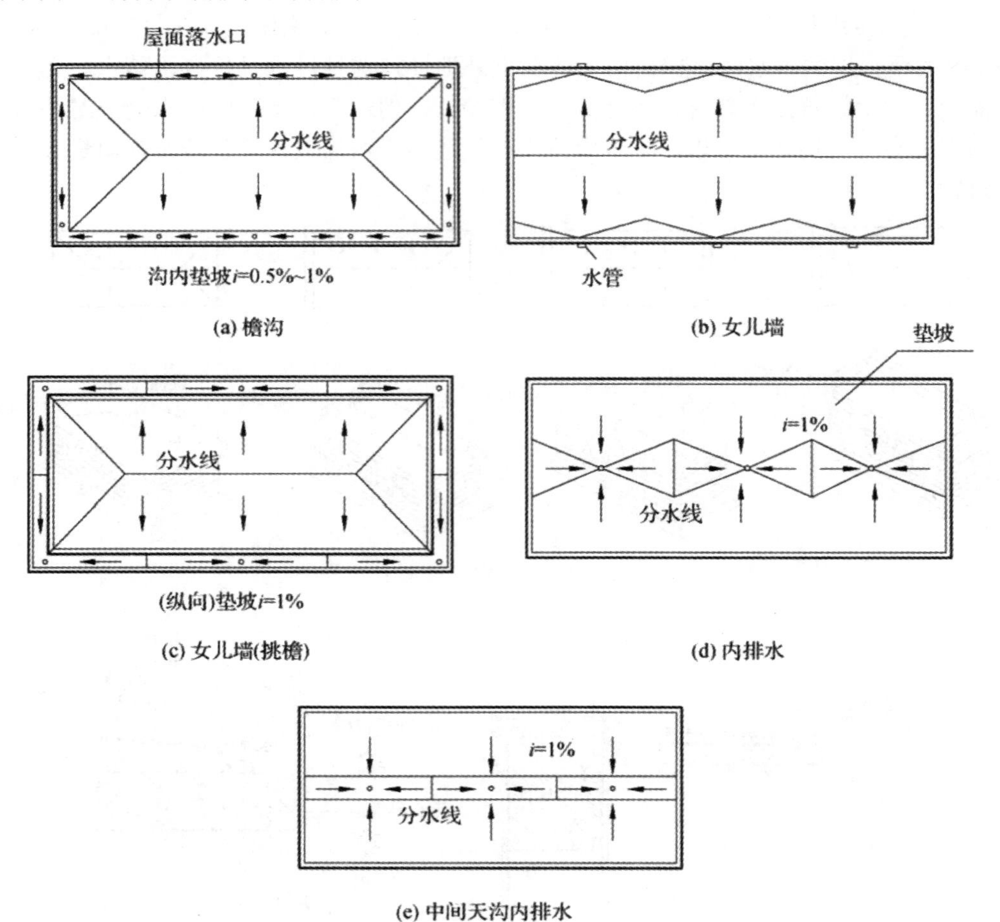

图 6-6　有组织排水的屋顶平面

(1) 外排水。外排水是屋顶雨水由室外雨水管排到室外的排水方式。这种排水方式构造简单、造价较低、雨水管不占用室内空间，应用最广。按照檐沟在屋顶的位置，外排水的屋顶形式有：沿屋顶四周设檐沟、沿纵墙设檐沟、女儿墙外设檐沟、女儿墙内设檐沟等，如图 6-7 所示。

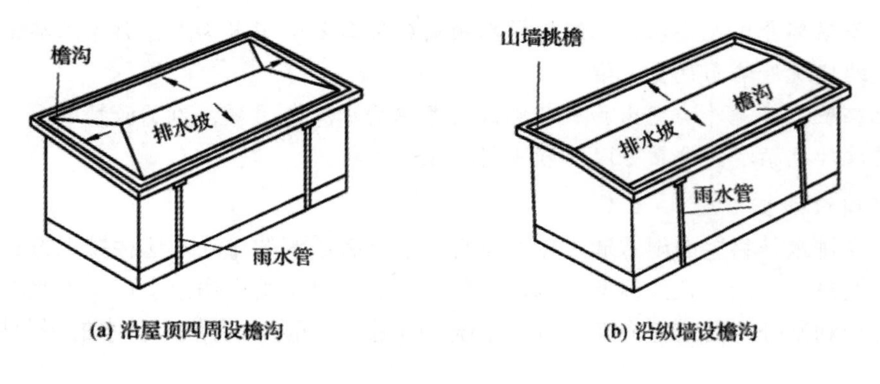

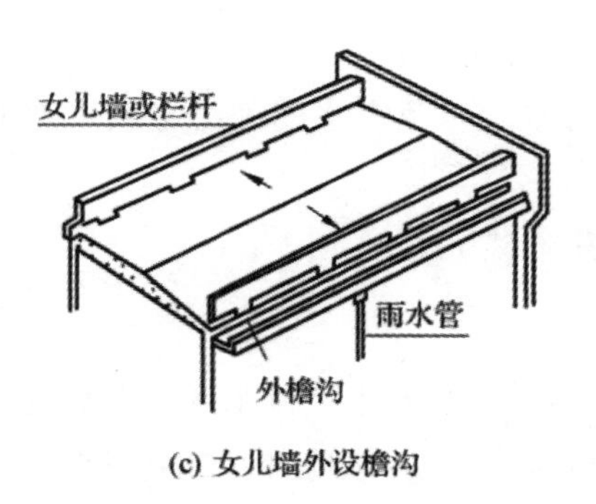

(c) 女儿墙外设檐沟

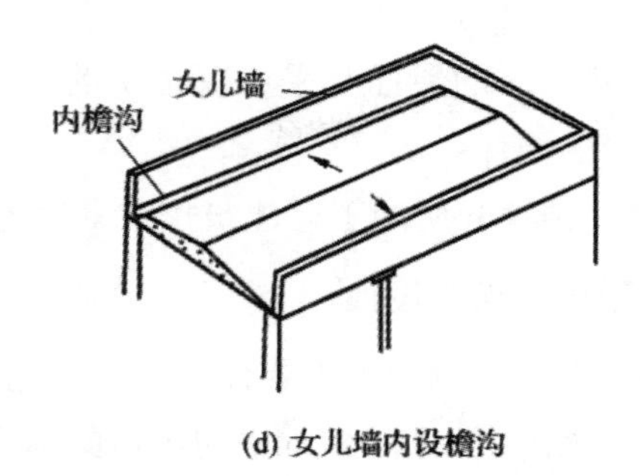

(d) 女儿墙内设檐沟

图 6-7 外排水

(2) 内排水。内排水是屋顶雨水由设在室内的雨水管排到地下排水系统的排水方式。这种排水方式构造复杂、造价及维修费用高，而且雨水管占室内空间，一般适用于大跨度建筑、高层建筑、严寒地区及对建筑立面有特殊要求的建筑物。如图 6-8 所示，根据排水沟和雨水管的位置，内排水的屋顶形式包括：女儿墙内不设檐沟，雨水管在外墙内侧；女儿墙内设檐沟，雨水管在外墙内侧；屋顶中间设纵沟，雨水管在中部；屋顶不设沟，雨水管在中部。

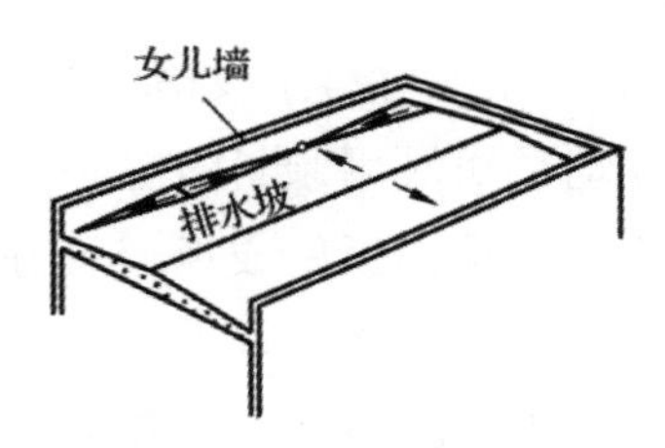

(a) 女儿墙内不设檐沟，雨水管在外墙内侧

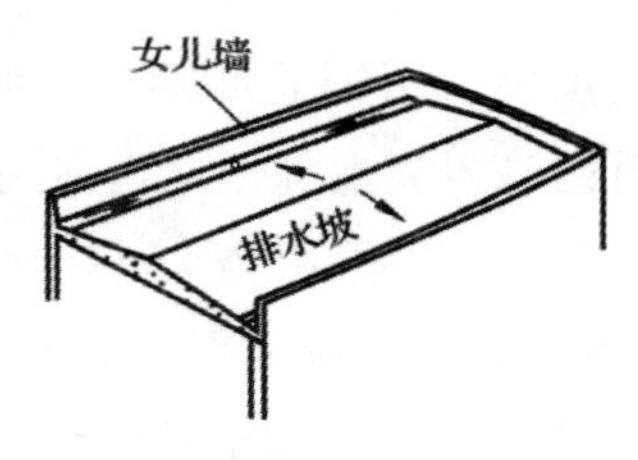

(b) 女儿墙内设檐沟，雨水管在外墙内侧

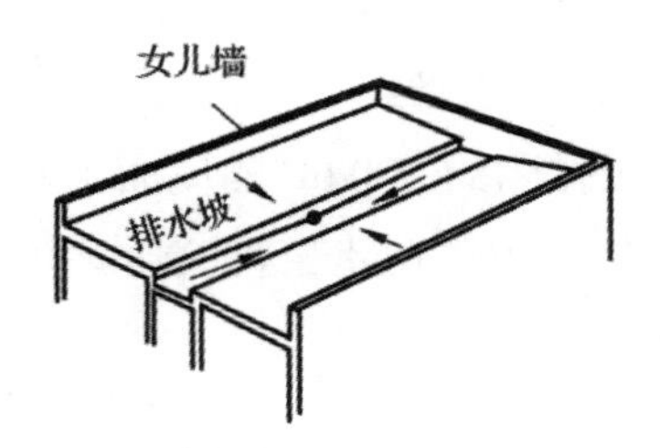

(c) 屋顶中间设纵沟，雨水管在中部

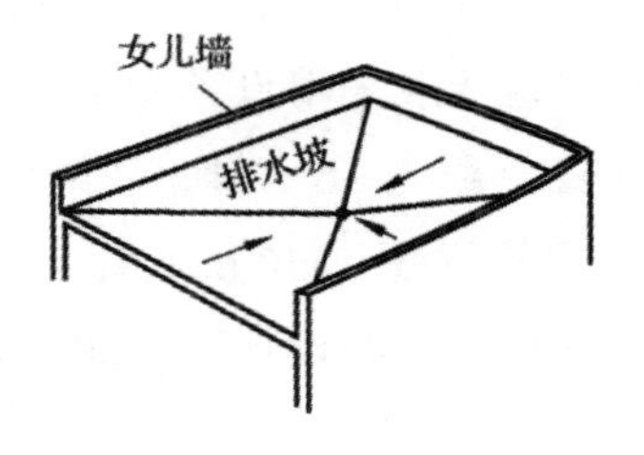

(d) 屋顶不设沟，雨水管在中部

图 6-8 内排水

5. 排水方式的选择

排水方式应根据气候条件、建筑物的高度、使用性质、屋顶面积大小等多种因素确定，一般可以按照下列原则进行选择：

(1) 高度较低的简单建筑，为了控制造价，宜优先选用无组织排水方式；

(2) 积灰多的屋面应采用无组织排水方式，以免大量的粉尘积于屋面，下雨时雨水通道堵塞；

(3) 在降雨量大的地区或房屋较高的情况下，应采用有组织排水方式；

(4) 临街建筑雨水排向人行道时宜采用有组织排水方式；

(5) 严寒地区的屋面宜采用有组织的内排水方式，以免雪水的冻结导致挑檐的拉裂或室外雨水管的损坏；

(6) 有腐蚀性介质的工厂建筑也宜采用无组织排水方式。

6. 屋顶排水组织设计

屋顶排水组织设计的主要任务是：首先将屋面划分为若干个排水区，然后通过适宜的排水坡和排水沟，分别将雨水引向各自的雨水管再排至地面。过程中要确保排水路线简洁，排水通畅，雨水口负荷均匀，避免因积水引起屋顶渗漏。具体设计步骤如下：

(1) 确定排水坡的数目 (分坡)。一般情况下，临街建筑屋面宽度小于 12 m 时，可采用单坡排水方式；宽度大于 12 m 时，宜采用双坡排水方式。坡屋顶应根据建筑造型要求选择单坡、双坡或四坡排水方式。

(2) 选择排水方式，划分排水区域。划分排水区的目的在于合理地布置雨水管。排水区的面积是指屋面水平投影的面积，每一根雨水管的屋面汇水面积不得大于 200 m^2。

(3) 确定天沟的材料、断面形式及尺寸。天沟即屋面上的排水沟，位于檐口部位时又称檐沟。坡屋顶中可用钢筋混凝土、镀锌铁皮、石棉水泥等材料做成槽形或三角形天沟。平屋顶一般用钢筋混凝土制作，当采用女儿墙外排水时，可利用倾斜的屋面与垂直的女儿墙构成三角形天沟；当采用檐沟外排水时，通常用专用的槽形板做成矩形天沟。天沟的净宽应不小于 200 mm，纵坡范围一般为 0.5%～1%。

(4) 确定雨水管材料、规格及间距。目前雨水管多采用 PVC 塑料或塑钢复合雨水管，其直径有 50 mm、75 mm、100 mm、125 mm、150 mm、200 mm 等多种规格。一般民用建筑采用直径为 100 mm 的雨水管；面积较小的露台或阳台可采用直径为 50 mm 或 75 mm 的雨水管；工业建筑一般采用直径为 100～200 mm 的雨水管。

雨水管的间距一般为 18～24 m，每根雨水管可排除约 200 m^2 的屋面雨水。工业建筑的雨水管最大间距不宜超过 30 m。当立面中门窗的位置与雨水管冲突时，可适当调整雨水管的位置。屋顶排水组织设计示例如图 6-9 所示。

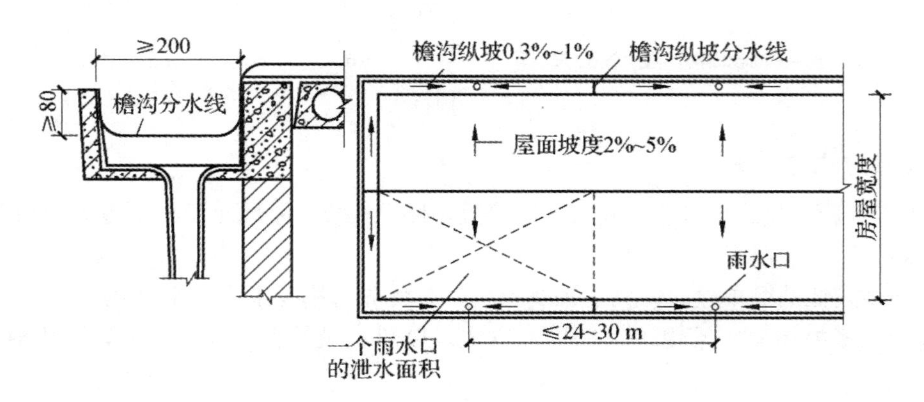

图 6-9 屋顶排水组织设计示例

本节知识体系

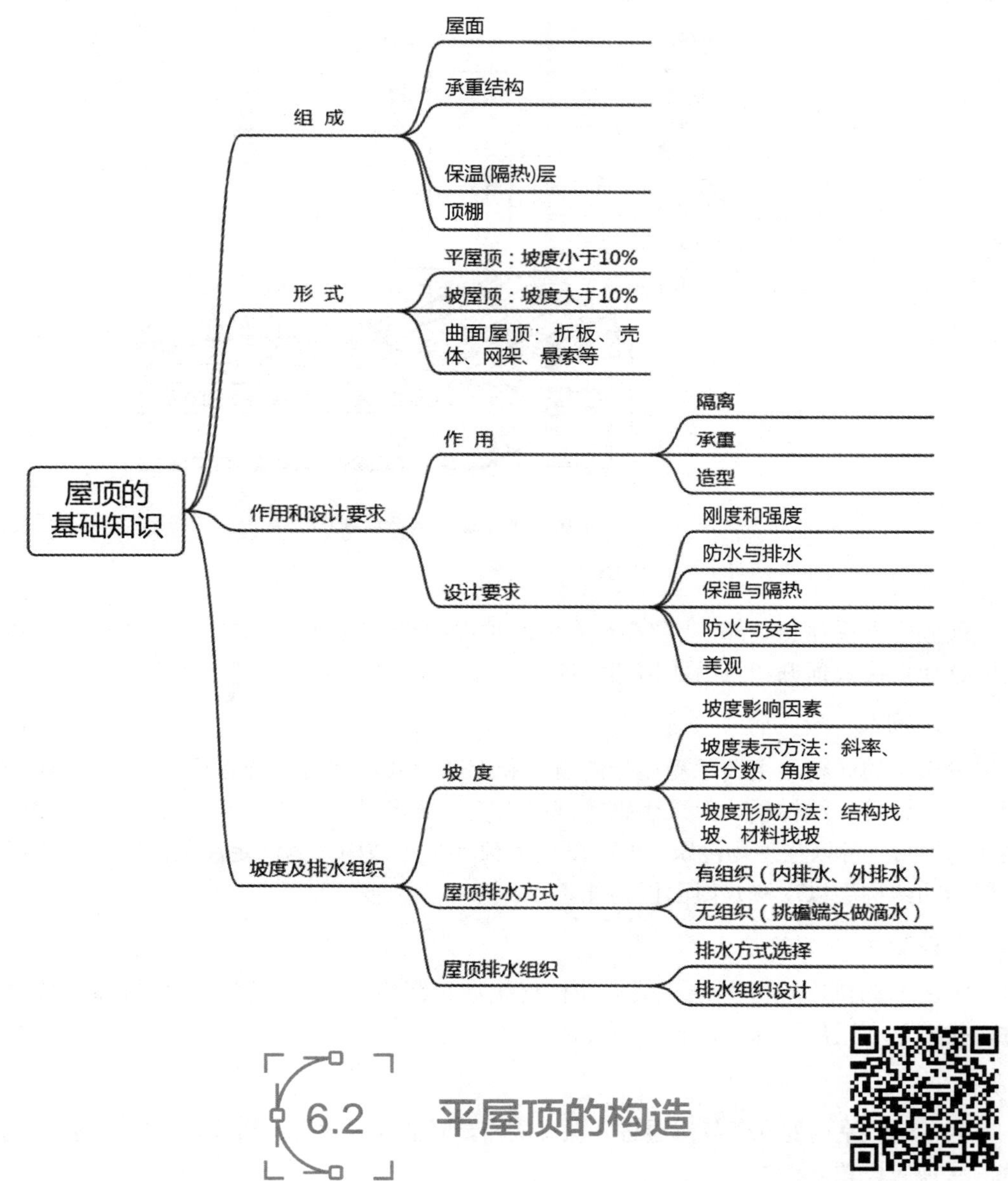

6.2 平屋顶的构造

平屋顶的构造

屋顶坡度小于10%时称为平屋顶。一般平屋顶的坡度为2%～5%。平屋顶的支承结构常用钢筋混凝土，大跨度常用钢结构屋架、平板屋架、梁板结构等布置。因其结构灵活、构造简单，故适合各种形状和大小的平面。由于平屋顶坡度小，易产生渗漏现象，故屋面排水与防水问题的处理显得更为重要。

6.2.1 平屋顶的组成

平屋顶设计中主要解决结构承重、防水排水、保温隔热三大问题。一般做法是：围绕结构层，下部设置顶棚，上部为保护层，中间根据构造要求需要增加其他构造层次，如图6-10所示。

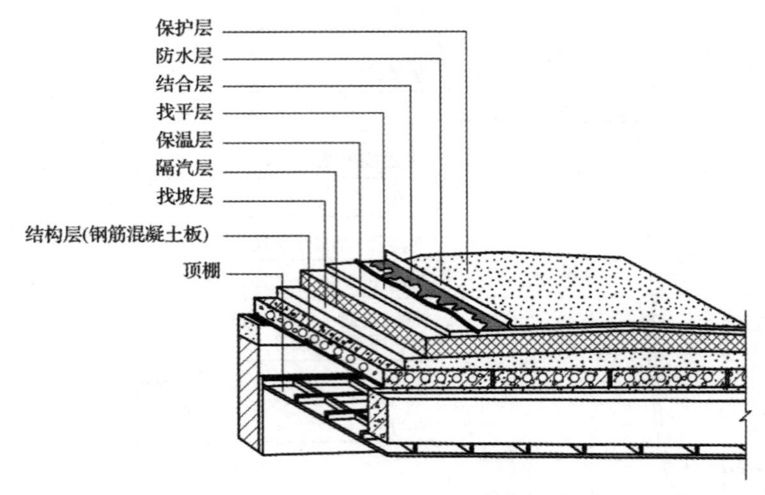

图 6-10　平屋顶的构造组成

1. 顶棚

顶棚位于屋顶的底部，需要满足室内对顶部的平整度和美观要求。按照构造形式不同，顶棚分为直接式顶棚和悬吊式顶棚两种。

2. 结构层

平屋顶的结构层主要承受屋顶的自重和上部荷载，并将其传递给屋顶的支承结构，如墙、柱、梁等。结构层一般采用钢筋混凝土板，要求具有足够的承载力、刚度，减少板的挠度和形变，可以在现场浇筑，也可以采用预制装配结构。为满足屋面防水和防渗漏要求，平屋顶的结构层以现浇式屋面板为佳。

3. 找坡层

平屋面的排水坡分为结构找坡和材料找坡。结构找坡要求屋面结构按屋面坡度设置，材料找坡常利用屋面保温层铺设厚度的变化来完成。

4. 隔汽层

为了防止室内的水蒸气渗透进入保温层内，降低保温效果，当采暖地区的湿度大于75%时，屋顶应设置隔汽层。

5. 保温（隔热）层

保温层或隔热层应设在屋顶的承重结构层与面层之间，一般采用松散材料、板（块）状材料或混凝土现场整浇三种，如膨胀珍珠岩、加气混凝土块、硬质聚氨酯泡沫塑料等。因纤维材料容易产生压缩变形，故采用较少。选用材料时应综合考虑材料的来源、性能、经济等因素。

6. 找平层

找平层是为了使平屋顶的基层平整，保证防水层的平整、排水顺畅、无积水。找平层一般采用 20～30 mm 厚的水泥砂浆、细石混凝土或沥青砂浆。找平层宜设分格缝，并嵌填密封材料。分格缝的纵横缝最大间距应满足：水泥砂浆或细石混凝土找平层不宜大于 6 m；沥青砂浆找平层不宜大于 4 m。

7. 结合层

基层处理剂是在找平层与防水层之间涂刷的一层黏结材料，以保证防水层与基层更好地结合，故又称结合层。结合层增加基层与防水层之间的黏结力并堵塞基层的孔洞，以减少室内潮气的渗透，避免防水层出现鼓泡。

8. 防水层

防水层

由于平屋顶的坡度小，排水流动缓慢，是典型的以“阻”为主的防水系统，因而要加强对屋顶防水构造的处理。平屋顶通常将整个屋面用防水材料覆盖，所有接缝或防水层分格缝用防水胶结材料严密封闭。平屋顶防水层根据材料不同分为柔性防水层和刚性防水层。

(1) 柔性防水层。柔性防水层指采用有一定韧性的防水材料制成的防水层，用来隔绝雨水，防止雨水渗漏到屋面下层。由于柔性材料允许有一定的变形，因此，柔性防水层只有在屋面基层结构变形不大的条件下才可以使用。柔性防水层的材料主要有防水卷材和防水涂料两类。

(2) 刚性防水层。刚性防水层是采用密实混凝土现浇而成的防水层。刚性防水层按材料的不同有普通细石混凝土防水层、补偿收缩防水混凝土防水层、块体刚性防水层和配筋钢纤维刚性防水层。

9. 保护层

当柔性防水层置于最上层时，为防止阳光的照射使防水材料老化，上人屋面应在防水层上加保护层。其材料和做法应根据防水层所用材料和屋面的利用情况来定，可以采用细石混凝土、水泥砂浆、沥青砂浆或干砂层铺设预制混凝土板或水泥花砖、缸砖等。不上人屋面可以采用沥青胶粘贴粒径为 3～6 mm 的绿豆砂，或者将铝银粉涂料直接涂刷在卷材表面，也可用铝箔、彩砂等做保护层。此外，保护层还可与隔热层结合在一起形成架空保护层。

6.2.2 平屋顶柔性防水

平屋顶柔性防水包含卷材防水和涂料防水。卷材防水等级高，涂料防水等级低。这里只介绍卷材防水。

1. 卷材防水屋面的基本构造

卷材防水屋面由结构层、找平层、结合层、防水层和保护层组成，按实际需要还可设置找坡层，如图 6-11 所示。

(1) 结构层。结构层为现浇或预制的钢筋混凝土板。当结构层为装配式钢筋混凝土板时，应采用细石混凝土灌缝，其强度等级不应小于 C20。

(2) 找平层。找平层的表面应压实平整，一般用 1∶3 的水泥砂浆或细石混凝土做表面，厚度为 20～30 mm，排水坡度一般为 2%～3%，檐沟处纵坡为 1%。构造上需设间距不大于 6 m 的分格缝。

(3) 防水层。防水层主要采用沥青类卷材、高聚物改性沥青防水卷材和合成高分子防水卷材三类。

(4) 保护层。保护层分为不上人屋面保护层和上人屋面保护层。

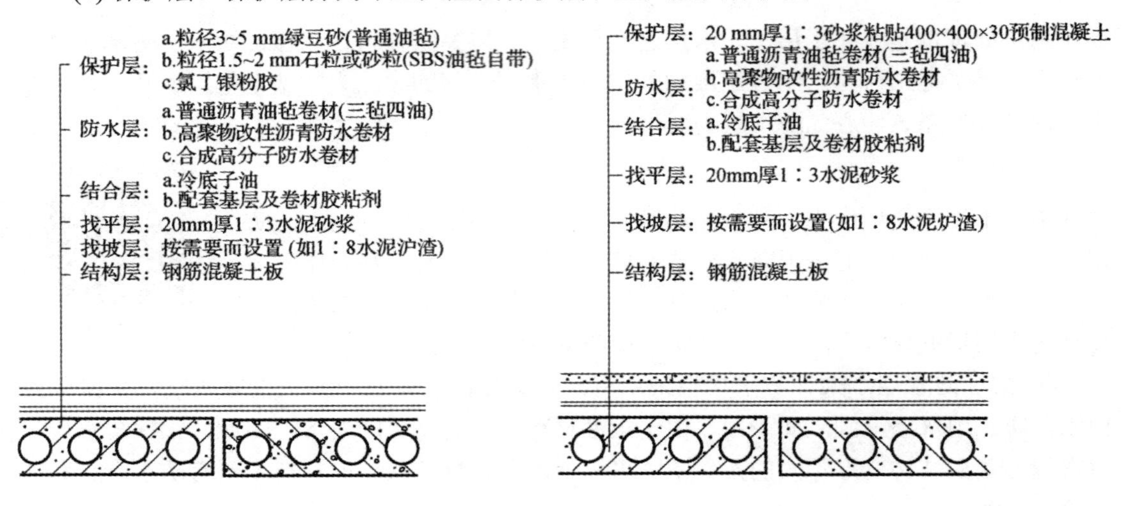

图 6-11 平屋顶卷材防水屋面构造做法

2. 卷材防水层的铺贴方法

卷材防水层的常用铺贴方法包括冷粘法、自粘法、热熔法等。

(1) 冷粘法。冷粘法是在基层涂刷基层处理剂后，将胶黏剂涂刷在基层上，然后把卷材铺贴上去。

(2) 自粘法。自粘法是在基层涂刷基层处理剂的同时撕去卷材的隔离纸，立即铺贴卷材，并在搭接部位用热风加热，以保证接缝部位的黏结性能。

(3) 热熔法。热熔法是在卷材宽幅内用火焰加热器喷火均匀加热，直到卷材表面有光亮黑色即可黏合，并压粘牢，当卷材贴好后还应在接缝口处用 10 mm 宽的密封材料封严。该方法对厚度小于 3 mm 的高聚物改性沥青卷材禁止使用。

3. 卷材防水屋面的节点构造

卷材防水屋面在泛水、檐口、变形缝、上人孔、屋面与突出构件之间等处特别容易产生渗漏，所以应加强这些部位的防水处理。

(1) 泛水。泛水是指屋面防水层与凸出构件之间的防水构造。一般在屋面防水层与女儿墙、上人屋面的楼梯间、凸出屋面的电梯机房、水箱间、高低屋面交接处等都需做泛水。泛水的高度不应小于 250 mm，在转角处应将找平层做成半径不小于 20 mm 的圆弧或 45° 斜面，使防水卷材紧贴其上。由于贴在墙上的卷材上口易脱离墙面或张口，导致漏水，因此上口要做收口和挡水处理。收口一般采用钉木条、压铁皮、嵌砂浆、嵌配套油膏和盖镀锌铁皮等处理方法。

对于砖女儿墙，防水卷材的收头可直接铺压在女儿墙压顶下，压顶应做防水处理。也可在墙上留凹槽，卷材收头压入凹槽内固定密封，凹槽上部的墙体也应做防水处理，如图6-12(a) 所示。对混凝土墙，防水卷材的收头可采用金属压条钉压，并用密封材料封固，如图 6-12(b) 所示。进出屋面的门下踏步也应做泛水收头处理，一般做法是将屋面防水层沿墙向上翻起至门槛踏步下，并覆以踏步盖板，踏步盖板伸出墙外约 60 mm。

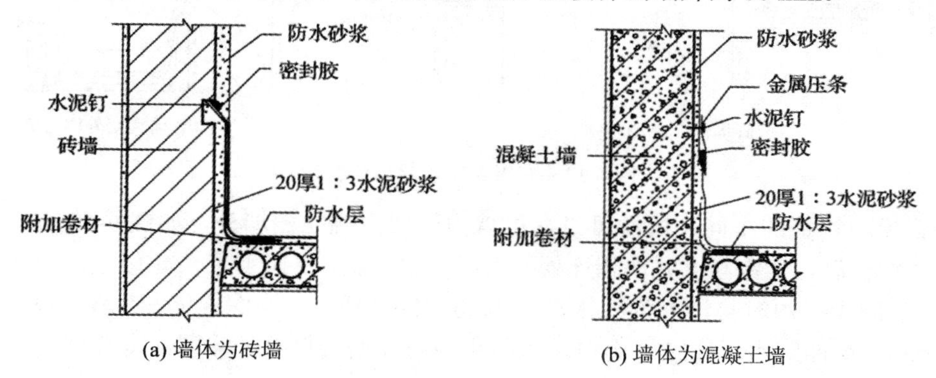

(a) 墙体为砖墙　　(b) 墙体为混凝土墙

图 6-12　泛水的构造做法

(2) 檐口。檐口是屋面防水层的收头处，檐口的构造处理方法与其形式有关，檐口的形式由屋面的排水方式和建筑物的立面造型要求确定。按屋面的排水方式，檐口可分为无组织排水檐口和有组织排水檐口。

① 无组织排水檐口。当檐口出挑较大时，常采用预制钢筋混凝土挑檐板与屋面板焊接，或伸入屋面一定长度，以平衡出挑部分的重量。也可由屋面板直接出挑，但出挑长度不宜过大，檐口处做滴水线。预制挑檐板与屋面板的接缝要做好嵌缝处理，以防渗漏。目前常用做法是现浇圈梁挑檐，如图 6-13 所示。

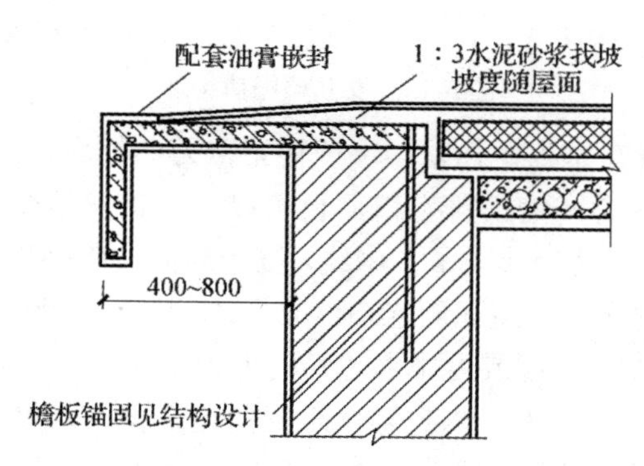

图 6-13　现浇圈梁挑檐

② 有组织排水檐口。有组织排水檐口是将聚集在檐沟中的雨水分别由雨水口经雨水斗、雨水管 (又称水落管) 等装置引导至室外明沟内。有组织排水通常有两种情况：檐沟排水和女儿墙排水。檐沟可采用钢筋混凝土制作，挑出墙外，当挑出长度大时可用挑梁支承檐沟。檐沟内的水经雨水口流入雨水管，如图 6-14(a) 所示。有女儿墙的檐口，檐沟也可设于外墙内侧，如图 6-14(b) 所示，并在女儿墙上每隔一段距离设雨水口，檐沟内的水经雨水口流入雨水管中。也可不设檐沟，雨水顺屋面坡度流至雨水口排出女儿墙外，或借弯头直接流入雨水管中。

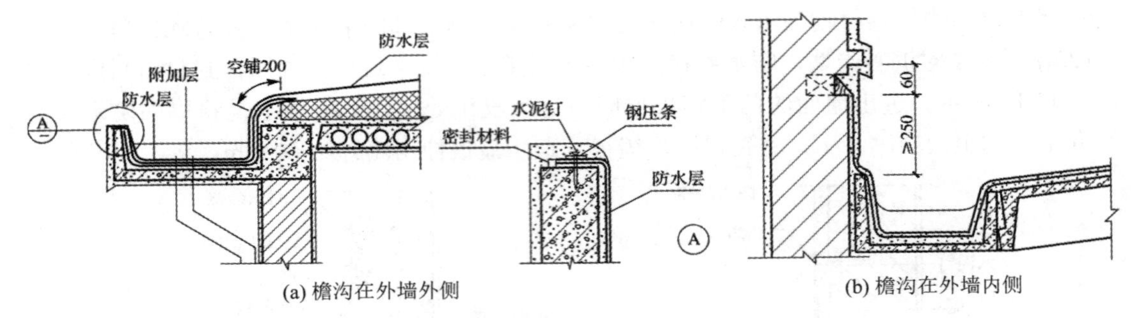

(a) 檐沟在外墙外侧
(b) 檐沟在外墙内侧

图 6-14　有组织排水檐口的构造

根据檐口构造的不同，檐沟可设在檐墙内侧或出挑在檐墙外，如图 6-15 所示。檐沟设在檐墙内侧时，檐沟与女儿墙相连处要做好泛水设施，并应具有一定纵坡，一般不应小于 1%。为防止暴雨时挑檐檐沟积水产生倒灌或排水外泄，沟深 (减去起坡高度) 不宜小于 150 mm。屋面防水层应包入沟内，以防止沟与外檐墙接缝处渗漏，沟壁外口底部要做滴水线，防止雨水顺沟底流至外墙面。

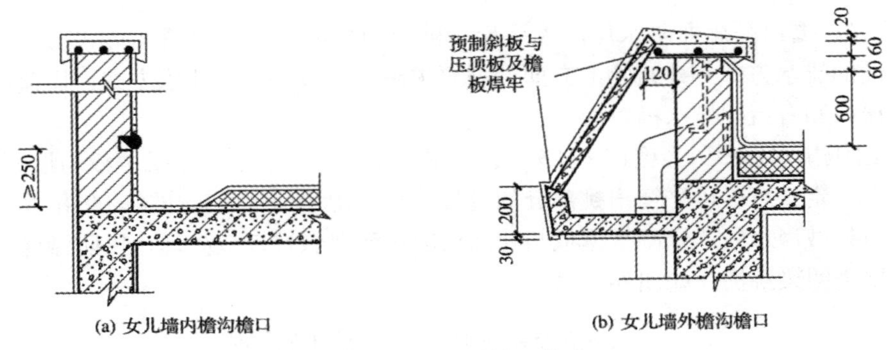

(a) 女儿墙内檐沟檐口
(b) 女儿墙外檐沟檐口

图 6-15　女儿墙檐口构造

内排水屋面的雨水管在室内往往紧挨墙或柱子，万一损坏，不易修理。雨水管应选用抗腐蚀及耐久性好的铸铁管和铸铁排水口，也可以采用镀锌钢管或 PVC 管。由于屋面做了排水坡，在不同的坡面相交处形成了分水线，整个屋面被明确地划分为一个个的排水区。排水坡的底部应设屋面雨水口。屋面雨水口应布置均匀，其间距决定于排水量，有外檐天沟时不宜大于 24 m，无外檐天沟或内排水时不宜大于 15 m。

(3) 雨水口。雨水口是将屋面雨水排至雨水管的连接构件，通常为定型产品，多用铸铁、钢板制作。雨水口分直管式和弯管式两大类。直管式雨水口用于内排水中间天沟、外排水挑檐等，弯管式雨水口只适用于女儿墙外排水天沟。

直管式雨水口的型号一般应根据降雨量和汇水面积选择。直管式雨水口的具体构造做法是：先将套管 (呈漏斗型) 安装在挑檐板上，防水卷材和附加卷材均粘在套管内壁上，再用环形筒嵌入套管内将卷材压紧，嵌入深度不小于 100 mm，环形筒与底座的接缝需用油膏嵌缝，如图 6-16(a) 所示。雨水口周围直径 500 mm 范围内的坡度不得小于 5%，并用密封材料涂封，厚度不宜小于 2 mm，雨水口套管与基层接触处应留有宽度为 20 mm、深度为 20 mm 的凹槽，并嵌填密封材料。

弯管式雨水口至 90° 弯状，由弯曲套管和铸铁箅子两部分组成。弯曲套管置于女儿墙预留的孔洞中，屋面防水卷材和泛水卷材应铺到套管的内壁四周，铺入深度不小于100 mm，套管口用铸铁箅子遮挡，防止杂物堵塞雨水口，如图6-16(b)所示。

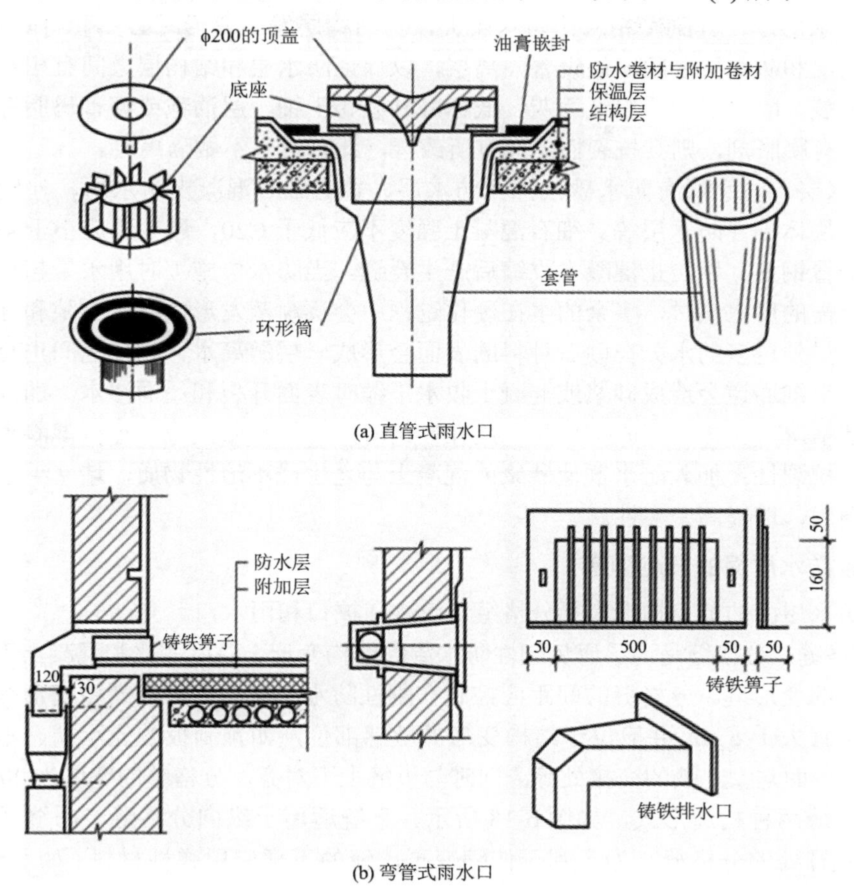

(a) 直管式雨水口

(b) 弯管式雨水口

图6-16 卷材防水屋面雨水口构造

6.2.3 平屋顶刚性防水屋面

1. 刚性防水屋面的基本构造

刚性防水屋面的构造层次一般有：防水层、隔离层、找平层、结构层等，如图6-17所示。刚性防水屋面应尽量采用结构找坡。

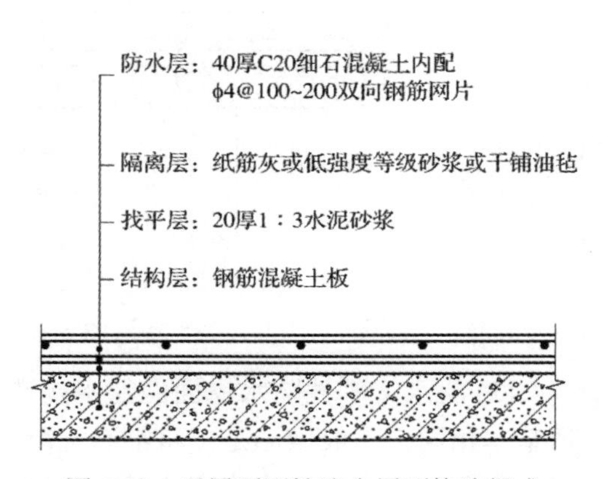

图6-17 平屋顶刚性防水屋面构造组成

(1) 结构层。刚性防水屋面的结构层必须具有足够的强度和刚度，故通常采用现浇或预制的钢筋混凝土屋面板。刚性防水屋面一般为结构找坡。屋面板选型应考虑施工荷载，屋面板排列方向应一致，以平行屋脊为宜。

(2) 找平层。为了保证防水层薄厚均匀，预制钢筋混凝土屋面板上通常应先做一层找平层，找平层一般为 20 mm 厚的 1∶3 水泥砂浆，若屋面板为现浇可不设此层。

(3) 隔离层。结构层在荷载作用下产生挠曲变形，在温度变化时产生胀缩变形。因为结构层较防水层厚，其刚度相应比防水层大，当结构层发生变形时必然会将防水层拉裂，所以在结构层和防水层之间应该设置隔离层，以保证防水层和结构层之间有相对变形，防止防水层开裂。隔离层常采用纸筋灰、低标号砂浆、干铺一层油毡或沥青玛脂等做法。若防水层中加有膨胀剂，则其抗裂性能会有所改善，此时也可不做隔离层。

(4) 防水层。防水层有防水砂浆抹面防水层、普通细石混凝土防水层、补偿收缩混凝土防水层、块体刚性防水层等。细石混凝土强度不应低于 C20，厚度不应小于 40 mm，在其中双向配置钢筋，以防止混凝土收缩后产生裂缝。当防水层施工时用水量超过水泥在水凝过程中所需的用水量时，多余的水在硬化过程中会逐渐蒸发形成许多空隙和互相连贯的毛细管网；另外过多的水分在砂石骨料的表面会形成一层游离水，相互之间也会形成毛细通道，这些毛细通道会造成砂浆或混凝土收水干缩时表面开裂和屋面渗水。加入外加剂可以改善上述情况，如掺入膨胀剂使防水层在硬结时产生微膨胀效应，抵抗混凝土原有的收缩性以提高抗裂性；加入防水剂使砂浆或混凝土与之生成不溶性物质，堵塞毛细孔道，形成憎水性薄膜，以提高密实性。

2. 刚性防水屋面的节点构造

刚性防水屋面的节点构造包括分格缝、泛水、檐口和雨水口。

(1) 分格缝。分格缝是为了避免刚性防水层因结构变形、温度变化和混凝土干缩等产生裂缝所设置的变形缝。分格缝的间距应控制在刚性防水层受温度影响产生变形的许可范围内，一般不宜大于 6 m，并应位于结构变形的敏感部位，如预制板的支承端、不同屋面板的交接处、屋面与女儿墙的交接处等，同时与板缝上下对齐。分格缝的宽度为 20～40 mm，有平缝和凸缝两种构造形式，如图 6-18 所示。平缝适用于纵向分格缝，凸缝适用于横向分格缝和屋脊处的分格缝。为了利于伸缩变形，缝的下部应用弹性材料 (如发泡聚乙烯、沥青麻丝等) 填塞，上部用防水密封材料嵌缝。当防水要求较高时，可在分格缝的上面再加铺一层卷材进行覆盖。

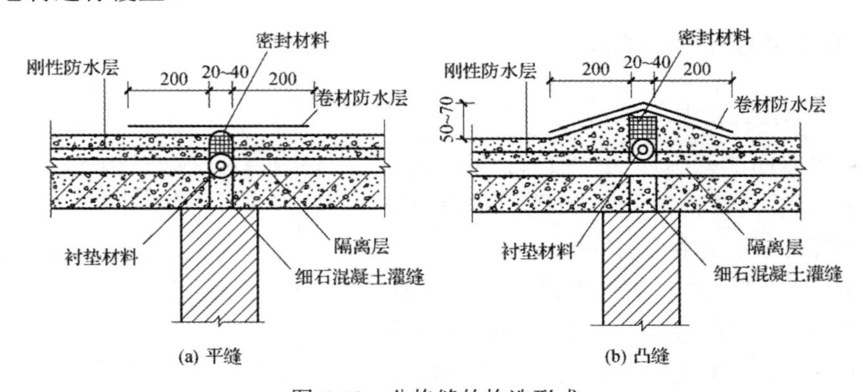

图 6-18 分格缝的构造形式

(2) 泛水。刚性防水屋面的泛水构造如图 6-19 所示，其与柔性防水屋面泛水构造的原理基本相同。一般做法是：将细石混凝土防水层直接延伸到墙面上，细石混凝土内的钢筋网片也同时上弯。泛水应有足够的高度，转角处做成圆弧或 45° 斜面，与屋面防水层应一次浇成，不留施工缝，上端应有挡雨设施，一般做法是：将砖墙挑出 1/4 砖，抹水泥砂浆滴水线。刚性屋面的泛水与墙之间必须设分格缝，以免因两者变形不一致使泛水开裂漏水，缝内用弹性材料充填，缝口应用油膏嵌缝或铁皮盖缝。

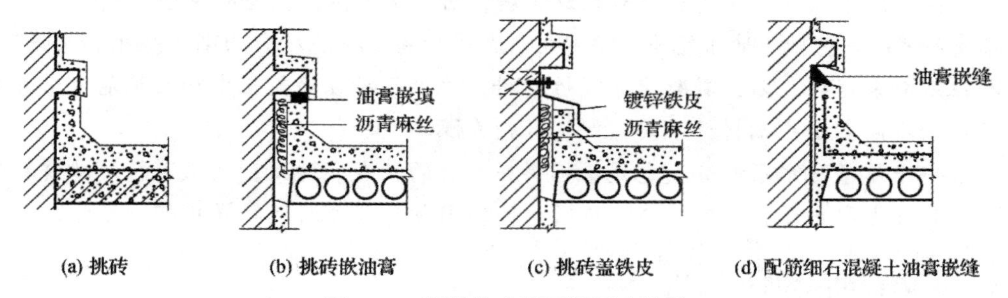

图 6-19 刚性防水屋面的泛水构造

(3) 檐口。刚性防水屋面的檐口形式分为无组织排水檐口和有组织排水檐口。无组织排水檐口通常直接由刚性防水层挑出形成，挑出尺寸一般不大于 450 mm，也可设置挑檐板，刚性防水层伸到挑檐板之外。有组织排水檐口有挑檐沟檐口、女儿墙檐口和斜板挑檐檐口等做法。挑檐沟檐口的檐沟底部应用找坡材料垫置形成纵向排水坡度，铺好隔离层后再做防水层，防水层一般采用 1∶2 的防水砂浆。女儿墙檐口、斜板挑檐檐口与刚性防水层之间按泛水处理，其形式与卷材防水屋面的相同，如图 6-20 所示。

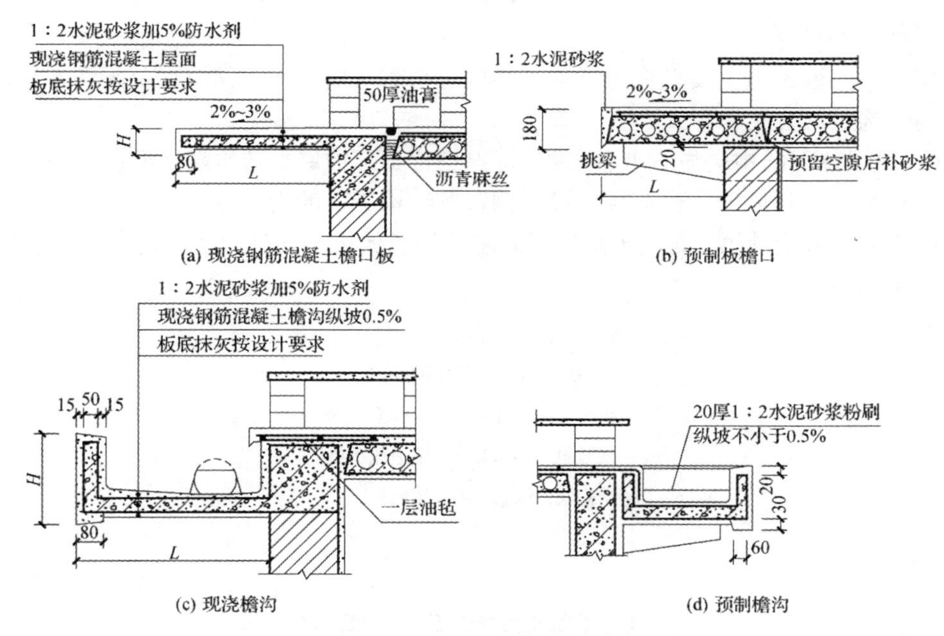

图 6-20 刚性防水屋面的檐口构造

(4) 雨水口。刚性防水屋面雨水口的规格和类型与柔性防水屋面所用雨水口相同。安装直管式雨水口时为防止雨水从套管与沟底接缝处渗漏，应在雨水口四周加铺柔性卷材，卷材应铺入套管的内壁。檐口内浇筑的混凝土防水层应盖在附加的卷材上，防水层与雨水口的相接处用油膏嵌封。弯管式雨水口安装前，应先在下面铺一层柔性卷材，然后浇筑屋面防水层，防水层与弯头交接处用油膏嵌封。

【拓展知识】

平屋顶防水层构造分为刚性防水层和柔性防水层。其中刚性防水层的防水材料为细石混凝土，柔性防水层的防水材料为卷材或涂料，防水类型不同，材料完全不同。

本书项目 2—基础与地下室中，按照材料及受力特点将基础分为刚性基础和柔性基础。其中刚性基础采用砖、石、混凝土等脆性材料，柔性基础在混凝土中加入钢筋来增加基础的抗剪性。不同类型基础材料不同，但具有相关性。

本节中平屋顶防水层的分类也是根据材料本身的特点和适用范围来进行。建筑构件的类型很大程度上取决于材料的选择，不同构件的同种类型之间也同样具有相关性。

6.2.4 平屋顶的保温与隔热

平屋顶的保温材料应具有吸水率低、表观密度和导热系数小等特点，并具有一定的强度。保温材料按物理特性可分为三大类：一是散料类保温材料，如膨胀珍珠岩、膨胀蛭石、炉渣、矿渣等；二是整浇类保温材料，如水泥膨胀珍珠岩、水泥膨胀蛭石等；三是板块类保温材料，如用加气混凝土、泡沫混凝土、膨胀珍珠岩混凝土、膨胀蛭石混凝土等加工成的保温块材或板材，或聚苯乙烯泡沫塑料保温板。

保温材料的类型应根据工程实际选择，保温层的厚度通过热工计算确定。

1. 平屋顶的保温

平屋顶的保温构造主要有保温层位于结构层与防水层之间、保温层位于防水层之上和保温层与结构层结合三种形式。

(1) 保温层位于结构层与防水层之间。保温层位于结构层与防水层之间的做法如图 6-21 所示，其符合热工学原理，也符合保温层搁置在结构层上的力学要求，同时上面的防水层避免了雨水向保温层渗透，有利于维持保温层的保温效果。此种做法构造简单、施工方便，故在工程中应用最为广泛。

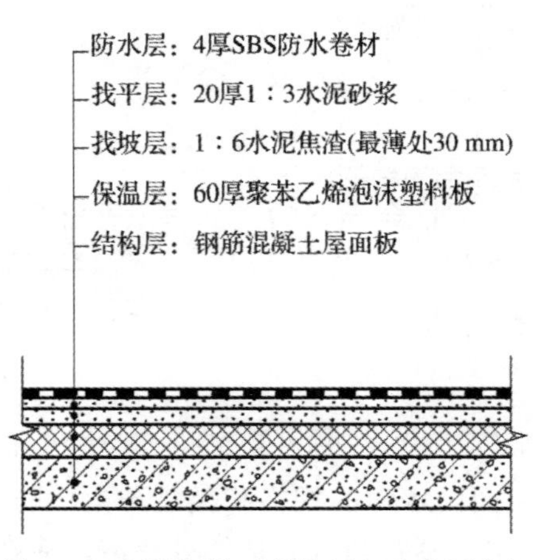

图 6-21 保温层位于结构层与防水层之间

(2) 保温层位于防水层之上。保温层位于防水层之上的做法与传统保温层的铺设顺序相反，所以又称为倒铺保温层，如图 6-22 所示。倒铺保温层时，保温材料须选择不吸水、耐候性强的材料，如聚氨酯或聚苯乙烯泡沫塑料保温板等有机保温材料。因为有机保温材料质量轻，直接铺在屋顶最上部时容易被风吹起，所以在有机保温材料的上面须用混凝土、卵石、砖等较重的覆盖层压住。倒铺保温层屋顶的防水层不受外界影响，保证了防水层的耐久性，但保温材料的使用受到限制。

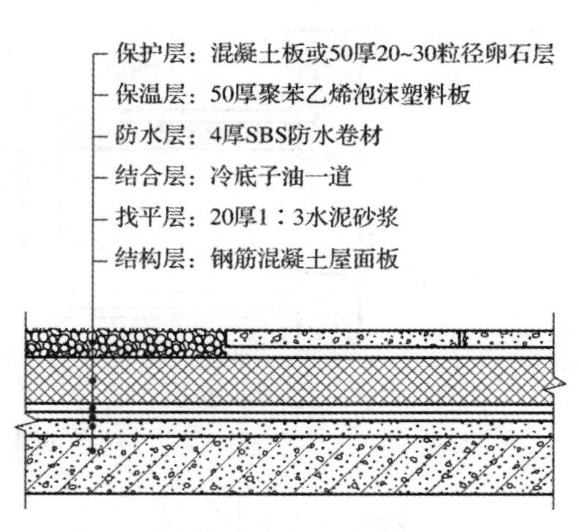

图 6-22 保温层位于防水层之上

(3) 保温层与结构层结合。保温层与结构层结合的做法有三种。

① 保温层设在槽形板的下面，如图 6-23(a) 所示，这种做法会使室内的水汽进入保温层中，降低保温效果。

② 保温层放在槽形板朝上的槽口内，如图 6-23(b) 所示。

③ 将保温层与结构层合为一体，如配筋的加气混凝土屋面板，如图 6-23(c) 所示，这种构件既能承重，又有保温效果，简化了屋顶构造层次，施工方便，但屋面板的强度低、耐久性差。

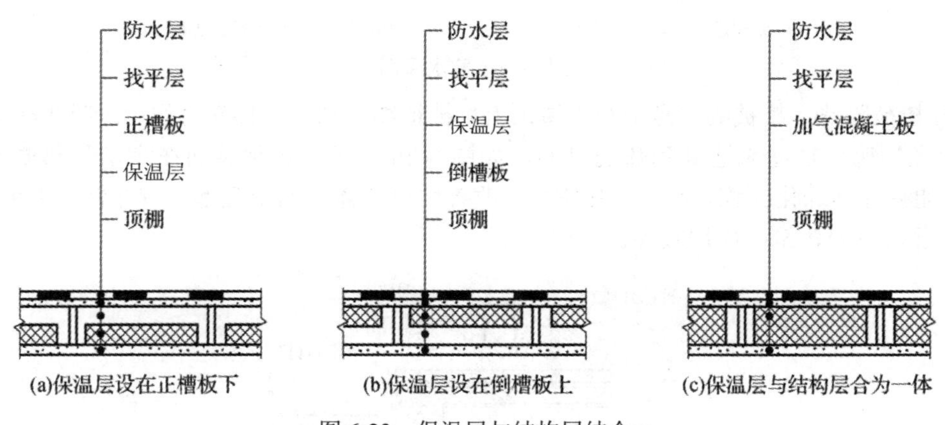

图 6-23 保温层与结构层结合

2. 平屋顶的隔热

平屋顶的隔热构造可采用通风隔热、蓄水隔热、植被隔热、反射隔热等方式。

(1) 通风隔热。通风隔热是在屋顶设置通风间层，利用空气的流动带走大部分的热量，达到隔热降温的目的。通风隔热屋面有两种做法：一种是在结构层与悬吊顶棚之间设置通风间层，在外墙上设进气口与排气口，如图 6-24(a) 所示；另一种是设架空屋面，如图 6-24(b) 所示。

(2) 蓄水隔热。蓄水隔热是在平屋顶上面设置蓄水池，利用水的蒸汽带走大量的热量，从而达到隔热降温的目的。蓄水隔热屋面的构造与刚性防水屋面基本相同，只是增设了分仓墙、过水孔和溢水口，如图 6-25 所示。这种屋面有一定的隔热效果，但使用中的维护费用较高。

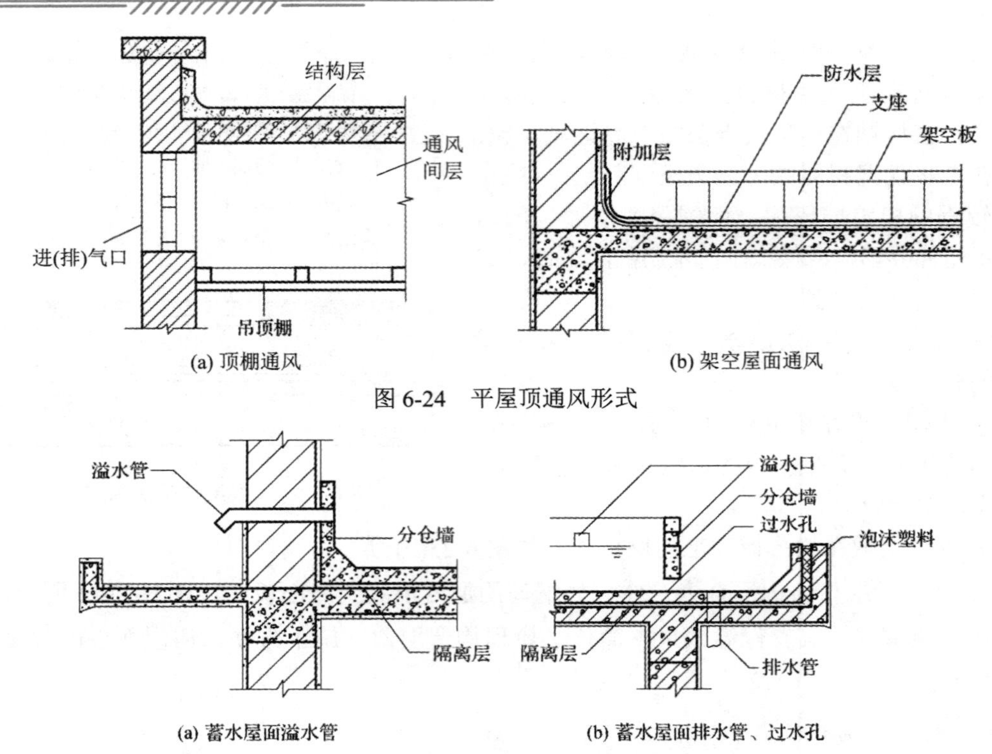

(a) 顶棚通风　　(b) 架空屋面通风

图 6-24　平屋顶通风形式

(a) 蓄水屋面溢水管　　(b) 蓄水屋面排水管、过水孔

图 6-25　蓄水屋面

(3) 植被隔热。植被隔热是指在平屋顶上种植植物，利用植物光合作用时吸收热量和植物对阳光的遮挡功能来达到隔热的目的，如图 6-26 所示。这种屋面在满足隔热要求的同时，还能够提高绿化面积，对于净化空气、改善城市整体空间景观都具有非常重要的意义，在中高层以下的建筑中应用较多。

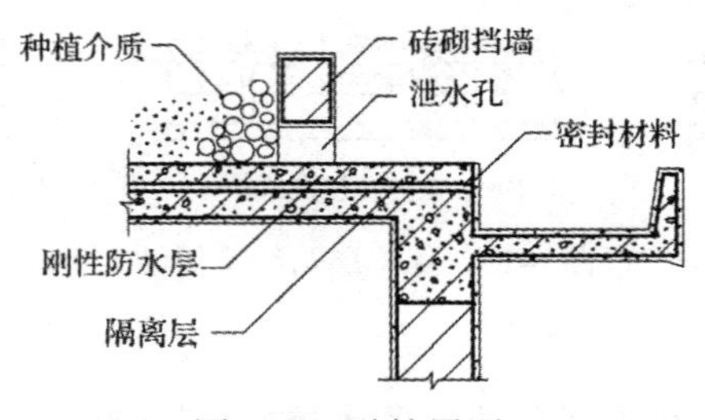

图 6-26　种植屋面

(4) 反射隔热。反射隔热是指在屋面铺浅色的砾石或刷浅色涂料等，利用浅色材料对热辐射的反射作用，将屋面的太阳辐射热反射出去，从而达到降温的目的。目前，卷材防水屋面采用的新型防水卷材，如高聚物改性沥青防水卷材和合成高分子防水卷材正面覆盖的铝箔，就是利用反射隔热的原理来保护防水卷材的。

【思政课堂】

国务院 2013 年 1 月 23 日发布的《循环经济发展战略及近期行动计划》中指出：“要推动现有商用建筑进行保温、隔热改造并对采暖、制冷、通风、照明、冷藏等系统进行节能改造，采用自动控制扶梯等节能设备和技术。”该计划为建筑业循环经济理念的建立与发展提供了新的思路，也对今后一个时期的工作进行了具体部署。

本节知识体系

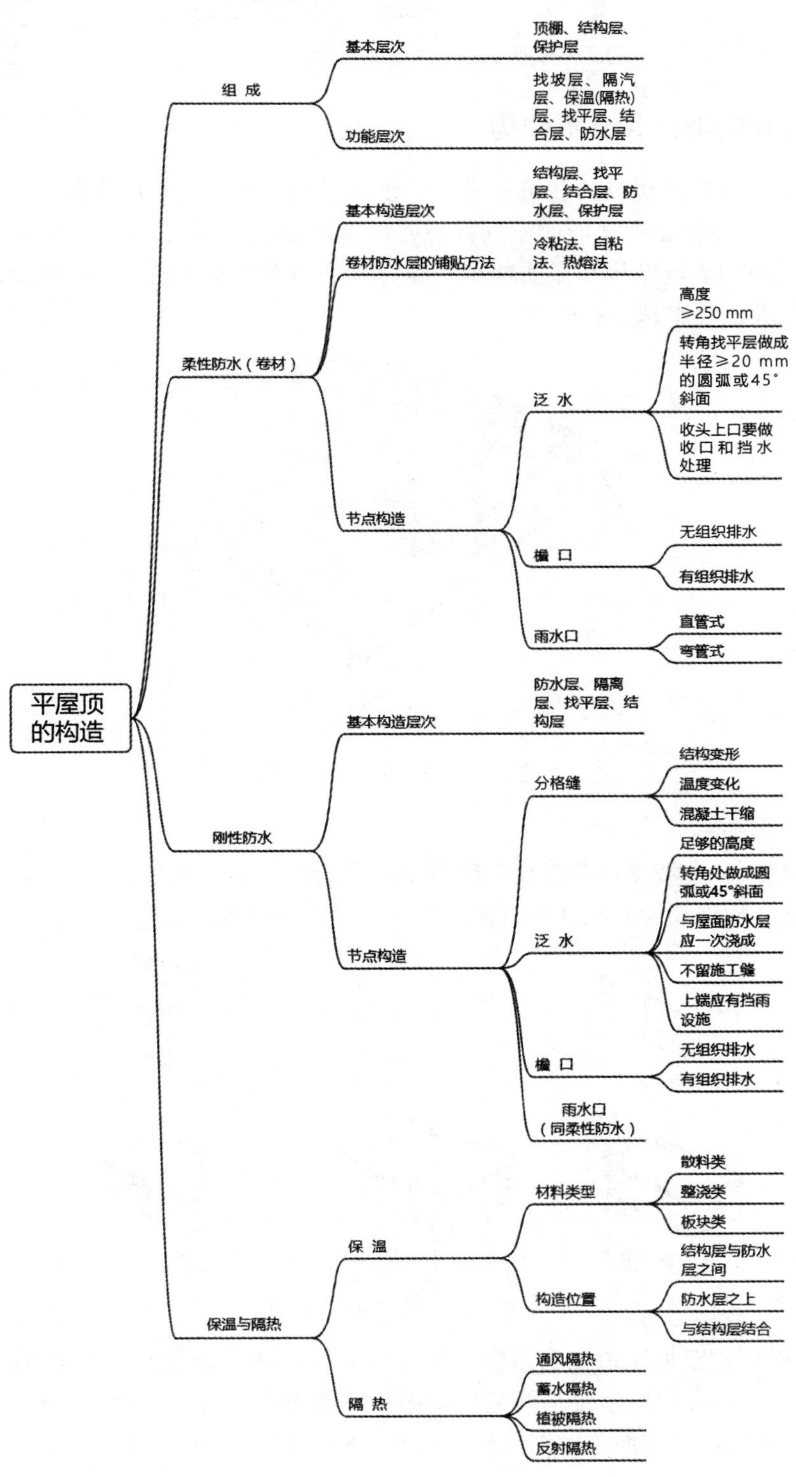

6.3 坡屋顶的构造

坡屋顶的构造

6.3.1 坡屋顶的形式和支承结构

坡屋顶建筑为我国传统的建筑形式，主要由屋面构件、支承构件和顶棚等部分组成，如图 6-27 所示。根据使用功能的不同，有些坡屋顶还需设保温层、隔热层等。坡屋顶的坡度随着所采用的支承结构和屋面铺材和铺盖方法的不同而变化，一般坡度均大于 10%。坡屋顶坡度越大，雨水越容易排除。

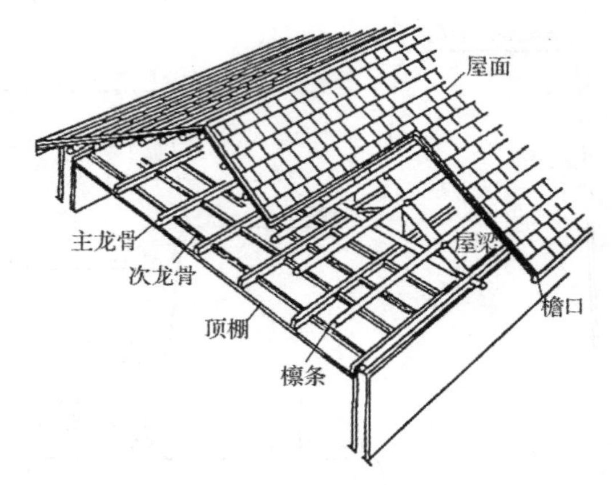

图 6-27　坡屋顶的构造组成

1. 坡屋顶的形式

(1) 单坡屋顶。单坡屋顶在房屋宽度很小或临街时采用，如图 6-28(a) 所示。单坡屋顶在造型美观度、构造功能齐全性等方面均欠佳，目前已很少应用。

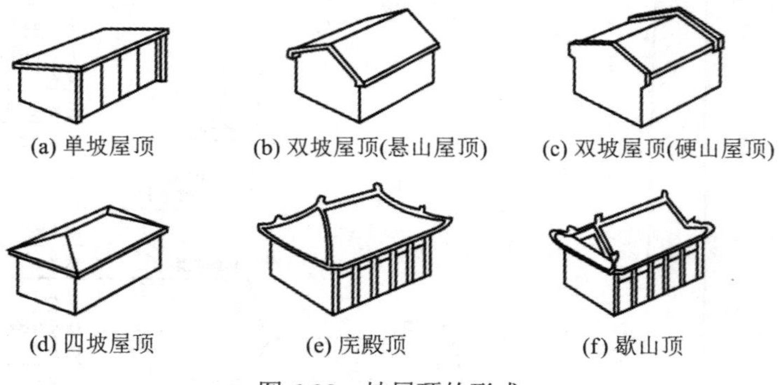

(a) 单坡屋顶　(b) 双坡屋顶(悬山屋顶)　(c) 双坡屋顶(硬山屋顶)

(d) 四坡屋顶　(e) 庑殿顶　(f) 歇山顶

图 6-28　坡屋顶的形式

(2) 双坡屋顶。双坡屋顶在房屋宽度较大时采用，可分为悬山屋顶和硬山屋顶，如图 6-28(b)、(c) 所示。悬山屋顶是指两端挑出山墙外的屋顶形式；硬山屋顶是指两端山墙高出屋面的屋顶形式。双坡屋顶的结构易于布置，构造容易处理，所以应用较多。

(3) 四坡屋顶。四坡屋顶也叫四坡落水屋顶，如图 6-28(d) 所示。四坡屋顶在其两端三面相交处的结构与构造处理上都比较复杂。古代宫殿庙宇常用的庑殿顶和歇山顶都属于四坡屋顶，如图 6-28(e)、(f) 所示。

【思政课堂】

中国建筑要面向未来，但我们更不能忘记它还背靠五千年中华文明。我们应认真梳理和汲取拥有强大生命力的中国传统建筑风格和元素，坚持以人为本的建筑本原，既研究传统建筑的形，更传承传统建筑的神，妥善处理城市建筑形与神、点与面、取与舍的关系，在建筑文化泛西方化和同质化的裹挟面前清醒地保持中国建筑文化的独立与自尊。在此基础上，我们要弄清楚西方建筑文化的来龙去脉，把东西方建筑文化融会贯通，在继承民族优秀传统的过程中吸收西方优秀建筑理念，在与西方建筑技艺交融对话中不断发展中国建筑文化，努力建造体现地域性、文化性、时代性和谐统一的有中国特色的现代建筑。

2. 坡屋顶的支承结构形式

为了满足功能、经济、美观等方面的要求，建筑物必须合理地选用支承结构，进而实现建筑坡屋顶的各类形式。在坡屋顶中常采用的支承结构有山墙承重、屋架承重、梁架承重等类型，如图 6-29 所示。在低层住宅、宿舍等建筑中，由于房间开间较小，常用山墙承重结构。在食堂、学校、俱乐部等建筑中，开间较大的房间可根据具体情况用屋架和梁架承重。

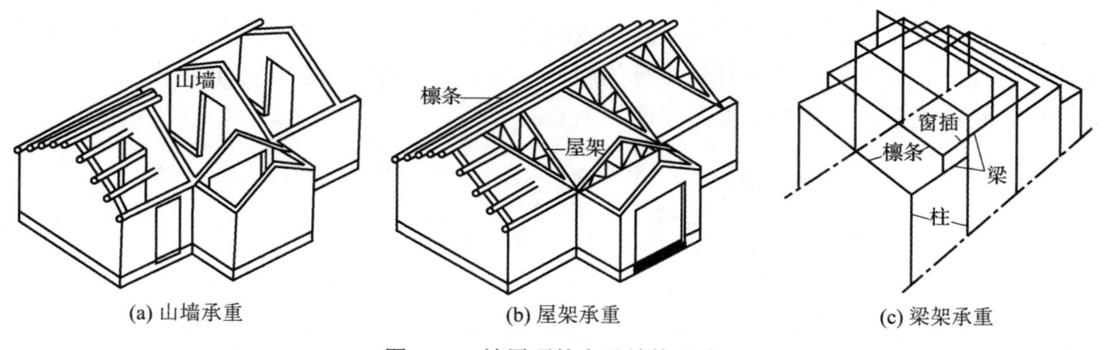

(a) 山墙承重　(b) 屋架承重　(c) 梁架承重

图 6-29　坡屋顶的支承结构形式

1) 山墙承重

山墙作为屋顶承重结构，多用于房间开间较小的建筑。这种建筑在山墙上搁檩条，在檩条上椽再铺屋面面板；或在山墙上直接搁钢筋混凝土板，然后铺瓦。山墙的间距应尽量一致，一般在 4 m 左右。当建筑平面上有纵向走道贯通时，可先设砖拱或钢筋混凝土梁，再砌山墙的山尖，以搁置檩条。檩条一般有木檩条和预应力钢筋混凝土檩条。木檩条的跨度在 4 m 以内，间距为 500～700 mm。若木檩条间采用椽子，则间距可放大至 1 m 左右。木檩条搁置在山墙的部分应涂防腐剂，檩条下设置混凝土垫块或经防腐处理的木垫块，使压力均布到山墙上。钢筋混凝土檩条的跨度一般为 4 m，其断面有矩形、T 形、L 形等。当房间开间较小时，转角处可采用斜角梁与檩条搭接，如图 6-30 所示。采用木檩条时，山墙端部檩条可出挑成悬山屋顶，或将山墙砌出屋面做成硬山屋顶。钢筋混凝土檩条一般不宜出挑，如需出挑，出挑长度一般不宜过大。

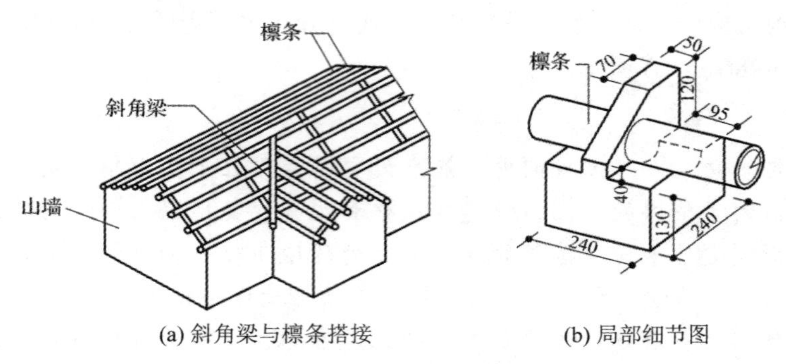

(a) 斜角梁与檩条搭接　　(b) 局部细节图

图 6-30　山墙承重的屋顶

山墙承重结构一般用于小型、较简易的建筑。其优点是节约木材和钢材、构造简单、施工方便、隔声性能较好。山墙以往用 240 标准黏土砖砌筑，现在为了少占农田和节约能源，多采用水泥煤渣砖或多孔砖等。

2) 屋架承重

屋架承重是指利用建筑物的外纵墙或柱支承屋架，在屋架上搁置檩条来承受屋面重量的一种承重方式。屋架一般按房屋的开间等间距排列，其开间的选择与建筑平面和立面设计都有关系。屋架承重体系的主要优点是建筑物内部可以形成较大的空间结构，布置灵活，通用性强。

(1) 屋架的组成。屋架由上弦木、下弦木及腹杆组成。上弦木居于屋架的顶部，左右各一组，构成人字形，当屋架承受垂直荷载时是受压构件；下弦木为屋架下部构件，是受拉构件。除上、下弦外，其余杆件均称为腹杆。其中，倾斜者为斜杆，垂直者为直杆，斜杆受压，直杆受拉。三角形屋架的组成如图 6-31 所示。

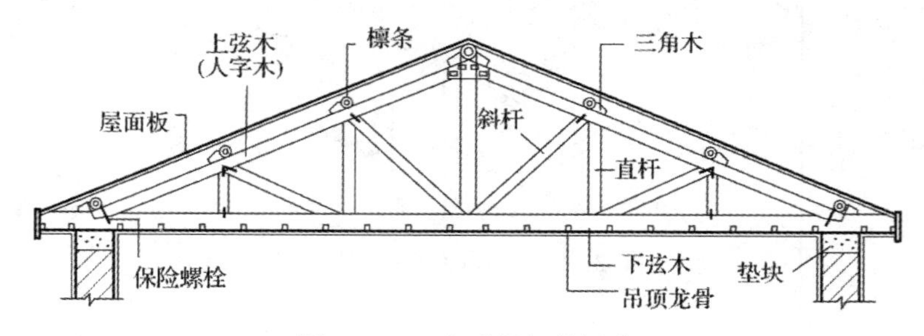

图 6-31　三角形屋架的组成

(2) 屋架的布置方式。屋架一般按建筑物的开间等距离排列，以便统一屋架类型和檩条尺寸。屋架布置的基本原则是排列简单、结构安全、经济合理。屋架常见的平面形状有一字形、T 形、H 形、L 形等。如图 6-32(a) 所示，一字形平面屋架沿房屋纵长方向等距排列，屋架两端搁在纵向外墙或柱墩上。当建筑物平面上有一道或两道纵向承重内墙时，可考虑选用三支点或四支点屋架；或做成两个半屋架中间架设小人字架等不同形式，以减小屋架的跨度，节约材料。如图 6-32(b) 所示，在 T 形平面中，当平面上凸出部分的跨度较小时可在转角处放置斜角梁；跨度较大时可采用半屋架。屋架一端搁于外墙转角处，另一端搁在房屋内部支座上，如内部无支座，则可在转角处放置大跨度的对角屋架等。

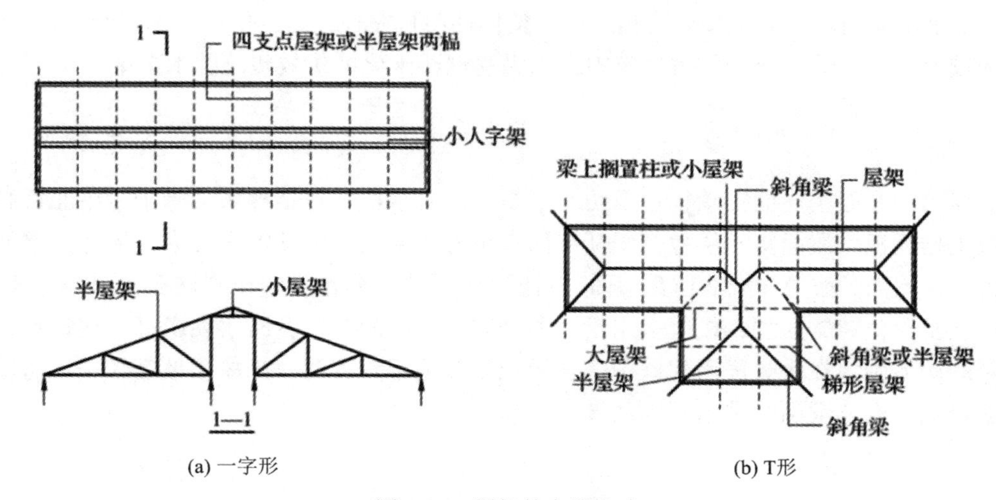

(a) 一字形　　(b) T形

图 6-32　屋架的布置方式

若房屋做成四坡屋顶，在尽端处当跨度较小、屋架的间距恰好等于屋顶跨度的一半时，可在转角处设斜角梁。跨度大时用半屋架，并在前后斜角梁之间增设半屋架式人字木。斜角梁下端支承在转角墙上，并可增设搭角梁加固，斜角梁上端搁于屋架上。当房屋进深较大，而屋架与跨度的间距之比超过上述情况时，可将半屋架的人字木延长，并加设梯形屋架。四坡屋顶由于屋架间距和布置的不同，也可做成歇山屋顶。四坡屋顶的屋架布置如图6-33所示。

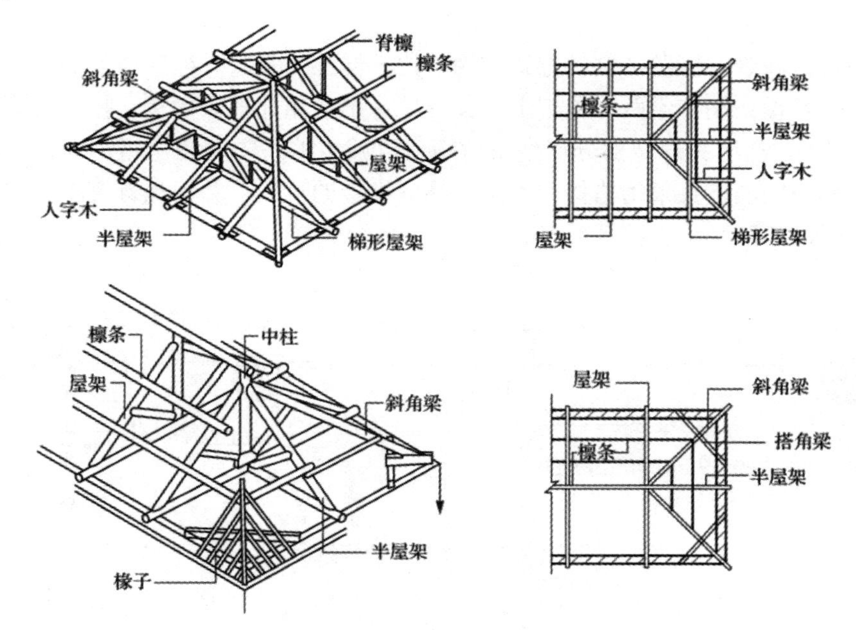

图 6-33　四坡屋顶的屋架布置

3) 梁架承重

梁架承重是我国传统的木结构形式。它由柱和梁组成梁架，檩条搁置在梁间，承受屋面荷载，并将各梁架联系成一个完整的骨架。内外墙体均填充在梁架之间，起分隔和围护作用，不承受荷载。梁架交接处为齿结合，整体性与抗震性较好，但耗用木料较多，防火、耐久性较差。目前，在一些仿古建筑中常以钢筋混凝土梁柱仿效传统的木梁架。

6.3.2 坡屋顶的屋面构造

坡屋顶的屋面由屋面支承构件及防水层组成。支承构件包括檩条、椽子、屋面板和钢筋混凝土挂瓦板。屋面防水层包括平瓦屋面、小青瓦屋面、钢筋混凝土大瓦屋面、钢筋混凝土板平瓦屋面、玻璃纤维油毡瓦屋面、钢板彩瓦屋面、彩色镀锌压型钢板屋面等。其中，钢板彩瓦及彩色镀锌压型钢板等多用于大型公共建筑中耐久性及防水要求高、建筑物自重要求轻的房屋中，在大量民用建筑中的坡屋顶则多采用水泥瓦。当屋顶坡度较平，房屋自重要求轻且防火要求高时常用石棉瓦等。

1. 屋面支承构件

1) 檩条

檩条一般搁在山墙或屋架的节点上。屋架节间较大时，为了减小屋面板或椽子的跨度，常在屋架节间增设檩条。檩条可用木、钢筋混凝土或钢制作，如木屋架用木檩条，为钢筋混凝土或钢屋架则可用钢筋混凝土檩条或钢檩条。木檩条可用 ϕ100 的圆木或 50 mm × 100 mm 的方木制作，圆木较为经济，其长度视屋架间距而定，常为 2.6～4.0 m。钢檩条跨度可达 6 m 或更大，断面大小根据跨度、间距及屋面荷载的大小经过计算确定。木檩条搁置在木屋架上以三角木承托，每根檩条的距离必须相等，顶面在同一平面上，以利于铺钉屋面板或椽子。

木檩条可做成悬臂檩条，这种方式较为节约，但施工复杂。檩条通常搁于两榀屋架上呈简支状，悬臂檩条搁置于两榀屋架上，其一端悬出与相邻檩条衔接，接头处离支点不得大于跨度的 1/5。利用其悬臂部分产生负弯矩，以减少檩条中的正弯矩，因此可以减小檩条的截面。檩条间的接头采用错接、对接、高低榫接的形式，并用扒钉钉牢，其连接构造如图 6-34 所示。

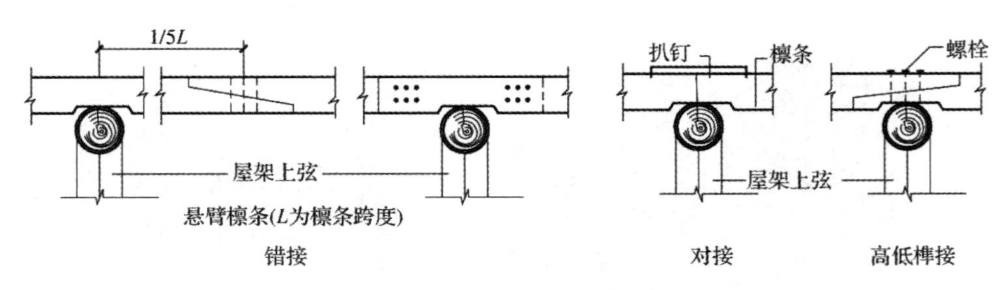

图 6-34 木檩条的连接

钢筋混凝土檩条截面有矩形、T 形或 L 形等。预应力钢筋混凝土檩条为矩形截面，长度为 2.6～6 m，截面尺寸有 60 mm × 160 mm、80 mm × 200 mm 及 80 mm × 250 mm 三种，根据跨度与荷载不同分别采用，如图 6-35 所示。其中，4～6 m 长的檩条还可做成中空形式，以节约混凝土并减轻自重，但成批生产时不如矩形檩条方便，因此，一般 4 m 以上的檩条用矩形截面较为适宜。

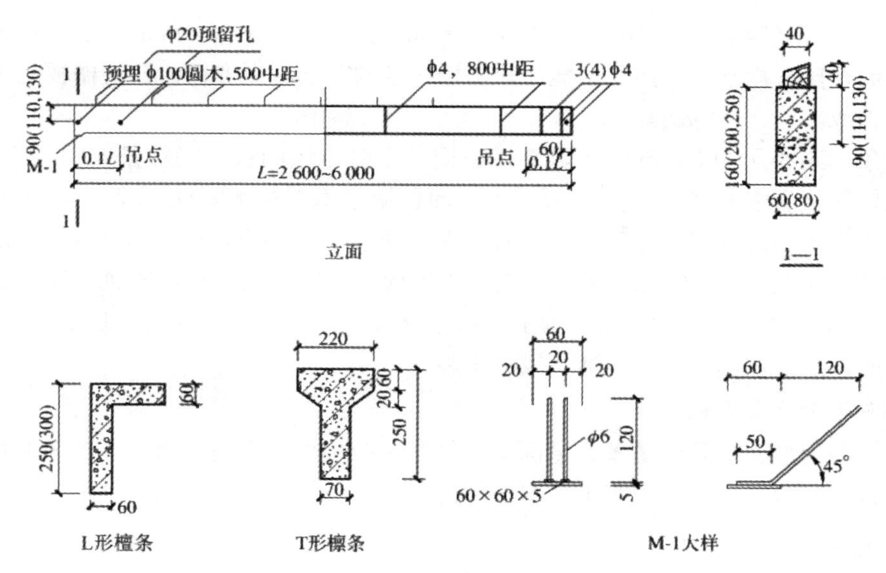

图 6-35　钢筋混凝土檩条

钢筋混凝土檩条用预埋铁件与钢筋混凝土屋架焊接，搁置面长度不小于 70 mm，如图 6-36(a) 所示。如图 6-36(b)、(c) 所示，檩条搁置在山墙上时，山墙顶部用不低于 M2.5 的砂浆实砌五皮，或在山墙上放置厚度为 120～240 mm 的混凝土垫块，块内预埋铁件与檩条焊接，檩条搁置在内山墙的长度不小于 70 mm。两檩条端头埋 ϕ6 钢筋用 4 号铅丝绑扎，缝内用 M5 砂浆灌实。檩条上预埋圆钉固定木条 (30 mm × 40 mm 或 40 mm × 40 mm) 或留孔，以便架设椽子。

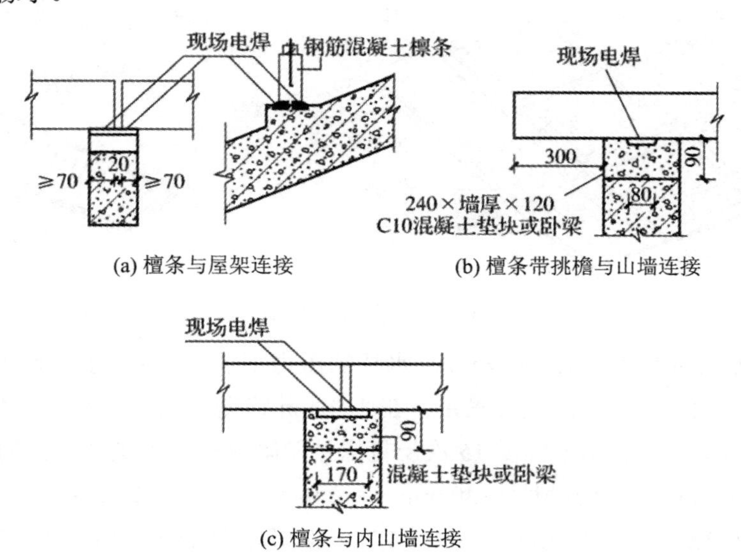

(a) 檀条与屋架连接　(b) 檀条带挑檐与山墙连接

(c) 檀条与内山墙连接

图 6-36　钢筋混凝土檩条与屋架或山墙连接

2) 椽子

当檩条间距较大，不宜直接在其上铺放屋面板时，可垂直于檩条方向架立椽子。椽子应连续搁置在几根檩条上 (一般搁在 3 根檩条上)，椽子的间距应相等，一般为 360～400 mm。

木椽子的截面常有 40 mm × 60 mm、40 mm × 50 mm、50 mm × 50 mm 三种。椽子上铺钉屋面板，或直接在椽子上钉挂瓦条挂瓦。出檐椽子的下端应锯齐以便钉封檐板。

3) 屋面板

当檩条间距小于 800 mm 时，可直接在檩条上钉木屋面板，当檩条间距大于 800 mm 时，应先钉椽子再在椽子上钉屋面板。木屋面板用杉木或松木制成，厚度为 15～25 mm，板的长度应满足搭过 3 根檩条或椽子。铺放时既可以紧密拼合，也可以稀铺 (一般房屋多为稀铺以节约木材)，板与板之间的留缝视建筑物的标准而定。板面需铺油毡一层，这对屋面的防水与保温隔热均有好处。为了节约木材可用芦席、加气混凝土块等代替屋面板，使用芦席时，还需在其上铺一层油毡以防渗漏。

4) 钢筋混凝土挂瓦板

钢筋混凝土挂瓦板是将檩条、屋面板、挂瓦条等构件组合成一体的小型预制构件。使用时将其直接铺放在山墙或混凝土屋架上即可。

2. 屋面防水层

1) 平瓦屋面

平瓦屋面适用于防水等级为Ⅱ级、Ⅲ级、Ⅳ级的屋面防水，其构造如图 6-37 所示。平瓦由黏土烧成，取材方便，耐燃性与耐久性较好。制作要求薄而轻、吸水率小。

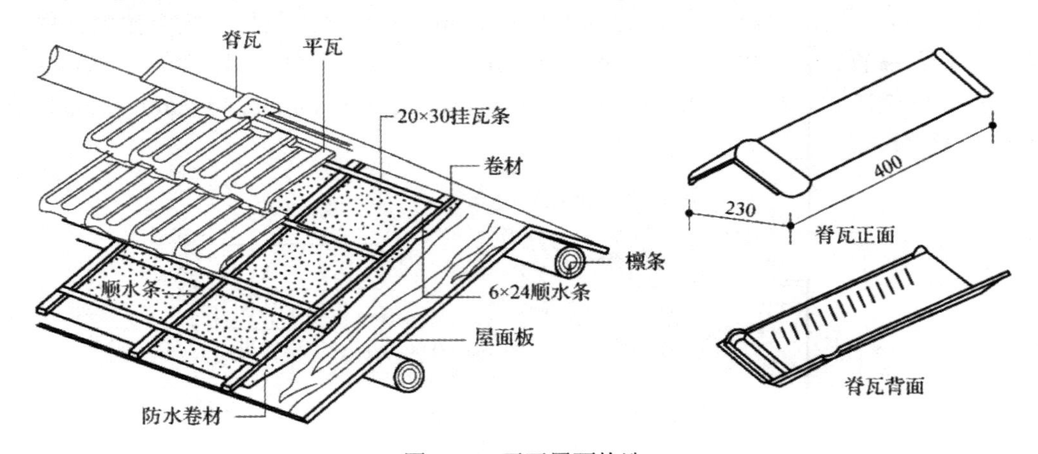

图 6-37　平瓦屋面构造

瓦的不透水性要求是：在 150 mm 高水柱的压力下经过 1 h，背面不呈现湿斑，吸水率不超过自重的 16%。瓦的刚度要求是：在 330 mm 跨度上能承受不小于 50 kg 的均布荷载，并能在饱和水分的状态下经受 15 次反复冻结及融解而不被破坏。瓦的外形尺寸大致为 400 mm × 230 mm，有效尺寸为 330 mm × 220 mm，厚度为 50 mm(净厚为 20 mm)，每平方米屋面约为 15 块，每块瓦重为 3.50～4.25 kg。平瓦屋面在一般民用建筑中应用很广。其缺点是瓦的尺寸小，接缝多，接缝处容易进雨雪，且制瓦时要从农田取土。平瓦屋面的坡度应不小于 1∶4。

平瓦屋面的构造根据使用标准与所选用的材料与构造的不同，大致可分为以下两类。

(1) 冷摊瓦屋面。在一般不保温的房屋及简易房屋中常采用在椽子上直接钉 20 mm ×

(25～30) mm 挂瓦条挂瓦的做法，如图 6-38(a) 所示。其缺点是雨水可从瓦缝中渗入室内，且屋顶的隔热、保温效果差。

(2) 屋面板平瓦屋面。在檩条或椽子上钉木屋面板 (厚度为 15～25 mm)，在板上平行于屋脊的方向铺一层油毡，上钉顺水条 (又称压毡条)，再钉挂瓦条挂瓦。由瓦缝渗漏的雨水可沿顺水条流至屋檐的檐沟中，因为有油毡与屋面板，故即使有雨水渗入也不会流入室内。瓦由檐口铺向屋脊，脊瓦搭盖在两片瓦上的宽度应不小于 50 mm，常用水泥石灰砂浆填实嵌浆，以防雨雪进入，如图 6-38(b) 所示。屋面板平瓦屋面的保温隔热效果较好，采用木屋面板的屋顶目前只用于标准较高的房屋。

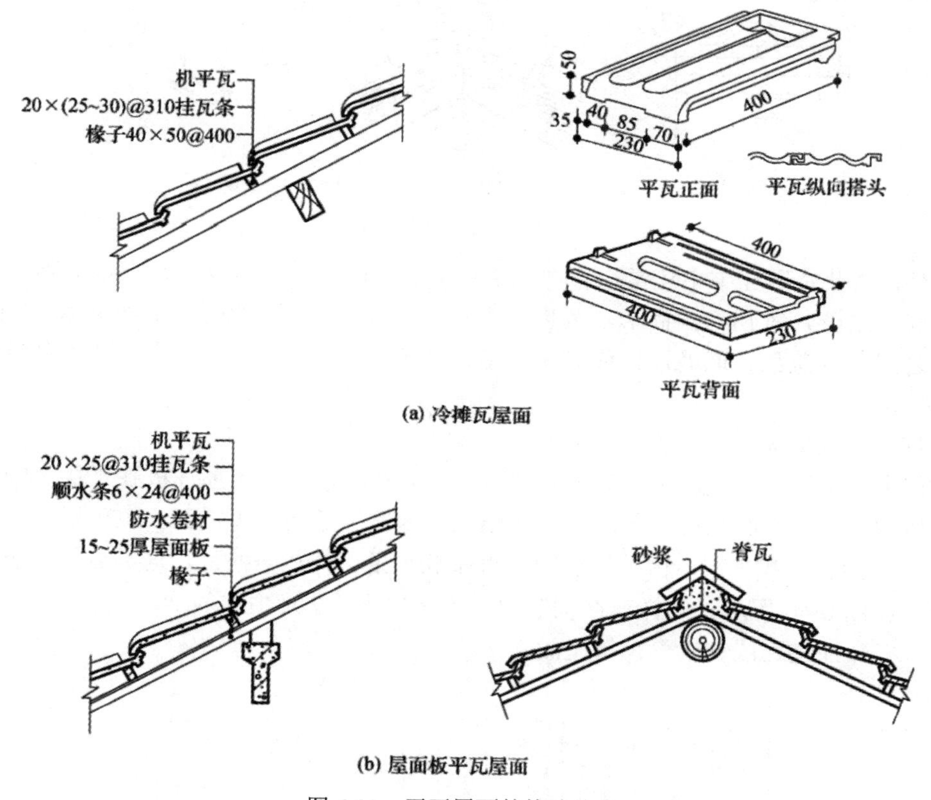

图 6-38　平瓦屋面的构造分类

2) 小青瓦屋面

在我国旧民居建筑中常用小青瓦 (板瓦、蝴蝶瓦) 做屋面。小青瓦的断面呈弓形，一头较窄，尺寸规格不一，宽度为 165～220 mm。小青瓦的铺盖方法有多种，总体原则是覆盖成陇，仰铺成沟，如图 6-39(a) 所示。盖瓦搭设底瓦约 1/3 瓦长。上、下两皮瓦的搭叠长度，在少雨地区为“搭六露四”，在多雨地区为“搭七露三”。露出长度不宜大于 1/2 瓦长。一般在木望板或芦席上铺灰泥，灰泥上覆盖瓦。在檐口盖瓦尽头处常设有花边瓦，底瓦则铺滴水瓦 (即附有尖舌形的底瓦)。屋脊可做成各种形式。小青瓦块小，易漏雨，须经常维修，故除旧房维修及少数地区民居外已不再使用。小青瓦屋面的悬山、屋脊、天沟的构造如图 6-39(b)、(c)、(d) 所示。

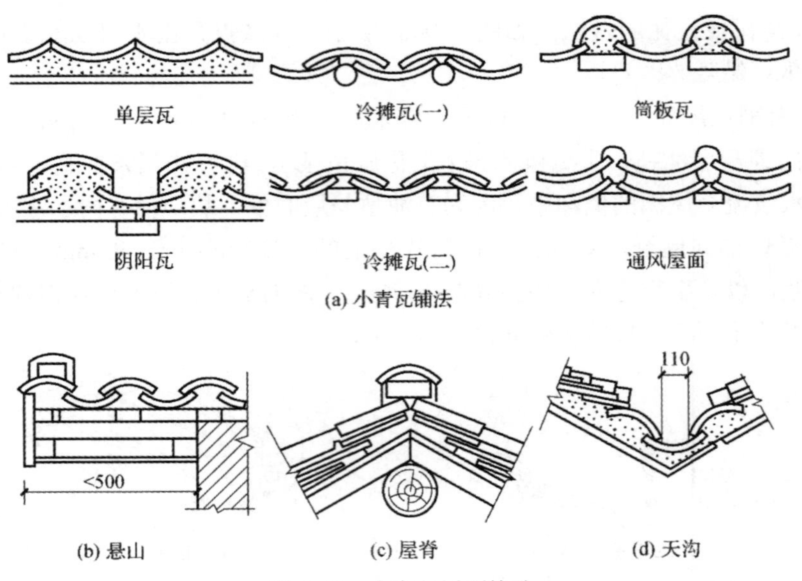

图 6-39 小青瓦屋面构造

此外，古代宫殿庙宇中还常用各种颜色的琉璃瓦做屋面。琉璃瓦是上釉的陶土瓦，有盖瓦与底瓦之分，盖瓦为圆筒形，故也称筒瓦，底瓦为弓形。铺法是：一般将底瓦仰铺，两底瓦之间覆以盖瓦。琉璃瓦目前只在大型公共建筑(如纪念堂、大会堂等)中用作屋面或墙檐的装饰。

3) 钢筋混凝土板平瓦屋面

在住宅、学校、宾馆、医院等民用建筑中，先在钢筋混凝土屋面板找平层上铺防水卷材，然后做水泥砂浆卧瓦层，最薄处为 20 mm，内配钢筋网，再铺瓦；也可以在保温层上做 C15 细石混凝土找平层，内配钢筋网，再做顺水条、挂瓦条挂瓦，这类坡屋面防水等级为Ⅱ级，如图 6-40 所示。同样，在钢筋混凝土基层上除做平瓦屋面外，也可改做小青瓦、琉璃瓦、多彩油毡瓦或钢板彩瓦等屋面。

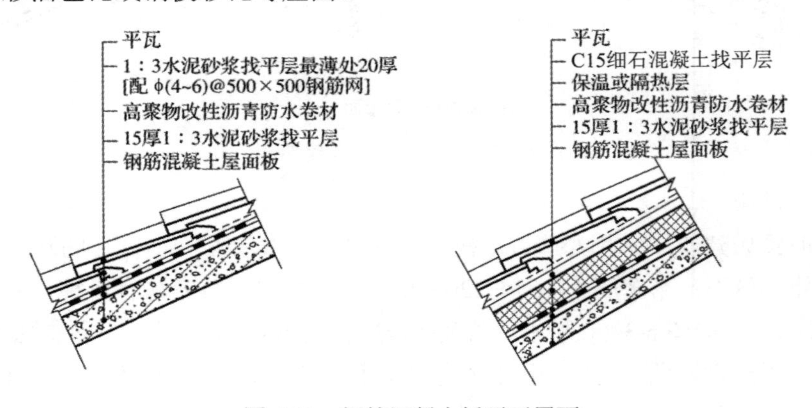

图 6-40 钢筋混凝土板平瓦屋面

4) 玻璃纤维油毡瓦屋面

玻璃纤维油毡瓦简称油毡瓦，是一种薄而轻的片状瓦材。油毡瓦以玻璃纤维为基架，覆以特别沥青涂层，上附石粉，表面为隔离保护层。油毡瓦屋面一般适用于低层住宅、别墅等建筑，屋面坡度通常为1∶5，防水等级为Ⅱ级、Ⅲ级。油毡瓦铺设前应先安装封檐板、檐沟、滴水板、斜天沟、烟囱、透气管等部位的金属泛水。铺设时基层必须平整，上、下两排采用错缝搭接，并用钉子固定每片油毡瓦，如图6-41所示。

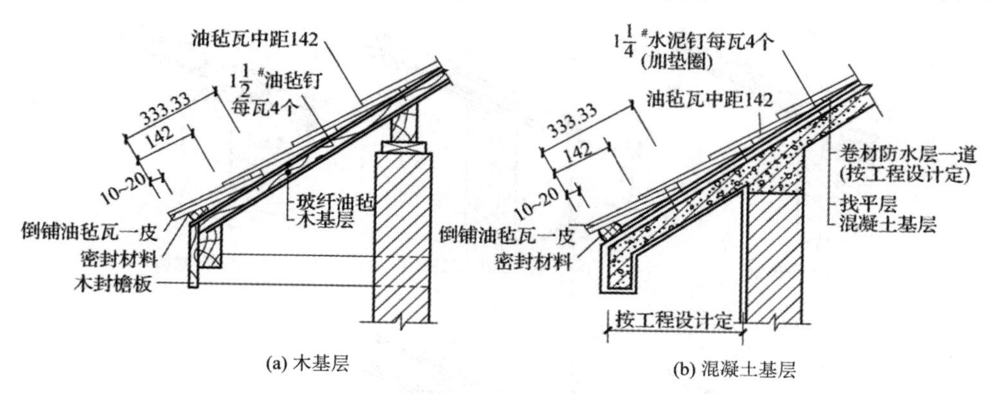

图6-41 油毡瓦屋面

5) 钢板彩瓦屋面

钢板彩瓦用厚度为0.5～0.8 mm的彩色薄钢板经冷压而成，是连片块瓦型屋面防水板材，如图6-42(a)所示。其横向搭接后中距为768 mm，纵向搭接后最大中距为400 mm。挂瓦条的间距为400 mm，用铆钉或自攻螺钉连接在钢挂瓦条上。屋脊、天沟、封檐板、压顶板、挡水板以及各种连接件、密封件等均由瓦材生产厂配套供应。钢板彩瓦屋面的构造如图6-42(b)所示。

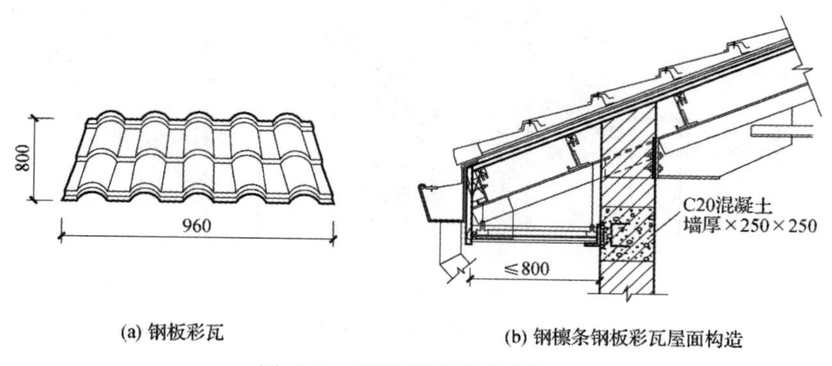

图6-42 钢板彩瓦屋面的构造

3. 钢筋混凝土屋面板

钢筋混凝土技术可塑造坡屋顶的任何形式，包括直斜面、曲斜面或多折斜面。同时现浇钢筋混凝土屋面对建筑的整体性、防渗漏、抗震和防火耐久性等都有明显的优势。当今，钢筋混凝土屋面板已广泛用于住宅、别墅、仿古建筑和高层建筑中。

6.3.3 坡屋顶的细部构造

1. 檐口

建筑物屋顶在檐墙顶部的位置称为檐口，它对墙身起保护作用，也是建筑物中的主要装饰部分。檐口的构造形式多样，如图 6-43 所示。坡屋顶的檐口常做成包檐 (我国北方地区称为封护檐)。包檐相较于挑檐是一种不同的形式。前者将檐口与墙齐平或用女儿墙将檐口封住；后者是将檐口挑出在墙外，做成露檐头或封檐头等形式。

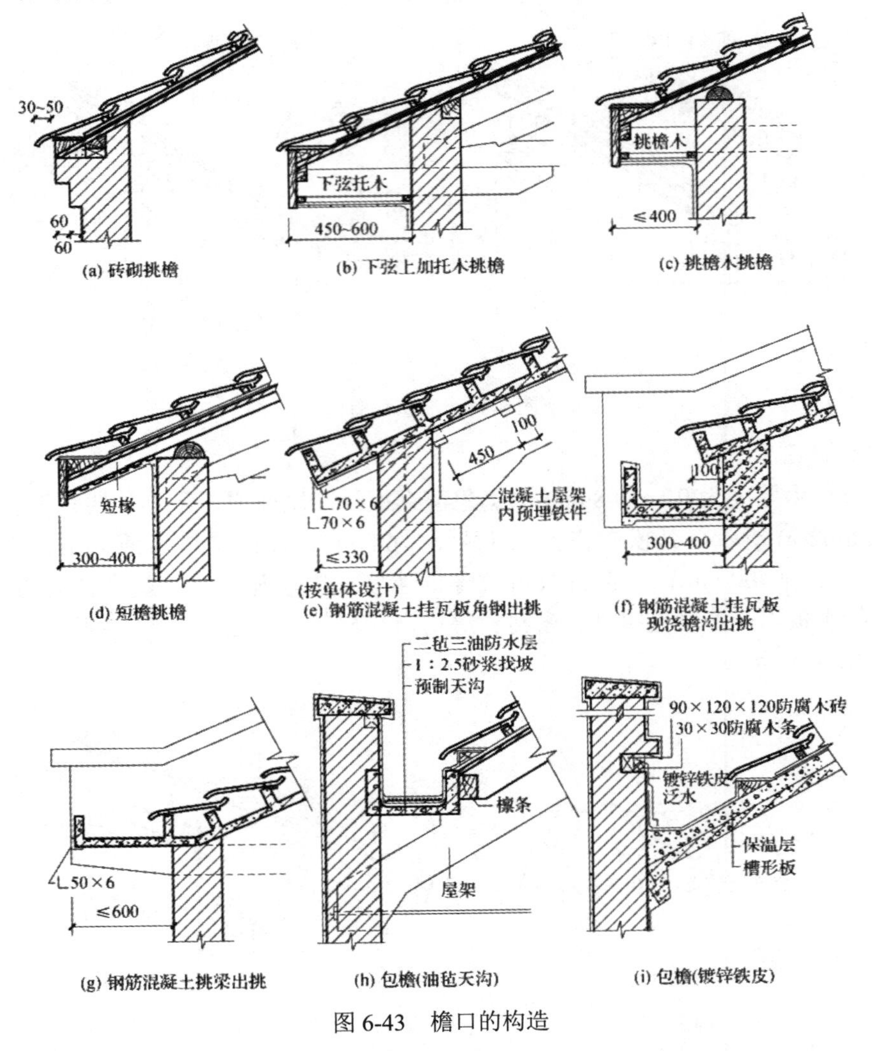

图 6-43　檐口的构造

(1) 砖砌挑檐。当出檐小时可用砖叠砌几皮托住屋檐。砖叠砌挑出的长度视墙身厚度而定，一般不超过墙厚的一半。檐口的第一排瓦头应伸到檐墙之外。砖砌挑檐构造如图 6-43(a) 所示。

(2) 下弦上加托木挑檐或用挑檐木挑檐。下弦上加托木挑檐是在木屋架下弦处加钉 50 mm × 100 mm 或 70 mm × 150 mm 托木承托出挑的屋檐，在托木间钉顶棚搁栅 (40 mm × 40 mm 或 40 mm × 50 mm)，下抹出檐顶棚，如图 6-43(b) 所示。采用这种方法时檐口的出挑长度一般为 450～600 mm。在山墙承重的屋顶中则可从山墙内伸出挑檐木，如图 6-43(c) 所示，挑檐木一般采用 50 mm × 150 mm 或 100 mm × 120 mm 等截面尺寸，其压入墙内的长度应为出挑长度的 2 倍以上，以平衡檐口的重量。挑檐木下可钉顶棚搁栅做顶棚。采用此法时，出檐长度一般小于400 mm。一般挑檐长度视有无檐檩而定，有檐檩时可挑出长些。

(3) 利用椽子出挑的檐口。有椽子的屋面可用椽子出挑以承托屋面。檐口处可将椽子外露，或在椽子端头钉封檐板封堵。出檐部分顶棚可做成斜面，直接在椽子间钉灰板条抹灰，或钉板后油漆；也可将吊顶搁栅做成水平出檐顶棚，出檐长度一般为300～400 mm，如图6-43(d) 所示。

(4) 利用钢筋混凝土挑檐梁挑檐。在采用挂瓦板的屋面常用钢筋混凝土挑檐梁承托出挑檐口，如图6-43(e) 所示。其出挑长度视钢筋混凝土梁的挑出长度而定。也有利用现浇钢筋混凝土檐沟做挑檐的，这种檐沟一般与圈梁结合成一个构件，挑檐长度即檐沟的宽度，一般为300～400 mm，如图6-43(f) 所示。

(5) 挂瓦板平瓦屋面的挑檐。当出挑长度在450 mm以上时，若采用钢筋混凝土屋架，则可以在屋架上弦处焊小型钢，上搁檩条或挂瓦板以承托出檐部分；也可用钢筋混凝土挑檐梁，如图6-43(g) 所示。

(6) 包檐。有的坡屋面将檐墙砌高出屋面以遮挡檐口，通称女儿墙。这时常在女儿墙与屋面相交处设排水沟。包檐构造如图6-43(h)、(i) 所示。

2. 山墙

两坡屋顶尽端的山墙常做成悬山或硬山两种形式。

(1) 悬山。悬山是两坡屋顶尽端的屋面出挑在山墙处，一般常用檩条出挑，如图6-44(a) 所示，有挂瓦板的屋面则用挂瓦板出挑的形式。檩条端头用封檐板封堵，下面钉40 mm × 40 mm木条，上面钉灰板条，再做抹灰，如图6-44(b) 所示。在瓦与封檐板相交处，先将瓦斩齐，然后用水泥麻刀石灰砂浆嵌填；如采用挂瓦板时，则在挂瓦板端头与瓦之间砌侧砖封口，亦可用20 mm × (250～300) mm的木板封缝，上面再抹水泥麻刀石灰砂浆。当采用预应力钢筋混凝土檩条时，一般在檩条上接悬山挑檐木，但这种办法施工复杂。

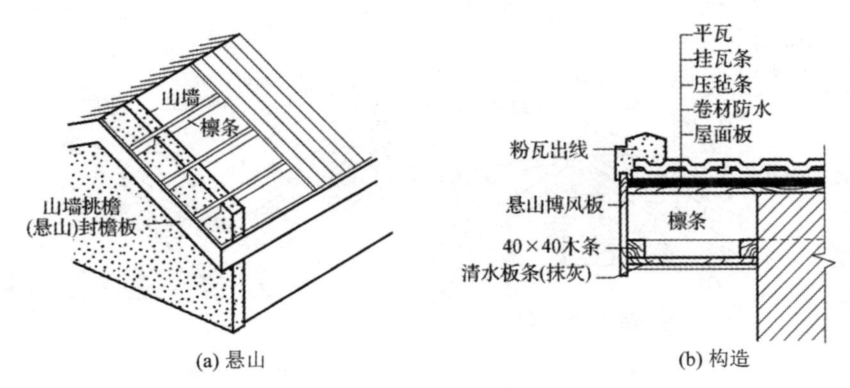

图6-44 悬山挑檐

(2) 硬山。硬山是山墙与屋面砌平或高出屋面的形式，硬山山墙封檐构造如图6-45所示。一般山墙砌至屋面高度时，顺屋面铺瓦的斜坡方向砌筑。铺瓦时先将瓦片盖过山墙，然后用1∶1∶6水泥纸筋石灰浆窝瓦，再用1∶3水泥砂浆抹瓦出线。当山墙高出屋面时，应在山墙上做压顶，山墙与屋面相交处抹1∶3水泥砂浆或钉镀锌铁皮泛水。

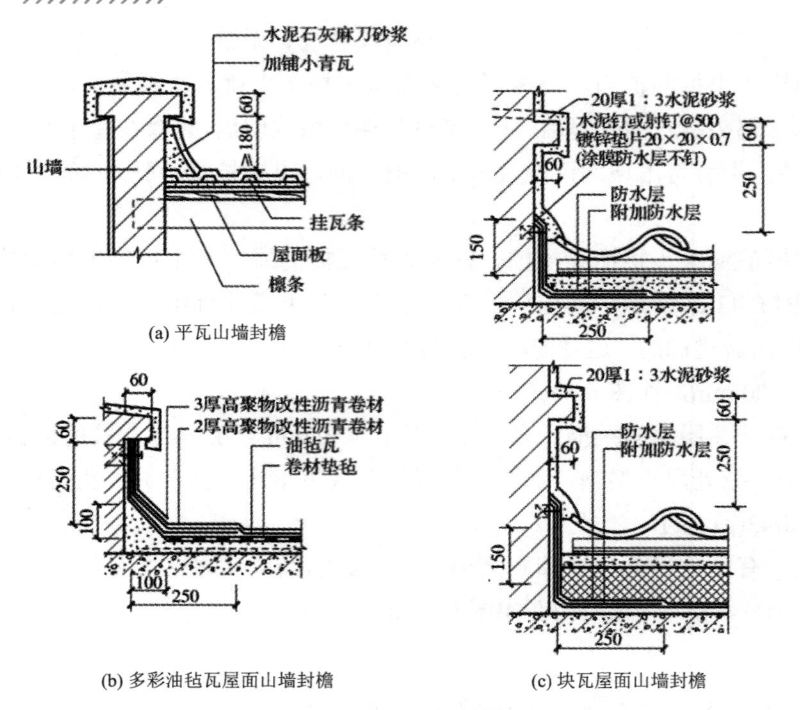

(a) 平瓦山墙封檐

(b) 多彩油毡瓦屋面山墙封檐　　(c) 块瓦屋面山墙封檐

图 6-45　硬山山墙封檐构造

3. 屋脊、天沟和斜沟

互为相反的坡面在高处相交形成屋脊，屋脊处应用 V 形脊瓦盖缝，如图 6-46(a) 所示。在等高跨和高低跨屋面互为平行的坡面相交处形成天沟；两个互相垂直的屋面相交处形成斜沟。天沟和斜沟应保证有一定的断面尺寸，上口宽度不宜小于 500 mm，沟底应用整体性好的材料 (如防水卷材、镀锌薄钢板等) 做防水层，并压入屋面瓦材或油毡下面，如图 6-46(b) 所示。

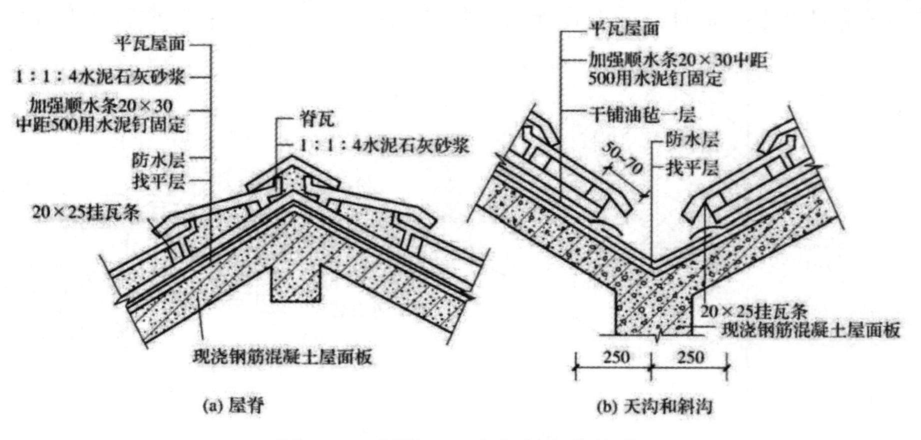

(a) 屋脊　　(b) 天沟和斜沟

图 6-46　屋脊、天沟和斜沟的构造

4. 排水

在雨量少的地区，简陋房屋可不装置排水设备，任雨水沿屋檐自由排下，此种排水方式称为无组织排水。一般年降雨量大于 900 mm，檐口离地面高度为 5～8 m；或年降雨量不大于 900 mm，而檐口高度为 8～10 m 时才可采用无组织排水。

坡屋顶的排水设备有檐沟、天沟、落水斗与水落管等。

(1) 檐沟。坡屋顶在屋檐处设檐沟，常用24号或26号镀锌铁皮制成，外涂防锈剂与油漆；也可采用石棉制品，但石棉制品易破裂，耐久性不及镀锌铁皮好。在采用挂瓦板的屋面中可用挂瓦板或预制钢筋混凝土檐沟。檐沟应以0.5%～1%的纵坡坡向雨水管。

女儿墙内侧的檐沟应有足够大的断面，其深度不应小于100 mm，可用镀锌铁皮或混凝土构件制成，其外侧上口须嵌入女儿墙的砖缝内，并做泛水。

(2) 天沟。在坡屋面中两个斜面相交的阴角处应做斜天沟，一般用镀锌铁皮或缸瓦制作，如图6-47所示。两边各伸入瓦底100 mm，并卷起包钉在瓦下的木条上。沟的净宽应在220 mm以上。

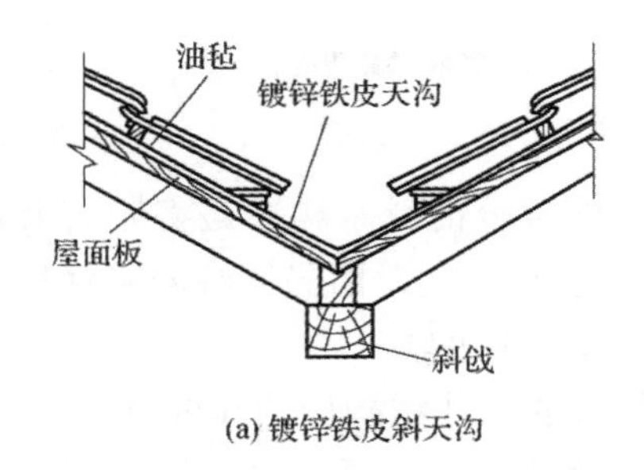

(a) 镀锌铁皮斜天沟

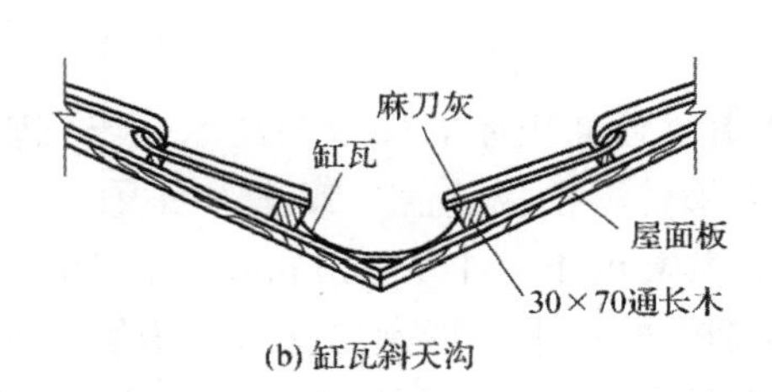

(b) 缸瓦斜天沟

图6-47 斜天沟的构造

(3) 落水斗与水落管。落水斗可用镀锌铁皮或铸铁制成。当采用内排水时，落水斗用铸铁制品；采用外排水时落水斗一般用24号镀锌铁皮制品。落水斗的断面形状为长方形或圆形。水落管用(2～3) mm×20 mm铁箍固定在墙上，离墙面约为20 mm，铁箍的间距为1200 mm。水落管上端连接在檐沟上或装置落水斗，下端向墙外倾斜离地200 mm通到墙外明沟的上部。落水斗的作用是防止檐沟因水流不畅而发生外溢。水落管的间距一般不应超过15 m。落水斗与水落管的构造如图6-48所示。

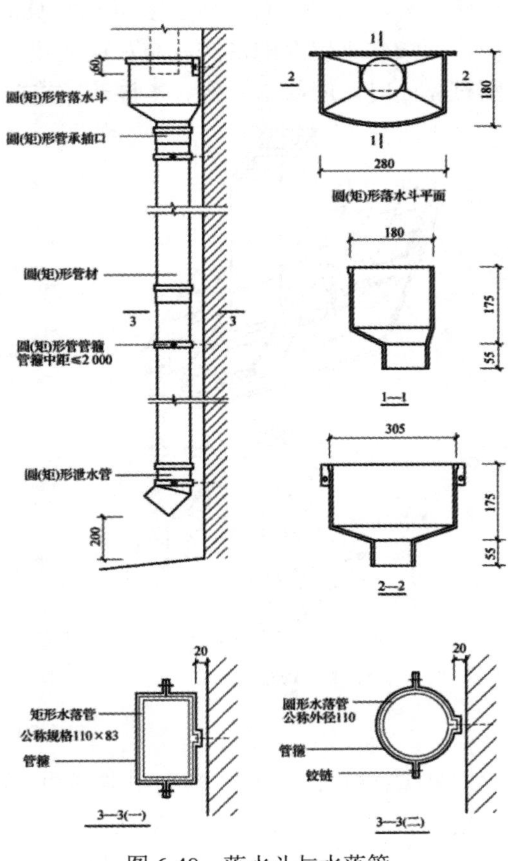

图6-48 落水斗与水落管

5. 泛水

(1) 山墙或女儿墙与屋面相交处的泛水。在山墙、女儿墙与屋面相交处及突出屋面的排气管、烟囱、老虎窗及屋顶窗等与屋面连接处均需做泛水，以防接缝处漏水。泛水材料常用1∶2.5水泥砂浆抹灰及镀锌薄钢板或不锈钢板等金属材料制成。

山墙或女儿墙与屋面相交处的泛水处理方法是在山墙高出屋面时，用镀锌铁皮做通长的一条泛水，如图6-49所示。其下端搭盖在瓦上，上端折转嵌入砖缝内，折转高度不小于 150 mm，每隔大约 300 mm 用钉固定。

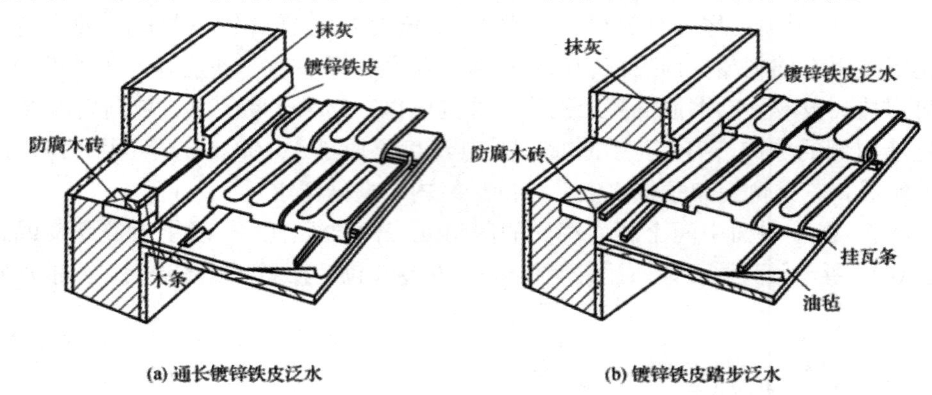

图 6-49　山墙的泛水构造

(2) 出气管伸出屋面部分的泛水。出气管伸出屋面部分的泛水构造是将屋面上开孔处的四周以镀锌薄钢板覆盖。镀锌薄钢板的一端沿竖管盖在瓦上，而另一端沿竖管折包在管的四周。其高度不应小于 200 mm，并用钢夹子衬硬橡皮圈夹紧。

(3) 烟囱的泛水。烟囱的泛水是用镀锌薄钢板制成的，其结构如图 6-50 所示。在烟囱上方将镀锌薄钢板伸入瓦底 100 mm 以上，下方应搭盖在瓦上，两侧同一般泛水处理，四周应折上。烟囱墙面应高出屋面至少 180～200 mm。较宽的烟囱上方，则可用镀锌薄钢板做成两坡水小屋面的形式，与瓦屋面相交成斜天沟，使雨水顺天沟排至瓦屋面上。当烟囱穿过屋面时，应与木屋架、木檩条、木屋面板等保持一定的距离，以利防火。

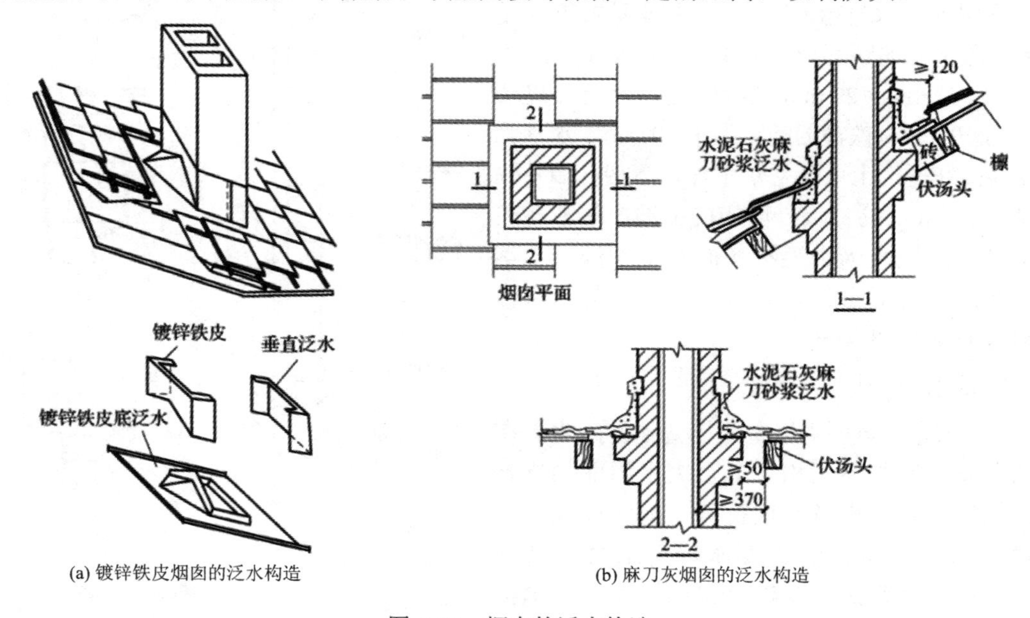

图 6-50　烟囱的泛水构造

(4) 老虎窗的泛水。当利用坡屋顶上面的空间做阁楼供居住或贮藏用时，为了保证室内采光和通风，屋顶开口需架立窗扇，这种窗扇称为老虎窗。老虎窗支承在屋顶檩条或椽子上，一般在檩条上立柱，柱顶架梁上盖老虎窗的小屋面。小屋面既可采用单坡或双坡等形式，也可采用现浇钢筋混凝土小屋面与侧墙和坡屋顶的钢筋混凝土基层相连的形式。

6.3.4　坡屋顶的保温、隔热与通风

屋顶是围护结构，应能避风雨并满足保温、隔热的要求。当寒冷地区的屋面铺材不能满足保温要求时，屋顶必须增铺保温隔热材料；在炎热地区则要求采用气窗、风兜等加强屋顶内的自然通风以降低室内气温。

1. 坡屋顶的保温、隔热构造

坡屋顶的保温、隔热构造主要有两种形式：分别是保温隔热材料放置在屋面基层之间与铺在吊顶棚内。

(1) 保温隔热材料放置在屋面基层之间。如图 6-51(a) 所示，保温隔热材料一般可放在屋面层中或在檩条之间，前者可用松散材料，后者多用板材。材料的厚度按所选的材料经热工计算决定。当保温隔热材料放置在檩条之间时，檩条往往形成冷桥，如图 6-51(b) 所示。

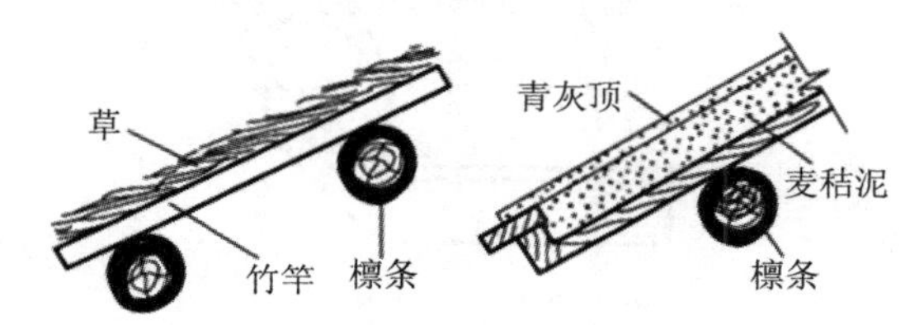

(a) 保温层在屋面层中

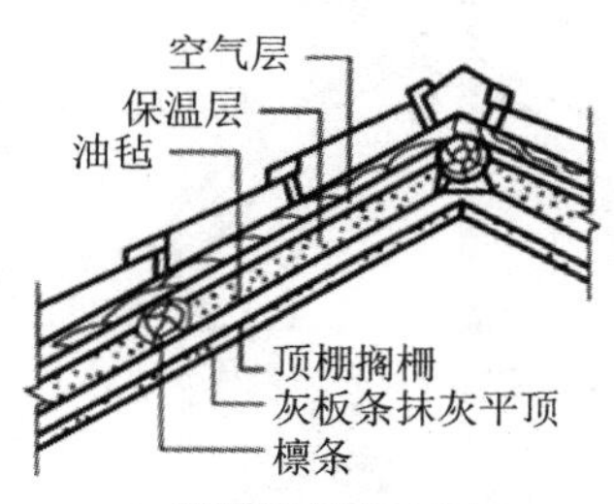

(b) 保温层在檩条之间

图 6-51　坡屋顶的保温

(2) 保温隔热材料铺在吊顶棚内。保温隔热材料若采用板状或块状材料可直接搁在顶棚搁栅上，搁栅间距视板材、块材尺寸而定。若采用松散材料，则应先在顶棚搁栅上铺板，再将保温材料放在板上。若采用重质松散材料 (如矿渣、石灰、木屑等)，则主搁栅的间距一般不应大于 1.5 m，顶棚搁栅支承在主搁栅的梁肩上，主搁栅与屋架下弦之间应保留约 150 mm 的空隙，以保证屋顶内通风良好。

2. 坡屋顶的通风构造

坡屋顶设置通风构造的主要目的是降低辐射热对室内的影响，保护屋顶材料。通风构造一般设有进气口和排气口，利用屋顶内外的热压和迎、背风面的压力差来加大空气对流作用，组织屋顶内的自然通风，使屋顶的内外空气进行交换，减少由屋顶传入的辐射热对室内温度的影响。根据通风口位置的不同，通风构造有以下几种做法。

(1) 气窗和老虎窗。屋顶可以采用气窗和老虎窗通风。其中，气窗常设于屋脊处，单

面或双面开窗上盖小屋面。小屋面下不做顶棚，窗扇多用百叶窗，兼作采光用时则要装可开启的玻璃窗扇。小屋面支承在屋顶的支承结构 (屋架或檩条) 上。

(2) 风兜。我国南方地区夏季炎热，为了降低室内温度，除在墙上支搭临时性引风设备外，常在屋顶上的迎风方向架设风兜引风入室。风兜的外形、构造与气窗相似，只是窗扇的开启方式不同。风兜的开口应朝向夏季的主导风向，窗扇应做成旋窗，用绳索操纵开关。高出屋面的风兜一般覆盖在小屋面上。简单的做法是在屋面上开窗口，窗口上用木板包镀锌铁皮等作盖板，用绳索在下面操纵开关。

(3) 百叶通风窗。山墙上的百叶通风窗设置在房屋尽端山墙的山尖部分，歇山屋顶的山花处也常设置百叶通风窗，在百叶窗后面钉窗纱以防昆虫飞入；也有用砖砌成花格或用预制混凝土花格装于山墙顶部做通风窗的。百叶通风窗形式如图 6-52 所示。

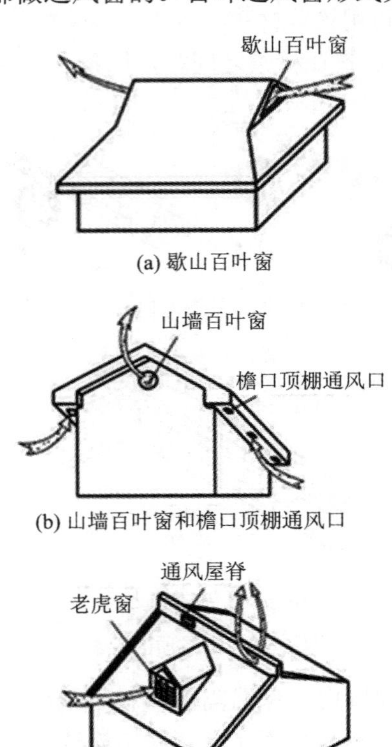

图 6-52 百叶通风窗

(4) 进风口和出风口。一般常在较长的瓦屋面的出檐顶棚上开进风口。当屋脊处设有出风口时，可保证屋顶内的空气畅通。当槽瓦纵向搁置、正反搭盖时，空气可从檐口进入，屋脊处设出风口组成通风屋面，这种方法在我国华南地区采用较多。小青瓦双层铺放时也可组成通风屋面，两层瓦间的间层高约为 70 mm，屋脊处做出风口，间层内部的空气借瓦间缝隙散出，可达到良好的通风换气效果。

本节知识体系

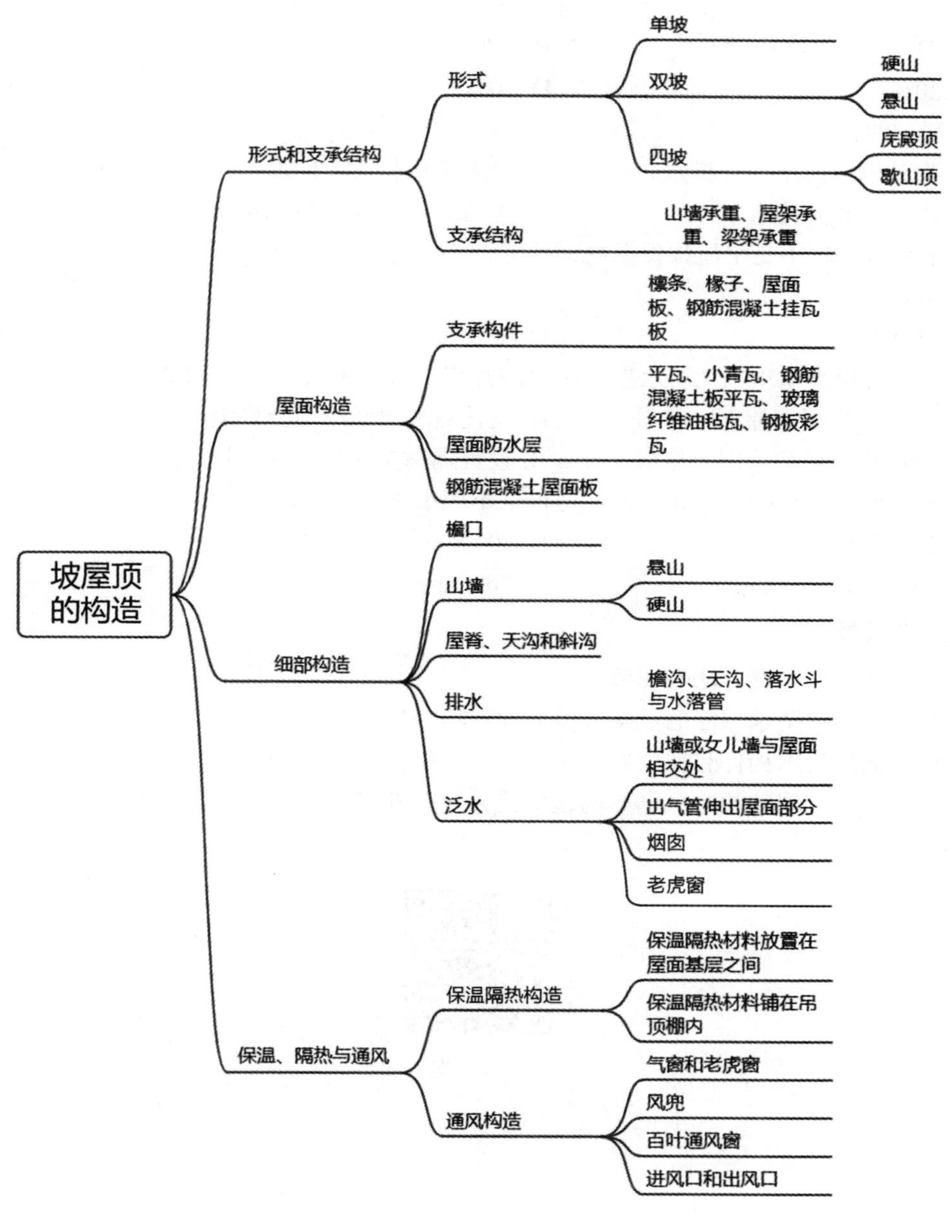

思考与练习

一、填空题

1. 屋顶主要有三个作用，分别是__________、__________、__________。

2. 平屋顶的排水坡度可以通过__________和__________两种方法形成。

3. 坡屋顶的承重结构形式有__________、__________、__________。

二、单选题

1. 一般屋顶坡度大于 ( ) 时，称为坡屋顶。

A. 5% B. 10%

C. 20% D. 30%

2. 屋顶的排水方式有 ( )。

A. 女儿墙内排水和外排水 B. 檐沟排水和天沟排水

C. 内排水和外排水 D. 有组织排水和无组织排水

3. 下列哪一项不是平屋顶保温材料的类型 ( )。

A. 卷材类 B. 散料类

C. 整体类 D. 板块类

4. 为了防止平屋顶刚性防水屋面防水层开裂，可以采取 ( ) 构造措施。

A. 设置隔离层和屋面分格缝 B. 设置隔汽层和屋面分格缝

C. 设置找平层和屋面分格缝 D. 设置隔离层和屋面保护层

5. 平屋顶泛水高度由设计确定，但最低不应小于 ( )。

A. 200 mm B. 300 mm

C. 250 mm D. 700 mm

三、简答题

1. 防水卷材的铺贴方法有哪些？

2. 平屋顶卷材防水屋面的泛水节点处理有哪些构造要点？

3. 坡屋面的支承构件有哪些？

4. 平屋顶、坡屋顶的通风隔热构造措施分别有哪些？

参考答案

项目 7　门　与　窗

学习目标

1. 知识目标

(1) 了解常用门、窗的形式及开启方式。

(2) 了解门、窗的尺度要求。

(3) 掌握木门、铝合金门窗及塑钢窗的构造。

2. 能力目标

(1) 具有根据设计要求绘制门、窗的能力。

(2) 具有编制门窗统计表的能力。

(3) 具有根据要求进行门、窗构造设计的能力。

3. 思政目标

(1) 培养工匠精神和责任意识。

(2) 培养工程思维。

(3) 增强行业规范意识。

学习任务

任务 1：完成门与窗构造实训任务表

观察身边的建筑，根据门和窗的类型，分析其构造特点，扫描二维码以获取门与窗构造实训任务表，并完成填写。

门与窗构造实训任务表

观察学校教学楼某层的门和窗，测量尺寸，计算数量，并进行统计，完成如下工作：

(1) 编制一份门窗统计表。

(2) 对门和窗做模数分析。

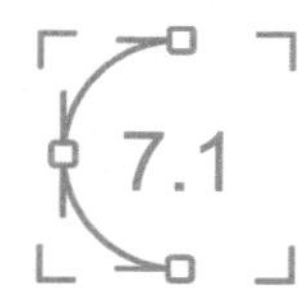

7.1　门的分类与构造

门的分类与构造

7.1.1　门的分类及特点

1. 按使用材料分类

门按其使用材料的不同，分为木门、铝合金门、塑钢门、彩板门、玻璃门、钢门等。

其中，木门因为其自重轻、开启方便、加工方便，在民用建筑中应用广泛。

2. 按在建筑物中所处的位置分类

门按其在建筑物中所处位置的不同，分为内门和外门。

(1) 内门：位于内墙上，起分隔作用，如隔声、阻挡视线等。

(2) 外门：位于外墙上，起围护作用。

3. 按使用功能分类

门按其使用功能的不同，分为一般门和特殊门。

(1) 一般门：满足人们最基本要求的门。

(2) 特殊门：除了满足人们的基本要求外，还必须具有特殊功能，如保温、隔声、防火等。

4. 按构造分类

门按其构造的不同，分为镶板门、拼板门、夹板门、百叶门等。

5. 按门扇的开启方式分类

门按门扇开启方式的不同，分为平开门、弹簧门、推拉门，如图 7-1 所示，此外，还有折叠门、旋转门等。在建筑平面图中，门的开启方向较易表达，一般用弧线或直线表示开启过程中门扇转动或平移的轨迹。按照相应的制图规范规定，在建筑立面图上，用细实线表示门扇朝外开，用虚线表示其朝里开。线段交叉处是开启时转轴所在位置。若平移，则用箭头来表示。

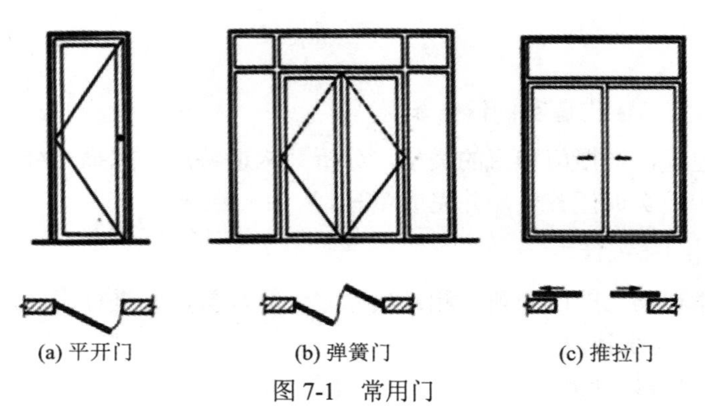

图 7-1 常用门

7.1.2 门的组成与尺度

1. 门的组成

门一般由门框、门扇、五金零件及附件组成，如图 7-2 所示。

门框是门与墙体的连接部分，由上框、边框、中横框和中竖框组成。门扇一般由上、中、下冒头和门梃组成骨架，中间固定门芯板。五金零件包括铰链、插销、门锁、拉手等。附件有贴脸板、筒子板等。

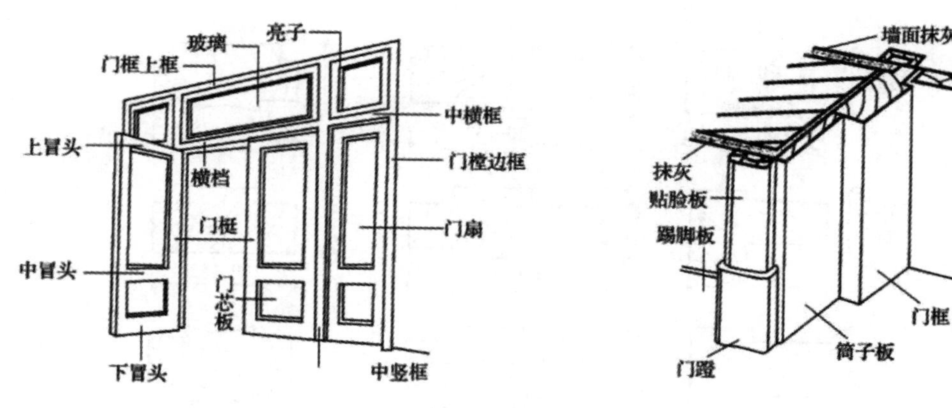

图 7-2　门的组成

2. 门的尺度

门的尺寸通常是指门洞的高度、宽度尺寸。门作为交通疏散通道，其门洞尺度根据通行要求、搬运及与建筑物的比例关系等确定，并要符合《建筑模数协调标准》(GB/T 50002—2013) 的规定。一般要求如下：

(1) 公共建筑的门：高度为 2.1～2.3 m；单扇门的宽度为 950～1000 mm，双扇门为 1500～1800 mm。

(2) 居住建筑的门：门可略小一些，外门的宽度为 900～1000 mm，房间门的宽度为 900 mm，厨房门的宽度为 800 mm，厕所门的宽度为 700 mm，高度一般统一为 2.1 m。

(3) 供人们日常生活、活动进出的门：门扇的高度常为 1900～2100 mm；宽度上，单扇门为 800～1000 mm，辅助房间 (如浴室、厕所、储藏室) 的门为 600～800 mm。

(4) 工业建筑的门：高度可按需要适当提高。

【拓展知识】

门的系列以门框厚度的构造尺寸来区分。铝产品主要有 45、50、55、60、65、70、80、90 等尺寸系列。塑钢产品主要有 60、75、80、85、90 等尺寸系列。铝合金门的 70、80、90 系列是指铝合金型材的边框宽度分别是 70 mm、80 mm、90 mm。70、80、90 是指材料框外形截面的外部测量厚度，而不是铝的厚度。例如：70 代表铝框型材外观厚度 70 mm，80 为 80 mm，90 为 90 mm，数值越大说明相应的铝厚度越大，成本也相应越高。

7.1.3　木门的构造

木门主要由门框、门扇和配套五金件等部分组成。

1. 门框

1) 门框的组成与断面尺寸

门框一般由两根边框和上框、中框组成。多扇门还要增设中竖框，外门有时还要加设下框，以防风、隔雨、挡水、保温、隔声等。门框的断面形状与尺寸取决于门扇的开启方式和门扇的层数，平开木门框的断面形状与尺寸如图 7-3 所示。由于门框要承受各种撞击荷载和门扇的重量作用，因此应有足够的强度和刚度，故其断面尺寸较大。

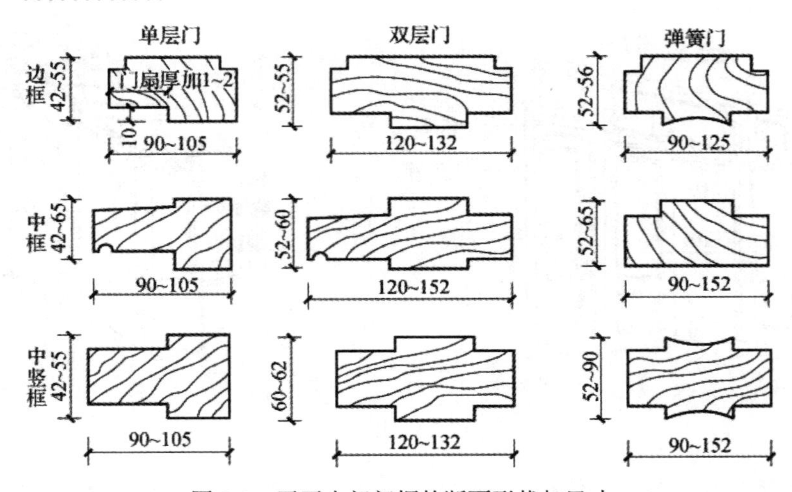

图 7-3 平开木门门框的断面形状与尺寸

门框用料一般分为 4 级，净料的宽度为 135 mm、115 mm、95 mm、80 mm，厚度可为 52 mm、67 mm。框料的厚度与木材质量有关，框料一般采用松木和杉木。门框用料，大门门框毛料宽度为 140～150 mm，厚度为 60～70 mm，内门用料宽度可为 100～120 mm，厚度为 50～70 mm，有纱门时用料宽度不宜小于 150 mm。

2) 门框的安装

门框安装时，两边框的下端应埋入地面以下，设门槛时，部分门槛需埋入地面以下。

根据门的开启方式及墙体厚度的不同，门框与墙体的连接分为外平、居中、内平、内外平四种，如图 7-4 所示。

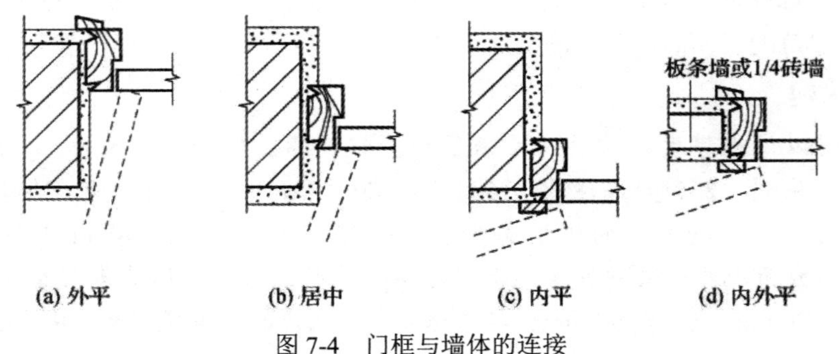

图 7-4 门框与墙体的连接

2. 门扇

根据门扇的构造不同，民用建筑中常见的门可分为夹板门、镶板门、拼板门、玻璃门、弹簧门等形式。

(1) 夹板门。夹板门的门扇由骨架和面板组成，骨架的形式有水平骨架、双向骨架、格状骨架，如图 7-5 所示。一般用断面较小的方木做成骨架，用胶合板、硬质纤维板或塑料板等做面板，和骨架形成一个整体，共同抵抗变形。骨架边框截面通常为 (30～35) mm × (33～60) mm，肋条截面通常为 (10～25) mm × (33～60) mm，肋条间距一般为 200～400 mm。为了使夹板内的湿气易于排出，以减少面板变形，骨架内的空气应贯通，骨架上部可设通风孔。为了节约木材，肋条也可用浸塑蜂窝纸板代替。

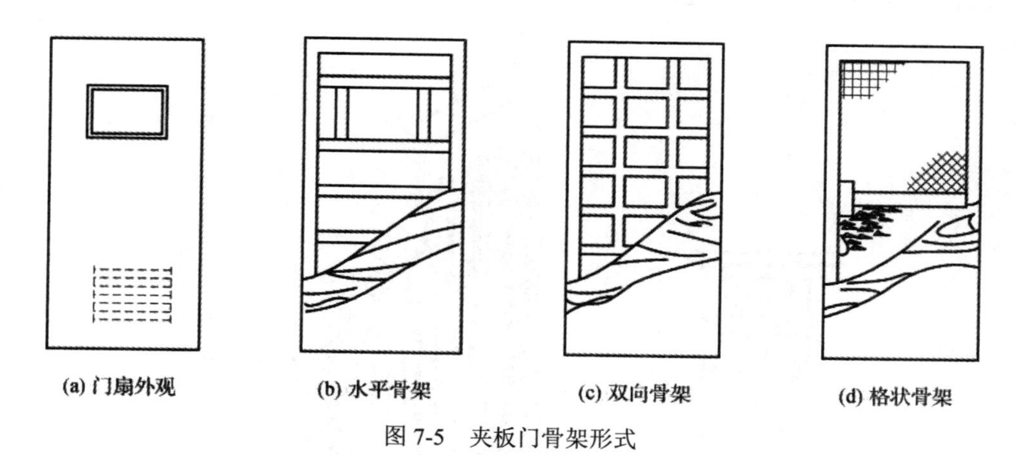

图 7-5　夹板门骨架形式

根据功能的需要，夹板门上也可以局部加玻璃或百叶，一般在装玻璃或百叶处，做一个木框，用压条镶嵌。

夹板门构造简单，可以用小料、短料制作，它的自重轻，外形简洁，便于工业化生产。夹板门在一般民用建筑中广泛用做内门，但不宜用做建筑的外门和公共浴室等湿度较大房间的门，且面板应做防水处理，并提高面板与骨架的胶结质量。

(2) 镶板门。镶板门由上、中、下冒头和门梃组成骨架，中间镶嵌门芯板，门芯板既可采用厚度为 15 mm 的木板拼接而成，也可采用胶合板、硬质纤维板或玻璃等。门芯板在门梃和冒头中的镶嵌方式有暗槽、单面槽以及双边压条三种方法。其中，暗槽结合最牢，工程中用的较多，其他两种方法比较省料和简单，多用于玻璃、纱网及百叶的安装。门扇的安装通常在地面完成后进行，门扇下部距地面应留出 5～8 mm 缝隙。最常用的镶板门是半玻璃镶板门，门芯板链接采用暗槽结合，玻璃采用单面槽加小木条固定，如图 7-6 所示。

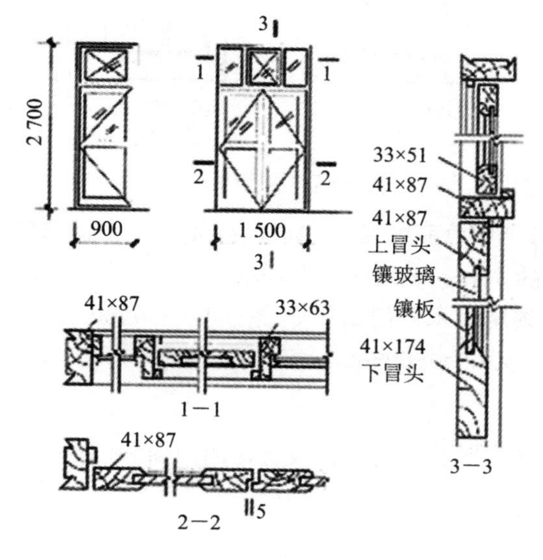

图 7-6　镶板门的构造

(3) 拼板门。拼板门的构造与镶板门相同，也是由骨架和拼板组成的，如图 7-7 所示。只是拼板门的拼板厚度为 35～45 mm，因此其自重较大，但坚固耐久，多用于库房、车间的外门。

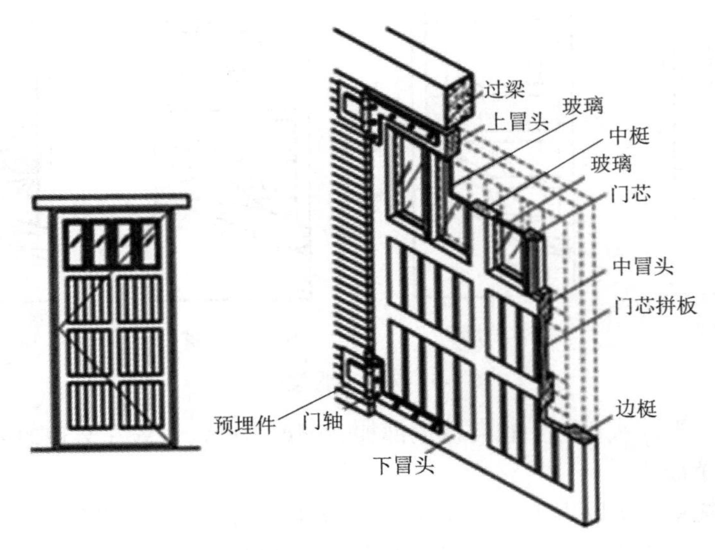

图 7-7 拼板门的构造

(4) 玻璃门。玻璃门门扇的构造与镶板门基本相同，只是门芯板用玻璃代替。玻璃门形式多样，如图 7-8 所示，多用在要求采光与透明的出入口处。

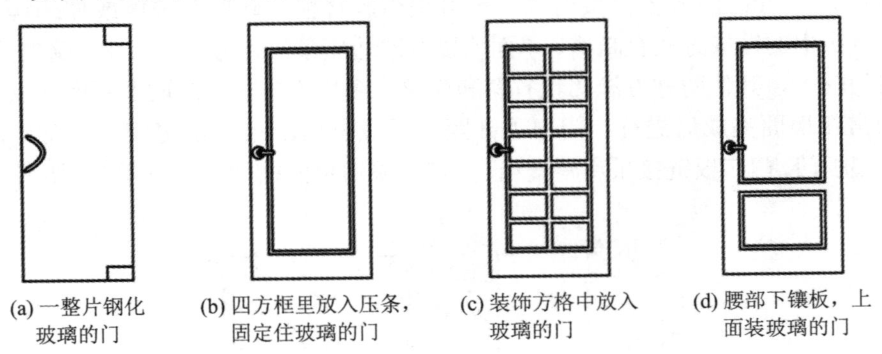

图 7-8 玻璃门

(5) 弹簧门。弹簧门包括单面弹簧门和双面弹簧门。单面弹簧门多为单扇，常用于需要调节温度及遮挡气味的房间，如厨房、厕所等；双面弹簧门适用于公共建筑的过厅、走廊及人流较多的房间，须用硬木，门扇的厚度为 42～50 mm，上冒头及边框宽度为 100～120 mm，下冒头的宽度为 200～300 mm。

3. 配套五金件

门的配套五金件主要有把手、门锁、铰链、闭门器和门挡。

7.1.4 铝合金门的构造

铝合金材质自重轻、性能好、坚固耐用、色泽美观、密封性好，气密性、水密性、隔声性、隔热性都较钢、木有显著提高。铝合金门易加工、强度高、耐腐蚀、色泽美观。铝合金门多为半截玻璃门，有推拉和平开两种开启方式，如图 7-9 所示。

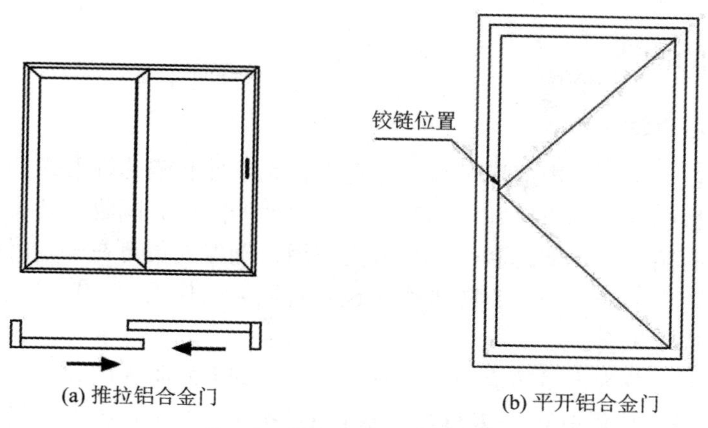

(a) 推拉铝合金门 (b) 平开铝合金门

图 7-9 铝合金门的开启方式

当采用平开的开启方式时，门扇边梃的上下端要用地弹簧连接。铝合金地弹簧门的构造如图 7-10 所示。铝合金地弹簧门有 70 系列、100 系列。基本门洞高度有 2100 mm、2400 mm、2700 mm、3000 mm、3300 mm，基本门洞宽度有 900 mm、1000 mm、1500 mm、1800 mm、2400 mm、3000 mm、3300 mm、3600 mm。

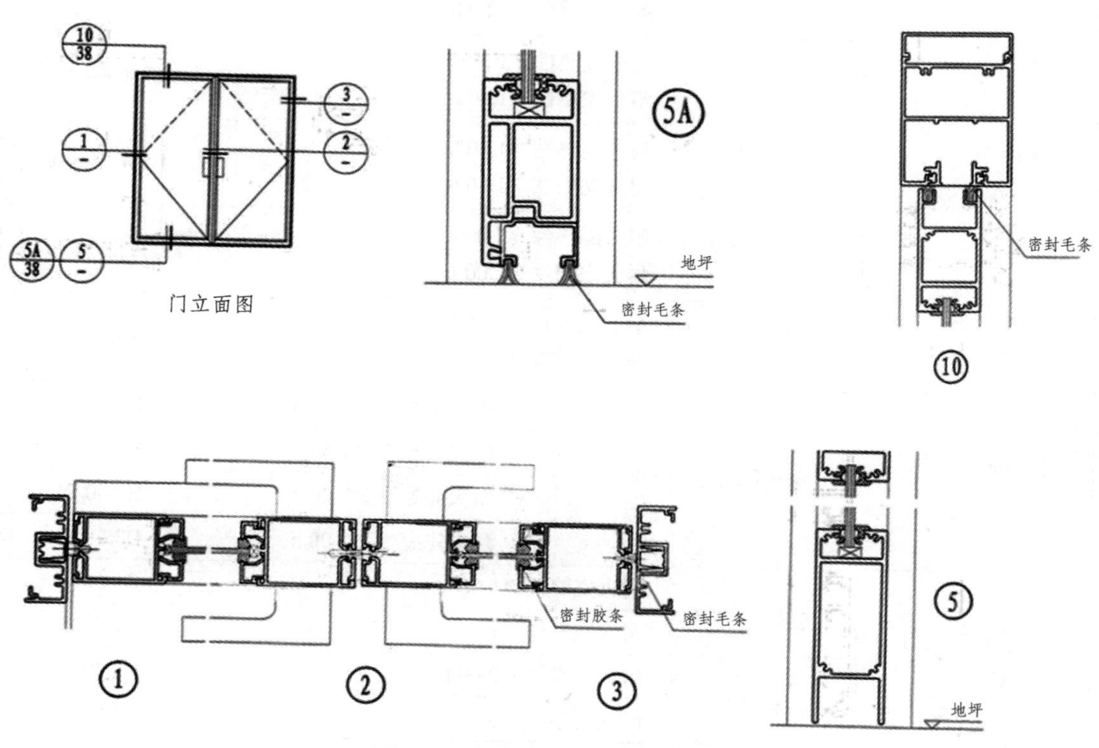

图 7-10 铝合金地弹簧门的构造

【思政课堂】

建筑中的门不仅具有实际的物理功能，还包含了文化内涵。合理设计的门可以实现文化传承，并引导价值观，提升环保意识。

7.1.5　防火门的构造

1. 防火门的概念与分类

防火门是指在一定时间内能满足耐火稳定性、完整性和隔热性要求的门。它是设在防火分区间、疏散楼梯间、垂直竖井等具有一定耐火性的防火分隔物。防火门除具有普通门的作用外，还具有阻止火势蔓延和烟气扩散的作用，确保人员可在一定时间内疏散，在房屋建筑中专用于隔离火源，对于消防工作来说有着巨大的作用，一旦发生火灾人们可以通过防火门来获取逃生机会。

防火门按材料可分为木质防火门、钢质防火门、钢木质防火门和其他材质防火门。

防火门按按耐火性能分可分为隔热防火门 (A 类)、部分隔热防火门 (B 类)、非隔热防火门 (C 类)，各类防火门的性能和代号具体见表 7-1。

表 7-1　按耐火性能划分的防火门的性能和代号

<table>
<tr><th>名　称</th><th colspan="2">耐 火 性 能</th><th>代　号</th></tr>
<tr><td rowspan="5">隔热防火门
(A 类)</td><td colspan="2">耐火隔热性≥0.50 h
耐火完整性≥0.50 h</td><td>A0.50(丙级)</td></tr>
<tr><td colspan="2">耐火隔热性≥1.00 h
耐火完整性≥1.00 h</td><td>A1.00(乙级)</td></tr>
<tr><td colspan="2">耐火隔热性≥1.50 h
耐火完整性≥1.50 h</td><td>A1.50(甲级)</td></tr>
<tr><td colspan="2">耐火隔热性≥2.00 h
耐火完整性≥2.00 h</td><td>A2.00</td></tr>
<tr><td colspan="2">耐火隔热性≥3.00 h
耐火完整性≥3.00 h</td><td>A3.00</td></tr>
<tr><td rowspan="4">部分隔热防火门
(B 类)</td><td rowspan="4">耐火隔热性≥0.50 h</td><td>耐火完整性≥1.00 h</td><td>B1.00</td></tr>
<tr><td>耐火完整性≥1.50 h</td><td>B1.50</td></tr>
<tr><td>耐火完整性≥2.00 h</td><td>B2.00</td></tr>
<tr><td>耐火完整性≥3.00 h</td><td>B3.00</td></tr>
<tr><td rowspan="4">非隔热防火门
(C 类)</td><td colspan="2">耐火完整性≥1.00 h</td><td>C1.00</td></tr>
<tr><td colspan="2">耐火完整性≥1.50 h</td><td>C1.50</td></tr>
<tr><td colspan="2">耐火完整性≥2.00 h</td><td>C2.00</td></tr>
<tr><td colspan="2">耐火完整性≥3.00 h</td><td>C3.00</td></tr>
</table>

2. 防火门的设置

防火门的设置应符合《建筑设计防火规范》(GB 50016—2014) 的规定：

(1) 设置在建筑内经常有人通行处的防火门宜采用常开防火门。常开防火门应能在发生火灾时自行关闭，并应具有信号反馈的功能。

(2) 除允许设置常开防火门的位置外，其他位置的防火门均应采用常闭防火门。常闭防火门应在其明显位置设置“保持防火门关闭”等提示标识。

(3) 除管井检修门和住宅的户门外，防火门应具有自行关闭功能。双扇防火门应具有按顺序自行关闭的功能。

(4) 人员密集场所内平时需要控制人员随意出入的疏散门和设置门禁系统的住宅、宿舍、公寓建筑的外门，应保证火灾时不需使用钥匙等任何工具即能从内部易于打开，并应在显著位置设置具有使用提示的标识。除此规定外，防火门应能在其内外两侧手动开启。

(5) 设置在建筑变形缝附近时，防火门应设置在楼层较多的一侧，并应保证防火门开启时门扇不跨越变形缝。

(6) 防火门关闭后应具有防烟性能。

(7) 甲、乙、丙级防火门应符合现行国家标准《防火门》(GB 12955—2008) 的规定。

(8) 高层建筑、人员密集的公共建筑、人员密集的多层丙类厂房和甲、乙类厂房，其封闭楼梯间的门应采用乙级防火门，并应向疏散方向开启。

(9) 通向室外楼梯的门应采用乙级防火门，并应向外开启。

(10) 疏散走道在防火分区处应设置常开甲级防火门。

(11) 建筑内的电缆井、管道井、排烟道、排气道、垃圾道等竖向井道，井壁上的检查门应采用丙级防火门，对于埋深大于 10 m 的地下建筑或地下工程，应为甲级防火门；对于建筑高度大于 100 m 的建筑，应为甲级防火门；对于层间无防火分隔的竖井和住宅建筑的合用前室，门的耐火性能不应低于乙级防火门的要求；对于其他建筑，门的耐火性能不应低于丙级防火门的要求，当竖井在楼层处无水平防火分隔时，门的耐火性能不应低于乙级防火门的要求。

(12) 附设在建筑内的通风、空气调节机房和变配电室开向建筑内的门应采用甲级防火门，消防控制室和其他设备房开向建筑内的门应采用乙级防火门。

【拓展知识】

1. 门的选用注意事项

(1) 在寒冷地区，一般公共建筑经常出入的向西或向北的门，应设置双道门或设置门斗。

(2) 湿度大的房间不宜选用纤维板门或胶合板门。

(3) 托幼建筑的儿童用门，不得选用弹簧门。

(4) 若无隔声要求，门不得设门槛。

2. 门的布置注意事项

(1) 两个相邻并经常开启的门，应避免外开碰撞，同时应有防止风吹碰撞的措施。

(2) 门的开启方向不宜朝西或朝北。

(3) 人经常出入的外门宜设雨棚。

(4) 变形缝处不得利用门框盖缝，门扇开启不得骑缝。

(5) 住宅内门位置和开启方向应结合家具布置考虑。

本节知识体系

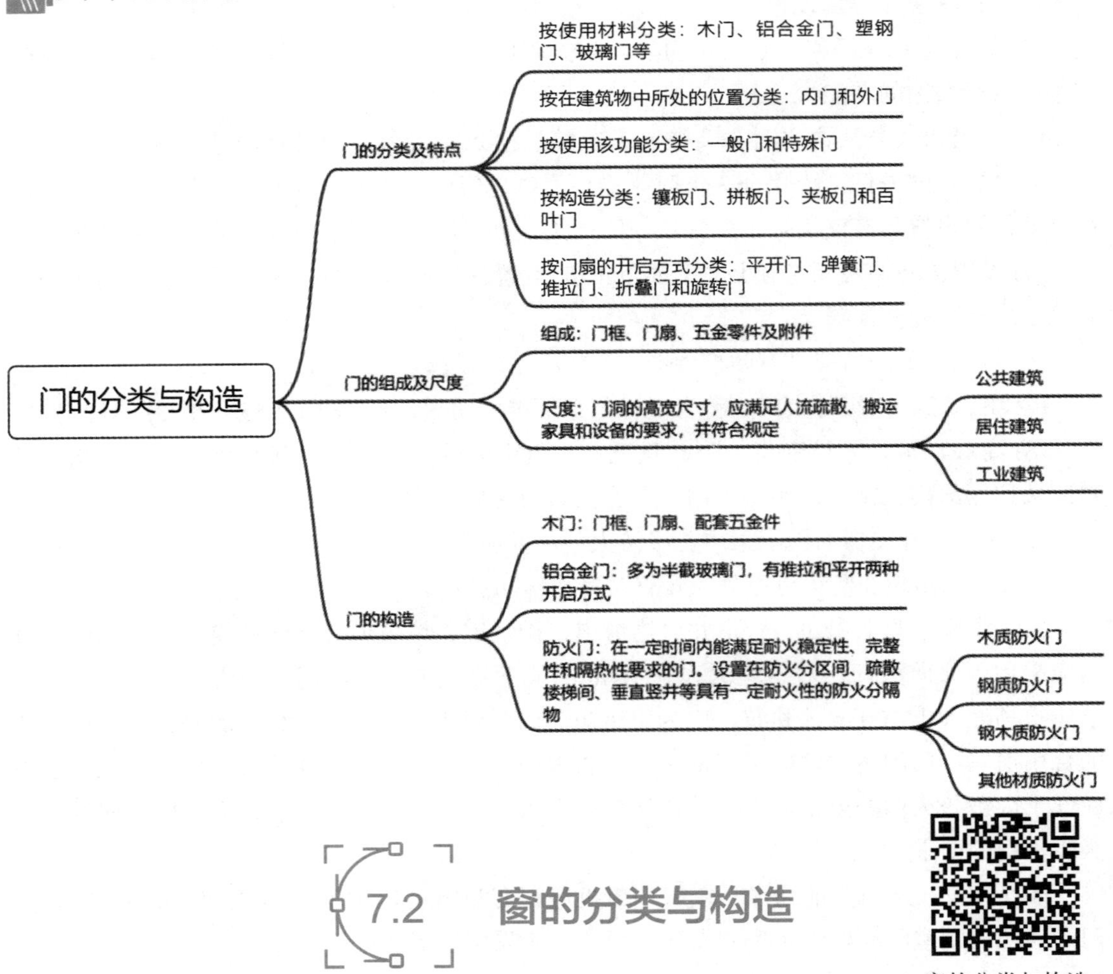

7.2　窗的分类与构造

窗的分类与构造

窗同门一样，也属于房屋建筑中的围护及分隔构件，不起承重作用。窗的主要功能是采光、通风，并供人观景瞭望。窗对建筑物的外观及室内装修构造造型影响也很大，它们的比例、大小及尺度、位置、数量、材质、形状、组合方式等都是决定建筑视觉效果非常重要的因素。

7.2.1　窗的分类与特点

1. 根据窗的使用材料分类

窗按材料的不同，分为木窗、钢窗、铝合金窗和塑钢窗等。

(1) 木窗。木窗加工制作方便，价格较低，应用较广，但防火能力差，耐久性差，易变形，木材耗量大，不利于节能，在我国已限制使用。

(2) 钢窗。钢窗强度高，防火性能好，挡光少，在建筑上应用很广，但钢窗易锈蚀，并且保温性能较差。目前普通钢窗已基本被淘汰，常用的是镀塑钢窗及彩板钢窗等。

(3) 铝合金窗。铝合金窗美观，有良好的装饰性和密闭性，但保温性能较差，成本较高。

(4) 塑钢窗。塑钢窗同时具有木窗的保温性和铝合金窗的装饰性。近年来，在节约木材和有色金属不断发展的背景下，塑钢窗作为一种新类型，是我国大力推广的基本窗型之一，具有良好的发展前景。

2. 根据窗的层数分类

窗按其层数的不同，分为单层窗和双层窗。

(1) 单层窗。单层窗构造简单、造价低，适用于一般建筑物。

(2) 双层窗。双层窗保温隔热效果好，适用于建筑要求高的建筑物。

3. 根据窗扇的开启方式分类

窗按窗扇开启方式的不同，分为固定窗、平开窗、悬窗、立转窗、推拉窗、百叶窗等，如图 7-11 所示。

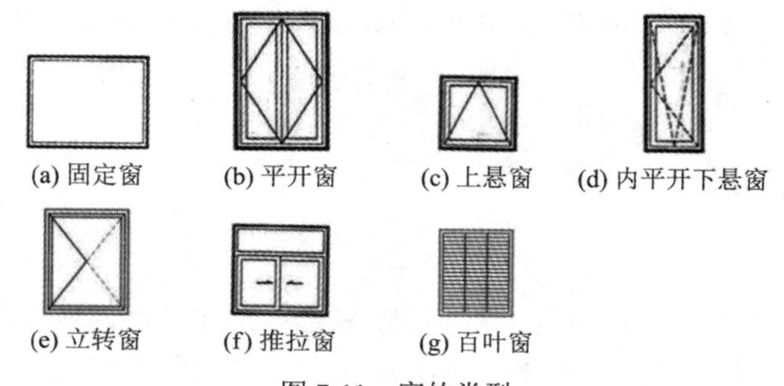

图 7-11 窗的类型

(1) 固定窗。固定窗将玻璃直接镶嵌在窗框上，不设可活动的窗扇，如图 7-11(a) 所示。固定窗一般用于只要求有采光、眺望功能的窗，如走道的采光窗和一般窗的固定部分。

(2) 平开窗。平开窗的窗扇一侧用铰链与窗框相连，窗扇可向外或向内水平开启，如图 7-11(b) 所示。平开窗构造简单、开关灵活、制作与维修方便，在一般建筑物中采用较多。

(3) 悬窗。窗扇绕水平轴转动的窗称为悬窗。按照旋转轴位置的不同，悬窗可分为上悬窗、中悬窗和下悬窗，典型的上悬窗和内平开下悬窗如图 7-11(c)、(d) 所示。其中，上悬窗和中悬窗的防雨、通风效果较好，常用作门上的亮子和不方便手动开启的高侧窗。

(4) 立转窗。窗扇绕垂直中轴转动的窗称为立转窗，如图 7-11(e) 所示。这种窗通风效果好，但不严密，不宜用于寒冷和多风沙的地区。

(5) 推拉窗。推拉窗是指窗扇沿着导轨或滑槽推拉开启的窗，如图 7-11(f) 所示，有水平推拉窗和垂直推拉窗两种。推拉窗开启后不占室内空间，窗扇的受力状态较好，适宜安装大玻璃，但通风面积受限制。

(6) 百叶窗。百叶窗的窗扇一般用塑料、金属或木材等制成小板材，与两侧框料相连接，如图 7-11(g) 所示，有固定式和活动式两种。百叶窗的采光效率低，主要用于遮阳、防雨及通风。

7.2.2 窗的表达

在建筑平面图中，窗的开启方向表达简单，一般用箭头或直线表示开启过程。窗的开启方式一般只能在建筑立面上表达。按照相应的制图规范规定，在建筑立面图上，用细实线表示窗扇朝外开，用虚线表示其朝里开。线段交叉处是开启时转轴所在位置。若平移，则用箭头来表示。窗的开启线如图 7-12 所示。

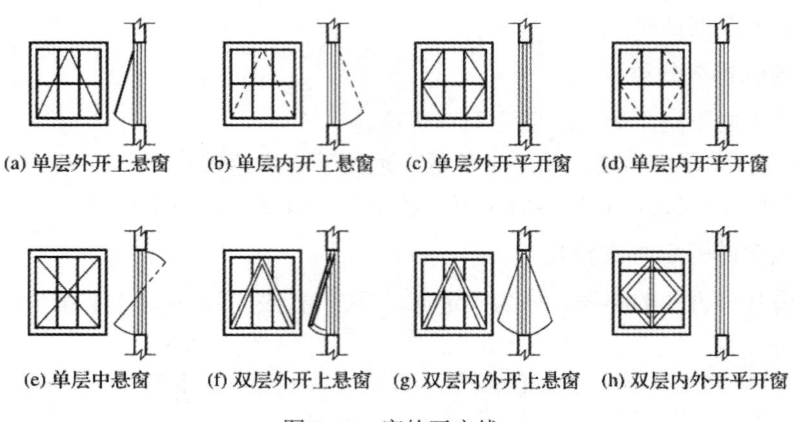

图 7-12　窗的开启线

7.2.3　窗的组成与尺度

1. 窗的组成

窗主要由窗框和窗扇组成，如图 7-13 所示。窗的安装还需要各种五金零件及其他附件，包括各种铰链、风钩、插销、拉手及导轨、转轴、滑轮等，有时根据需要还要加设窗台、贴脸、窗帘盒等。

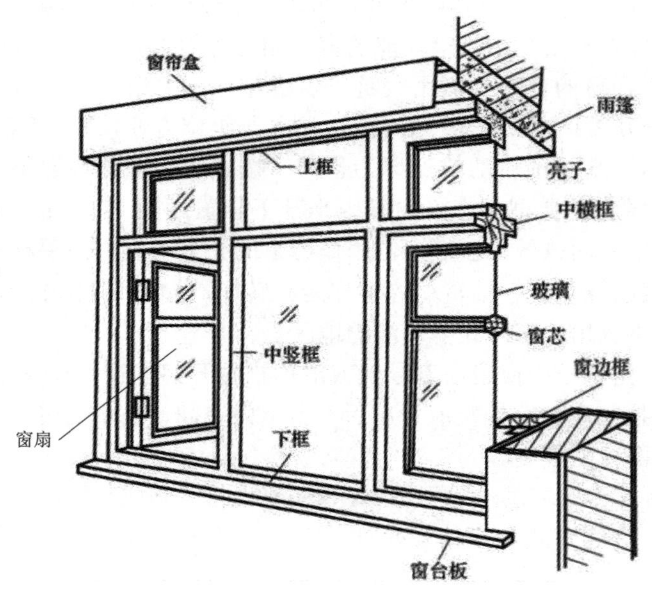

图 7-13　窗的组成

1) 窗框

窗框由上框、中框、下框、边框用合角全榫拼接而成。它的安装方法有以下两种：

(1) 立口。施工时先将窗框立好后再砌窗间墙。在窗框上、下档各伸出约半砖长的木段(俗称羊角或走头)，在边框外侧每隔 500～700 mm 设一个木砖或铁脚砌入墙身。立口的特点是窗框与墙紧密连接，但施工不便，窗框及其临时支撑易被碰撞，故较少采用。

(2) 塞口。在砌墙时先留出窗洞，之后安装窗框。为了加强窗框与墙的联系，窗洞两侧每隔 500～700 mm 砌入一块半砖大小的防腐木砖(窗洞每侧应不少于两块)，安装窗框时用长钉或螺钉将窗框钉在木砖上，也可先在窗框上钉铁脚，再用膨胀螺钉将其钉在墙上或用膨胀螺钉直接把窗框钉于墙上。

窗框与墙安装时应该注意以下几点：

(1) 窗框每边应比窗洞小 10～20 mm。

(2) 为了抵抗风雨，窗框外侧须用砂浆嵌缝，也可加钉压缝条或油膏嵌缝，寒冷地区应用纤维或毡类(如毛毡、矿棉、麻丝或泡沫塑料绳等)垫塞。

(3) 窗框靠墙一面易受潮变形，故常在窗框外侧开槽，并做防腐处理。

窗框与窗扇安装时应该注意以下几点：

(1) 一般窗扇都用铰链、转轴或滑轨固定在窗框上。通常在窗框上做铲口，深度为 10～12 mm，也可钉小木条形成铲口。为了提高防风雨能力，可适当提高铲口深度(约 15 mm)或钉密封条，或在窗框留槽，形成空腔的回风槽。

(2) 外开窗的上口和内开窗的下口，一般须做披水板及滴水槽以防止雨水内渗，同时在窗框内槽及窗盘处做积水槽及排水孔将渗入的雨水排除。

(3) 一般尺度的单层窗窗框的厚度为 40～50 mm，宽度为 70～95 mm，中竖梃双面窗扇需加厚一个铲口的深度 (10 mm)，中横档除加厚 10 mm 外，若要加披水，一般还要加宽 20 mm 左右。

2) 窗扇

窗扇按材料可分为玻璃窗扇、纱窗扇、板窗扇和百叶窗扇等。最常用的窗扇为平开玻璃窗扇和双层窗扇。

(1) 平开玻璃窗扇。平开玻璃窗一般由上下冒头和左右边梃榫接而成，有的中间还设窗棂。窗扇的厚度为 35～42 mm，一般为 40 mm。上下冒头及边梃的宽度视木料材质和窗扇大小而定，一般为 50～60 mm，下冒头可较上冒头适当加宽 10～25 mm，窗棂的宽度为 27～40 mm。

玻璃的常用厚度为 3 mm，面积较大时可采用 5 mm 或 6 mm。为了满足隔声、保温等要求可采用双层中空玻璃；需遮挡或模糊视线时可选用磨砂玻璃或压花玻璃；为了保证安全可采用夹丝玻璃、钢化玻璃及有机玻璃等；为了防晒可采用有色玻璃、吸热玻璃、涂层玻璃、变色玻璃等。

五金一般可分为启闭时转动、启闭时定位及推拉执手三类。

(2) 双层窗扇。双层窗扇有子母窗扇、内外开窗扇、大小扇双层内开窗等。

① 子母窗扇。子母窗扇由玻璃大小相同、窗扇用料大小不同的两窗扇合并而成。子母窗扇用一个窗框，一般为内开。

② 内外开窗扇。内外开窗扇是在一个窗框上内外开双铲口，内层窗扇向内，外层窗扇向外，必要时内层窗扇在夏季还可取下或换成纱窗。

③ 大小扇双层内开窗。大小扇双层内开窗既可分开窗框，也可用同一窗框，该类窗

占用室内空间。

2. 窗的尺度

窗的高度和宽度一般取决于采光系数、通风要求、结构构造和建筑造型等因素，同时应符合模数制要求。一般平开窗的窗扇宽度为400～600 mm，高度为800～1500 mm。当窗较大时，为减少可开窗扇的尺寸，可在窗的上部或下部设亮子。亮子的高度一般为300～600 mm。

固定窗和推拉窗的尺寸可大些。固定扇不需装合页，宽度可达900 mm左右；推拉窗窗扇宽度亦可达900 mm左右，高度一般不超过1500 mm。窗扇过大时，开关不灵活。

7.2.4 铝合金窗的构造

1. 普通铝合金窗的构造

铝合金窗多采用水平推拉式的开启方式，窗扇在窗框的轨道上滑动开启。窗扇与窗框之间用尼龙密封条进行密封，以避免金属材料之间发生摩擦。玻璃卡在铝合金窗框料的凹槽内，并用橡胶压条固定。铝合金推拉窗的构造如图7-14所示。需要注意的是，根据工程需要，铝合金推拉窗可以用拼樘料组合成其他形式带窗、条窗、转角窗或连窗门等；玻璃扣条位于室内侧，可在室内拆装玻璃，维修更换方便安全。玻璃扣条可采用方形、圆弧形、斜边形等多种形式，以取得不同的装饰效果。

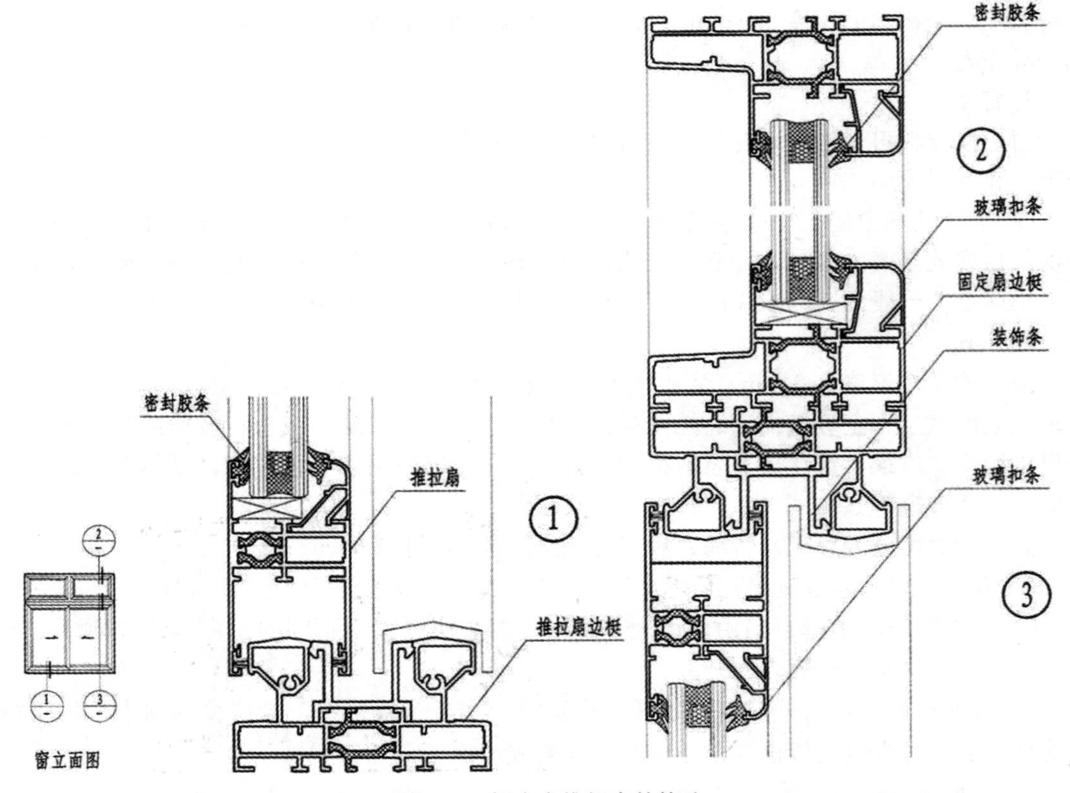

图7-14　铝合金推拉窗的构造

铝合金窗一般采用塞口的方法进行安装。固定时，窗框与墙体之间采用预埋铁件、燕尾铁脚、金属膨胀螺栓、射钉固定等方式进行连接，如图7-15所示。

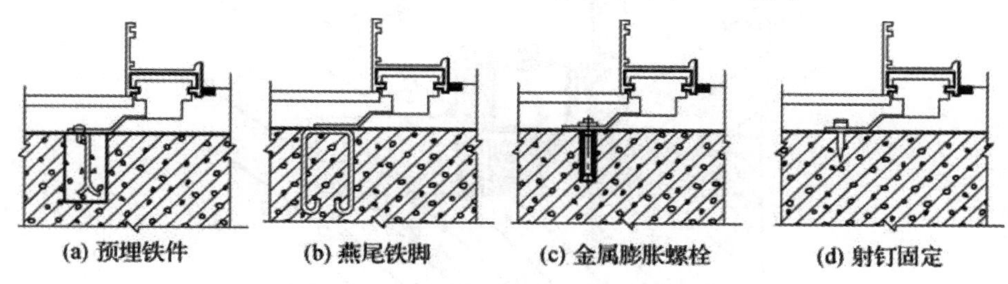

图7-15 铝合金窗框与墙体的固定方式

2. 断桥铝合金窗的构造

断桥铝合金窗是在普通铝合金窗的基础上为了提高门窗保温性能而推出的改进型窗。断桥铝合金隔热性能优越，可解决铝合金传导散热快、不符合节能要求的问题。同时断桥铝合金窗采用了一些新的结构配合形式，解决了铝合金推拉窗密封不严的问题；在满足装饰、耐老化性能和强度的要求下，窗的水密性和气密性也得到了提高。

断桥铝合金窗的安装程序为：窗框就位、框固定、填塞缝隙、安五金配件、安玻璃、打胶、清理。

施工要点如下：

(1) 各楼层窗框安装时横向、竖向均应拉通线，确保各层水平一致，上下顺直。

(2) 窗框与墙体固定时，先固定上框，后固定边框，窗框采用塑料膨胀螺栓固定。

(3) 窗框与洞口之间的伸缩缝内腔均采用闭孔泡沫塑料、发泡剂等弹性材料填塞，表面用密封胶密封。

7.2.5 塑钢窗的构造

塑钢窗是以PVC为主要原料，加上一定比例的稳定剂、着色剂、填充剂、紫外线吸收剂等辅助剂，制成空腹多腔异型材，中间设置薄壁加强型钢，经加热焊接而成的窗框料，配装上橡胶密封条、压条、五金件等附件而制成的窗。同时为增加型材的刚性，超过一定长度的型材空腔内需要加填钢衬(加强筋)。

塑钢窗的特点为：自重轻、强度好，耐冲击、抗风压、防盗性能好；保温、隔热、隔声性好；防水、气密性能优良；防火耐老化，耐腐蚀，使用寿命长；易保养，外观精美，清洗容易；价格适中，适用于各类建筑物。

塑钢窗与铝合金窗相似，可采用平开、推拉、旋转等形式开启。

塑钢窗的构造原理和安装方法与铝合金窗基本相同。

塑钢窗亦采用塞口法安装，不允许采用立口法安装。塑钢窗框与墙体预留洞口的间隙可视墙体的饰面材料而定。

按《塑料门窗工程技术规程》对窗安装的要求：建筑外窗的安装必须牢固可靠，在砖砌体上安装时，严禁用射钉固定；同时还规定，附框或门窗与墙体固定时，应先固定上框，后固定边框。窗下框固定方法如图7-16所示。

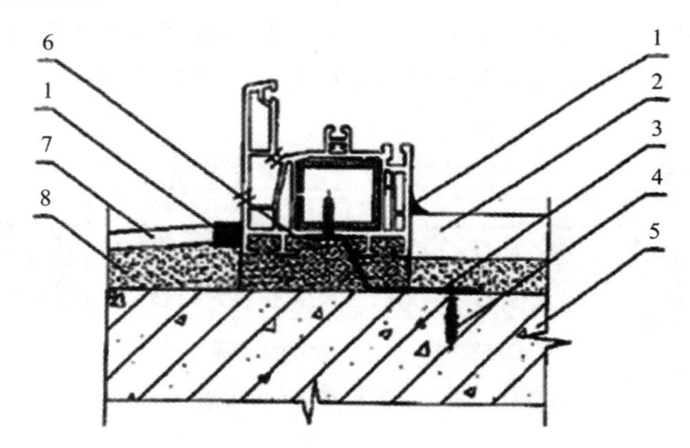

1—密封胶；2—内窗台板；3—固定片；4—膨胀螺钉；
5—墙体；6—防水砂浆；7—装饰面；8—抹灰层。

图 7-16 塑钢窗下框与墙体固定节点图

【思政课堂】

窗的构造得益于可再生和环保材料的应用，并且窗的设计充分考虑了日照和通风等因素，减少了对室内人工照明和通风的需求，提高了建筑的能源利用效率。学习窗的构造能够培养节能减排和绿色环保意识。

【拓展知识】

1. 窗的选用注意事项

(1) 面向外廊的居所、厕所的窗应向内开，或在人的高度以上外开，并考虑防护安全和密闭性。

(2) 民用建筑除高级空调房间外均应设纱窗。

(3) 高温、高湿及防火要求高的建筑不宜用木窗。

(4) 锅炉房、烧火间、车库的外窗可不装纱窗。

(5) 高层建筑宜采用推拉窗，若采用外开窗，则需要有牢固窗扇的措施。

2. 窗的布置注意事项

(1) 楼梯间外窗应考虑各层圈梁走向，避免冲突。

(2) 楼梯间外窗做内开时，在 2 m 高度内不能凸出墙面。

(3) 窗台高度由工作面而定，一般不宜低于 900 mm。

(4) 窗台高度低于 900 mm 时，须有防护措施。

3. 门窗设计的注意事项

为将可持续发展理念贯穿至建筑设计当中，节能环保门窗的设计在满足基本室内空间的通风、采光以及保温性能之外，还可以采取以下一些方法提高建筑的节能效果：

(1) 在进行门窗设计的过程中，要对建筑进行综合考虑，明确门窗与建筑的整体比例，比如，一般情况下建筑北向窗户与建筑墙体的比例在 20% 以下，建筑东向窗户与墙体的比例在 30% 以下，建筑南向以及西向窗户与墙体的比例在 35% 以下。严格控制门窗比例可在有效保障光照的同时，提高室内的通风效果。

(2) 应提高门窗的气密性，尽可能地减少外部空气透过门窗缝隙，以保证室内温度。

本节知识体系

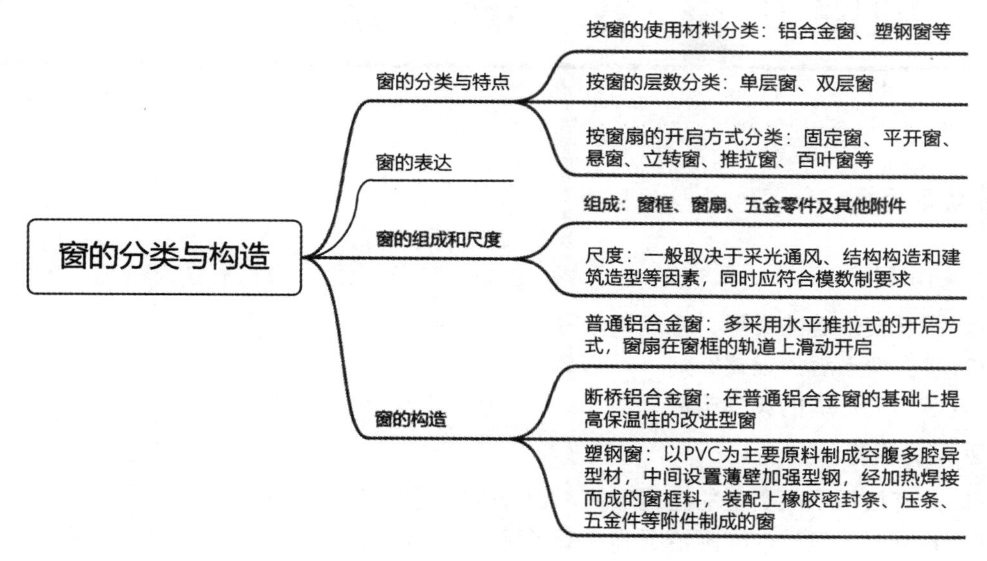

思考与练习

一、填空题

1. 门主要由 __________、__________、__________ 及 __________ 组成。
2. 窗框的安装方式有 __________ 和 __________ 两种。
3. 门按开启方式可以分为 __________、__________、弹簧门、折叠门、__________ 等。

二、简答题

1. 门的主要类型有哪些？
2. 公共建筑和住宅建筑的门常用尺度有哪些？
3. 防火门该如何设置，其主要作用是什么？
4. 塑钢窗有哪些优点？
5. 断桥铝合金窗有哪些优点？

三、绘图题

1. 请绘制高 2100 mm、宽 900 mm 的外开平开门。
2. 请绘制高 2100 mm、宽 1800 mm 的推拉窗。

参考答案

项目 8　变　形　缝

学习目标

1. 知识目标

(1) 了解变形缝的类型、特点和作用。
(2) 掌握变形缝的设置原则。
(3) 掌握变形缝的典型构造。

2. 能力目标

(1) 具有根据不同类型的建筑形式，合理确定变形缝类型的能力。
(2) 具有根据建筑的实际情况确定变形缝方案的能力。

3. 思政目标

(1) 培养工匠精神和责任意识。
(2) 培养工程思维。
(3) 增强行业规范意识。

学习任务

任务 1：完成变形缝构造实训任务表

调研建筑的变形缝，总结变形缝在基础、墙体、楼地面、屋顶的构造特点，扫描二维码获取变形缝构造实训任务表，并完成填写。

变形缝构造
实训任务表

任务 2：绘制变形缝的构造做法图

在学校内选一建筑物，对其墙体变形缝进行分析，绘制出其构造做法图。
要求：比例自定；线性选择与图面表达正确，文字用仿宋字书写，用铅笔等工具作图。

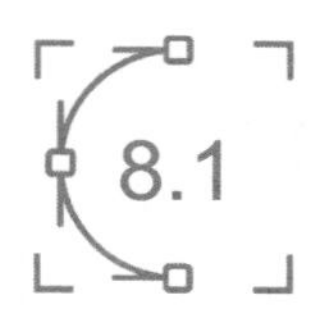

8.1　变形缝的基础知识

变形缝的基础知识

8.1.1　变形缝的作用与类型

建筑物由于受到外界各种因素的影响，比如温度变化、建筑物相邻部分承受荷载不同、建筑物相邻部分结构类型差异、建筑物长度过长、高差过大、自然灾害如地震等，其结构内部会产生附加应力和变形。对此，若处理不当，会导致建筑物的开裂、破坏，甚至倒塌，影响建筑的使用与安全，出现“楼歪歪”及“楼倒倒”等现象。

上述现象可以通过两种具体方法来避免：

(1) 加强建筑物的整体性，使建筑物本身具有足够的刚度和强度以抵御这些破坏应力，不产生破裂。

(2) 预先在建筑物变形敏感的部位将结构断开，并留出一定的缝隙，以保证建筑物的各部分能独立变形，互不影响。这种将建筑物垂直分割开来的预留缝隙称为变形缝。变形缝有三种：伸缩缝、沉降缝和防震缝。

8.1.2　变形缝的设置原则

1. 伸缩缝的设置原则

建筑物因受温度变化的影响会热胀冷缩，在结构内部产生温度应力而变形，变形量与建筑物的长度、建筑平面变化及结构类型变化有关。建筑物的长度越大、建筑平面变化越多或结构类型变化越大时，变形越大。当变形受到约束时，房屋的某些构件中会产生应力，从而导致破坏。

为了预防这种情况的发生，可在建筑物的长度方向，每隔一定距离或在结构变化较大处预留缝隙，将地面结构断开。这种为防止因温度变化导致破坏而设置的缝隙称为伸缩缝或温度缝。伸缩缝的设置使缝间建筑物的长度不超过某一限值，其变形值较小，所产生的温度应力也较小，这样就不会产生破坏。

伸缩缝要求把建筑物的墙体、楼板层、屋顶等地面以上部分全部断开，基础部分因受温度变化影响较小，故不必断开。伸缩缝的缝宽一般为 20～30 mm。

伸缩缝的最大间距应根据不同结构的材料而定，砌体建筑和钢筋混凝土结构伸缩缝的最大间距见表 8-1 和表 8-2。

表 8-1　砌体建筑伸缩缝的最大间距　单位：m

屋顶或楼板层的类别		间 距
整体或装配整体式钢筋混凝土结构	有保温层或隔热层的屋顶、楼板层	50
	无保温层或隔热层的屋顶	40
装配式无檩条体系钢筋混凝土结构	有保温层或隔热层的屋顶	60
	无保温层或隔热层的屋顶	50
装配式有檩条体系钢筋混凝土结构	有保温层或隔热层的屋顶	75
	无保温层或隔热层的屋顶	60
瓦材屋盖、木屋盖或楼盖、轻钢屋盖		100

注：1. 对烧结普通砖、烧结多孔砖、配筋砌块砌体房屋，取表中数值；对石砌体、蒸压灰砂普通砖、蒸压粉煤灰普通砖、混凝土砌块、混凝土普通砖和混凝土多孔砖房屋，取表中数值乘以 0.8 的系数，当墙体有可靠外保温措施时，其间距可取表中数值；

2. 在钢筋混凝土屋面上挂瓦的屋盖应按钢筋混凝土屋盖采用；

3. 层高大于 5 m 的烧结普通砖、烧结多孔砖、配筋砌块砌体结构单层房屋，其伸缩缝间距可按表中数值乘以 1.3；

4. 温差较大且变化频繁地区和严寒地区不采暖的房屋及构筑物墙体的伸缩缝的最大间距，应按表中数值予以适当减小；

5. 墙体的伸缩缝应与结构的其他变形缝重合，缝宽度应满足各种变形缝的变形要求；在进行立面处理时，必须保证缝隙的变形作用。

表 8-2 钢筋混凝土结构伸缩缝的最大间距 单位：m

结 构 类 型		室内或土中	露 天
排架结构	装配式	100	70
框架结构	装配式	75	50
	现浇式	55	35
剪力墙结构	装配式	65	40
	现浇式	45	30
挡土墙及地下室墙壁等结构	装配式	40	30
	现浇式	30	20

注：1. 装配整体式结构的伸缩缝间距，可根据结构的具体情况取表中装配式结构与现浇式结构之间的数值；

2. 框架 - 剪力墙结构或框架 - 核心筒结构房屋的伸缩缝间距，可根据结构的具体情况取表中框架结构与剪力墙结构之间的数值；

3. 当屋面无保温或隔热措施时，框架结构、剪力墙结构的伸缩缝间距宜按表中露天栏的数值取用；

4. 现浇挑檐、雨罩等外露结构的局部伸缩缝间距不宜大于 12 m。

另外，建筑物也可采用附加应力钢筋来加强整体性，以抵抗可能产生的温度应力，使建筑物少设缝或不设缝，但这需要经过计算确定。

2. 沉降缝的设置原则

沉降缝是为了预防建筑物的各部分由于不均匀沉降引起的破坏而设置的变形缝。建筑物因不均匀沉降造成某些薄弱部位产生错动开裂，为了防止建筑物无规则的开裂，须设置沉降缝。

对于需设置沉降缝的建筑，下列部位宜设置沉降缝：

(1) 建筑平面的转折部位，如图 8-1(a) 所示。

(2) 高度差异或荷载差异处，如图 8-1(b) 所示。

(3) 长高比过大的砌体承重结构或钢筋混凝土框架结构的适当部位。

(4) 地基土的压缩性有显著差异处。

(5) 建筑结构或基础类型不同处。

(6) 分期建造房屋的交界处，如图 8-1(c) 所示。

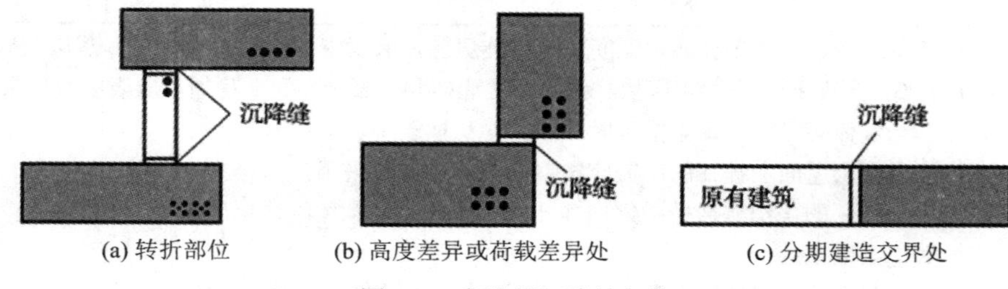

(a) 转折部位 (b) 高度差异或荷载差异处 (c) 分期建造交界处

图 8-1 宜设置沉降缝部位

沉降缝应有足够的宽度，其宽度可按表 8-3 选用。

表 8-3 沉降缝宜选择的宽度

单位：mm

建筑物高度	沉降缝宽度
2～3 层	50～80
4～5 层	80～120
5 层以上	≥120

设置沉降缝时，必须将建筑物的基础、墙体、楼板层和屋顶等部分全部断开。在建筑物适当位置设置沉降缝，可以把房屋划分为若干个刚度较一致的单元，使相邻单元可以自由沉降，而不影响建筑物的整体。

在满足使用和其他要求的前提下，建筑体型应减少造型变化，力求简单。当建筑体型比较复杂时，宜根据其平面形状和高度差异情况，在适当部位用沉降缝将其划分成若干个刚度较好的单元；当建筑物两单元高度差异或荷载差异较大时，可将两者隔开一定距离，当拉开距离后的两单元必须连接时，应采用能自由沉降的连接构造。

3. 防震缝的设置原则

建造在地震区的建筑物，地震时会遭到不同程度的破坏，因此必须充分考虑地震对建筑物造成的影响。为此，我国制定了相应的建筑抗震设计规范。建筑物为避免遭到破坏，应按照抗震规范要求进行设计。

当抗震设防烈度 6 度以下的地区发生地震时，建筑物受地震影响轻微，可不进行抗震设防；当抗震设防烈度为 9 度的地区发生地震时，建筑物破坏严重，抗震设计应按有关规定进行；对抗震设防烈度为 7～9 度的地区的建筑物应按一般规定设置防震缝，即将其划分成若干形体简单，质量、刚度均匀的独立单元，以防震害。建筑物的防震和抗震通常可从设置防震缝和对建筑物进行抗震加固两方面考虑。

防震缝应沿建筑物全高设置，缝的两侧应布置双墙或双柱，或一墙一柱，使各部分结构有较好的刚度。防震缝应与伸缩缝、沉降缝协调布置，相邻上部结构完全断开，并留有足够的缝隙，以保证在水平方向地震波的影响下，房屋相邻部分不致因碰撞而造成破坏。一般情况下，防震缝基础可不断开，但与沉降缝合并设置时，基础应断开。

体型复杂、平立面不规则的建筑，应根据不规则程度、地基基础条件和技术经济等因素进行比较分析，确定是否设置防震缝，并分别符合下列要求。

(1) 当不设置防震缝时，应采用符合实际的计算模型，分析判明其应力集中、变形集中或地震扭转效应等导致的易损部位，采取相应的加强措施。

(2) 当在适当部位设置防震缝时，宜形成多个较规则的抗侧力结构单元。防震缝应根据抗震设防烈度、结构材料种类、结构类型、结构单元的高度和高差及可能的地震扭转效应的情况，留有足够的宽度，其两侧的上部结构应完全分开。

(3) 当设置伸缩缝和沉降缝时，其宽度应符合防震缝的要求。

(4) 多层砌体房屋和底部框架砌体房屋，有下列情况之一时宜设置防震缝，缝两侧均应设置墙体，缝宽应根据烈度和房屋高度确定，可为 70～100 mm。

① 房屋立面高差在 6 m 以上。

② 房屋有错层，且楼板高差大于层高的 1/4。

③ 各部分结构刚度、质量截然不同。

(5) 多层和高层钢筋混凝土房屋，需要设置防震缝时，其宽度应分别符合下列规定：

① 框架结构 (包括设置少量抗震墙的框架结构) 房屋的防震缝宽度，当高度不超过 15 m 时不应小于 100 mm；高度超过 15 m 时，抗震设防烈度 6 度、7 度、8 度和 9 度分别每增加高度 5 m、4 m、3 m 和 2 m，宜加宽 20 mm。

② 框架 - 抗震墙结构房屋的防震缝宽度不应小于①中规定数值的 70%，抗震墙结构房屋的防震缝宽度不应小于①中规定数值的 50%；且均不宜小于 100 mm。

③ 防震缝两侧结构类型不同时，宜按需要较宽防震缝的结构类型和较低房屋高度确定缝宽。

【思政课堂】

变形缝的正确、安全施工过程中，科学探索精神熠熠生辉，工程师们勇于尝试新材料、新工艺，不断深入研究，力求为每一个项目量身定制最佳解决方案。同时，责任意识与规范意识如同双翼，确保施工过程的稳健进行。从精细入微的设计计算，到施工现场的严格监管，每一步都紧密遵循国家规范与行业标准，旨在打造既安全稳固又适应环境变化的变形缝。

本节知识体系

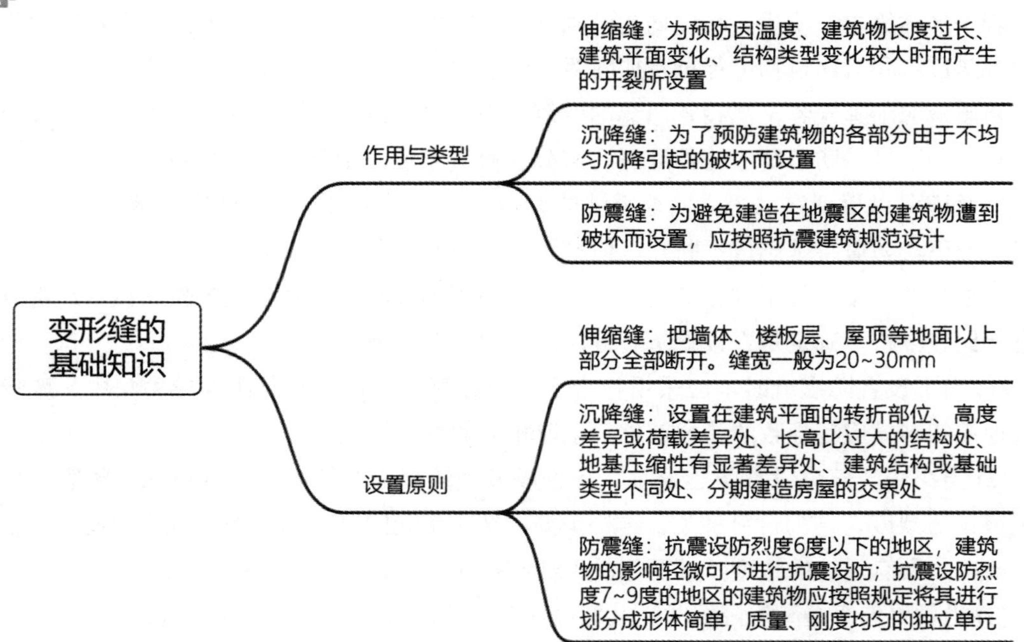

变形缝的构造

8.2.1 伸缩缝的构造

伸缩缝是将基础以上的建筑构件全部断开，以保证其两侧的建筑构件能够在水平方向上自由伸缩。

1. 墙体伸缩缝的构造

墙体在伸缩缝处断开。为了避免风、雨对室内的影响和避免缝隙过多传热，伸缩缝可砌成平缝、错口缝或企口缝等形式，如图 8-2 所示。截面形式主要视墙体材料、厚度及施工条件而定。

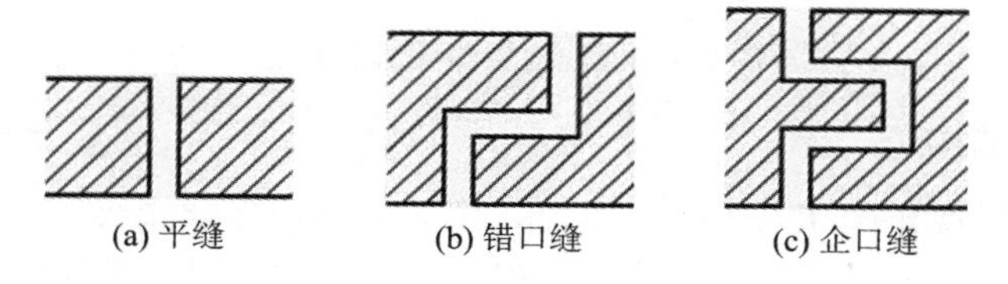

图 8-2 砖墙伸缩缝的形式

为了防止外界条件对墙体及室内环境的影响，伸缩缝外墙常用具有弹性的防水材料塞缝，如沥青木丝、泡沫塑料条等。当缝隙较宽时，缝口可用金属调节片如镀锌铁皮、铝皮等做盖缝处理，如图 8-3(a) 所示；内墙可用具有一定装饰效果的金属片、塑料片或木盖缝条覆盖，如图 8-3(b) 所示。所有填缝及盖缝材料的构造均应能保证结构在水平方向上自由伸缩。

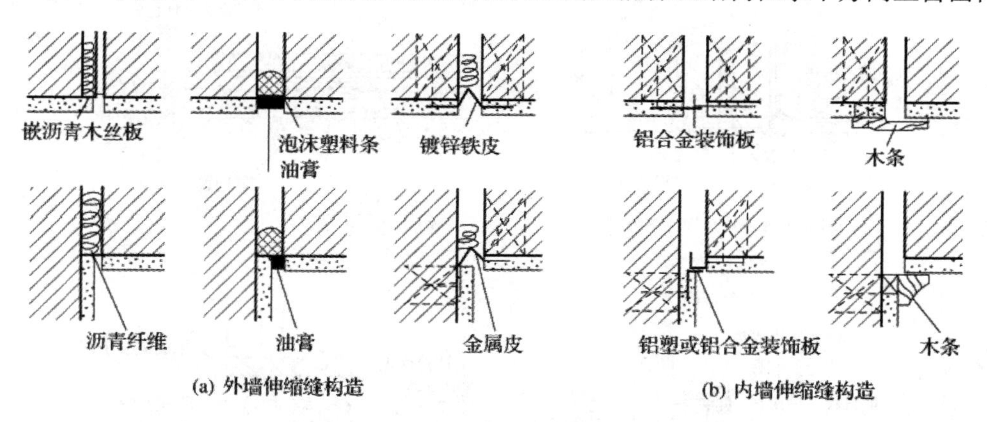

图 8-3 墙体伸缩缝的构造

2. 楼地板层伸缩缝的构造

楼地板层伸缩缝的位置和尺寸大小应与墙体、屋顶伸缩缝相对应，缝内也要用弹性材料做封缝处理，上面铺活动盖板或橡、塑地板等地面材料，以满足地面平整、光洁、防滑、防水及防尘等要求，如图 8-4 所示。顶棚的盖缝条在构造上应既能保证顶棚美观，又能使缝两侧的构件自由伸缩。

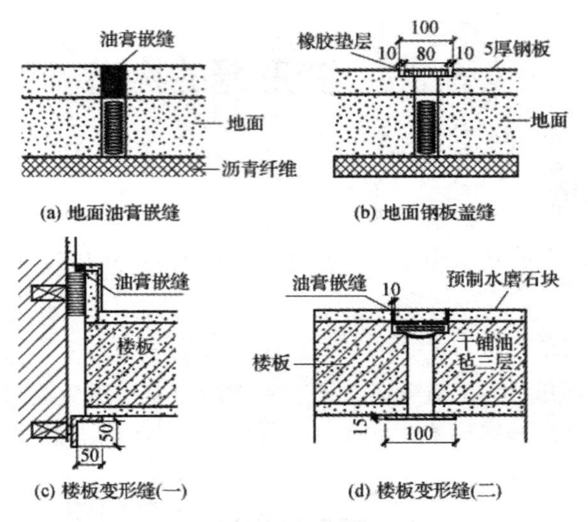

图 8-4 楼地板层伸缩缝的构造

3. 屋顶伸缩缝的构造

屋顶伸缩缝的位置和尺寸大小应与墙体、楼板层的伸缩缝相对应。屋顶伸缩缝的位置有两种情况：一种是伸缩缝两侧屋面的标高相同，另一种是缝两侧屋面的标高不同。

当缝两侧屋面的标高相同时，上人屋面和不上人屋面伸缩缝的做法是不同的：对于上人屋面，须用嵌缝油膏嵌缝并做好泛水处理；对于不上人屋面，则一般在缝的两侧各砌半砖厚的小墙，按泛水构造处理，在小墙上面加设钢筋混凝土盖板或镀锌铁皮盖板盖缝做好防水处理。卷材防水屋顶和刚性防水屋顶伸缩缝构造如图 8-5 和图 8-6 所示。

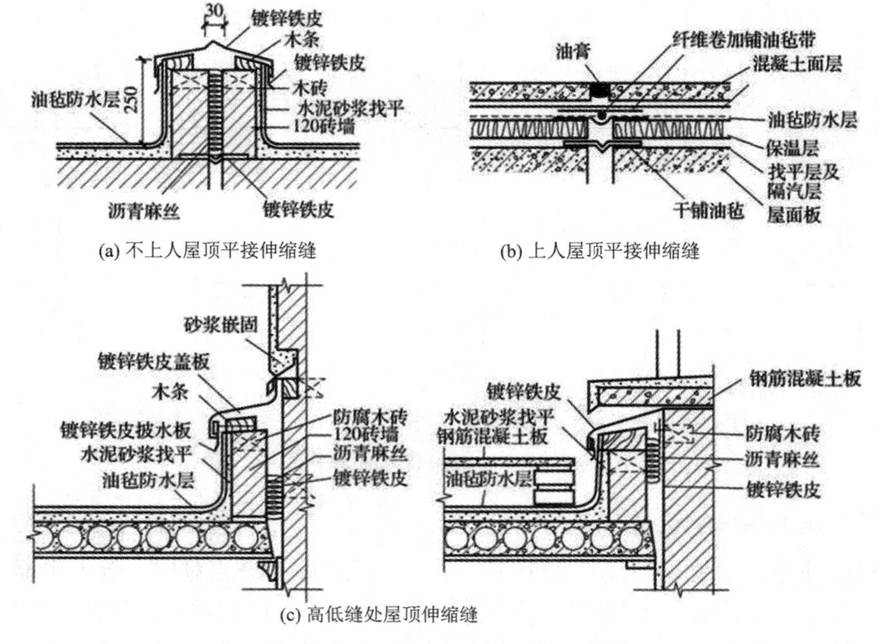

图 8-5 卷材防水屋顶伸缩缝的构造

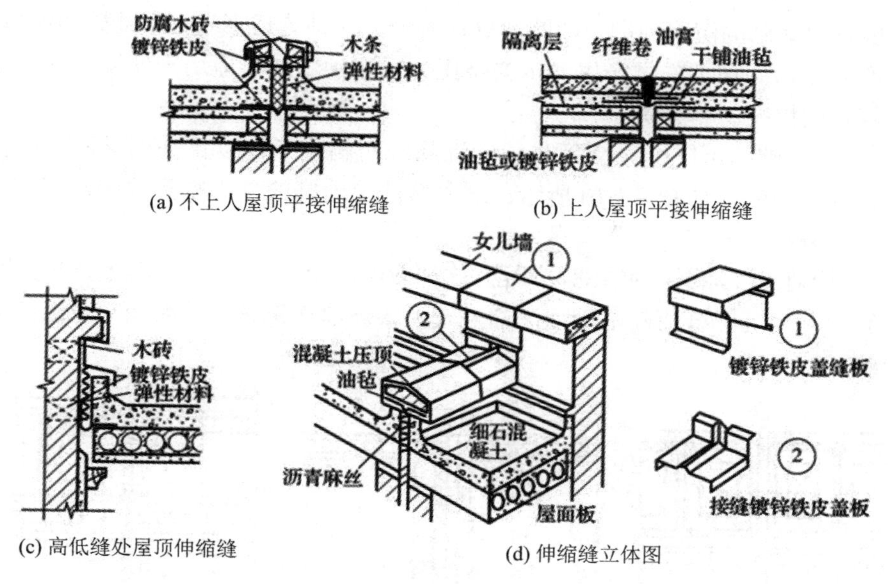

(a) 不上人屋顶平接伸缩缝　(b) 上人屋顶平接伸缩缝

(c) 高低缝处屋顶伸缩缝　(d) 伸缩缝立体图

图 8-6　刚性防水屋顶伸缩缝的构造

8.2.2　沉降缝的构造

墙体沉降缝一般兼起伸缩缝的作用，其构造与伸缩缝基本相同。但由于沉降缝要保证缝两侧的墙体能自由沉降，因此盖缝的金属调节片必须保证在水平方向和垂直方向上均能自由变形。墙体沉降缝的构造如图 8-7 所示。

屋顶沉降缝处的金属调节盖缝皮或其他构件应考虑沉降变形并给维修留余地。屋顶沉降缝的构造如图 8-8 所示。

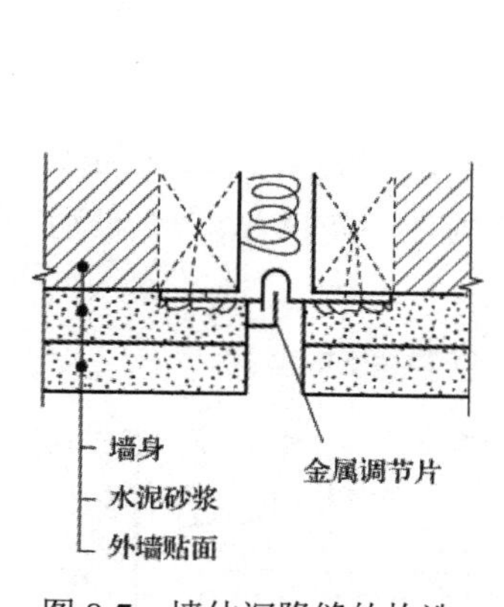

图 8-7　墙体沉降缝的构造

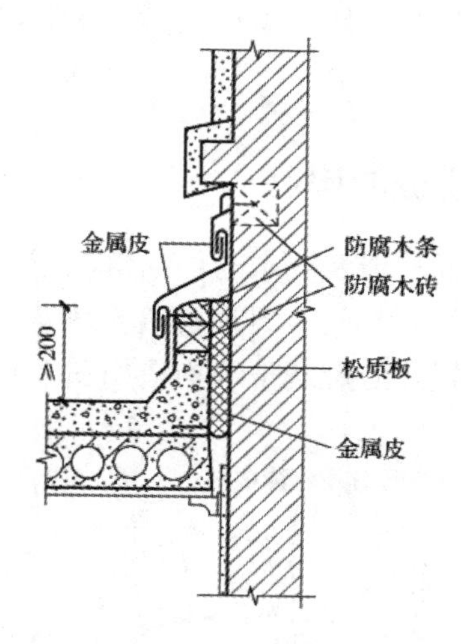

图 8-8　屋顶沉降缝的构造

基础必须设置沉降缝，以保证缝两侧能自由沉降。常见的基础沉降缝的处理形式有以下三种：

(1) 双墙偏心基础的沉降缝。这种处理形式是把沉降缝两侧双墙下的基础断开并留垂直缝隙，以解决基础的沉降问题，如图 8-9(a) 所示。这种处理形式下，基础的整体刚度大，但基础偏心受压，并在沉降时产生一定的挤压力。这种做法只适用于低层、耐久年限短且地质条件较好的情况。

(2) 交叉式基础的沉降缝。交叉式基础沉降缝两侧墙下均设置基础梁，两侧基础各自独立沉降，互不影响，如图 8-9(b) 所示。这种做法使地基的受力得到改善，但施工难度较大，工程造价偏高。

(3) 挑梁基础的沉降缝。如图 8-9 所示，这种做法能使沉降缝两侧基础分开较大的距离，相互影响较少。当沉降缝两侧基础埋深相差较大或新建建筑物与原有建筑物毗连时，宜采用这种做法。

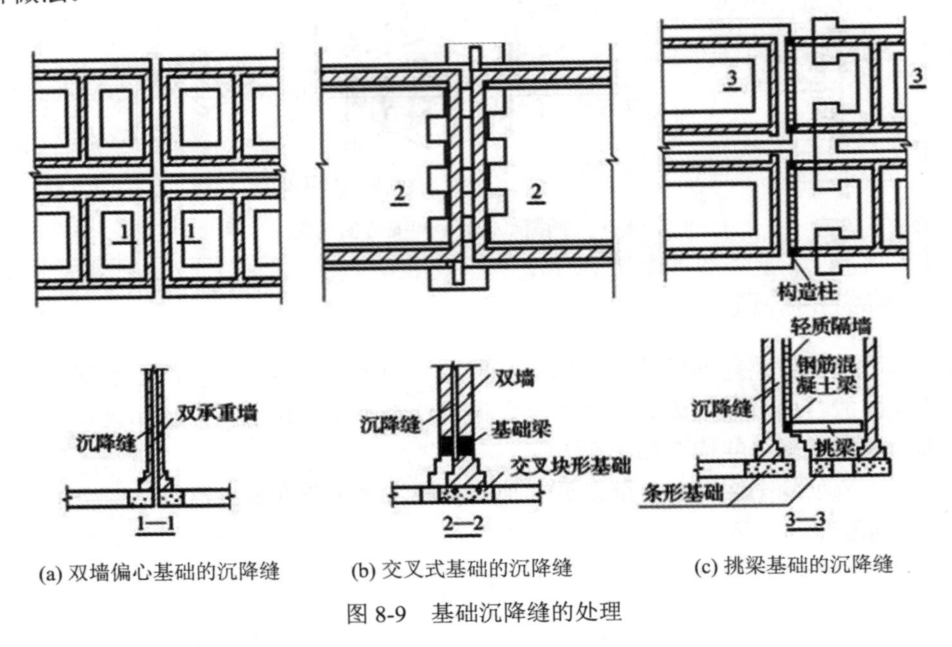

(a) 双墙偏心基础的沉降缝　(b) 交叉式基础的沉降缝　(c) 挑梁基础的沉降缝

图 8-9　基础沉降缝的处理

8.2.3　防震缝的构造

防震缝的构造及要求与伸缩缝相似，但是防震缝不能做成错口缝和企口缝。因防震缝较宽，故在进行构造处理时应充分考虑盖缝条的牢固性、防风和防水及适应变形的能力。根据墙体位置，防震缝平缝构造如图 8-10 所示。

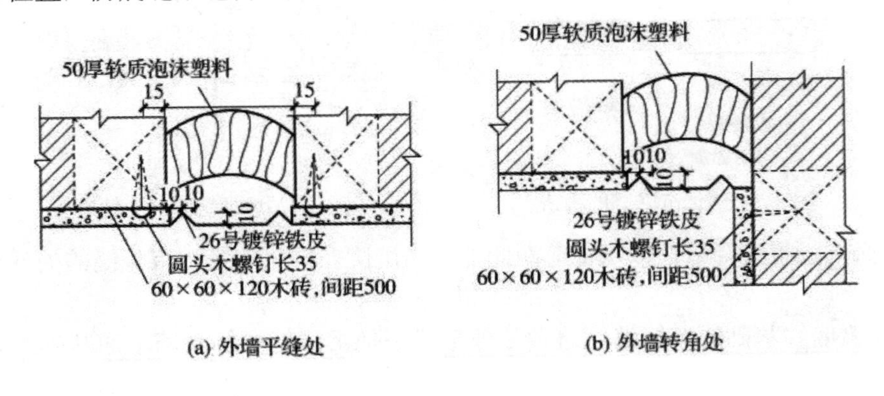

(a) 外墙平缝处　(b) 外墙转角处

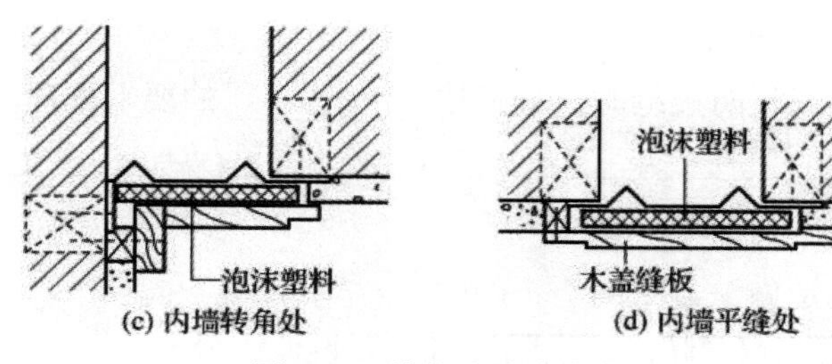

图 8-10　墙体防震缝的构造

【拓展知识】

变形缝与施工缝的区别是什么？

变形缝是伸缩缝、沉降缝和防震缝的总称。建筑物在外界因素作用下常会产生变形，导致开裂甚至破坏。变形缝是针对这种情况而预留的构造缝。

受到施工工艺的限制，按计划中断施工而形成的接缝，被称为施工缝。混凝土结构由于分层浇筑，在本层混凝土与上一层混凝土之间形成的缝隙，就是最常见的施工缝。这种施工缝并不是真正意义上的缝，而是一个面。

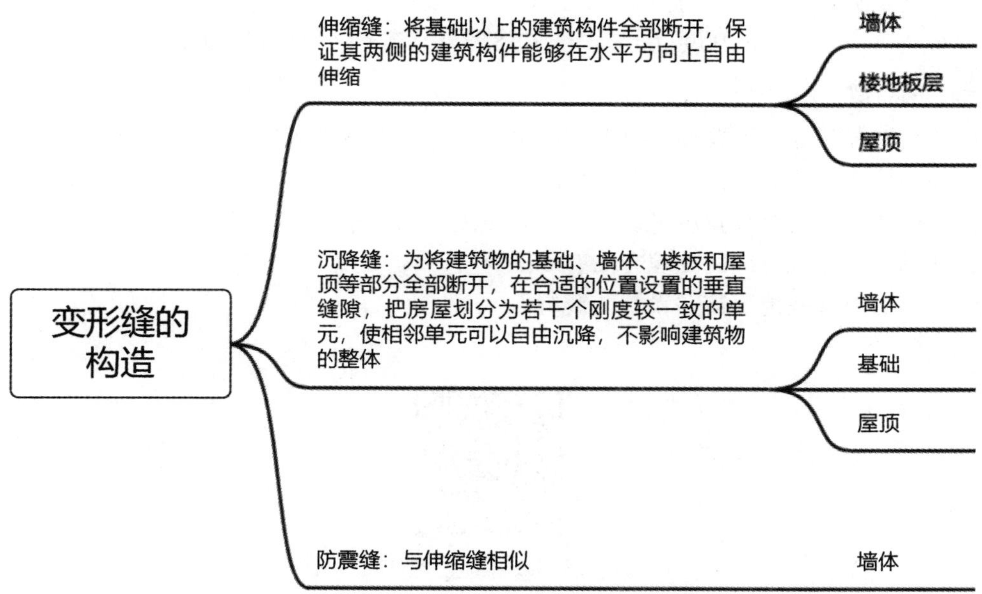

思考与练习

一、填空题

1. 变形缝包括 __________、__________ 和 __________。

2. 伸缩缝要求将建筑物从 __________、__________、__________ 等地面以上部分全部断开；当既设伸缩缝又设防震缝时，缝宽按 __________ 的要求处理。

3. 沉降缝必须将 __________、__________、__________、__________ 等部分全部断开。

二、单选题

1. 关于变形缝的构造做法，下列不正确的是(　　)。

A. 当建筑物的长度或宽度超过一定限度时，要设伸缩缝

B. 在沉降缝处应将基础以上的墙体、楼板全部分开，基础可不分开

C. 当建筑物竖向高度相差悬殊时，应设防震缝

D. 伸缩缝不可以代替沉降缝，但沉降缝可以代替伸缩缝

2. 在抗震设防烈度为8度设防区的多层钢筋混凝土框架建筑中，建筑物高度在18 m时，防震缝的缝宽为(　　)。

A. 50 mm　　B. 70 mm　　C. 90 mm　　D. 120 mm

3. 防震缝缝宽不得小于(　　)。

A. 70 mm　　B. 50 mm　　C. 100 mm　　D. 20 mm

4. 为防止建筑物因不均匀沉降而导致破坏而设的缝为(　　)。

A. 分仓缝　　B. 沉降缝　　C. 防震缝　　D. 伸缩缝

5. 抗震设防裂度为(　　)地区应考虑设置防震缝。

A. 6度　　B. 9度以上　　C. 8度　　D. 6度以上

三、简答题

1. 什么情况下需要设置伸缩缝？伸缩缝的缝宽一般取多少？

2. 伸缩缝在墙体处如何进行盖缝处理？

3. 什么情况下需要设置沉降缝？其缝隙宽度有何要求？

4. 常见的基础沉降缝的处理方法有哪些？

5. 建筑物中哪些情况需要设置防震缝？

参考答案

项目 9　绿 色 建 筑

学习目标

1. 知识目标

(1) 理解绿色建筑的概念。

(2) 了解绿色建筑的发展。

(3) 掌握绿色建筑的设计流程。

(4) 了解绿色建筑的评价与等级划分。

2. 能力目标

(1) 具有根据不同建筑物的情况和环境条件，合理确定绿色建筑可节约的资源的能力。

(2) 培养绿色建筑的设计能力。

3. 思政目标

(1) 培养工匠精神和责任意识。

(2) 培养绿色建筑工程思维。

(3) 增强行业规范意识。

学习任务

任务 1：完成绿色建筑实训任务表

绿色建筑实训任务表

通过参观、调查等方式，描述常见典型建筑中的绿色建筑元素，并简述绿色建筑特点。扫描二维码获取绿色建筑实训任务表，并完成填写。

绿色建筑

9.1.1　绿色建筑的概念

绿色建筑指在全寿命期内，节约资源、保护环境、减少污染，为人们提供健康、适用、高效的使用空间，最大限度地实现人与自然和谐共生的高质量建筑。

绿色建筑创造的居住环境，既包括人工环境，也包括自然环境。绿色环境的规划，在重视景观的同时，还重视环境融和生态，以实现整体绿化，即以整体的观点考虑持续化、自然化。可持续的应用，除了建筑本身外还包括所需的周围自然环境、生活用水的有效利用、废水处理及还原、所在地的气候条件等。

绿色建筑要考虑如何与所在地的气候特征、经济条件、文化传统观念互相配合，从而成为周围社区不可分离的整体部分。作为一个存在于一定的地域范围内的自然环境系统，绿色建筑不能脱离生物环境的地域性而独立存在。绿色建筑的实现与每一个地域的独特气候条件、自然资源、现存人类建筑、社会水平及文化环境有关。绿色建筑应遵循因地制宜的原则，结合建筑所在地域的气候、环境、经济和文化等特点，从规划、设计、施工、运营到拆除，形成一个全寿命周期。绿色建筑不仅要充分考虑环境因素，而且施工过程中还要思考如何把对环境的影响降到最低，进行绿色施工，将环保的责任贯穿到每一个环节，为人们提供健康、舒适、低耗、无害的活动空间。建筑的“四节一环保”、绿色施工和环保材料的应用，均要考虑建筑和人的关系。

【拓展知识】

(1)“四节一环保”：节能、节地、节水、节材和环境保护。

(2) 节能绿色环保材料除了具有隔热、保温的基本性能之外，同时具备改善环境的功能，如调节温度、湿度，抗菌除臭等。节能材料通过无害化处理后，经检验合格可以进行循环利用，再次投入工程中，从而降低工程造价，提高社会经济效益。

【思政课堂】

习近平总书记指出，“建设绿色制造体系和服务体系”“推动制造高端化、智能化、绿色化发展”。中共中央、国务院印发的《质量强国建设纲要》提出，全面推行绿色设计、绿色制造、绿色建造。

9.1.2 绿色建筑的发展

1992 年巴西里约热内卢举行的“联合国环境与发展大会”第一次明确提出了绿色建筑的概念。绿色建筑由此逐渐成为兼顾环境关注与舒适健康的研究体系，并在越来越多的国家实践、推广，成为建筑发展的重要方向。中国政府也相继颁布了若干相关纲要、导则和法规，大力推动绿色建筑的发展。

从传统建筑发展到绿色建筑也经历了一个过程。古罗马时期的维特鲁威的《建筑十书》最早提出了建筑的三要素为“实用、坚固、美观”。中华人民共和国成立 70 年来，在党中央、国务院的坚强领导下，我国建筑业持续快速发展，规模不断扩大，结构日趋优化，技术显著提高，实力明显提升，对经济社会发展作出了较为突出的贡献。党的十八大以来，在以习近平同志为核心的党中央正确领导下，我国建筑业步入新的发展阶段，增长更加平稳，结构更加优化，技术更加进步，对推动经济社会高质量发展又作出了新贡献。1955 年全国城市会议上提出的“建筑要适用、经济、在可能的条件下注意美观”的建筑方针沿袭了 60 年。2016 年 3 月，中国举行的城市工作会议中提出了“适用、经济、绿色、美观”的新建筑方针，确定了城市规划和建筑业发展的总方向，绿色建筑逐渐成为新增加的元素和重要的部分。

我国的绿色建筑历经 10 余年的发展，绿色建筑实践工作稳步推进，绿色建筑发展效益明显。我国首部《绿色建筑评价标准》于 2006 年发布，实施至今已经历了 2 次修订，最新版为《绿色建筑评价标准》(GB/T 50378—2019)。2019 版标准修订的主要技术内容是：

(1) 重新构建了绿色建筑评价技术指标体系。

(2) 调整了绿色建筑的评价时间节点。

(3) 增加了绿色建筑等级。

(4) 拓展了绿色建筑内涵。

(5) 提高了绿色建筑性能要求。

该标准对评估建筑绿色程度、保障绿色建筑质量、规范和引导我国绿色建筑健康发展发挥了重要作用。

9.1.3 绿色建筑的设计流程

绿色建筑设计与普通建筑设计一样，是一个复杂而又系统的过程，涵盖了从概念构思到最终实现的各个阶段。若要使建筑物自身、施工过程、周围环境等都更加系统化、可控化，使绿色建筑推行的更加完整，那么，在设计的过程中需要做到以下几点：

(1) 有目标：依据因地制宜的原则，确定在绿色建筑中的设计用处。

(2) 合标准：必须满足相关规范的要求，根据规范性的指标，提出效果。

(3) 定技术：根据国标或者地标，筛选可用的技术，提出“四节一环保”的设计要求。在深化方案的过程中，把相关的技术精确落实。

(4) 算成本：根据规范性指标、可用技术，确定设计底线值，核算成本。

(5) 后申报：在完成以上工作的基础上对绿色建筑进行星级申报工作。准备申报材料、填写申报书并进行评审专家答辩，最终完成整个绿色建筑项目。

9.1.4 绿色建筑的评价与等级划分

1. 绿色建筑评价

绿色建筑评价应在建筑工程竣工后进行。在建筑工程施工图设计完成后，可进行预评价。绿色建筑评价应以单栋建筑或建筑群为评价对象，评价对象应落实并深化上位法定规划及相关专项规划提出的绿色发展要求；涉及系统性、整体性的指标，应基于建筑所属工程项目的总体进行评价。

1) 绿色建筑评价体系

绿色建筑评价体系由安全耐久、健康舒适、生活便利、资源节约、环境宜居五类指标组成，每类指标均包括控制项和评分项。评价指标体系还统一设置加分项。控制项的评定结果应为达标或不达标；评分项和加分项的评定结果应为分值。

对于多功能的综合性单体建筑，应按《绿色建筑评价标准》(GB/T 50378—2019) 全部评价条文逐条对适用的区域进行评价，确定各评价条文的得分。

绿色建筑评价的分值设定应符合表 9-1 的规定。

表 9-1 绿色建筑评价分值

类型	控制项基础分值	评价指标分项满分值					提高与创新加分项满分值
		安全耐久	健康舒适	生活便利	节约资源	环境宜居	
预评价分值	400	100	100	70	200	100	100
评价分值	400	100	100	100	200	100	100

绿色建筑评价的总得分应按下式进行计算：

$$Q=\frac{Q_0+Q_1+Q_2+Q_3+Q_4+Q_5+Q_A}{10}$$

式中，Q 为总得分；Q_0 为控制项基础分值，当满足所有控制项的要求时取 400 分；Q_1～Q_5 分别为评价指标体系五类指标（安全耐久、健康舒适、生活便利、资源节约、环境宜居）评分项得分；Q_A 为提高与创新加分项得分。

2) 绿色建筑评价指标体系

《绿色建筑评价标准》(GB/T 50378—2019) 自 2019 年 8 月 1 日起实施。此次修订将原来的“节地、节能、节水、节材、室内环境、施工管理、运营管理”七大指标体系更新为“安全耐久、健康舒适、生活便利、资源节约、环境宜居”五大指标体系。相关技术措施主要考虑：容积率的控制，降低环境的负荷，多元绿化设计等。此次修定在重新设定评价阶段、新增绿色建筑等级、分层设置等级要求等方面进行了修改完善。

2. 绿色建筑等级划分

绿色建筑等级由高到低划分为三星级、二星级、一星级和基本级 4 个等级，如图 9-1 所示。当满足全部控制项要求时，绿色建筑等级应为基本级。绿色建筑星级等级应按下列规定确定。

(1) 一星级、二星级、三星级 3 个等级的绿色建筑均应满足全部控制项的要求，且每类指标的评分项得分不应小于其评分项满分值的 30%。

(2) 一星级、二星级、三星级 3 个等级的绿色建筑均应进行全装修，全装修工程质量、选用材料及产品质量应符合国家现行有关标准的规定。

(3) 当总得分分别达到 60 分、70 分、85 分且满足标准的要求时，绿色建筑等级分别为一星级、二星级、三星级。

图 9-1　绿色建筑等级标识

3. 认证标准

中国绿色建筑认证星级标识如图 9-2 所示。

图 9-2　绿色建筑认证星级标识

中国的认证标准为《绿色建筑评价标准》。目前获得绿色建筑认证可以获得国家相应的补贴。

【拓展知识】

除了上述中国的绿色建筑认证体系外，全球其他国家的认证体系包括：

(1) 美国的 LEED 认证体系。美国推出的绿色建筑认证体系可以说是国际上商业化运作最成功的。绿色建筑的认证是一种自愿行为。如果一座建筑的修建者希望获得 LEED 认证，就可向绿色建筑认证机构登记申请。

(2) 英国的 BREEAM 认证体系。英国是国际上最早推出绿色建筑认证体系的国家。

(3) 法国的 HQE 认证体系。法国推出的绿色建筑体系也活跃在国际市场上。

(4) 另外还有一些认证体系，例如日本的 CASBEE、澳大利亚的 Green Star、荷兰的 GreenCalc、德国的 DGNB、新加坡的 Green Mark、印度的 GRIHA、芬兰的 PromisE、加拿大的 Green Globes、巴西的 AQUA、中国香港的 HK-BEAM、意大利的 Protocollo Itaca、葡萄牙的 Lider A、西班牙的 VERDE、中国台湾的 EEWH 等。

【思政课堂】

绿色建筑不仅仅是一种建筑形式或技术实践，它也是生态文明理念在建筑领域的具体体现，是推动社会可持续发展的重要力量。将生态文明理念融入绿色建筑教育，引导人们深刻理解人与自然和谐共生的关系，认识到建筑活动对自然环境的影响，并学会如何在建筑设计、施工、运营和拆除的全生命周期中，采取有效措施减少对环境的负面影响，促进资源的循环利用。

本节知识体系

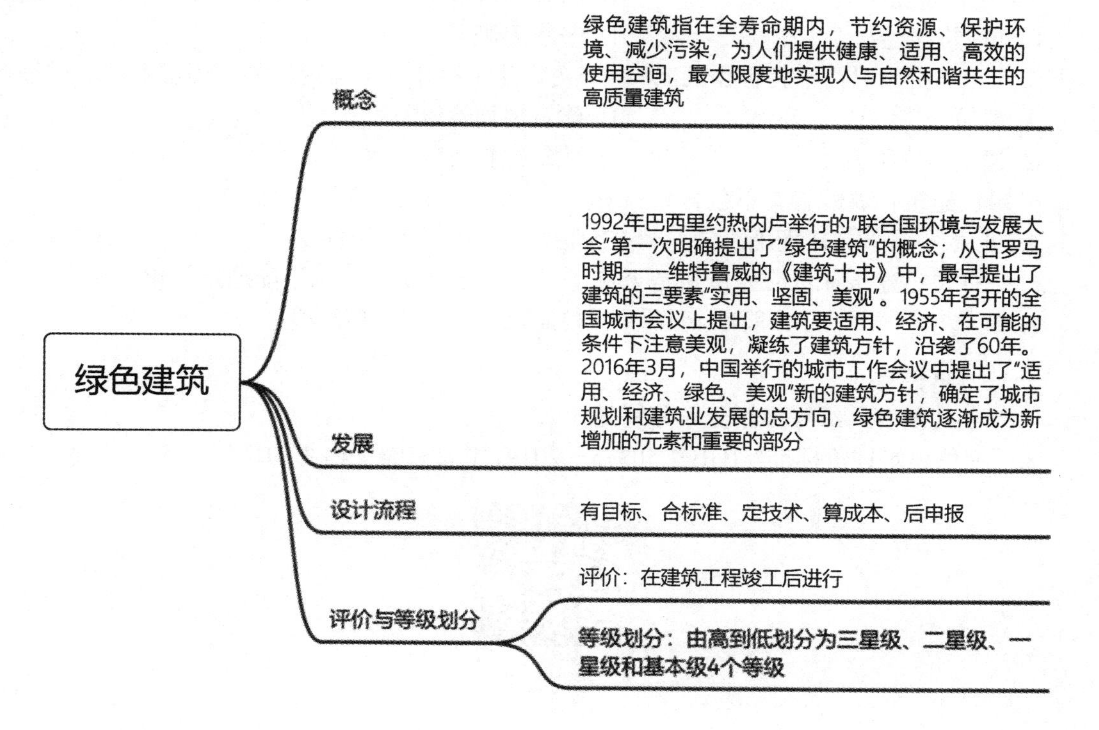

9.2 绿色建筑与装配式建筑

近年来，中国绿色建筑相关政策不断出台，特别是“双碳”战略的提出，让“绿色、低碳、节能”成为建筑业发展的风向标。为响应“双碳”目标与“数字经济”的号召，装配式建筑的概念被提出，其集成了“建筑、结构、机电、装修一体化”“设计、生产、装配一体化”“装配式 + 数字化”的新型工业化建造方式，以工程全寿命周期系统化、集成设计、绿色化、精益化生产施工为主要手段，实现了工程建设高效益、高质量、低消耗、低排放，加速推动实现住房和城乡建设部印发的《“十四五”建筑节能与绿色建筑发展规划》中的目标，使建筑市场运行机制更加完善，工程质量安全保障体系基本健全，加速建筑业的转变。装配式建筑逐步成为建筑业提升能源绿色化的新型建造方式。

思考与练习

一、单选题

1. 绿色建筑的绿色贯穿于建筑物的(　　)过程。

A. 全寿命周期　　B. 建设周期

C. 拆除周期　　D. 设计周期

2. 下列技术中属于节能与能源利用技术的是(　　)。

A. 废弃场地的开发　　B. 高性能材料

C. 高频能设备　　D. 节水灌溉

3. (　　)阶段只需消耗极少的能源，却决定建筑存在几十年内能源与资源消耗的过程。

A. 建筑施工阶段　　B. 建筑规划阶段

C. 建筑运行阶段　　D. 建筑维护阶段

4. 绿色建筑代表的含义不包含(　　)。

A. 健康　　B. 环保　　C. 价高　　D. 节能

5. 进行绿色建筑评价应先审核是否符合(　　)的要求，否则不能通过初审。

A. 优选项　　B. 一般项　　C. 控制项　　D. 必须项

二、简答题

1. 绿色建筑有几级等级划分？分别是什么？

2.《绿色建筑评价标准》(GB/T 50378—2019) 主要有哪些内容的修订？

参考答案

参 考 文 献

[1] 孙玉红．房屋建筑构造 [M]．5 版．北京：机械工业出版社，2024.

[2] 彭国．房屋建筑构造 [M]．2 版．北京：北京邮电大学出版社，2020.

[3] 张艳芳．房屋建筑构造与识图 [M]．北京：中国建筑工业出版社，2017.

[4] 卓维松．房屋建筑构造 [M]．3 版．南京：南京大学出版社，2022.

[5] 颜志敏．房屋建筑学 [M]．2 版．哈尔滨：哈尔滨工业大学出版社，2017.

[6] 赵志文．建筑装饰构造 [M]．3 版．北京：北京大学出版社，2022.

[7] 王维，姚林．房屋建筑学 [M]．北京：北京出版社，2017.

[8] 李元玲，简亚敏，陈夫清．房屋建筑构造 [M]．北京：北京大学出版社，2014.

[9] 史瑞英，王亚茹，张磊．房屋建筑构造与 BIM 技术应用 [M]．北京：化学工业社，2019.

[10] 中华人民共和国住房和城乡建设部．民用建筑通用规范：GB 55031—2022[S]．北京：中国建筑工业出版社，2022.

[11] 中华人民共和国住房和城乡建设部．建筑地基基础设计规范：GB 50007—2011[S]．北京：中国计划出版社，2011.

[12] 中华人民共和国住房和城乡建设部．住宅设计规范：GB 50096—2011[S]．北京：中国计划出版社，2011.

[13] 中华人民共和国住房和城乡建设部．建筑设计防火规范：GB 50016—2014[S]．北京：中国计划出版社，2014.

[14] 中华人民共和国住房和城乡建设部．砌体结构通用规范：GB 55007—2021[S]．北京：中国建筑工业出版社，2022.